全国高校城市规划专业推荐教学用书

# 城市规划与管理

戴慎志　主编
边经卫　副主编

中国建筑工业出版社

图书在版编目（CIP）数据

城市规划与管理/戴慎志主编，边经卫副主编．—北京：中国建筑工业出版社，2010.5（2023.9重印）
（全国高校城市规划专业推荐教学用书）
ISBN 978-7-112-12097-0

Ⅰ．①城… Ⅱ．①戴…②边… Ⅲ．①城市规划…②城市管理 Ⅳ．①TU984②F293

中国版本图书馆CIP数据核字（2010）第088003号

本书系统阐述了城市规划理论、我国城市规划体系与编制、城市基础设施规划编制、城市规划审批与实施管理等知识和方法；包括城市规划理论与发展趋势、城市规划体系与编制、城市定位与空间布局、城市交通系统规划、城市给水排水系统规划、城市能源系统规划、城市通信系统规划、城市防灾系统规划、城市环境保护和环境卫生规划、城市工程管线综合规划、城市规划审批与实施管理、城市建设档案管理等内容。

本书为高等学校城市规划专业教学和城市建设干部培训教学用书，也可作为城市规划与城市建设相关专业设计人员和管理人员的参考书。为更好地支持相应课程的教学，我们向采用本书作为教材的教师提供教学课件，有需要者请与出版社联系，邮箱：jgcabpbeijing@163.com。

责任编辑：杨　虹
责任设计：张　虹
责任校对：张艳侠　王雪竹

全国高校城市规划专业推荐教学用书
### 城市规划与管理
戴慎志　主编
边经卫　副主编

\*

中国建筑工业出版社出版、发行（北京西郊百万庄）
各地新华书店、建筑书店经销
北京鸿文瀚海文化传媒有限公司制版
北京中科印刷有限公司印刷

\*

开本：787×1092毫米　1/16　印张：29½　字数：750千字
2011年1月第一版　2023年9月第七次印刷
定价：**56.00**元（赠教师课件）
ISBN 978-7-112-12097-0
（19357）

**版权所有　翻印必究**
如有印装质量问题，可寄本社退换
（邮政编码100037）

# 前 言
## PREFACE

当前，我国城市化处于持续发展阶段，城市经济占据国民经济的主导地位；城市规划建设面广量大，迫切需要大量具有城市规划与管理的理论知识和实际工作能力的高素质人才。

本书简明阐述了城市规划理论与发展趋势，系统阐述了我国城市规划体系与编制、城市基础设施规划编制、城市规划审批与实施管理、城市建设档案管理；旨为城市规划编制和管理人员提供较全面、系统的城市规划编制和管理的知识及工作方法。2004年6月，戴慎志主编的讲义《城市规划与管理》用作建设部城市建设系统干部培训研修教材。本书是在总结多年教学的基础上对该讲义进行了修改完善后而成的。

本书由戴慎志主编、边经卫副主编，各章节编写者为：

第一章　戴慎志、陈铭、高晓昱
第二章　戴慎志、陈铭、王路
第三章　戴慎志、江毅、郑晓军
第四章　刘冰、张谊、胡浩
第五章　戴慎志、俞可达、李靖
第六章　戴慎志、孙康、王路
第七章　高晓昱、刘凯
第八章　戴慎志、赫磊、毛媛媛
第九章　李靖、苗蕾
第十章　戴慎志、王江波

第十一章　边经卫、傅毅东、陈鸿

第十二章　徐强、陈鸿

陈鸿、孙奇、张谊、沈志联、俞海星、曾敏玲、董衡苹、张潇涵、周群等承担了文字、表格、图纸的整理、绘制工作。

本书适用于高等学校城市规划专业教学和城市建设系统干部规划培训研修教学，可供城市规划与城市建设相关专业的设计人员和管理人员参考。

由于编写人员水平有限，而且城市规划和科学技术在不断发展，书中难免有不足之处和需探讨的问题，万望读者批评指正。

编者

# 目 录
## CONTENTS

**第一章 城市规划理论与发展趋势** ... 1
- 第一节 城市规划基本概念 ... 1
- 第二节 古代城市规划思想 ... 7
- 第三节 现代城市规划理论 ... 16
- 第四节 当代城市规划发展趋势 ... 32

**第二章 城市规划体系与编制** ... 37
- 第一节 城市规划体系的构成 ... 37
- 第二节 城市规划与其他相关规划的关系 ... 39
- 第三节 城市规划编制任务和原则 ... 41
- 第四节 城市规划编制方法 ... 43
- 第五节 城市总体规划编制内容与程序 ... 50
- 第六节 城市近期建设规划编制内容与程序 ... 84
- 第七节 城市分区规划编制内容与程序 ... 85
- 第八节 控制性详细规划编制内容与程序 ... 100
- 第九节 修建性详细规划编制内容与程序 ... 112
- 第十节 城市设计编制内容和程序 ... 116

## 第三章 城市定位与空间布局 ················································· 126
第一节 城市性质与职能的确定 ················································ 126
第二节 城市规模预测 ························································ 128
第三节 城市用地分类与构成 ·················································· 130
第四节 城市用地适用性评价 ·················································· 135
第五节 城市用地与空间布局 ·················································· 144

## 第四章 城市交通系统规划 ··················································· 153
第一节 城市交通系统构成 ···················································· 153
第二节 城市交通设施空间布局要求 ············································ 158
第三节 城市交通规划发展动态 ················································ 181

## 第五章 城市给水排水系统规划 ··············································· 197
第一节 城市水务系统构成 ···················································· 197
第二节 城市给水工程规划 ···················································· 198
第三节 城市排水工程系统规划 ················································ 210
第四节 城市水务系统发展概况与动态 ··········································· 221
第五节 城市水务系统规划实例 ················································ 234

## 第六章 城市能源系统规划 ··················································· 240
第一节 城市能源系统构成 ···················································· 240
第二节 城市供电工程系统规划 ················································ 241
第三节 城市燃气工程系统规划 ················································ 251
第四节 城市供热工程系统规划 ················································ 260
第五节 城市能源系统发展概况与动态 ··········································· 268
第六节 城市能源系统规划实例简介 ············································· 272

## 第七章 城市通信系统规划 ··················································· 278
第一节 城市通信系统的构成 ·················································· 278
第二节 城市邮政系统规划 ···················································· 279
第三节 城市电信系统规划 ···················································· 283
第四节 城市广播电视系统规划 ················································ 295
第五节 城市无线通信设施与网络规划 ··········································· 299
第六节 城市通信系统的发展概况与动态 ········································· 302

第七节　城市通信系统规划实例 ·················· 308

# 第八章　城市防灾系统规划 ·················· 311
　　第一节　城市防灾体系的构成 ·················· 311
　　第二节　城市消防规划 ·················· 312
　　第三节　城市防洪规划 ·················· 316
　　第四节　城市抗震防灾规划 ·················· 322
　　第五节　城市人防与地下空间规划 ·················· 327
　　第六节　城市生命线系统综合防灾措施 ·················· 332
　　第七节　城市防灾发展概况与动态 ·················· 333
　　第八节　城市防灾规划实例 ·················· 342

# 第九章　城市环境保护和环境卫生规划 ·················· 349
　　第一节　城市环境保护规划的内容与要求 ·················· 349
　　第二节　城市环境卫生规划的内容与要求 ·················· 354
　　第三节　城市环境保护与环境卫生发展动态 ·················· 374
　　第四节　城市环境保护与环境卫生规划实例 ·················· 378

# 第十章　城市工程管线综合规划 ·················· 381
　　第一节　城市工程管线综合规划范畴 ·················· 381
　　第二节　城市工程管线综合规划的原则与技术规定 ·················· 382
　　第三节　城市工程管线综合规划的工作方法 ·················· 387
　　第四节　综合管沟 ·················· 394

# 第十一章　城市规划审批与实施管理 ·················· 402
　　第一节　城市规划的组织编制管理 ·················· 402
　　第二节　城市规划审批管理 ·················· 408
　　第三节　城市规划设计单位资格管理 ·················· 412
　　第四节　城市规划实施管理原则 ·················· 413
　　第五节　城市规划实施管理机制 ·················· 416
　　第六节　建设项目规划许可制度管理 ·················· 417
　　第七节　历史文化遗产保护规划管理 ·················· 427
　　第八节　城市规划实施行政检查 ·················· 429
　　第九节　城市规划实施行政处罚措施 ·················· 430

### 第十二章  城市建设档案管理 ………………………………………… 434
  第一节  城市建设档案概述 ………………………………………… 434
  第二节  城市规划与管理档案 ……………………………………… 440
  第三节  城市建设档案业务管理 …………………………………… 443
  第四节  城市建设档案行政管理工作 ……………………………… 453

### 主要参考文献 ………………………………………………………… 462

# 第一章
## 城市规划理论与发展趋势

### 第一节 城市规划基本概念

一、城市

(一) 城市的产生

城市是社会生产发展和人类第二次劳动大分工的产物。城市与农村的主要区别在于居民所从事的职业不同、居民的人口规模不同、居住的集聚密度不同。

在人类社会的发展过程中，随着生产方式的改进，生产力水平的不断提高，劳动产品有了剩余，就产生了交换的条件。这种交换形式是从以物易物开始的，也就是我国古代《易经》所说的"日中为市，致天下之民，聚天下之货，交易而退，各得其所"。随着交换量的增加及交换次数的频繁，就逐渐出现了专门从事交易的商人，交换的场所也由临时的改为固定的"市"。由于原始部落中生产水平的提高、生活需求的多样化和劳动分工的加强，逐渐出现了一些专门的手工业者。商业与手工业从农业中分离出来，这就是人类的第二次劳动大分工。原来的居民点也发生了分化，其中以农业为主的居民点就是农村，一些具有商业及手工业职能的居民点就是城市。

剩余产品的产生带来了私有制，原始社会的生产关系也随之逐渐解体，进而出现了阶级分化，人类开始进入奴隶社会。城市就是伴随着私有制的产生和阶级的分化，在原始社会向奴隶制社会过渡时期出现的。世界上几个古代文明的地区，城市产生的时期有先有后，但都是在这个社会发展阶段中产生的。

从我国文字的字义来看，"城"是以武器守卫土地的意思，是一种防御性的构筑物。"市"是一种交易的场所，即"日中为市"的市。但是有防御墙垣的居民点并不都是城市，例如有的村寨也有设防的墙垣。城市是具有商业交换职能的居民点。

(二) 城市的发展阶段

城市的产生、发展和建设都受到社会、经济、文化、科技等多方面因素的影响。城市由于人类在聚居中对防御、生产、生活等方面的要求而产生，并随着这些要求的变化而不断发展。城市建设既要适应和满足社会的需求，同时也受到科学技术发展水平的制约。

城市的发展大致上可以分为两个大的社会发展阶段，即农业社会和工业社会，也可以称前工业化时期和工业化时期，也可以分为古代的城市和近代的城市。

根据考古发现，人类历史上最早的城市出现在公元前3000年左右。在5000多年的文明史中，人类社会经历了漫长的农业文明，工业文明只有近300年的历史。在农业文明社会中，尽管出现过规模相当可观的城市（如我国的唐代长安城和西方的古罗马城的人口都达到了100万左右），并在城市建设方面留下了十分宝贵的人类文化遗产，但农业社会的生产力低下，全社会的绝大部分人必须从事农业生产，这种对于农业的依赖性决定了农业社会的城市数量和规模都是极其有限的。对我国古代城市的历史研究表明，封建社会的重要城市都是具有政治统治作用的都城和州府城市，只是到了封建社会后期的明清时代，才在一些交通便利的地方出现了较具规模的商业和手工业城市。西方农业社会的城市发展也是非常缓慢的。在公元1600年，只有1.6%的欧洲人口生活在10万以上人口规模的城市，到了1700年和1800年，相应的数字仅上升到1.9%和2.2%。

因此，尽管城市的出现已有5000多年的历史，但是在漫长的农业社会，由于生产力低下，城市发展是非常缓慢的。从18世纪开始，人类经历了从农业经济向工业经济和从封建社会向资本主义社会的演进过程。工业化带来生产力的空前提高，不仅促进了既有城市的扩展，而且导致新兴城市的形成，城市逐渐成为人类社会的主要集聚形式。

（三）城市的含义

城市是人口和物质财富高度集聚的地域，具有一定区域经济、政治、文化中心的职能，是人类物质文明和精神文明的产物。

现代城市的含义，主要包括三方面的内容：人口数量、产业构成和行政管辖。

我国1955年曾规定市、县人民政府的所在地，常住人口数大于2000人，非农业人口超过50%以上，即为城市型居民点。工矿点常住人口如不足2000人，在1000人以上，非农业人口超过75%，也可确定为城市型居民点。

我国的城市型居民点，按其行政区划的意义，可以有直辖市、市、镇等。目前是按一定的人口规模、国民经济产值并经过一定的审批手续而加以划分的。

建制市及建制镇只是行政管辖意义的不同，不应只把有市建制的才称为城市。我国城市按行政管辖等级也可划分为地级市、县级市等，它们在性质上并无本质的区别。

二、城市化

（一）城市化的含义

城市化是指人类生产和生活方式由乡村型向城市型转化的历史过程，表现为乡村人口向城市人口的转化以及城市不断发展和完善的过程。具体内容包括以下几个方面。

1. 人口职业的转变

由农业转变为非农业的第二、第三产业,主要表现为农业人口不断减少,非农业人口不断增加。

2. 产业结构的转变

工业革命后,随着工业生产的发展,第二、第三产业的比重不断提高,第一产业的比重相对下降,农村多余人口转向城市的第二、第三产业。

3. 土地及地域空间的变化

农业用地转化为非农业用地,由比较分散、密度较低的居住形式转变为较为集中成片的、密度较高的居住形式,从与自然环境接近的空间形态转变为以人工环境为主的空间形态。

城市有比较集中的用地及较高的人口密度,便于建设较完备的基础设施,包括铺装的路面、上下水道、其他公用设施等,可以有较多的文化设施,这与农村的生活质量相比有很大的提高。

城市化也可以称为城镇化,因为城市与城镇均是城市型的居民点,均以第二、第三产业为主,其区别仅是文字使用的习惯或其规模的不同,此外,"市"和"镇"尚有行政建制的区别。

(二) 城市化水平的度量

城市化水平指城镇人口占总人口的比重。人口按其从事的职业一般可分为农业人口与非农业人口(第二、第三产业人口)。按目前的户籍管理办法又可分为城镇人口与农村人口。

城市化水平也从一个方面表现社会发展的水平和工业化的程度。由于城市化是非常复杂的社会现象,对城市化水平的度量难度也很大。通常对城市化水平的度量指标有单一指标和复合指标两种。单一指标度量法即通过某一最具有本质意义的,且便于统计分析的指标来描述城市化水平。虽然有多个指标都可以在一定程度上反映城市化水平,但能被普遍接受的是人口统计学指标,其中最简明、资料最容易得到、也是最常用的指标是城镇人口占总人口比重的指标。它的实质是反映人口在城乡之间的空间分布,具有很高的实用性。

计算公式为: $PU = U/P$

式中 $PU$ 为城市化水平;$U$ 为城镇人口;$P$ 为总人口。

城镇人口占总人口的比重作为城市化水平指标的主要缺陷是各国城镇定义标准相差甚远,缺乏可比性。由于城市化过程反映了许多不同的方面,因此很难用一个理想的指标综合测度这一过程。

(三) 城市化的历史过程

18世纪在西欧开始产业革命,资本和人口在城市集中起来,农民向城市集中,城市的用地扩大,把周围的农田变成了城市,一些乡村变成了小城市,小城市又发展成为大城市。

一般情况下，一定区域城市化的历史进程大体可分为以下三个阶段。

1. 城市化初期阶段

该阶段生产力水平尚低，城市化的速度较缓慢，要经过较长时期城市人口占总人口的比例才能达到30%左右。

2. 城市化中期阶段

该阶段在经济快速发展的带动下，城市化的速度加快，在不长的时期内，城市人口占总人口的比例就可达到60%左右。

3. 城市化稳定阶段

该阶段农业现代化的过程已基本完成，农村的剩余劳动力已基本上转化为城市人口，城市化速度减缓，城市化水平趋于稳定。

这样的历史进程各个国家是不一致的。英国在19世纪末即进入稳定期，美国在20世纪初城市化进程最快，现已稳定。我国至20世纪末尚处在初期阶段，在21世纪初，城市化速度将加快。

（四）城市化的发展趋势

世界城市化的进程可以归纳为以下几方面的发展趋势。

1. 近几个世纪城市化势头猛烈而持续

在城市产生以后的几千年里，世界的城镇人口和城镇化水平在很低水平上缓慢增长，在该时期包含了城镇发展的相对繁荣地区在不同时期的频繁变动。工业革命以后，世界人口的自然增长率不断提高，世界的城镇人口以更高的速率增长，城市化的发展迅猛异常。

2. 城市化发展的主流已从发达国家转移到发展中国家

在世界城镇人口的普遍稳定增长中，城市化发展的主流是有变化的。欧洲曾经是世界城市化程度最高的地区。在20世纪初，美洲的城镇发展具有更高的速度，世界发达地区的城市化在1925年前后达到高潮。以后其主流又逐渐到了欠发达地区，尤其是20世纪中叶以来，这一趋势更见明显，亚洲和非洲的城镇发展势头尤为迅猛。

3. 大城市在现代社会中居于支配地位

这主要表现在10万人以上城市的人口占世界城镇人口比重不断提高，而10万人以下的城镇所占比重不断下降。城市规模等级越高，人口的发展速度越快。不同规模等级城市的个数和在城镇人口中的比重也有类似的发展趋势。同时，大城市在地域空间的不断扩展，形成了许多以一个或几个城市为中心，包括周围城市化地区的巨大城市集聚体，在统计单元上常称为大都市区。许多大都市区还相互邻接，形成了若干个包括几千万人口的大都市带。

（五）中国的城市化进程及发展趋势

城市化是社会经济发展的结果，是历史的必然趋势。中国的城市化进程比西方国家晚，在19世纪后半期开始到新中国成立前，城市化速度很慢，发展也不平衡。东南部沿海发展地区较快，而内地大部分地区仍处在农业社会。

新中国成立后，城市化速度加快，但是由于经济发展及政策上的某些波动，几起几伏，与同时期一些国家比较仍较慢，至20世纪70年代末才达到14%左右。改革开放以来，城市化速度加快，至1986年，按当时的户口划分标准，我国城市化水平达到26%。根据第五次人口普查的结果，到2000年，我国城市化水平为36%。

我国农村劳动力过剩的问题早已存在，由于二元经济结构体制的限制，过分严格地对"农转非"实行控制，农村剩余劳动力找不到出路，形成"隐性失业"。农村多余劳动力是城市化的压力，同时又是推进城市化的动力。我国城市化道路主要有如下几种类型。

1. 地方推动型城市化

20世纪70年代中期，在苏南一些地区的农村打破种种阻力，创办了乡镇工业。改革开放后，乡镇工业受到优惠政策的支持鼓励，在苏南地区迅速发展，大量农民"进厂不进城，离土不离乡"，小城镇得到迅速发展，这就是我国城市化道路的"苏南模式"。这种模式在东部沿海地区、中部城镇密集地区均有很大的发展。这种以城市工业扩散，以乡镇工业为动力的小城镇发展模式，也可以称为地方推动型。

2. 市场推动型城市化

温州地区地少人多，历史上就有经商打工的传统，以发展家庭工业和民间市场为主要模式，以私营家庭工业为主发展小城镇。这种城市化的道路可称为"温州模式"，也可称为市场推动型。

3. 外资促进型城市化

珠江三角洲地区，由于邻近港澳，以外资的"三来一补"劳动密集型产业为主，乡镇工业也有很大的发展，不仅使本地区农村人口大量转移，而且吸收了大量外地打工人口，这种类型的城市化道路也可称为外资促进型。

由于我国东部与中西部地区在经济发展水平上存在较大的差异，城市化的道路也有所区别。东部地区依托大量乡镇工业、外资企业等发展小城镇，而西部地区目前还应以发展中小城市为主，增加这些地区的二、三产业，增加其对周边小城镇的辐射扩散影响，为发展乡镇工业及小城镇创造条件。

不同专业的研究报告对我国今后50年的城市化水平预测，具体数字虽有不同，但十分接近（表1-1）。

我国城市化水平的预测    表1-1

| 年 份 | 2000年 | 2020年 | 2050年 |
|---|---|---|---|
| 城市化水平（%） | 36 | 45~50 | 60~65 |
| 总人口（亿人） | 12.5 | 14~15 | 16 |

三、城市规划

（一）城市规划的社会作用

城市规划的社会作用是建设城市和管理城市的基本依据，是保证城市土地合理开发利用和正常经营活动的前提和基础，是实现城市社会经济发展目标的综合性手段。

在计划经济体制下，城市规划的任务是根据已有的国民经济发展计划和城市既定的社会经济发展战略，确定城市的性质和规模，落实国民经济发展计划项目，进行各项建设投资的综合部署和全面安排。

在市场经济体制下，城市规划的基本任务是合理、有效和公正地创造有序的城市生活空间环境。这项任务包括实现社会政治经济的决策意志及实现这种意志的法律法规和管理体制，同时也包括实现这种意志的工程技术、生态保护、文化传统保护和空间美学设计，以指导城市空间的和谐发展，满足社会经济文化发展和生态保护的需要。

（二）世界各国城市规划的任务

各国由于其社会、经济体制和经济发展水平的不同，城市规划的任务有所差异和侧重，但其基本内容是大致相同的。

日本的一些文献中提出："城市规划是城市空间布局、建设城市的技术手段，旨在合理地、有效地创造出良好的生活与活动的环境"。

德国把城市规划理解为整个空间规划体系中的一个环节，"城市规划的核心任务是根据不同的目的进行空间安排，探索和实现城市不同功能的用地之间相互的关系，并以政治决策为保障。这种决策必须是公共导向的，一方面提供居民安全、健康和舒适的生活环境，另一方面实现城市社会经济文化的发展"。

《不列颠百科全书》中关于城市规划与建设的条目指出："城市规划与改建的目的，不仅仅在于安排好城市形体——城市中的建筑、街道、公园、公用设施及其他的各种要求，而且，最重要的在于实现社会与经济目标。城市规划的实现要靠政府的运筹，并需运用调查、分析、预测和设计等专门技术"。所以，可以把城市规划看成是一种社会运动、政府职能，更是一项专门技术。

目前在许多国家里，城市规划的范围扩大了，因为人们认识到，整个自然环境必须有秩序地加以开发。在一些较小的国家里，可使用的土地有限，规划可能包括全部国土。在英国这种广义的规划叫"城乡规划（town and country planning）"，在美国则通称为"城市与区域规划（city and regional planning）"。美国国家资源委员会认为："城市规划是一种科学、一种艺术、一种政策活动，它设计并指导空间的和谐发展，以满足社会与经济的需要"。前苏联长期实行计划经济体制，认为城市规划是经济社会发展计划的继续和具体化，是从更大空间的经济社会发展计划层次来研究确定城市的功能性质和发展规模。

由此可见，各国城市规划的共同和基本的任务是通过空间发展的合理组织，满足社会经济发展和生态保护的需要。

中国现阶段城市规划的基本任务是保护和修复人居环境，尤其是城乡空间环境的生态系统，为城乡经济、社会、文化的可持续发展服务，保障和创造城市居民安全、健康、舒适的空间环境和公正的社会环境。

（三）城市规划概念的界定

我国《城市规划术语标准》第3.0.2条解释，城市规划是"对一定时期内城市的经济和社会发展、土地利用、空间布置及各项建设的综合部署，具体安排和实施管理。"城市规划是政府调控城市空间资源，指导城市发展和建设，维护社会公平，保障公共安全和公共利益的重要公共政策之一。

城市规划是人类为了在城市的发展中维持公共生活的空间秩序而作的未来空间安排的意志。这种对未来空间发展的安排意图，在更大的空间范围，可以扩大到区域规划和国土规划，而在更小的空间范围，可以延伸到建筑群体之间的空间设计。

因此，从更本质的意义上，城市规划是人居环境各层面上的、以城市层次为主导工作对象的空间规划。在实际工作中，城市规划的工作对象不仅仅是在行政级别意义上的城市，还包括行政管理设置在市级以上的地区、区域，以及够不上城市行政设置的镇、乡、村等人居空间环境。因此，有些国家采用城乡规划的名称。所有这些对于未来空间发展的不同层面上的规划统称为"空间体系规划"。

## 第二节  古代城市规划思想

### 一、中国古代城市规划思想

中国古代民居多为家族聚居，并多采用木结构的低层院落式住宅，这对城市的布局形态影响极大。由于院落组群要分清主次尊卑，从而产生了中轴线对称的布局手法。这种南北向中轴对称的空间布局方法由住宅组合扩大到大型的公共建筑，再扩大到整个城市。这表明中国古代的城市规划思想受到占统治地位的儒家思想的深刻影响。

除了代表中国古代城市规划的、受儒家社会等级和社会秩序影响而产生的严谨的、中心轴线对称的规划布局外，中国古代文明的城市规划和建设中，大量可见的是反映"天人合一"思想的规划理念，体现的是人与自然和谐共存的观念。在大量的城市规划布局中，充分考虑当地地质、地形、地貌的特点，城墙不一定是方的，轴线不一定是一条直线，自由的外在形式下面是富于哲理的内在联系。

（一）先秦时期

夏代（公元前21世纪起）对"国土"进行全面的勘测，国民开始迁居到安全的地方定居，居民点开始集聚，向城镇方向发展。夏代留下的一些城市遗迹表明，当时已经具有了一定的工程技术水平，如陶制的排水管的使用和夯土技术的采用等，但在总体上居民点的布局结构尚属原始。夏代的天文学、水利学和居民点的建设技术为以后中国城市规划思想的形成积累了物质基础。

商代开始出现了我国的城市雏形。商代早期建设的河南偃师商城，中期建设的位于今天郑州的商城和位于今天湖北的盘龙城，以及位于今天安阳的殷墟等都城，都已有大量的发掘材料。商代盛行迷信占卜、崇尚鬼神，这些都直接影响了当时的城镇空间布局。

西周是我国奴隶制社会发展的重要时期，形成了完整的社会等级制度和宗法礼教关系。对于城市形制也有相应的严格规定，《周礼·考工记》记载为"匠人营国，方九里，旁三门，国中九经九纬，经涂九轨，左祖右社，前朝后市，市朝一夫"（图1-1、图1-2）。

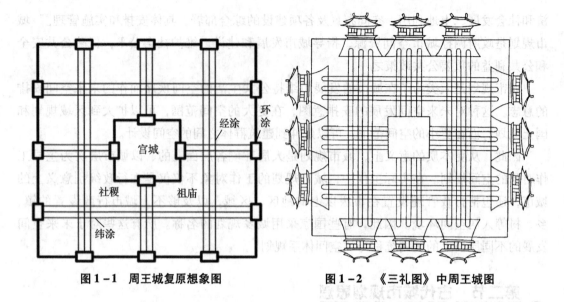

图1-1 周王城复原想象图　　　图1-2 《三礼图》中周王城图

东周的春秋时期和战国时期是从奴隶制向封建制的过渡时期，群雄纷争、战乱频繁，同时也是社会变革思想的"诸子百家"时代，具有深远历史影响的儒家、道家和法家等都是在这个时代形成并延续至后世的。因此，东周是我国古代城市规划思想的多元化时代：既有与《周礼·考工记》一脉相承的儒家思想，维护传统的社会等级和宗法礼教，表现为城市形制的皇权至上理念；也有以管子为代表的变革思想，强调"因天材，就地利，故城郭不必中规矩，道路不必中准绳"的自然至上理念。

(二) 秦汉时期

秦统一中国后，也曾尝试过在城市规划思想上进行统一，并发展了"相天法地"的理念，即强调方位，以天体星象坐标为依据，布局灵活具体。秦国都城咸阳虽然宏大，却无统一规划和管理，贪大求快引起国力衰竭。由于秦王朝信神，其城市规划中的神秘主义色彩对中国古代城市规划思想影响深远。

汉代国都长安的遗址发掘表明，其城市布局并不规则，没有贯穿全城的对称轴线，宫殿与居民区相互穿插，说明周礼制布局在汉朝并没有在国都规划实践中得到实现。王莽代汉取得政权后，深受儒教的影响，在城市空间布局中导入祭坛、明堂、辟雍等大规模的礼制建筑，在陪都洛邑的规划建设中有充分的体现。洛邑城空间规划布局为长方形，宫殿与市民居住生活区在空间上分隔，整个城市的南北中轴上布置了宫殿，强调了皇权，周礼制的规划思想理念得到全面的体现。

三国时期，魏王曹操于公元213年营建的邺城的规划布局中，已经采用城市功能分区的布局方法。邺城的规划继承了战国时期以宫城为中心的规划思想，改进了汉长安布局松散，宫城与坊里混杂的状况。邺城功能分区明确、结构严谨，城市交通干道轴线与城门对齐，道路分级明确。邺城的规划布局对此后的隋唐长安城的规划和以后的中国古代城市规划思想发展都产生了重要影响。

## （三）隋唐时期

隋初建造的大兴城（长安）汲取了曹魏邺城的经验并有所发展。除了城市空间规划的严谨外，还规划了城市建设的时序：先建城墙，后辟干道，再造居民区的坊里。

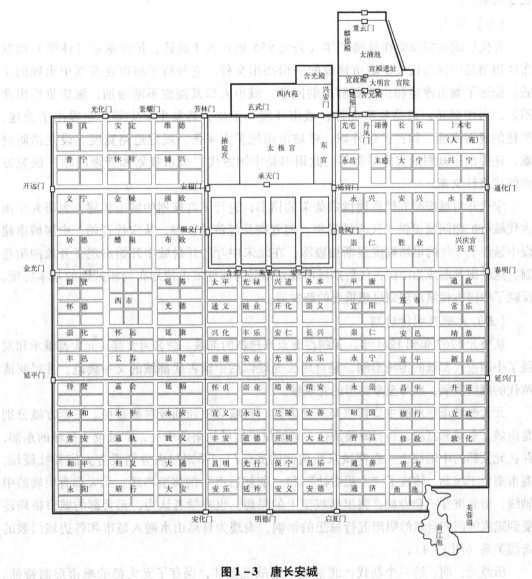

**图1-3 唐长安城**

建于公元7世纪的隋唐长安城，由宇文恺负责制定规划。长安城按照规划利用了两个冬闲时间由长安地区的农民修筑完成。先测量定位，后筑城墙、埋管道、修道路、划定坊里。整个城市布局严整，分区明确，充分体现了以宫城为中心、"官民不相参"和便于管制的指导思想。城市干道系统有明确分工，设集中的东西两市。整个城市的道路系统、坊里、市肆的位置体现了中轴线对称的布局，有些方面如旁三门、左祖右社等也体现了周代王城的体制。里坊制在唐长安得到进一步发展，里坊中巷的布局模式以及与城市道路的连接方式都已相当成熟。而108个里坊中都考虑了城市居民丰富的社会活动场所和寺庙用地（图1-3）。在长安城建成后不久，新建的另一都城东都洛阳，也由宇文恺制定规划，其规划思想与长安相似，但汲取了长安城建设的经验，如东都洛阳城的干道宽度较长安城缩小。

### （四）宋代

五代后周世宗柴荣在显德二年（公元955年）关于改建、扩建东京（汴梁）而发布的诏书是中国古代关于城市建设的一份杰出文件。它分析了城市在发展中出现的矛盾，论述了城市改建和扩建要解决的问题：城市人口及商旅不断增加，旅店货栈出现不足，居住拥挤，道路狭窄泥泞，城市环境不卫生，易发生火灾等。它提出了改建、扩建的规划措施，如：扩建外城，将城市用地扩大4倍，规定道路宽度，设立消防设施，还提出了规划的实施步骤等。此诏书是中国古代"城市规划和管理问题"研究方面的代表性文献。

宋代开封城按照五代后周世宗柴荣的诏书，进行了有规划的城市扩建，为研究中国古代城市扩建问题提供了代表性案例。随着商品经济的发展，从宋代开始，中国城市建设中延绵了千年的里坊制度逐渐被废除，在北宋中叶的开封城中开始出现了开放的街巷制。这种街巷制成为中国古代后期城市规划布局与前期城市规划布局相区别的基本特征，反映了中国古代城市规划思想重要的新发展。

### （五）元代及明清时期

从公元1267年到1274年，元朝在北京修建新的都城，命名为大都。元大都继承和发展了中国古代都城的传统形制，是自唐长安城以后中国古代都城的又一典范，并经明清两代的继续发展，成为至今存留的北京城。

元大都城市格局的主要特点是三套方城、宫城居中和轴线对称布局。三套方城分别是内城、皇城和宫城，各有城墙围合，皇城位于内城的南部中央，宫城位于皇城的东部，并在元大都的中轴线上。在都城东西两侧的齐化门和平则门内分别设有太庙和社稷坛，商市集中于城北，体现了"左祖右社"和"前朝后市"的典型格局。元大都有明确的中轴线，南北贯穿三套方城，突出皇权至上的思想。也有学者认为，元大都的城市格局还受到道家的回归自然的阴阳五行思想的影响，表现为自然山水融入城市和各边城门数的奇偶关系（图1-4）。

历经元、明、清三个朝代，北京城未遭战乱毁坏，保存了元大都的城市形制特征。明北京城的内城范围在北部收缩了5里和在南部扩展了1里，使中轴线更为突出。从外城南侧的永定门到内城北侧的钟鼓楼长达8km，沿线布置城阙、牌坊、华表、广场和殿堂，突出庄严雄伟的气势，显示封建帝王的至高无上。皇城前的东西两侧各建太庙和社稷坛，又在城外设置了天、地、日、月四坛，在内城南侧的正阳门外形成新的商业市肆，城内各处还有各类集市。清北京城没有实质性的变更，使明北京城较为完整地保存至今。明北京城的人口近百万，到清代超过了100万人（图1-5）。

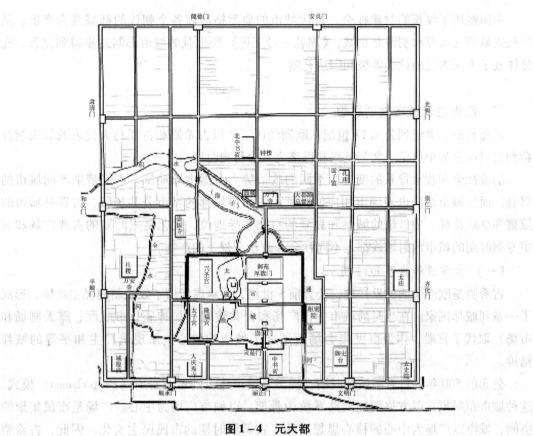

**图 1-4 元大都**

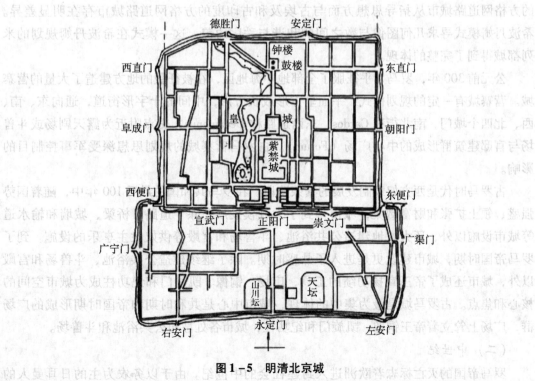

**图 1-5 明清北京城**

中国经历了漫长的封建社会，古代城市的典型格局以各个朝代的都城最为突出。从唐长安城到元大都和明清北京城，《周礼·考工记》所记载的城市形制逐步得到完善，充分体现了中国古代的社会等级和宗法礼制。

## 二、欧洲古代城市规划思想

从公元前5世纪到公元17世纪，欧洲经历了从以古希腊和古罗马为代表的奴隶制社会到封建社会的中世纪、文艺复兴和巴洛克几个历史时期。

随着社会和政治背景的变迁，不同的政治势力占据主导地位，不仅带来不同城市的兴衰，而且城市格局也表现出相应的特征。古希腊城邦的城市公共场所、古罗马城市的炫耀和享乐特征、中世纪的城堡和教堂的空间主导地位、文艺复兴时期的古典广场和君主专制时期的城市放射轴线都是不同社会和政治背景下的产物。

### （一）古希腊和古罗马时期

古希腊是欧洲文明的发祥地，公元前5世纪，古希腊经历了奴隶制的民主政体，形成了一系列城邦国家。在当时的城市中，广场和公共建筑（如神庙、市政厅、露天剧场和市场）取代了宫殿，作为市民集会场所形成了城市的核心，体现出民主和平等的城邦精神。

公元前500年的古希腊城邦时期，提出了城市建设的希波丹姆（Hippodamus）模式。这种城市布局模式以方格网的道路系统为骨架，以城市广场为中心。广场是市民集聚的空间，城市以广场为中心的核心思想反映了古希腊时期的市民民主文化。因此，古希腊的方格网道路城市从指导思想方面与古埃及和古印度的方格网道路城市存在明显差异。希波丹姆模式寻求几何图像与数之间的和谐与秩序的美，这一模式在希波丹姆规划的米列都城得到了完整的体现。

公元前300年，罗马几乎征服了全部地中海地区，在被征服的地方建造了大量的营寨城。营寨城有一定的规划模式，平面呈方形或长方形，中间的十字形街道，通向东、南、西、北四个城门，南北街称Cardos，东西道路称Decamanus，交点附近为露天剧场或斗兽场与官邸建筑群形成的中心广场（Forum）。古罗马营寨城的规划思想深受军事控制目的的影响。

古罗马时代是西方奴隶制发展的繁荣阶段。在罗马共和国的最后100年中，随着国势强盛、领土扩张和财富敛集，城市得到了大规模发展。除了道路、桥梁、城墙和输水道等城市设施以外，还大量地建造公共浴池、斗兽场和宫殿等供奴隶主享乐的设施。到了罗马帝国时期，城市建设更是进入了鼎盛时期。除了继续建造公共浴池、斗兽场和宫殿以外，城市还成了帝王宣扬功绩的工具，广场、铜像、凯旋门和纪功柱成为城市空间的核心和焦点。古罗马城是最为集中的体现，城市中心是共和时期和帝国时期形成的广场群，广场上耸立着帝王铜像、凯旋门和纪功柱，城市各处散布公共浴池和斗兽场。

### （二）中世纪

罗马帝国的灭亡标志着欧洲进入封建社会的中世纪。由于以务农为主的日耳曼人的南下，社会生活中心转向农村，手工业和商业十分萧条，城市处于衰落状态，古罗马城的人口也减至4万。

中世纪的欧洲分裂成为许多小的封建领主王国，封建割据和战争不断，出现了许多具有防御作用的城堡。中世纪欧洲的教会势力十分强大，教堂占据了城市的中心位置，教堂的庞大体量和高耸尖塔成为城市空间和天际轮廓的主导因素，使中世纪的欧洲城市景观具有独特的魅力。

10世纪以后，手工业和商业逐渐兴起，一些城市摆脱了封建领主的统治，成为自治城市，公共建筑（如市政厅、关税厅和行业会所）占据了城市空间的主导地位。随着手工业和商业的继续繁荣，不少中世纪的城市终于突破封闭的城堡，不断地向外扩张。以意大利的佛罗伦萨为例，在1172年和1284年两度突破城墙向外扩展，并修建了新的城墙，以后又被新一轮的城市扩展所突破。

（三）文艺复兴和巴洛克时期

14世纪后的文艺复兴是欧洲资本主义的萌芽时期，艺术、技术和科学都得到飞速发展。在人文主义思想的影响下，意大利的城市修建了不少古典风格和构图严谨的广场和街道，如罗马的圣彼得大教堂广场和威尼斯的圣马可广场。

在17世纪后半叶，新生的资本主义迫切需要强大的国家机器提供庇护，资产阶级与国王结成联盟，反对封建割据和教会势力，建立了一批中央集权的绝对君权国家。在当时最为强盛的法国，巴黎的城市改建体现了古典主义思潮的重大影响，如轴线放射的街道（如爱丽舍田园大道）、宏伟壮观的宫殿花园（如凡尔赛宫）和规整对称的公共广场（如协和广场）都是那个时期的典范。

三、其他地区古代城市规划思想

（一）古埃及

埃及是世界上最古老的文明古国之一，位于非洲东北部尼罗河的下游。埃及是沙漠中的绿洲，几乎终年无雨，尼罗河是唯一的水源。由于尼罗河贯穿全境，土地肥沃，成为古代文化的摇篮。

早在公元前4000年左右，埃及进入金石并用时期，出现了铜器，生产力水平有了较大提高。这里的原始公社开始解体，向奴隶制过渡，而在公元前3500年左右，埃及建立了两个王国，即上埃及和下埃及。经过长期的战争，在公元前3200年左右建立了统一的美尼斯（Menes）王朝，历史上称为第一王朝，首都建于尼罗河下游的孟菲斯。

埃及的奴隶制直接从氏族贵族演化而来。国家机器特别横暴，形成了中央集权的皇帝专制制度。有很发达的宗教为这种政权服务，并实行政教合一，国王被尊称为"法老"。

古埃及人在宗教迷信影响下，认为人在现实世界是极为短暂的，而人死后，灵魂是永生的，要在千年之后复活，死后的世界是永存的。所以皇帝的陵墓和庙宇成为主要的建筑物。如金字塔的建设常位于远离尼罗河泛滥区的西岸高地，而城市则位于尼罗河东岸。作为神圣与永恒的庙宇建设亦常与城市分离。他们认为城市与住房甚至宫殿都是短暂的而非恒久的，因而用黏土、土坯和芦苇等不耐久的材料搭建草棚泥屋。所以，至今也没有发现这个时期的城市遗址中的宫殿、住屋等完整遗物。

古埃及城市建设的成就及其对后世的影响有下述几个方面：

（1）在用地选择上，注意因地制宜。村、镇、庙宇建于尼罗河畔的天然或人工高地上，有利于解决水源与交通运输。金字塔建于尼罗河西岸远离河道的高地沙漠上，使法老尸体不受河流泛滥之患。

（2）最早运用功能分区的原则。如卡洪城主要分两个区，阿玛纳分三个区，均体现了功能分区原则。

（3）最早应用棋盘式路网。对其后古希腊希波丹姆规划形式的形成有重要影响。

（4）早期规划的"死者之城"以及新王国时期规划的阿玛纳城均出色地进行了建筑群与城市景观设计。在卡纳克与卢克索神庙的群体设计中，运用了2km长的中轴线布局，两边布置约1000具人面狮身像。规划中应用了对称、序列、对比、主题、尺度等建筑构图手法。在阿玛纳的建设中也采用了类似的规划手法。

（二）古代两河流域

古代两河流域文明发源于幼发拉底河与底格里斯河之间的美索不达米亚平原，当地的居民多信奉神教，建立了奴隶制政权，创造出灿烂的古代文明。古代两河流域的城市建设充分体现了其城市规划思想，比较著名的有波尔西巴（Borsippa）、乌尔（Ur）以及新巴比伦城。

波尔西巴建于公元前3500年，空间特点是南北向布局，主要考虑当地南北向良好的通风；城市四周有城墙和护城河，城市中心有一个"神圣城区"，王宫布置在北端，三面临水，住宅庭院则混杂布置在居住区。

巴比伦城始建于公元前3000年，作为巴比伦王国的首都，公元前689年被亚述王国所毁，亚述王国也随后于公元前650年灭亡。新巴比伦王国重建了巴比伦城，并成为了当时西亚的商业和文化中心。

新巴比伦城横跨幼发拉底河东西两岸，平面呈长方形，东西约3000m，南北约2000m，设9个城门。城内有均匀分布的大道，主大道为南北向，宽约7.5m，其西侧布置了圣地。圣地位于城市的中心，筑有观象台，其门的东侧和北侧布置了朝圣者居住的方形庭院。圣地的南面是神庙，神像在中轴线的尽端，神庙面向的是夏至日的日出方向。城内的其他道路相对较窄，约1.5~2.0m。新巴比伦城的城墙两重相套，以加强防御功能。城中为国王和王后修建的"空中花园"，位于20多米的高处，通过特殊装置用幼发拉底河水浇灌，被后人称为世界七大奇迹之一。

（三）古印度

印度是世界上古老的文化发源地之一。大约在公元前3000年左右，印度北部的原始部落即已开始解体，出现了许多奴隶制国家。

印度河文明（公元前2600~前1500年）的早期城市主要是因为在莫亨约—达罗

（Mohenjo—Daro）和哈拉巴（Harappa）两地的发掘而闻名于世的。1922年经考古发掘，证实了公元前2500～前1500年间的史前文化——哈拉巴文化的存在。考古学家曾将莫亨约—达罗与哈拉巴视为两个首都，假定为同一国家的二元统治。然而根据最近的调查与发掘，已证明比卡奈（Bikarner）地方的沙漠之下，有一个叫卡里班干的都市遗迹，很可能尚有几处发达的中心存在。

雅利安人到印度后不久，给印度文化增添了新的色彩。约在公元前1000年某些定居点四周开始筑起护墙。住宅与城镇也开始制定规划准则。有些准则内记载有建筑和雕塑规范。住宅和城镇的"吉兆"首先要求严格按罗盘基本方位定朝向。城内土地分块要按某种规格进行，每个城镇有东西长街叫做街道。另一条南北向街道，叫做宽街。城内顺城墙根有一环城街，供宗教游行用。城市中心是块高地，后来代之窣堵坡（Stupa）塔楼。潘陀族的首府印特拉勒斯特（Indraprastha）城和枯鲁族的哈斯底纳波勒（Hastinapura）城被当时的史诗描绘成气象万千的美丽都城。据传说，那两城是按天堂模式建造起来的。

（四）古代美洲

在欧洲殖民者入侵之前，美洲各族人民已经创造了丰富的物质财富和精神文化。那时当地大部分地区还处于原始公社阶段，但是在中美洲和南美洲的某些地区已开始进入阶级社会，并形成三个巨大的文化中心，即墨西哥地区、古玛雅（Maya）地区和古印加（Inca）地区。

1. 墨西哥地区

约在1万年至5000年前，墨西哥地区已出现较高的石器时代文化。约在公元前10世纪中期，出现了奥尔梅克文化。奥尔梅克人用整块石头雕凿了重达30多吨的巨大石刻人头像。

到公元前10世纪末期，以墨西哥城西北数十公里的特奥蒂瓦坎（Teotihuacan）为中心，建立了最初的奴隶制国家。公元1325年阿兹台（Aztec）人从北方来到墨西哥地区，建立丹诺奇迪特兰城（Tenochtitlan），这就是现在墨西哥的前身。

2. 古玛雅地区

古玛雅地区包括现在的墨西哥的尤卡坦半岛和危地马拉、洪都拉斯等国。玛雅文化也是世界著名的古代文明之一。

玛雅人的历史遗迹始于公元初期。在尤卡坦半岛南部的贝登伊查湖东北，建立了一些奴隶制的城邦国家，其中最大的是提卡尔城（Tikal）。此后兴起了大小不同的玛雅城邦不下百余个。公元5～6世纪之间建立了奇清·依扎城（Chichen Itza）。公元10世纪时多尔台克人征服玛雅。

3. 古印加地区

印加人在公元11～13世纪时期生活在安第斯中部的库斯科谷地。公元1438年征服了一些部落，建立了国家。统治的范围从现在的厄瓜多尔和哥伦比亚南部到智利和阿根廷北部，包括秘鲁和玻利维亚在内。印加人是伟大的石工建筑家，能从山上开下重达200t的大石块，通过几十里山地运到目的地，建造宏丽的金字塔式的庙宇和城堡。他们的建筑大量保存在马丘比丘（Machu Picchu）。印加人还是建筑道路的能手，有两条大道纵贯全国，长达数千公里，建设质量极高。

古美洲完整城镇遗址至今还极少发现。现存遗址多数只限于宏伟的核心，即宗教中心或政治中心。尚未发现这些中心附近是否有居住区。有些发现的居住区却没有神庙或举行宗教仪式的遗址，也没有集市遗址。

从选址来看，很少考虑交通方便，而主要考虑距肥沃土地的远近，就地取材是否方便，水源如何等因素，还考虑到用山坡地进行建设，有利于防卫。

## 第三节　现代城市规划理论

### 一、现代城市规划产生的历史背景

18世纪工业革命极大地改变了人类居住地的模式，城市化进程迅速推进。由于工业生产方式的改进和交通技术的发展，使得城市不断集中，城市人口快速扩张。农业生产劳动率的提高和资本主义制度的建立，迫使大量破产农民进一步向城市集中，各类城市都面临着同样的人口爆发性增长问题。

这样的人口增长，使得原有城市中的居住设施严重不足，旧的居住区不断沦为贫民窟，出现了许多粗制滥造的住宅，同时，由于在市内交通设施严重短缺的情况下，需要提供廉价、距生产地点在步行距离以内的住房，在房地产投机和城市政府对工人住宅缺乏重视的状况下，造成人口高密度集聚、市政基础设施和公共服务设施严重匮乏、住房基本的通风和采光条件不能满足等问题，导致传染病的流行。特别是19世纪30年代到40年代蔓延于英国和欧洲大陆的霍乱更引起社会和有关当局的惊恐，同时也引起社会各阶层人士的关注。

在19世纪中叶，开始出现了一系列有关城市未来发展方向的讨论。这些讨论在很多方面是对过去城市发展讨论的延续，同时又开拓了新的领域和方向，为现代城市规划的形成和发展在理论上、思想上和制度上都进行了充分的准备。从对现代城市规划史的回溯可以看到，现代城市规划发展基本上都是过去这些不同方面的延续和进一步的深化与扩展。

（一）空想社会主义

近代历史上的空想社会主义源自于莫尔（T. More）的"乌托邦"概念。他期望通过对社会组织结构等方面的改革来改变当时他认为是不合理的社会，以建立理想社会的整体秩序，并描述了他理想中的建筑、社区和城市。近代空想社会主义的代表人物欧文（Robert Owen）和傅里叶（Charleo Fourier）等人不仅通过著书立说来宣传和阐述他们对理想社会的信念，同时还通过一些实践来推广和实践这些理想。如欧文于1817年提出并在美国印第安纳州实践的"协和村"方案；傅里叶在1829年提出了以"法朗吉"为单位，建设由1500～2000人组成的社区，废除家庭小生产，以社会大生产替代。1859～1870年，戈定（J. P. Godin）在法国Guise的工厂相邻处按照傅里叶的设想进行了实践，这组建筑群包括了三个居住组团，有托儿所、幼儿园、剧场、学校、公共浴室和洗衣房。

### （二）英国关于城市卫生和工人住房的立法

针对当时出现的肺结核及霍乱等疾病的大面积流行，1833年，英国成立了委员会专门调查疾病形成的原因，该委员会于1842年提出了"关于英国工人阶级卫生条件的报告"。1844年，成立了英国皇家工人阶级住房委员会，并于1848年通过了《公共卫生法》。这部法律规定了地方当局对污水排放、垃圾堆积、供水、道路等方面应负的责任。

由此开始，英国通过一系列的卫生法规，建立起一整套对卫生问题的控制手段。对工人住宅的重视也促成了一系列法规的通过，如1868年的《贫民窟清理法》和1890年的《工人住房法》等，这些法律要求地方政府提供公共住房。

### （三）巴黎改建

奥斯曼（George E. Haussman）在1853年开始任巴黎的行政长官，他看到了巴黎的供水受到污染，排水系统不足，可以用作公园和墓地的空地严重缺乏，大片破旧肮脏的住房以及没有最低限度的交通设施等问题的严重性，通过政府直接参与和组织，对巴黎进行了全面的改建。这项改建以道路系统来划分整个城市的结构，并将塞纳河两岸地区紧密地连接在一起。

在街道改建的同时，结合整治街景的需要，出现了标准的住房平面布局方式和标准的街道设施。在城市的两侧建造了两个森林公园，在城市中配置了大面积的公共开放空间，从而为当代资本主义城市的建设确立了典范，成为19世纪末20世纪初欧美城市改建的样板。

### （四）城市美化

城市美化源自于文艺复兴后的建筑学和园艺学传统。自18世纪后，中产阶级对城市中四周由街道和连续的联列式住宅所围成的居住街坊中只有点缀性的绿化表示出极端的不满，在此情形下兴起的"英国公园运动"试图将农村的风景庄园引入到城市之中。随着这一运动的进一步发展出现了围绕城市公园布置联列式住宅的布局方式，并将住宅坐落在不规则的自然景色中。

这一思想通过西谛（Sitte）对中世纪城市内部布局的总结和对城市不规划布局的倡导而得到深化。与此同时，在美国以奥姆斯特德（F. L. Olmsted）所设计的纽约中央公园为代表的公园和公共绿地的建设也意在实现与此相同的目标。以1893年在芝加哥举行的世界博览会为起点、以对市政建筑物进行全面改进为标志的城市美化运动，综合了对城市空间和建筑进行美化的各方面的思想和实践，在美国城市得到了全面的推广。

### （五）公司城

公司城的建设是资本家为了就近解决工人的居住条件，从而提高工人的生产效率而出资建设和管理的小型城镇。这类城镇在19世纪中叶后的西方各国都有众多的实例。

后来，在田园城市的建设和发展中发挥了重要作用的昂温（R. Unwin）和帕克（B. Parker）在19世纪的后半叶对公司城的建设也起了重要作用，并在此过程中积累了大量经验，为以后的田园城市的设计建设提供了基础。

二、现代城市规划的早期思想

(一) 霍华德的田园城市

在19世纪中期以后的种种改革思想和实践的影响下，霍华德于1898年出版了以《明天：通往真正改革的和平之路》(Tomorrow: a Peaceful Path to Real Reform) 为题的论著，提出了田园城市 (Garden City) 的理论。他后来确定的田园城市概念为：田园城市是为健康、生活以及产业而设计的城市，它的规模足以提供丰富的社会生活，四周要有永久性农业地带围绕，城市的土地归公众所有，由委员会受托管理。

根据霍华德的设想，田园城市包括城市和乡村两个部分。城市的规模必须加以限制，每个田园城市的人口限制为3万人，超过了这一规模，就需要建设另一个新的城市。目的是为了保证城市不过度集中和拥挤，以免产生现有大城市的各类弊病，同时也可使每户居民都能够方便地接近乡村自然环境。田园城市实质上就是城市和乡村的结合体，每一个田园城市的城区用地占总用地的1/6，若干个田园城市围绕着中心城市（中心城市人口规模为5.8万）呈圈状布置，借助于快速的交通工具（如铁路）只需要几分钟就可以往来于田园城市与中心城市或田园城市之间。城市之间是农业用地，包括耕地、牧场、果园、森林以及农业学院、疗养院等，作为永久性保护的绿地，农业用地永远不得改作他用（图1-6）。

**图1-6 城乡结合的田园城市简图**

田园城市的城区平面呈圆形，中央是一个公园，有六条主干道路从中心向外辐射，把城市分成六个扇形地区。在其核心部位布置一些独立的公共建筑（市政厅、音乐厅、图书馆、剧场、医院和博物馆）。在城市直径线的外1/3处设一条环形的林荫大道 (Grand Avenue)，并以此形成补充性的城市公园，其两侧均为居住用地。在居住建筑地区中，布置了学校和教堂。在城区最外围地区建设各类工厂、仓库和市场，一面对着最外层的环形道路，一面对着环形的铁路支线，交通非常方便。

霍华德不仅提出了田园城市的设想，以图解的形式描述了理想城市的原型，还为实现这一设想进行了细致的考虑，对资金来源、土地分配、城市财政收支、田园城市经营管理等都提出了具体的建议（图1-7）。

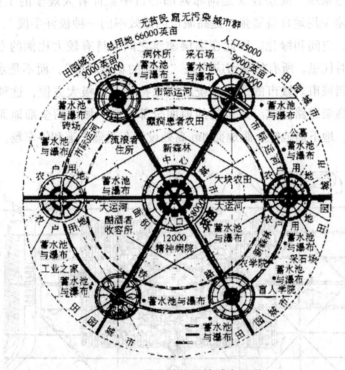

图1-7 霍华德构思的城市组群

霍华德于1899年组织了田园城市协会，1903年组织了"田园城市有限公司"，筹措资金，在距伦敦东北56km的地方购置土地，建立了第一座田园城市莱奇沃斯。

（二）柯布西耶的现代城市设想

柯布西耶是现代建筑运动的重要人物。1922年他发表了"明天城市"的规划方案，阐述了他从功能和理性角度出发对现代城市的基本构想。方案中提供了一个300万人口城市的规划，中部为中心区，除了必要的各种机关、商业和公共设施、文化和生活服务设施外，有将近40万人居住在24栋60层高的摩天大楼。高楼周围有大片的绿地，建筑仅占地5%。外围是环形居住带，有60万居民住在多层连续的板式住宅内，最外围的是容纳200万居民的花园住宅。平面是严格的几何形构图，矩形的和对角线的道路交织在一起。规划的中心思想是提高市中心的密度，改善交通，全面改造城市地区，形成新的城市概念，提供充足的绿地、空间和阳光。在该项规划中，柯布西耶还特别强调了大城市交通运输的重要性。在规划方案中，规划了一个地下铁路车站，在车站上面布置了一个出租飞机起降场。中心区的交通干道由三层组成：地下走重型车辆，地面用于市内交通，高架道路用于快速交通。市区与郊区由地铁和郊区铁路线来联系（图1-8）。

1931年，柯布西耶发表了他的"光辉城市"的规划方案，这一方案是他以前城市规划方案的进一步深化，同时也是他的现代城市规划和建设思想的集中体现。他认为城市是必须集中的，只有集中的城市才有生命力，由于拥挤而带来的城市问题是完全可以通过技术手段得到解决的。这种技术手段就是采用大量的高层建筑来提高密度和建立一个高效率的城市交通系统。高层建筑是柯布西耶心目中象征着大规模的工业社会的图腾，是"人口集中、避免用地日益紧张、提高城市内部效率的一种极好手段"，同时也可以保证有充足的阳光、空间和绿化，因此在高层建筑之间保持有较大比例的空旷地。他的理想是在机械化的时代里，所有的城市应当是"垂直的花园城市"，而不是水平向的每家每户拥有花园的田园城市。城市的道路系统应当保持行人的极大方便，这种系统由地铁和人车完全分离的高架道路组成。建筑物的地面全部架空，城市的全部地面均可由行人支配，屋顶设花园，地下通地铁，距地面5m高处设汽车运输干道和停车场。

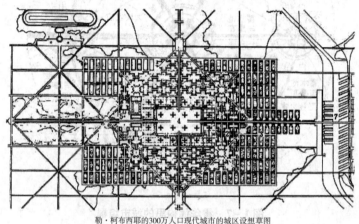

勒·柯布西耶的300万人口现代城市的城区设想草图

**图1-8　"明天城市"规划方案**

1—中心地区楼群；2—公寓地区楼群；3—田园城区（独立住宅）；
4—交通中心；5—各种公共设施；6—大公园；7—工厂区

柯布西耶作为现代城市规划原则的倡导者和执行这些原则的中坚力量，他的上述设想充分体现了他对现代城市规划的一些基本问题的探讨，通过这些探讨，逐步形成了理性功能主义的城市规划思想，集中体现在由他主持撰写的《雅典宪章》（1933年）之中。他的这些城市规划思想，深刻地影响了第二次世界大战后全世界的城市规划和城市建设，而他本人的实践活动一直到20世纪50年代初应邀主持印度昌迪加尔的规划时才得以充分施展。该项规划在20世纪50年代初由于严格遵守《雅典宪章》，并且布局规整有序而得到普遍的赞誉。

（三）玛塔的线形城市

线形城市是由西班牙工程师索里亚·玛塔于1882年首先提出的。按照索里亚·玛塔的设想，那种传统的从核心向外扩展的城市形态已经过时，它们只会导致城市拥挤和卫生恶化，在新的集约运输方式的影响下，城市将依赖交通运输线组成城市的网络。而线形城市就是沿交通运输线布置的长条形的建筑地带,"只有一条宽500m的街区,要多长就有多长——这就是未来的城市",城市不再是分散在不同地区的点,而是由一条铁路和道路干道相串联在一起的、连绵不断的城市带,并且这个城市是可以贯穿整个地球的。这个城市中的居民既可以享受城市型的设施又不脱离自然,并可以使原有城市中的居民回到自然中去。

后来,索里亚·玛塔提出了"线形城市的基本原则"。最符合这条原则的城市结构就是使城市中的人从一个地点到其他任何地点在路程上耗费的时间最少。既然铁路是能够做到安全、高效和经济的最好的交通工具,城市的形状理所当然就应该是线形的。这一点也就是线形城市理论的出发点。在余下的其他纲要中,索里亚·玛塔还提出城市平面应当呈规矩的几何形状,在具体布置时要保证结构对称,街坊呈矩形或梯形,建筑用地应当至多只占1/5,要留有发展的余地,要公正地分配土地(图1-9)。

图1-9 玛塔的线形城市方案

(四)戈涅的工业城市

工业城市的设想是法国建筑师戈涅于20世纪初提出的,1904年在巴黎展出了这一方案的详细内容,1917年出版了名为《工业城市》的专著,阐述了他的工业城市的具体设想,这一设想的目的在于探讨现代城市在社会和技术进步的背景中的功能组织。

在这个城市中,戈涅布置了一系列的工业部门,它们被安排在河口附近,下游有一条更大的主干河道,便于进行水上运输。选择用地尽量合乎工业部门的要求,这也是布置其他用地的先决条件。城市中的其他地区布置在一块日照条件良好的高地上,沿着一条通往工业区的道路展开。沿这条道路在工业区和居住区之间设立了一个铁路总站。在市中心布置了大量的公共建筑。在市中心两侧布置居住区,居住区划分为几个片区,每个片区内各设一个小学校。居住区基本上是两层楼的独立式建筑,四面围绕着绿地。建筑地段不是封闭的,不设围墙,它们互相组成为一个统一的群体。

戈涅的工业城市的规划方案已经摆脱了传统城市规划尤其是学院派城市规划方案追求气魄,大量运用对称和轴线放射的方法。在城市空间的组织中,他更注重各类设施本身的要求和与外界的相互关系。在工业区的布置中将不同的工业企业组织成若干个群体,对环境影响大的工业布置得远离居住区,对职工人数较多、对环境影响小的工业则接近居住区布置,并在工厂区中布置了大片的绿地。而在居住街坊的规划中,将一些生活服务设施与住宅建筑结合在一起,形成一定地域范围内相对自足的服务设施。居住建筑的布置从适当的日照和通风条件的要求出发,放弃了当时欧洲尤其是巴黎盛行的周边式布局而采用独立式布局形式,并留出一半的用地作为公共绿地,在这些绿地中布置可以贯穿全城的步行小道。

在整个城市的规划中,戈涅将各类用地按照功能划分得非常明确,使它们各得其所,这是工业城市设想的一个最基本的思路。这一思想直接孕育了《雅典宪章》所提出的功能分区的原则,对于解决当时城市中工业居住混杂而带来的种种弊病具有重要意义。

(五) 西谛的城市形态研究

在现代城市规划的早期思想中,很多学说注重于研究现代城市的功能和整体结构,而较少从比较微观的角度去研究城市内部空间的组织。1889年西谛出版了《根据艺术原则建设城市》一书,他在研究城市建设的艺术原则时,考察了古希腊、古罗马、中世纪和文艺复兴时期许多优秀建筑群的实例,针对当时城市建设中出现的忽视城市空间艺术性的状况,提出"我们必须以确定的艺术方式形成城市建设的艺术原则。我们必须研究过去时代的作品并通过寻求出古代作品中美的因素来弥补当今艺术传统方面的损失,这些有效的因素必须成为现代城市建设的基本原则"。

西谛通过对城市空间的各类构成要素,如广场、街道、建筑、小品等之间的相互关系的探讨,揭示了这些设施位置的选择、布置以及与交通、建筑群体布置之间建立艺术的和宜人的相互关系的一些基本原则,强调人的尺度、环境的尺度与人的活动以及他们的感受之间的协调,从而建立起城市空间的丰富多彩和人的活动空间的有机构成。

(六) 格迪斯的学说

格迪斯作为一个生物学家最早注意到工业革命、城市化对人类社会的影响,通过对城市进行生态学的研究,强调人与环境的相互关系,并揭示了决定现代城市成长和发展的动力。他的研究显示,人类居住地与特定地点之间存在着的关系是一种已经存在的、由地方经济性质所决定的精致的内在联系,因此,他认为场所、工作和人是结合为一体的。在他于1915年出版的著作《进化中的城市》中,他把对城市的研究建立在客观现实的基础之上,周密分析地域环境的潜力和限度对于居住地布局形式与地方经济体系的影响关系,突破了当时常规的城市概念,提出把自然地区作为规划研究的基本框架。他指出,工业的集聚和经济规模的不断扩大,已经造成了一些地区的城市发展显著的集中。在这些地区,城市向郊外的扩展已属必然并形成了这样一种趋势,使城市结合成巨大的城市集聚区或者形成组合城市。

格迪斯认为城市规划是社会改革的重要手段,因此,城市规划要得到成功就必须充分运用科学的方法来认识城市。他运用哲学、社会学和生物学的观点,揭示了城市在空间和时间发展中所展示的生物学和社会学方面的复杂性,因此,在进行城市规划前要进行系统的调查,取得第一手的资料,通过实地勘察了解所规划城市的历史、地理、社会、经济、文化、美学等因素,把城市的现状和地方经济、环境发展潜力以及限制条件联系在一起进行研究,在这样的基础上,才有可能进行城市规划工作。他的名言是"先诊断后治疗",由此形成了影响至今的现代城市规划过程的公式:"调查—分析—规划",即通过对城市现实状况的调查，分析城市未来发展的可能，预测城市中各类要素之间的相互关系，然后依据这些分析和预测，制定规划方案。

（七）沙里宁的有机疏散理论

有机疏散理论是伊利尔·沙里宁（E. Saarinen）为缓解由于城市过分集中所产生的弊病而提出的关于城市发展及其布局结构的理论。他在1942年出版的《城市：它的发展、衰败和未来》一书就详尽地阐述了这一理论。

沙里宁认为，城市发展的原则是可以从自然界的生物演化中推导出来的。在这样的指导思想基础上，他全面地考察了中世纪欧洲城市和工业革命后的城市建设状况，分析了有机城市的形成条件和在中世纪的表现及其形态，对现代城市出现的衰败的原因进行了揭示，从而提出了治理现代城市的衰败、促进其发展的对策。把衰败地区中的各种活动，按照预定方案，转移到适合于这些活动的地方去；把腾出来的地区，按照预定方案，进行整顿，改作其他最适宜的用途；保护一切老的和新的使用价值。因此，有机疏散就是把大城市目前的那一整块拥挤的区域，分解成为若干个集中单元，并把这些单元组织成为"在活动上相互关联的有功能的集中点"。

要达到城市有机疏散的目的，就需要一系列的手段来推进城市建设的开展，沙里宁在书中详细地探讨了城市发展思想、社会经济状况、土地问题、立法要求、城市居民的参与和教育、城市设计等方面的内容。针对城市规划的技术手段，他认为"对日常活动进行功能性的集中"和"对这些集中点进行有机的分散"这两种组织方式，是使原先密集城市得以从事必要的和健康的疏散所必须采用的两种最主要的方法。所以，任何的分散运动都应当按照这两种方法来进行，只有这样，有机疏散才能得到实现。

（八）赖特的广亩城

赖特（F. L. Wright）处于美国的社会经济背景和城市发展的独特环境之中，从人的感觉和文化意义中体验着对现代城市环境的不满和对工业化之前的人与环境相对和谐状态的怀念情绪。他于1932年提出了"广亩城市"的设想，从而将城市分散发展的思想发挥到了极致。赖特认为现代城市不能适应现代生活的需要，也不能代表和象征现代人类的愿望，是一种反民主的机制，因此，这类城市应该取消，尤其是大城市。他要创造一种新的、分散的文明形式，它在小汽车大量普及的条件下已成为可能。汽车作为"民主"的驱动方式，成为他反城市模型也就是"广亩城市"构思方案的支柱。

他在1932年出版的《消失中的城市》中写道，未来城市应当是无所不在又无所在的，"这将是一种与古代城市或任何现代城市差异如此之大的城市，以至我们可能根本不会认识到它作为城市而已来临"。在随后出版的《宽阔的田地》一书中，他正式提出了"广亩城市"的设想。这是一个把集中的城市重新分布在一个地区性农业的方格网格上的方案。他认为，在汽车和廉价电力遍布各处的时代里，已经没有将一切活动都集中于城市中的需要，而最为需要的是如何从城市中解脱出来，发展一种完全分散的、低密度的生活居住就业结合在一起的新形式，这就是广亩城市。

在这种实质上是反城市的"城市"中，每一户周围都有一英亩（$4050m^2$）的土地来生产供自己消费的食物和蔬菜。居住区之间以高速公路相连接，提供方便的汽车交通。沿着这些公路，建设公共设施、加油站等，并将其自然地分布在为整个地区服务的商业中心之内。赖特对于广亩城市的现实性一点也不怀疑，认为这是一种必然，是社会发展的不可避免的趋势。他写道："美国不需要有人帮助建造广亩城市，它将自己建造自己，并且完全是随意的"。美国城市在20世纪60年代以后普遍的郊迁化在相当程度上是赖特广亩城市思想的体现。

### 三、现代城市规划的理论依据

现代城市规划在对现代城市的整体认识基础上，从对城市社会进行改造的思想导引下，逐步建立了现代城市规划的基本原理和方法，同时也界定了城市规划学科的领域，形成了城市规划的独特理念，在城市发展和建设的过程中发挥其重要的作用。

#### （一）《雅典宪章》

20世纪20年代末，现代建筑运动走向高潮，在国际现代建筑协会（CIAM）第一次会议的宣言中，提出了现代建筑和建筑运动的基本思想和准则。其中认为，城市化的实质是一种功能秩序，对土地使用和土地分配的政策要求有根本性的变革。1933年召开的第四次会议的主题是"功能城市"，会议发表了《雅典宪章》。《雅典宪章》依据理性主义的思想方法，对城市中普遍存在的问题进行了全面分析，提出了城市规划应当处理好居住、工作、游憩和交通的功能关系，并把该宪章称为现代城市规划的大纲。

《雅典宪章》在思想上认识到城市中广大人民的利益是城市规划的基础，因此，它强调"对于从事于城市规划的工作者，人的需要和以人为出发点的价值衡量是一切建设工作成功的关键"，在宪章的内容上也从分析城市活动入手提出功能分区的思想和具体做法，并要求以人的尺度和需要来估量功能分区的划分和布置，为现代城市规划的发展指明了以人为本的方向，建立了现代城市规划的基本内涵。但很显然，《雅典宪章》的思想方法是奠基于物质空间决定论的基础之上的。这一思想在城市规划中的实质在于通过物质空间变量的控制，就可以形成良好的环境，而这样的环境就能自动地解决城市中的社会、经济、政治问题，促进城市的发展和进步。这是《雅典宪章》所提出来的功能分区及其机械联系的思想基础。

《雅典宪章》最为突出的内容就是提出了城市的功能分区，而且对以后的城市规划的发展影响也最为深远。它认为，城市活动可以划分为居住、工作、游憩和交通四大活动，提出城市规划研究和分析的"最基本分类"，并提出"城市规划的四个主要功能要求各自都有其最适宜发展的条件，以便给生活、工作和文化分类和秩序化"。功能分区在当时有着重要的现实意义和历史意义，它主要针对当时大多数城市无计划、无秩序发展过程中出现的问题，尤其是工业和居住混杂导致的严重的卫生问题、交通问题和居住环境问题等，而功能分区方法的使用确实可以起到缓解和改善这些问题的作用。另一方面，从城市规划学科的发展过程来看，《雅典宪章》所提出的功能分区也是一种革命。它依据城市活动对城市土地使用进行划分，对传统的城市规划思想和方法进行了重大的改革，突破了过去城市规划追求图面效果和空间气氛的局限，引导了城市规划向科学的方向发展。

（二）《马丘比丘宪章》

20世纪70年代后期，国际建协鉴于当时世界城市化趋势和城市规划过程中出现的新内容，于1977年在秘鲁的利马召开了国际性的学术会议。与会的建筑师、规划师和有关官员以《雅典宪章》为出发点，总结了近一个世纪以来尤其是第二次世界大战后的城市发展和城市规划思想、理论方法的演变，展望了城市规划进一步发展的方向，在古文化遗址马丘比丘山上签署了《马丘比丘宪章》。该宪章申明：《雅典宪章》仍然是这个时代的一项基本文件，它提出的一些原理今天仍然有效，但随着时代的进步，城市发展面临着新的环境，而且人类认识对城市规划也提出了新的要求，《雅典宪章》的一些指导思想已不能适应当前形势的发展变化，因此需要进行修正。

《马丘比丘宪章》首先强调了人与人之间的相互关系对于城市和城市规划的重要性，并将理解和贯彻这一关系视为城市规划的基本任务。《马丘比丘宪章》摒弃了《雅典宪章》机械主义和物质空间决定论的思想基石，宣扬社会文化论的基本思想。社会文化论认为，物质空间只是影响城市生活的一项变量，而且这一变量并不能起决定性的作用，而起决定性作用的应该是城市中各人类群体的文化、社会交往模式和政治结构。在考察了当时城市化快速发展和遍布全球城市的状况之后，《马丘比丘宪章》要求将城市规划的专业和技术应用到各级人类居住点上，即邻里、乡镇、城市、都市地区、区域、国家和洲，并以此来指导建设。

《马丘比丘宪章》在对40多年的城市规划理论探索和实践进行总结的基础上，提出《雅典宪章》所崇尚的功能分区"没有考虑城市人与人之间的关系，结果是城市患了贫血症，在那些城市里建筑物成了孤立的单元，否认了人类的活动要求流动的、连续的空间这一事实"。确实，《雅典宪章》以后的城市规划基本上都是依据功能分区的思想而展开的，尤其在第二次世界大战后的城市重建和快速发展阶段中按规划建设的许多新城和一系列的城市改造中，由于对纯粹功能分区的强调而导致了许多问题，人们发现经过改建的城市社区竟然不如改建前或一些未改造的地区充满活力，新建的城市相当的冷漠、单调、缺乏生气。他们提出以人为核心的人际结合思想，以及流动、生长、变化的思想，为城市规划的新发展提供了新的起点。20世纪60年代的理论以简·雅各布斯（J. Jacobs）充满激情的现实评述和亚历山大（C. Alexander）相对抽象的理论论证为代表。《马丘比丘宪章》接受了此观点，并提出"在今天，不应当把城市当作一系列的组成部分拼在一起考虑，而必须努力去创造一个综合的、多功能的环境"。

《马丘比丘宪章》认为城市是一个动态系统，要求"城市规划师和政策制定者必须把城市看做为在连续发展与变化的过程中的一个结构体系"。20世纪60年代以后，系统思想和系统方法在城市规划中得到了广泛的运用，直接改变了过去将城市规划视作对终极状态进行描述的观点，而更强调城市规划的过程性和动态性。自20世纪60年代中期后，在运输—土地使用规划研究中发展起来的思想和方法，经麦克劳林（J. B. McLoughlin）、查德威克（Chadwick）等人在理论上的努力和广大规划师在实践中的自觉运用，形成了城市规划运用系统的方法论。《马丘比丘宪章》在对这一系列理论探讨进行总结的基础上作了进一步的发展，提出"区域和城市规划是个动态过程，不仅要包括规划的制定而且也要包括规划的实施。这一过程应当能适应城市这个有机体的物质和文化的不断变化。"在这样的意义上，城市规划就是一个不断模拟、实践、反馈、重新模拟的循环过程，只有通过这样不间断的连续过程才能更有效地与城市系统相协同。

自20世纪60年代中期开始，城市规划的公众参与成为城市规划发展的一个重要方面，同时也成为此后城市规划进一步发展的动力。达维多夫（Paul Davidoff）在20世纪60年代初提出的"规划的选择理论"和"倡导性规划"概念，成为城市规划公众参与的理论基础。其基本的意义在于，不同的人和不同的群体具有不同的价值观，规划不应当以一种价值观来压制其他多种价值观，而应当为多种价值观的体现提供可能，规划师就是要表达这不同的价值判断并为不同的利益团体提供技术帮助。真正全面和完整的公众参与则要求公众能真正参与到规划的决策过程之中。1973年联合国世界环境会议通过的宣言，开宗明义地提出：环境是人民创造的，这就为城市规划中的公众参与提供了政治上的保证。城市规划过程的公众参与现已成为许多国家城市规划立法和制度的重要内容和步骤。《马丘比丘宪章》不仅承认公众参与对城市规划的极端重要性，而且更进一步地推进其发展。《马丘比丘宪章》提出"城市规划必须建立在各专业设计人员、城市居民以及公众和政治领导人之间的系统的、不断的、互相协作配合的基础上"，并"鼓励建筑使用者创造性地参与设计和施工"。

（三）《北京宣言》

1998年，在新世纪的前夜，来自全球不同国家和地区的建筑师，聚首东方古都北京，举行国际建协成立50年来的第20次大会，大会形成了纲领性文件《北京宣言》。《北京宣言》清醒地审视了20世纪人类社会的发展历程，深入思考了21世纪建筑学的未来，提出了建筑学的循环体系和植根于地方文化的城市与建筑发展观。

工业革命后，人类利用自然、改造自然，取得了骄人的成就，也付出了高昂的代价：人口爆炸，农田被吞噬，空气、水与土地资源日渐退化，环境祸患正威胁人类。

人类为了生活得更加美好，聚居于城市，弘扬了科学文化，提高了生产力。在20世纪，大都市的光彩璀璨夺目；在21世纪，城市居民的数量将首次超过农民，"城市时代"名副其实。然而，旧工业城市的贫民窟清理未毕，底层社会的住区又业已形成。贫富分离、交通堵塞、污染频生等城市问题日益恶化。城市社区分化解体，因循守旧，难以为继。我们的城市还能否存在下去？城镇由我们所构建，可是当我们试图作些改变时，为何又显得如此无能为力？在城市住区影响我们的同时，我们怎样才能应对城市问题？传统的建筑观念还能否适应城市发展的大趋势？

经数千年的积累，科学技术在近百年来释放了空前的能量。新材料、新结构和新设备的应用，创造了20世纪特有的建筑形式。凭借现代交通和通信，纷繁的文化传统更加息息相关，紧密相连。技术的建设力和破坏力同时增加，然而我们还不能够对其能量和潜力驾轻就熟。技术改变了人类生活，改变了人与自然的关系，进而向固有的价值观念发起挑战。我们如何才能趋其利而避其害？

文化是历史的积淀，它存留于建筑间，融汇在生活里，对城市的营造和市民的行为起着潜移默化的影响，是城市和建筑的灵魂。但是，技术和生产方式的全球化愈来愈使人与传统的地域空间相分离，地域文化的特色渐趋衰微；标准化的商品生产致使建筑环境趋同，建筑文化的多样性遭到扼杀。如何追寻在过去的岁月里曾为人们所珍爱的城镇之魂？

《北京宣言》指出，广义建筑学，就其学科内涵来说，是通过城市设计的核心作用，从观念上和理论基础上把建筑、地景和城市规划学科的精髓整合为一体，将我们关注的焦点从建筑单体、结构最终转换到建筑环境上来。如果说过去主要局限于一些先驱者，那么现在则已涉及整个建筑领域。

1. 建筑学的循环体系

《北京宣言》强调，新陈代谢是人居环境发展的客观规律，建筑单体及其环境经历一个规划、设计、建设、维修、保护、整治、更新的过程。建设环境的寿命周期恒长持久，因而更依赖建筑师的远见卓识。将建筑循环过程的各个阶段统筹规划，将新区规划设计、旧城整治、更新与重建等纳入一个动态的、生生不息的循环体系之中，在时空因素作用下，不断提高环境质量，这也是实现可持续发展战略的关键。

2. 植根于地方文化的多层次技术建构

充分发挥技术对人类文明进步的促进作用是21世纪的重要使命。地域差异预示着21世纪仍将是多种技术并存的时代。《北京宣言》认为，高新技术革新能迅猛地推动生产力的发展，但是成功的关键仍然有赖于技术与地方文化、地方经济的创造性结合。不同国度和地区之间的经验交流，不是解决方案的简单移植，而是激发地方想象力的一种手段。

当今，城市建设规模浩大、速度空前，城市以往的表面完整性遭到破坏，建筑环境的整体艺术成为新的追求，宜用城市的观念看建筑，重视建筑群的整体和城市全局的协调，以及建筑与自然的关系，在动态的建设发展中追求相对的整体的协调美和"秩序的真谛"。

3. 全社会的建筑学

建筑师与业主以及社会的关系至为关键。这不仅是出于美学层次上的考虑，更是实际的需要，因为在许多地区，居民参与是实现"住者有其屋"的基本途径。在许多传统社会的建设中，《北京宣言》鲜明地指出，建筑师扮演了不同行业总协调人的角色，然而，如今不少建筑师每每拘泥于狭隘的技术—美学形式，越来越脱离真正的决策。建筑师必须将社会整体作为最高的业主，承担其义不容辞的社会责任。

（四）可持续发展思想

20世纪70年代初，石油危机对西方社会意识形成了强烈的冲击，二战后重建时期的以破坏环境为代价的乐观主义人类发展模式彻底打破，保护环境从一般的社会呼吁逐步在城市规划界成为思想共识和一种操作模式。西方各国相继在城市规划中增加了环境保护规划部分，对城市建设项目要求进行环境影响评估（Environmental Impact Assessment）。

1972年联合国在斯德哥尔摩召开的人类环境会议通过的《人类环境宣言》，第一次提出"只有一个地球"的口号。1976年人居大会（Habitat）首次在全球范围内提出了"人居环境（Human Settlement）"的概念。1978年联合国环境与发展大会第一次在国际社会正式提出"可持续的发展（Sustainable Development）"的观念。

1980年由世界自然保护同盟等组织、许多国家政府和专家参与制定了《世界自然保护大纲》，认为应该将资源保护与人类发展结合起来考虑，而不是像以往那样简单对立。1981年，布朗的《建设一个可持续发展的社会》，首次对可持续发展观作了系统的阐述，分析了经济发展遇到的一系列的人居环境问题，提出了控制人口增长、保护自然基础、开发再生资源的三大可持续发展途径，他的思想在最近又得到了新的发展。1987年，世界环境与发展委员会向联合国提出了题为《我们共同的未来》的报告，对可持续发展的内涵作了界定和详尽的立论阐述，指出我们应该致力于资源环境保护与经济社会发展兼顾的可持续发展的道路。

1992年，第二次环境与发展大会通过的《环境与发展宣言》和《全球21世纪议程》的中心思想是：环境应作为发展过程中不可缺少的组成部分，必须对环境和发展进行综合决策。大会报告的第七章专门针对人居环境的可持续发展问题进行论述，这次会议正式地确立了可持续发展是当代人类发展的主题。1996年的人居二大会（Habitat Ⅱ），又被称为城市高峰会议（The City Summit），总结了第二次环境与发展会议以来人居环境发展的经验，审议了大会的两大主题："人人享有适当的住房"和"城市化进程中人类住区的可持续发展"，通过了《伊斯坦布尔人居宣言》。

1994年，中国政府正式公布了《中国21世纪议程：中国21世纪人口、环境与发展白皮书》。文件认为，可持续发展之路是中国未来发展的自身需要和必然选择。一方面，中国是发展中国家，要提高社会生产力、增强综合国力和不断提高人民生活水平，就必须把发展国民经济放在首位。另一方面，中国是在人口基础大、人均资源少、经济和科技水平都比较落后的条件下实现经济快速发展的，使本来就已经短缺的资源和脆弱的环境面临更大的压力。

《中国21世纪议程》是根据中国国情，阐述中国的可持续发展战略和对策，可以分为四个部分，分别涉及可持续发展总体战略、社会可持续发展、经济可持续发展和资源与环境的合理利用与保护。每项议题都包括导言和方案领域两个部分。导言重点阐述该议题的目的、意义及其在可持续发展整体战略中的地位和作用；方案领域又分为三个部分，分别是行动依据（说明本方案领域所要解决的关键问题）、为解决这些问题所制定的目标和实现上述目标所要实施的行动。

无论是在全球的还是国家的21世纪议程中，人类住区的可持续发展都是一个重要组成部分。《全球21世纪议程》把人类住区的发展目标归纳为改善人类住区的社会、经济和环境质量，以及所有人（特别是城市和乡村的贫民）的生活和居住环境。人类住区的发展任务包括向所有人提供住房，改善人类住区管理，促进可持续的土地利用规划和管理，促进综合提供环境基础设施，促进人类住区可持续的能源和运输系统建设，促进灾害易发地区的人类住区规划和管理，促进可持续的建筑业发展，促进人力资源开发和能力建设以推动人类住区发展。

四、现代城市规划的主要理论

（一）有关城市发展方式的理论

现代城市的发展存在着两种主要的趋势，即分散发展和集中发展。而在对城市发展的理论研究中，也主要针对着这两种现象而展开，这在前面介绍的霍华德的田园城市和柯布西耶的现代城市设想中已有表述。

1. 城市分散发展理论

城市的分散发展理论是建立在通过建设小城市来分散大城市的基础之上，其中主要的理论包括了田园城市、卫星城和新城的思想、有机疏散理论等。

霍华德于 1898 年提出了田园城市的设想，田园城市尽管在 20 世纪初得到了初步的实践，但在实际的运用中，分化为两种不同的形式。一种是指农业地区的孤立小城镇，另一种是指城市郊区。前者的吸引力较弱，也形不成霍华德所设想的城市群，难以发挥其设想的作用；后者显然是与霍华德的意愿相违背的，它只能促进大城市无序地向外蔓延。

20 世纪 20 年代，曾在霍华德的指导下主持完成第一个田园城市莱奇沃斯规划的昂温（R. Unwin）提出了卫星城理论，并以此来继续推行霍华德的思想。昂温认为，霍华德的田园城市在形式上有如围绕在行星周围的卫星，因此，他在考虑伦敦地区的规划时，建议围绕着伦敦周围建立一系列的卫星城，并将伦敦过度密集的人口和就业岗位疏解到这些卫星城中去。昂温通过著述和设计活动竭力推进他的卫星城理论。

1924 年，在阿姆斯特丹召开的国际城市会议上提出建设卫星城是防止大城市过大的一个重要方法，从此，卫星城便成为一个在国际上通用的概念。在这次会议上，明确提出了卫星城市的定义：卫星城市是一个经济上、社会上、文化上具有现代城市性质的独立城市单位，但同时又是从属于某个大城市的派生产物。但卫星城概念强化了与中心城市（又称母城）的依赖关系，强调中心城的疏解，因此往往被视作为中心城市某一功能疏解的接受地，并出现了工业卫星城、科技卫星城甚至新城等不同的类型，希望使之成为中心城市功能的一部分。

经过一段时间的实践，人们发现这些卫星城带来的一些问题，原因在于对中心城市的过度依赖。卫星城应具有与大城市相近似的文化福利设施，可以满足居民的就地工作和生活需要，从而形成一个职能健全的相对独立的城市。至 20 世纪 50 年代以后，人们对于这类按规划设计建设的新城市统称为新城（new town），一般已不称为卫星城。新城的概念更强调了其相对独立性，它基本上是一定区域范围内的中心城市，为其本身周围的地区服务，并且与中心城市发生相互作用，成为城镇体系中的一个组成部分，对涌入大城市的人口起到一定的截流作用。

沙里宁（E. Saarinen）认为卫星城确实是治理大城市问题的一种方法，但他认为并不一定需要另外新建城市，而可以通过它本身的定向发展来达到同样的目的。因此，他提出对城市发展及其布局结构进行调整的有机疏散理论。他在1942年出版的《城市：它的发展、衰败和未来》一书就详尽地阐述了这一理论。

2. 城市集中发展理论

城市集中发展理论的基础在于经济活动的聚集，这也是城市经济的最根本特征之一。在这种聚集效应的推动下，人口不断地向城市集中，城市发挥出更大的作用。

城市的集中发展到一定程度之后出现了城市现象，这是由于聚集经济的作用而使大城市的中心优势得到了广泛实现所产生的结果。随着大城市的进一步发展，出现了规模更为庞大的城市形式，即出现了世界经济中心城市，也就是所谓的世界城市（国际城市或全球城市）等。1986年，弗里德曼（J. Friedman）发表了论文《世界城市假说》（The World City Hypothesis），强调世界城市的国际功能决定于该城市与世界经济一体化相联系的方式与程度的观点，并提出了世界城市的7个指标：①主要的金融中心；②跨国公司总部所在地；③国际性机构的集中地；④商业部门（第三产业）的高度增长；⑤主要的制造业中心（具有国际意义的加工工业等）；⑥世界交通的重要枢纽（尤指港口和国际航空港）；⑦城市人口规模达到一定标准。

大城市的向外急剧扩展、城市出现明显的郊迁化现象以及城市密度的不断提高，在世界上许多国家中出现了空间上连绵成片的城市密集地区，即城市聚集区（urban agglomeration）和大城市带（megalopolis）。大城市带的概念是由法国地理学家戈特曼（J. Gottman）于1957年提出的，指的是多核心的城市连绵区，人口的下限是2500万人。联合国人类聚居中心对城市聚集区的定义是：被一群密集的、连续的聚居地所形成的轮廓线包围的人口居住区，它和城市的行政界线不尽相同。在高度城镇化地区，一个城市聚集区往往包括一个以上的城市，这样，它的人口也就远远超出中心城市的人口规模。

（二）有关城镇网络体系的理论

城市的分散发展和集中发展只是表述了城市发展过程中的不同方面，任何城市的发展都是这两个方面作用的综合。因此，只有综合地认识城市的分散和集中发展，并将它们视为同一过程的两个方面，考察城市与城市之间、城市与区域之间以及将它们作为一个统一体来进行认识，才能真正认识城市发展的实际状况。

城市是人类进行各种活动的集中场所，通过交通和通信网络，使物质、人口、信息等不断从城市向各地、从各地向城市流动。城市对区域的影响类似于磁场效应，随着距离的增加影响力逐渐减弱，并最终被附近其他城市的影响所取代。每个城市影响地区的大小，取决于城市所能够提供的商品、服务及各种机会的数量和种类。不同规模的城市及其影响的区域组合起来就形成了城市的等级体系。在其组织形式上，位于国家等级体系最高级的是具有国家中心地位的大城市，它们拥有最广阔的腹地。在这些大城市的腹地内包含若干个等级体系中间层次的区域中心城市，在每一个区域中心腹地，又包含着若干个位于等级体系最低层次的小城市，它们是周围地区的中心。

城镇间的相互作用，都要借助于一系列的交通和通信设施才能实现。这些交通和通信设施所组成的网络的多少和方便程度，也就赋予了该城市在城市体系中的相对地位。旨在揭示城市空间组织中相互作用特点和规律的城市相互作用模型，深受理论研究者的重视。在众多的理论模式中，引力模型是其中最为简单、使用最为广泛的一种。引力模型是根据牛顿万有引力规律推导出来的。该模型认为，两个城市的相互作用与这两个城市的质量（可以城市人口规模或经济实力为代表）成正比，与它们之间的距离平方成反比。

城市体系就是指一定区域内城市之间存在的各种关系的总和。城市体系的研究起始于格迪斯对城市—区域问题的重视，后经芒福德等人的努力，至20世纪60年代才作为一个科学的概念。格迪斯、芒福德等人从思想上确立了区域城市关系是研究城市问题的逻辑框架，而克里斯泰勒（W. Christaller）于1933年发表的中心地理论则揭示了城市布局间的现实关系。贝利（B. Berry）等人结合城市功能的相互依赖性，进行了对城市经济行为的分析和中心地理论的研究，逐步形成了城市体系理论。完整的城市体系包括了三部分的内容，即特定地域内所有城市的职能之间的相互关系、城市规模上的相互关系和地域空间分布上的相互关系。

（三）有关城市土地布局结构的理论

就城市土地使用而言，由于城市的独特性，城市土地使用在各个城市中都具有各自的特征，但是它们之间也有共同的特点和运行的规律。根据墨菲（R. Murphy）的观点，所有这些均可归类于同心圆理论、扇形理论和多核心理论。这三种理论具有较为普遍的适用性，但很显然它们并不能用来全面解释所有城市的土地使用和空间状况，巴多（Bardo）和哈特曼（Hartman）对此的评论似乎是比较恰当的。他们认为："最合理的说法是没有哪种单一模式能很好地适用于所有城市，但这三种理论能够或多或少地在不同的程度上适用于不同的地区"。

1. 同心圆理论

同心圆理论是由伯吉斯（E. W. Burgess）于1923年提出的。他试图创立一个城市发展和土地使用空间组织方式的模型，并提供了一个图示性的描述。根据他的理论，城市可以划分成5个同心圆的区域。

居中的圆形区域是中央商务区（Central business district，即CBD），这是整个城市的中心，是城市商业、社会活动、市民生活和公共交通的集中点；第二环是过渡区（Zone in transition），是中央商务区的外围地区，是衰败了的居住区；第三环是工人居住区（Zone of workingmen's homes），主要由产业工人（蓝领工人）和低收入的白领工人居住的集合式楼房、独户住宅或较便宜的公寓所组成；第四环是良好住宅区（Zone of better residences），这里主要居住的是中产阶级，他们通常是小商业主、专业人员、管理人员和政府工作人员等，有独门独院的住宅和高级公寓及旅馆等，以公寓住宅为主；第五环是通勤区（Commuters zone），主要是一些富裕的、高质量的居住区，上层社会和中上层社会的郊外住宅坐落在这里，还有一些小型的卫星城，居住在这里的人大多在中央商务区工作，上下班往返于两地之间。

2. 扇形理论

扇形理论是霍伊特（H. Hoyt）于1939年提出的理论。他根据美国64个中小城市住房租金分布状况的统计资料，又对纽约、芝加哥、底特律、费城、华盛顿等几个大城市的居住状况进行调查，发现城市就整体而言是圆形的。城市的核心只有一个，交通线路由市中心向外呈放射状分布。随着城市人口的增加，城市将沿交通线路向外扩大，同一使用方式的土地从市中心附近开始逐渐向周围移动，由轴状延伸而形成整体的扇形。也就是说，对于任何的土地使用均是从市中心区既有的同类土地使用的基础上，由内向外扩展，并继续留在同一扇形范围内。

3. 多核心理论

多核心理论是哈里斯（C. D. Harris）和乌尔曼（E. L. Ullman）于1945年提出的理论。他们通过对美国大部分大城市的研究，提出影响城市活动分布的四项基本原则：

（1）有些活动要求设施位于城市中为数不多的地区（如中心商务区要求非常方便的可达性，而工厂需要有大量的水源）；

（2）有些活动受益于位置的互相接近（如工厂与工人住宅区）；

（3）有些活动对其他活动会产生对抗或有消极影响，就会要求这些活动有所分离（如高级住宅区与浓烟滚滚的钢铁厂不会互相毗邻）；

（4）有些活动因负担不起理想场所的费用，而不得不布置在不很合适的地方（如仓库被布置在冷清的城市边缘地区）。

## 第四节　当代城市规划发展趋势

一、当代城市的发展趋势

（一）城市全球化

世界经济结构格局的变化，全球性地影响到城市空间结构的深刻变化。资本和劳动力全球性流动，产业的全球性迁移，经济活动中心的全球性集聚，促使全球城市体系的多级化。中心城市发展加快，以实现其对全球经济的控制和运作。城市中心区的结构、建筑综合体的组织，以实现更高的效率，全球化时代的城市建筑风格将在城市规划师和建筑师不断的创造性劳动中诞生。

发达国家城市中传统制造业的衰落，大量旧厂房、旧仓库、码头闲置，急切需要注入新的经济活力，以求复兴，重新开发和利用。而发展中国家快速的工业化，新型工业城市将加入"全球装配线"，并且推动着城市化。一些以跨国集团总部为标志的控制全球经济领域的"全球城"开始出现。地方建筑传统受到全球化的挑战。

（二）空间市场化

在世界范围内的城市更新中，由于市场经济的地域在20世纪末大规模扩大，在土地级差的作用下，城市用地出现重构和置换，原有建筑的功能将得以改变和改造，如仓库变为购物中心,码头改为娱乐中心等现象越来越频繁地出现。新建筑的创作和原有建筑的更新,将更加丰富城市的生活和景观。传统城市在保护继承中得到新生,旧城建筑和传统文化的保护,会变得越来越重要,也面临越来越严峻的挑战。

同时,旧城区也在功能转换和更新。这就使社会经济的发展和文化传统的保护面临空前挑战。而在发展中国家,普遍受到经济力量和城市规划管理、建筑设计力量不足的困扰,尤其在决策层常被急功近利的心态所支配,造成决策不当,城市的文化传统遭到破坏。另一方面,城市在全球化过程中加剧了世界各种文化在城市中面对面的冲突,建筑师面临着都市多元文化的融合和创新的新课题。

高层次管理功能的集聚与低层次生产功能的分散,使城市系统的复杂层次从巨大城市到小城镇都不断发生着变化。

(三) 信息网络化

交通与通信的进步使得城镇在地理上的分散成为可能,因而更接近自然。但在另一方面,对环境构成新的损害。在18世纪,蒸汽机使得以家庭为基础的生产单位分解,而1964年计算机的发明引起更为深远的变革,即信息革命。这场革命仅半个世纪,电脑网络已覆盖全球,电子货币、电子图像、电子声音、信息高速公路出现,生产自动化、办公自动化、家庭自动化迟早会在家庭中重新定义公共空间和私有空间。

工业革命使人们向城市集聚而疏远大自然,信息革命则使人们居住和工作空间扩散并亲近大自然;工业革命使人们从郊外到市中心工作,信息革命则使人们在郊外工作而到市中心娱乐、消费、社交等。人类将步入信息社会,信息化社会将使城市建设的时空关系发生革命性变革。"全球村庄"、"城市解体"引起人类生活工作模式的重大变化,通过现代信息网络,家庭将重新与工作场所相结合。电子社区、虚拟银行等将出现,但人们更盼望共享空间、交往场所、更多新类型建筑的涌现。因此,新的城市建筑形式将成为新城市景观的一部分。

(四) 全球城市化

发达国家大致在20世纪70年代相继完成了城市化进程,步入后城市化阶段。发达国家的城市规划师和建筑师主要面临的是大量的城市更新换代的改造任务。而对于大多数发展中国家,当前还处于城市化从起步到快速发展的过渡期(城市化水平转折点为30%)。近年来,许多发展中国家对城市化也有了积极的认识,城市化被纳入国家发展政策中。

中国城市化从20世纪80年代的14%,提高到2000年的36%,已经开始进入城市化快速发展期。交通与通信技术的发展使发展中国家在城市化过程中,避免重复发达国家城市先集中后分散的老路,探索更为合理的城市化道路。这对于发展中国家的城市规划师和建筑师显然是一个挑战。

伴随着全球城市化的推进,人类在过去100年对自然资源和能源的消耗,达到人类历史上空前的程度,造成全球环境的恶化。城市的环境问题,已经不再是城市本身,而是牵涉到整个地区、跨国界的乃至全球范围的环境恶化和整治。

从20世纪70年代起，可持续发展的战略思想逐步形成，并已得到全世界的共识。但可持续发展战略的实施，必须在区域开发、城市建设和建筑营造各个层面得到全面贯彻。

全球的城市化和中国的城市化的发展，都已经达到或即将超越50%的历史性的关键点。发展中国家、新兴工业国家的快速城市化，以及发达工业国家城市化的衰退，提出了整个人类的居住环境和生活方式重大变革的问题。相对较低的城市化水平可能会给中国提供结合国情发展城市政策的机会。

## 二、当代城市规划理论研究热点

### （一）知识经济与城市规划

自从工业革命以来，科学技术对于经济发展的推动作用是始终存在的，但其主导性近年来越来越显著。经济合作与发展组织（OECD）的《1996年度科学、技术和产业展望》提出"以知识为基础的经济"概念，其定义是"知识经济直接以生产、分配和利用知识与信息为基础"。

经济合作与发展组织认为，知识经济具有以下四个主要特点。

1. 科技创新

在工业经济时代，原料和设备等物质要素是发展资源；在知识经济时代，科技创新成为最重要的发展资源，被称为无形资产。

2. 信息技术

信息技术使知识能够被转化为数码信息而以极其有限的成本广为传播。

3. 服务产业

在从工业经济向知识经济演进的同时，产业结构经历着从制造业为主向服务业为主的转型，因为生产性服务业是知识密集型产业。在发达国家，生产性服务业占国内生产总值的比重已经超过50%，生产性服务业在世界贸易中的比重从1970年的1/4上升到1990年的1/3。

4. 人力素质

在知识经济时代，人的智力取代人的体力成为真正意义上的发展资源，因而教育是国家发展的基础所在。

由于科学技术对于经济发展的主导作用日益显著，现代城市都在积极营造有利于科技创新的环境，以提升经济竞争能力。高科技园区逐渐成为城市营造科技创新环境的一项重要举措，因而高科技园区规划越来越显示其重要性。

西方学者的一项研究将高科技园区分为四种基本类型。第一种类型是高科技企业的聚集区，与所在地区的科技创新环境紧密相关，以大学所提供的科技创新环境为基础；第二种类型完全是科学研究中心，与制造业并无直接的地域联系，往往是政府计划的建设项目；第三种类型称为技术园区，作为政府的经济发展策略，在特定地域内提供各种优越条件（包括优惠政策），吸引高科技企业的投资；第四种类型是建设完整的科技城市，作为区域发展和产业布局的一项计划。但是，这项研究认为，尽管各种高科技园区层出不穷,而且也产生了显著的影响,但当今世界的科技创新的主要来源仍然是发达国家的国际性大都市(如伦敦、巴黎和东京),因为它们具有最能够孕育科技创新的土壤。

总之,知识经济将催生各种高科技园区,它将是未来城市的重要组成部分,而其中大的中心城市仍然是科技创新的最重要基地。

我国先后建立了53个国家级的高新技术产业开发区。一般来说,在经济较为发达的大都市地区(如北京和上海),高新技术产业园区的发展较为成功(如北京的中关村和上海的张江地区),因为科技创新的环境比较成熟(包括实力雄厚的高等院校、科研机构和跨国公司的研发中心)。高新技术产业园区对于我国的高科技产业发展起了积极作用,多数园区的经济增长水平也远远高于所在城市或地区的整体水平。

### (二)经济全球化与城镇体系网络

经济全球化是指各国之间在经济上越来越相互依存,各种发展资源(如信息、技术、资金和人力)的跨国流动规模越来越扩大。经济全球化表现出几个基本特征:

(1) 跨国公司在世界经济中的主导地位越来越突出,管理与控制—研究与开发—生产与装配三个基本层面的空间配置已经不再受到国界的局限。

(2) 各国的经济体系越来越开放,国际贸易额占各国生产总值的比重逐年上升,关税壁垒正在彻底瓦解之中。

(3) 各种发展资源(如信息、技术、资金和人力)的跨国流动规模不断扩大。

(4) 信息、通信和交通的技术革命使资源跨国流动的成本日益降低,为经济全球化提供了强有力的技术支撑。国际互联网和各国信息高速公路的形成正在使电子商务趋于普及,将在生产性服务领域带来一场全球化革命。

在经济全球化进程中,随着经济空间结构重组,城镇体系也发生了结构性变化,从以经济活动的部类为特征的水平结构到以经济活动的层面为特征的垂直结构。工业经济时代的城市产业结构都是建立在制造业的基础上的,只是每个城镇的主导部类不同,这就是所谓的"钢铁城"、"纺织城"或"汽车城"等,因为每个产业的管理与控制、研究与开发和制造与装配三个层面往往集中在同一城镇,城镇间依赖程度相对较小。因而,城镇之间的经济活动差异在于部类不同而不是层面不同,这就是城镇体系的水平结构。在经济全球化进程中,管理与控制、研究与开发和制造与装配三个层面的聚集向不同的城镇分化,经济空间结构重组表现为制造与装配层面的空间扩散和管理与控制层面的空间集聚,城市间依赖程度较大。春兰集团是我国的知名大企业,曾将管理与控制、研究与开发和制造与装配三个层面都集中在江苏省泰州市;随着企业的成功发展,2000年的职工和资产规模分别达到1万余人和120亿元,春兰集团决定将决策中心迁到上海,而生产基地仍然留在泰州。可见,作为经济中心城市的上海正在聚集越来越多的公司总部,而一些城市则成为制造与装配基地。

经济全球化进程中,资本和劳动力全球流动,产业的全球迁移,经济活动和管理中心的全球性集聚和生产的低层次扩散,使经济体系从水平结构转变为垂直结构,从而导致城镇体系的两极分化。在这个城镇体系的顶部,是少数城市对于全球或区域经济起着管理与控制作用，末端是作为制造与装配基地的一大批城镇。

根据对纽约、伦敦、东京、香港和新加坡等城市的研究，可以归纳出经济中心城市的基本特点：

（1）作为跨国公司（全球性或区域性）总部的集中地，因而是全球或区域经济的管理与控制中心；

（2）这些城市往往又是金融中心，更加增强了经济中心的作用；

（3）这些城市还具有高度发达的生产性服务业（如房地产、法律、财务、信息、广告和技术咨询等），以满足跨国公司的服务需求；

（4）生产性服务业是知识密集型产业，这些城市因而成为知识创新的基地和市场；

（5）作为经济、金融和商务中心，这些城市还必然是信息通信和交通设施的枢纽，以满足各种"资源流"（如信息和资金）在全球或区域网络中的配置，为经济中心提供强有力的技术支撑。以纽约、伦敦和东京这三个全球影响最大的经济中心城市（称为"世界城市"）为例，相当数量的世界最大跨国公司、银行和证券公司的总部设在这里。

另一方面的研究表明，随着制造业的标准化和大规模生产部分从发达国家转移到新兴工业化国家和发展中国家，这些国家的城镇作为跨国公司的制造与装配基地得到迅速发展，受跨国资本的影响，城镇经济的国际化程度显著提升。

（三）信息化社会与城市空间形态重构

如果说18世纪蒸汽机使得家庭作为生产单位解体的话，那么计算机的问世，则引发了一场更为迅猛的信息革命。人类的知识能够被编码成为信息，并分解为信息单位（比特），以极快的速度、极低的成本和极大的容量进行存储和传递。知识传播的信息化大大缩短了从知识产生到知识应用的周期，促进了知识对经济发展的主导作用。正是因为信息化对于经济社会发展的推动作用，现代社会被称为"信息社会"。信息革命仅半个世纪，电脑网络已覆盖了全球，电子货币、电子图像、电子声响、信息高速公路相继出现，人们可以以住所为基础，实现远程工作。总之，信息革命深刻地改变着人类社会结构和生活方式。例如：工业革命使人们离开家庭集中就业，信息革命则使人们重新回到家庭工作；工业革命使人们向城镇集聚而疏远大自然，信息革命则使人们居住和工作空间扩散并亲近大自然；工业革命使人们在郊外居住到市中心工作，信息革命则使人们在郊外工作而到市中心娱乐、消费、社交等。与此同时，必然引起城市空间形态的重构。

# 第二章
## 城市规划体系与编制

### 第一节 城市规划体系的构成

一、城市规划法规体系

国家和地方制定的有关城市规划的法律、行政法规和技术法规，组成完整的城市规划法规体系。

（一）法律法规

原先以《中华人民共和国城市规划法》为基本法，其他与之配套的法律规范和城乡规划相关法组成的国家城市规划法规体系；以及各省、自治区、直辖市制定的《中华人民共和国城市规划法》实施条例或办法为基础，其他与之配套的行政法规组成的地方城市规划法规体系，有立法权的城市也可以制定相应的规划法规。地方法规必须以国家的法律、法规为依据，相互衔接、相互协调。现在《中华人民共和国城乡规划法》已颁布实施，取代了《中华人民共和国城市规划法》，与之配套的城乡规划编制办法以及相关的规定正在酝酿之中。

（二）行政法规

城市规划管理是具体的行政行为，属于行政法规限定的范畴，其行为规范应遵循一般行政法规的要求，主要是行政管理法制监督法律，比如《行政复议法》、《行政诉讼法》、《国家赔偿法》、《行政许可法》和《行政处罚法》等。

（三）技术法规

国家或地方制定的专业性的标准和规范，分为国家标准和行业标准。目的是保障专业技术工作的科学与规范，使之符合质量要求。2006年4月1日起实施的《城市规划编制办法》（建设部令第146号），考虑了《中华人民共和国城市规划法》和新的《中华人民共和国城乡规划法》之间的衔接。

## 二、城市规划编制体系

按照新《城市规划编制办法》的规定，我国现行的城市规划编制体系由以下不同层次的规划组成。

### （一）城镇体系规划

主要包括全国、省（自治区）以及跨行政区域的城镇体系规划；市域、县域城镇体系规划在制定城市总体规划时统一安排，并纳入城市总体规划范畴。

### （二）城市总体规划

编制总体规划应首先由城市人民政府组织制定总体规划纲要，经批准后，作为指导总体规划编制的重要依据。在总体规划的基础上，应结合国民经济和社会发展规划以及土地利用总体规划，编制城市近期建设规划。大中城市可以编制分区规划，对总体规划的内容进行必要的深化。城市总体规划依法审批后，根据实际需要，还可以对总体规划涉及的各项专业规划进一步深化，单独制定专项规划。

### （三）城市详细规划

城市详细规划包括控制性详细规划和修建性详细规划两个部分。在不同层次的城市规划中，都应当贯彻城市设计的理念和原则。

城市规划由各级具有相应资格的城市规划设计单位负责编制。

## 三、城市规划行政体系

我国的城市规划行政体系由不同层次的城市规划行政主管部门组成，即国家城市规划行政主管部门，省、自治区、直辖市城市规划行政主管部门，城市的规划行政主管部门。它们分别对各自行政辖区的城市规划工作依法进行管理。

各级城市规划行政主管部门对同级政府负责，上级城市规划行政主管部门对下级城市规划行政主管部门进行业务指导和监督。

## 四、城市规划体系发展趋势

民主公正意识和环境保护意识是近年来城市规划体系发展中的两个显著特点。

### （一）民主公正意识

民主公正意识主要体现在规划的公众参与，这是确保城市规划民主性的重要环节。在发达国家和地区，规划法规为发展规划和开发控制两个阶段的公众参与提供了法律依据和法定程序，在战略规划和法定规划的编制过程中，有不同程度和不同方式的公众参与的法定环节。一般来说，法定规划具有更为直接的公众利益影响，因而公众享有在程度上和方式上更为完全的参与机会。在开发控制阶段，具有显著影响的开发活动必须公布于众，使任何可能受到影响的第三方也有机会参与。

### （二）环境保护意识

城市规划中的环境意识表现为两种方式。一种是以环境保护法规作为城市规划的相关法规，开发活动必须与环境保护法规相符合；另一种是以环境保护法为依据，在规划法规中增加环境保护条款或制定环境保护条例。

例如英国制定了《城市规划环境影响评估条例》，要求对具有不利环境影响的开发项目进行环境影响评估，并使公众有机会参与评议，规划部门也需要更多的时间进行审查。

## 第二节 城市规划与其他相关规划的关系

### 一、城市规划与区域规划的关系

区域规划和城市规划的关系十分密切，两者都是在明确长远发展方向和目标的基础上，对特定地域的各项建设进行综合部署，只是在地域范围的大小和规划内容的重点与深度方面有所不同。

一般城市的地域范围比城市所在的区域范围相对要小，城市多是一定区域范围内的经济或政治、文化中心，每个中心都有其影响的区域范围，每一个经济区或行政区也都有其相应的经济中心或政治、文化中心。区域资源的开发，区域经济与社会文化的发展，特别是工业布局和人口分布的变化，对区域内已有城市的发展或新城镇的形成往往起决定性作用。反之，城市发展也会影响整个区域社会经济的发展。由此可见，要明确城市的发展目标，确定城市的性质和规模，不能只局限于城市本身条件就城市论城市，必须将其放在与它有关的整个区域的大背景中进行考察，同时也只有从较大的区域范围才能更合理地规划工业和城镇布局。例如，有些大城市的中心城区要控制发展规模，需从市区迁出某些对环境污染较严重的企业，如果只在城市本身所辖的狭小范围内进行规划调整，不可能使工业和城市的布局得到根本改善。因此，就需要编制区域规划，区域规划可为城市规划提供有关城市发展方向和生产力布局的重要依据。

在尚未开展区域规划的情况下编制城市规划，首先要进行城市发展的区域分析，要分析区域范围内与该城市有密切联系的资源的开发利用与分配。经济发展条件的变化、生产力布局和城镇间分工的客观要求，为确定该城市的性质、规模和发展方向寻找科学依据。

区域规划是城市规划的重要依据，城市与区域是"点"与"面"的关系，一个城市总是与一定的区域范围相联系的；反之，一定的地区范围内必然有其相应的地域中心。从普遍的意义上说，区域的经济发展决定着城市的发展，城市的发展也会促进区域的发展。因此，城市规划必须以区域规划为依据，否则，就城市论城市，就会成为无源之水，难以全面把握城市基本的发展方向、性质、规模和空间布局。

区域规划与城市规划要相互配合、协调进行。区域规划要把规划的建设项目落实到具体地点，制定出产业布局规划方案，这对区域内各城镇的发展影响很大。对新建项目的选址和扩建项目的用地安排，则有待城市规划进一步落实。城市规划中的交通、动力、给水排水等基础设施的布局应与区域规划的布局相互衔接协调。区域规划需分析和预测区域内城镇人口增长趋势、规划城镇人口的分布；根据区内各城镇的不同条件，大致确定各城镇的性质、规模、用地发展方向和城镇之间的合理分工与联系。城市规划可使其进一步具体化，在城市规划具体落实过程中，有可能还需对区域规划作某些必要的调整和补充。

二、城市规划与国民经济和社会发展规划的关系

国民经济和社会发展中长期规划是城市规划的重要依据之一，而城市规划同时也是国民经济和社会发展的年度计划及中期规划的依据。国民经济和社会发展规划中与城市规划关系密切的是有关生产力布局、人口、城乡建设以及环境保护等部门的发展规划。城市规划依据国民经济与社会发展规划所确定的有关内容，合理确定城市发展的规模、速度和内容等。

城市规划是对国民经济和社会中长期发展规划的落实作空间上的战略部署。国民经济和社会发展规划的重点是放在该地区及城市发展的方略和全局部署上，对生产力布局和居民生活的安排只作出轮廓性的考虑，而城市规划则要将这些考虑落实到城市的土地资源配置和空间布局中。但是，城市规划不是对国民经济和社会发展规划的简单落实，因为国民经济和社会发展规划的期限一般为5年、10年，而城市规划要根据城市发展的长期性和连续性特点，作更长远的考虑（20年或更长远）。对国民经济和社会发展规划中尚无法涉及但却会影响城市长期发展的有关内容，城市规划应作出更长远的预测。

三、城市总体规划与土地利用总体规划的关系

从总体和本质上看，我国目前的城市总体规划和土地利用总体规划的目标是一致的，都是为了合理使用土地资源，促进经济、社会与环境的协调和可持续发展。

土地利用总体规划以保护土地资源（特别是耕地）为主要目标，在比较宏观的层面上对土地资源及其使用功能进行划分和控制，而城市总体规划侧重于城市规划区内土地和空间资源的合理使用，两者应该是相互协调和衔接的关系，土地使用规划是城市总体规划的核心。

城市总体规划除了土地使用规划内容外，还包括城市区域的城镇体系规划、城市经济社会发展战略以及空间布局等内容，这些内容又为土地利用总体规划提供宏观依据。土地利用总体规划不仅应为城市的发展提供充足的发展空间，以促进城市与区域经济社会的发展，而且还应为合理选择城市建设用地、优化城市空间布局提供灵活性。

城市规划范围内的用地布局应主要根据城市空间结构的合理性进行安排。城市总体规划应进一步树立合理和集约用地、保护耕地的观念，尤其是保护基本农田。城市规划中的建设用地标准和总量应与土地利用规划充分协调一致。

城市总体规划和土地利用总体规划都应在区域规划的指导下，相互协调和制约，共同遵循合理用地、节约用地、保护生态环境、促进经济、社会和空间协调发展的原则。

四、城市规划与其他专项规划的关系

城市总体规划应当明确综合交通、环境保护、文化教育、商业网点、医疗卫生、绿地系统、河湖水系、历史文化名城保护、地下空间、基础设施、综合防灾等专项规划的原则。

编制各类专项规划，应当依据城市总体规划。

## 第三节　城市规划编制任务和原则

一、城市规划编制层次和关系

编制城市规划一般分总体规划和详细规划两个阶段，大、中城市根据需要，可以依法在总体规划的基础上组织编制分区规划。

城市总体规划包括市域城镇体系规划和中心城区规划。编制城市总体规划，应当先组织编制总体规划纲要，研究确定总体规划中的重大问题，作为编制规划成果的依据。根据城市的实际情况和各自需要，大城市和中等城市可以在总体规划基础上，编制分区规划，进一步控制和确定不同地段的土地用途、范围和容量，协调各项基础设施和公共设施的建设。

详细规划根据不同的任务、目标和深度要求，可分为控制性详细规划和修建性详细规划两种类型。

二、城市各层次规划的相互关系

编制城市总体规划，应当以全国城镇体系规划、省域城镇体系规划以及其他上层次法定规划为依据，从区域经济社会发展的角度研究城市定位和发展战略，按照人口与产业、就业岗位的协调发展要求，控制人口规模、提高人口素质，按照有效配置公共资源、改善人居环境的要求，充分发挥中心城市的区域辐射和带动作用，合理确定城乡空间布局，促进区域经济社会全面、协调和可持续发展。

编制城市分区规划，应当依据已经依法批准的城市总体规划，对城市土地利用、人口分布和公共服务设施、基础设施的配置作出进一步的安排，对控制性详细规划的编制提出指导性要求。

编制城市控制性详细规划，应当依据已经依法批准的城市总体规划或分区规划，考虑相关专项规划的要求，对具体地块的土地利用和建设提出控制指标，作为建设主管部门（城乡规划主管部门）审批建设项目规划许可的依据。

编制城市修建性详细规划，应当依据已经依法批准的控制性详细规划，对所在地块的建设提出具体的安排和设计。

### 三、城市规划编制原则

**(一) 人工环境与自然环境相和谐的原则**

人类城市人工环境的建设，必然要对自然环境进行改造，这种改造将对人类赖以生存的自然环境造成破坏。城市规划师必须充分认识到面临的自然生态环境的压力，明确保护和修复生态环境是所有城市规划师崇高的职责。

城市的合理功能布局是保护城市环境的基础，城市自然生态环境和各项特定的环境要求都可以通过适当的规划技巧把建设开发和环境保护有机地结合起来，力求取得经济效益和环境效益的统一。

我国人口多，土地资源不足，合理使用土地、节约用地是我国的基本国策。城市规划对于每项城市用地必须精打细算，在服从城市功能上的合理性、建设运行上的经济性的前提下，各项发展用地的选定要尽量使用荒地、劣地，少占或不占良田。

在城市规划设计中，还应注意建设工程中和建成后的城市运行中节约能源及其他资源的问题。可持续发展是经济发展和生态环境保护两者达到和谐的必经之路。

**(二) 历史环境与未来环境相和谐的原则**

保护文化遗产和传统生活方式，促进新技术在城市发展中的应用，并使之为大众服务，努力追求城市文化遗产保护和新科学技术运用之间的协调等，这些都是城市规划的历史责任。

城市规划必须以城市居民的利益为标准来决定新技术在城市中的运用。城市发展的历史表明，新技术在解决原有问题的同时往往也带来许多新问题。把科技进步和对传统文化遗产的继承统一起来，不能把经济发展和文化继承相对立。让城市成为历史、现在和未来的和谐载体，是城市规划努力追求的目标之一。

技术进步，尤其是信息技术和网络技术，正在对全球的城市网络体系建立、城市空间结构、城市生活方式、城市经济模式和城市景观带来深刻的影响，而且这种影响还将继续下去。技术进步与社会价值的平衡，将不断成为城市规划的社会责任，并且基于公正和可持续发展基础上的效率会成为一项全球策略。

**(三) 城市环境中各社会集团之间社会生活和谐的原则**

城市是时代文明的集中体现。城市规划不仅要考虑城市设施的逐步现代化，同时要满足日益增长的城市居民文化生活的需求，要为建设高度的精神文明创造条件。

在全球化时代的今天，城市规划更应为城市中所有的居民，不分种族、性别、年龄、职业以及收入状况，不分其文化背景、宗教信仰等，创造健康的城市社会生活。坚持为全体城市居民服务，并且为弱势集团提供优先权。

强调城市中不同文化背景和不同社会集团之间的社会和谐，重视区域中各城市之间居民生活的和谐，避免城市范围内社会空间的强烈分割和对抗。

城市中的老年化问题，城市中不同文化背景、不同阶层的居民在城市空间上的分布问题，城市中残疾人和社会弱者的照顾问题，都应成为重要的课题，并给予充分的重视。

## 第四节 城市规划编制方法

一、城市规划编制调查内容

（一）区域环境调查

在城市规划的各个阶段，都需要将所规划的城市或地区纳入更为广阔的范围才能更加清楚地认识所规划的城市或地区的作用、特点及未来发展的潜力。在城市总体规划阶段，区域环境指城市与周边发生相互作用的其他城市和广大的农村腹地所共同组成的地域范围。在详细规划阶段，区域环境可以指与所规划地区发生相互作用的城市内的周边地区。以下主要侧重介绍城市总体规划阶段的区域环境调查。

1. 城市化水平的确定和预测

城市化是区域环境调查的主要内容。城市化是一个过程，这个概念包含着两层含义：首先，城市化是指城市数量增加或城市规模扩大的过程，主要表现为一定地域范围（如全国、全省、全县等）的城市人口在社会总人口中的比例逐渐上升。其次，城市化也指将城市的某些特征向周围郊区传播扩展，使当地原有的生产、生活方式及社会文化模式逐渐改变的过程。这两层含义共同构成了完整的城市化概念。其调查内容主要有：

（1）现状城市（镇）的数量，各城市（镇）的常住人口数以及各城市（镇）内的非农业人口数。

（2）区域内的城市化水平历年变化情况。

（3）农村各行业劳动力总数，各行业劳动生产率的变化情况和发展可能。

（4）农村耕地的总量及历年的变化情况。

（5）农村剩余劳动力的数量、流动方向以及不同流动方向上的流量。

（6）在该地区中，城市建设投资的数量以及城市人口规模扩大所需的城市建设投资增加的数量等。

2. 城镇体系的调查

城镇体系的调查是为了确定所规划城市在城镇体系中的作用和地位以及未来发展的潜力优势，其调查内容主要有：

（1）区域的经济、社会、文化发展特征以及在更广区域范围内的作用和地位。这里所指的更广区域范围依据所规划城市的不同类型职能而确定，主要是指该城市的经济区域。

（2）市域范围的资源种类、数量及分布状况。

（3）全市的经济结构、社会结构等。

(4) 市域范围内的交通条件，包括铁路、航运、公路等的规模等级、容量、利用率等。

(5) 市域内各城镇的社会、经济、文化、政治等方面的地位与作用，其中包括各城镇的性质、规模及其腹地的范围，各城镇社会经济发展的条件与潜力，各城镇的经济结构与主导产业，各城镇具有区际意义的企业及其产品，各城镇间经济、社会联系的程度等。

(6) 市域范围内的基础设施状况。

（二）历史环境调查

城市规划所进行的历史环境调查首先要通过对城市形成和发展过程的调查，把握城市发展动力以及城市形态的演变原因。城市的经济、社会和政治状况的发展演变是城市发展最重要的决定因素。

每一个城市由于其历史、文化、经济、政治、宗教等方面的原因，在其发展过程中都能形成各自的特色，城市的特色与风貌主要体现在两个方面：一是社会环境方面，是城市中的社会生活和精神生活的结晶，体现了当地经济发展水平和当地居民的习俗、文化素养、社会道德和生活情趣等。二是物质环境方面，表现在建筑形式与组合，建筑群体布局、城市轮廓线、城市设施、绿化景观以及市场、商品、艺术、文物和土特产等方面。

城市规划中历史调查的具体内容包括：

(1) 自然环境的特色，如地形、地貌、河道的形态及与城市的关系。

(2) 文物古迹的特色，如历史遗迹等。

(3) 城市空间格局的特色。

(4) 城市轮廓景观，主要建筑物和绿化空间的特色。

(5) 城市建筑风格。

(6) 其他物质和精神的特色，如土产、特产、工艺美术、民俗、风情等。

（三）自然环境调查

自然环境是城市生存和发展的基础，不同的自然环境对城市的形成起着决定性的作用，不同的自然条件又影响甚至决定了城市的功能组织、发展潜力、外部景观，而环境的变化也会导致城市发展的变化。城市规划中的自然环境调查内容包括自然地理、自然气象和自然生态等因素。

1. 自然地理因素

(1) 地理位置：任何城市的地理位置可以通过经纬度予以确定。不同的经纬度界定了城市的时区、气候区等。

(2) 地理环境：地理环境是指城市与周边城市或地区在地理特征方面的相互关系。

(3) 地形地貌：地形、地貌与城市的布局、建设项目的选址以及工程设施与建筑物的布置密切相关，对城市景观也有着直接的作用。调查的内容包括坡态、坡度、坡向、标高、地貌等。

（4）工程地质：工程地质条件对建筑物的布置、设计标准、工程造价、工程安全等起重要作用，调查的主要内容包括地质构造、地质现象（如滑坡、熔岩、冲沟、沼泽地等）、地震、地基承载力、地下矿藏等。

（5）水文和水文地质：水文和水文地质不仅影响到城市的给水排水供应能力和工程，同时也影响到用地选择、布局等内容。调查的主要内容有：江河流量、流速、水位、水质、地下水储量和可开采量、地下水质、水位等，在调查中要特别注意江河湖的洪水位对城市及周边地区的影响以及洪水淹没范围的变化情况。

2. 自然气象因素

（1）风象：风象对城市布局尤其是工业区与居住区的布局有重大影响，同时也影响城市通风、防风、抗风等工程的设计与安排。调查的主要内容包括风向、风速以及其他风象如静风、山谷风、海陆风等的频次与特征等。

（2）气温：调查内容包括年和月平均温度、最高和最低气温、昼夜平均温差、霜期、冰冻期及最大冻土深度，同时还要掌握热岛效应、逆温层等的特点。

（3）降雨：包括雨量、降雪量及降雨（雪）强度，掌握暴雨公式。

（4）太阳辐射（日照）：日照与城市道路走向及宽度的选择，建筑物的朝向与间距等直接发生关系。需调查日照时数、可照时数、太阳高度与日照方位的关系等。

3. 自然生态因素

自然生态要素的调查是城市可持续发展规划的基础，调查主要涉及城市及周边地区的野生动、植物种类与分布，生物资源、自然植被、城市废弃物的处置与生态环境的影响等。

（四）社会环境调查

城市规划中的社会环境调查内容主要为人口：

人口方面，也就是作为整体的人的构成方面，主要涉及人的自然变动、迁移变动和社会变动。

（1）人口的自然变动是指通过自然生理过程而导致的城市人口整体性的变动，主要包括：人口的年龄结构、人口年龄中位线、人口的性别构成、人口自然增长率等及其变化的历史。

（2）人口的迁移变动是人口在空间上的变化情况，涉及人口的地域分布、人口的年机械增长率等及其变化历史。

（3）人口的社会变动是人口在社会构成上的变动，主要包括：人口的部门构成（是城市产业结构的一种表达形式）、人口的劳动构成、人口的文化构成、人口的民族和宗教构成等及其变化的历史。调查内容包括家庭规模、家庭生活方式以及家庭的空间行为模式，不同社会阶层的生活方式、空间行为模式；各类企事业单位、政府部门和其他公共部门的组成、行为模式、决策模式等；城市中的社区组织与作用模式，市民参与规划的方式、途径与程度以及公众意愿表达的途径等。

### (五) 经济环境调查

经济活动是城市活动中最为重要而显要的活动,是影响和决定城市发展状况以及未来发展可能的最重要因素之一。城市规划中经济环境的调查是认识和解决城市问题的基础。经济环境的调查,在城市规划不同阶段中的重点有所不同。在总体规划阶段,主要涉及区域的、全市整体的经济状况,而在详细规划阶段则主要侧重于地区性的或项目性的经济状况。

1. 城市整体的经济状况

调查内容主要包括:城市经济总量及其增长变化情况,城市整体的产业结构,三产的比例,工农业总产值及各自的比重等,以及就当地资源状况而言的优势产业与未来发展状况。

2. 城市中各产业部门的经济状况

调查内容主要包括:工业经济状况、产业的构成以及主导产业(支柱产业)、主要工业产品的地区优势等,还包括其他各产业部门的经济状况,如农业(指郊区)、商业、交通运输业、房地产业、基础设施等。

3. 有关城市土地经济方面的内容

土地使用权的分布、土地价格、土地供应方式与管制、土地的一级市场与二级市场及它们的运作特征与相互之间的关系、房地产市场的概况等。

4. 城市建设资金的筹资、安排与分配

其中既涉及城市政府公共项目资源的运作,也涉及私人资本的运作,以及政府吸引私人资本从事城市建设的政策与措施。就政府资金而言,需要调查历年城市公共设施、市政公用设施的资金来源,投资总量以及各单项的资金量,资金安排的程序与分布等。

### (六) 城市用地调查

按照国家《城市用地分类与规划建设用地标准》(GBJ 137—1990)所确定的城市用地分类,对规划区范围的所有用地进行现场踏勘调查,对各类土地使用的范围、界限、用地性质等在地形图上进行标注,在详细规划阶段还应对地上、地下建构筑物等状况进行调查,完成土地使用的现状图和用地平衡表。

按照《城市用地分类与规划建设用地标准》,城市用地按大类、中类和小类分,以满足不同层次规划的要求。城市用地共分 10 大类、46 中类和 73 个小类。城市总体规划阶段以达到中类为主,在详细规划阶段,应达到小类深度。

城市用地的 10 大类及其代号分别为:居住用地(R)、公共设施用地(C)、工业用地(M)、仓储用地(W)、对外交通用地(T)、道路广场用地(S)、市政公用设施用地(U)、绿地(G)、特殊用地(D)、水域和其他用地(E)。

### (七) 市政设施调查

主要是了解城市现有给水、排水、供热、供电、燃气、环卫、通信设施和管网的基本情况，以及水源、能源供应状况和发展前景。

二、城市规划编制调查方法
（一）现场踏勘调研
这是城市规划调查中最基本的手段，可以描述城市中各类活动与状态的实际状况。经常用于城市土地使用、城市空间使用等方面的调查，也用于交通量调查等。

（二）抽样调查或问卷调查
在城市规划的不同阶段针对不同的规划问题以问卷的方式对居民进行抽样调查。这类调查可涉及许多方面，如针对单位，可以包括对单位的生产情况、运输情况、基础设施配套情况的评价，也可包括居民对其行为的评价等；如针对于居民，则可包括居民对其居住地区环境的综合评价、改建的意愿、居民迁居的意愿、对城市设计的评价、对公众参与的建议等。

（三）访谈或座谈会调查
性质上与抽样调查相类似，但访谈与座谈会则是调查者与被调查者面对面的交流。在规划中这类调查主要运用在这样几种状况：一是针对无文字记载也难有记载的民俗民风、历史文化等方面的对历史状况的描述；二是针对尚未文字化或对一些愿望与设想的调查，如对城市中各部门、城市政府的领导以及广大市民对未来发展的设想与愿望等；三是在城市空间使用的行为研究中的情景访谈。

（四）文献资料的选用与分析
在城市规划中所涉及的文献主要包括：历年的统计年鉴、各类普查资料（如人口普查、工业普查、房屋普查）、城市志或县志以及专项的志书（如城市规划志、城市建设志等）、历次的城市规划或规划所涉及的各层次规划、政府的相关文件与大众传播媒体、已有的相关研究成果等。

三、城市规划编制分析方法
（一）定性分析
城市规划常用的定性分析方法有两类，分别是因果分析法和比较法。常用于城市规划中复杂问题的判断。城市规划分析中牵涉的因素繁多，为了全面考虑问题，提出解决问题的方法，往往先尽可能排列出相关因素，发现主要因素，找出因果关系。例如在确定城市性质时对城市特点的分析，确定城市发展方向时对城市功能与自然地理环境的分析等。在城市规划中还常常会碰到一些难以定量分析但又必须量化的问题，对此常用比较法。例如确定新区或新城的各类用地指标可参照相近的同类已建城市的指标。

（二）定量分析
调查所得到的数据经过审核和汇总以后还要进行一些必要的整理和统计分析，从中揭示出系统的某些规律，为规划方案的制定提供必要的和有针对性的信息。这里主要介绍描述性系统分析，其目的是用简单的形式提炼出大量数据资料所包括的基本信息。

1. 频数和频率分析

频数分布是指一组数据中取不同值的个案的次数分布情况，它一般以频数分布表的形式表达。在规划调查中经常有调查的数据是连续分布的情况，如人均居住面积，一般是按照一个区间来统计的。所谓频率分布，则是一组数据中不同取值的频数相对于总数的比率分布情况以百分比的形式来表达。

2. 集中量数分析

集中量数分析指的是用一个典型的值来反映一组数据的一般水平，或者说反映这组数据向这个典型值集中的情况。最常见的有算术平均值、众数。

（1）平均数的定义是调查所得各数据之和除以调查所得数据的总数。如果是单值分组资料，计算平均数首先要将每一个变量值乘以所对应的频数，得出各组的数值之和，然后将各组的数值之和除以单位总数，这种平均有时也称为加权平均。

（2）众数是一组数据中出现次数最多的那个数值，它也可以用来概括地反映总体的一般水平或典型情况。

3. 离散程度分析

与集中程度分析相反，离散程度分析是用来反映数据离散程度的。

（1）极差是一组数据中最大值与最小值之差。极差的意义在于，一组数据的极差大，说明数据的离散程度大，而集中程度的统计量的代表性低。但由于它仅代表了两个极端的情况，所以有很大的偶然性。为此，人们更多的是用标准差等其他表示离散程度的统计量。

（2）标准差定义为一组数据对其平均数的偏差平方的算术平均数的平方根。

（3）离散系数是一种相对的表示离散程度的统计量，它能够使我们对两个不同总体中的同一离散数统计进行比较。离散系数的定义是标准与平均数的比值，以百分比的形式来表示。

4. 一元线性回归分析

城市规划中常用的定量分析方法，还有回归分析、矩阵分析、层次分析等。下面介绍一元线性回归分析法。

两个要素之间通过定性分析，知道它们之间如果存在着较密切的关系的话，或者通过试验和抽样调查进行相关性的定量分析，证明它们之间存在着密切的相关关系（相关系数值较高），那么我们就可以通过试验或抽样调查进行统计分析，运用一元回归分析的方法，构造这两个要素间的数学函数式，以其中一个控制因素为自变量，以另一个预测因素为因变量，这样便可进行试验、预测等。回归分析就是对相关关系进行函数处理。

（三）空间模型分析

城市规划各个物质因素都在空间上占据一定的位置，形成错综复杂的相互关系。除了用数学模型、文字说明来表达以外，还常用空间模型的方法来表达。常用的空间模型表达方法有两类，即实体模型与概念模型。

1. 实体模型

实体模型可以用图纸表达，例如用投影法画的总平面图、平面图、立面图、剖面图，一般在不同的规划层面都有规定的比例要求，表达方法有规范要求，主要用于规划管理和实施。

实体模型也可用透视法画透视图、鸟瞰图，主要用于效果表达。

2. 概念模型

概念模型一般用图纸表达，主要用于分析和比较，常用的方法有以下几种：

（1）几何图形法：用不同色彩的圆形、环形、矩形、线条等几何形在平面图上强调空间要素的特点与联系。常用于功能结构分析、交通分析、绿化环境分析等。

（2）等值线法：根据某因素空间连续变化的情况，按一定的值差，将同值的相邻点用线条联系起来。常用于单一因素的空间变化分析，例如用于地形分析的等高线图，交通规划的可达性分析，环境评价的大气污染和噪声分析等。

（3）方格网法：根据精度要求将研究区域划分为方格网，将每一方格网的被分析因素的值用规定的方法表示（如颜色、数字、线条等）。常用于环境、人口的空间分布等。此法可以多层叠加，常用于综合评价。

（4）图表法：在地形图（地图）上相应的位置用玫瑰图、直线图、折线图、饼图等表示各因素的值。常用于区域经济、社会等多种因素的比较分析。

四、城市规划编制专题研究

在城市规划开展过程中的各个阶段，专题研究始终是一项非常重要的工作。针对各个阶段的工作情况和实际问题，可以开展多种内容、多种类型的研究。根据不同的研究对象和研究内容，可以选取不同的方法。各种方法有其相应的适用范围。

城市规划的专题研究是针对城市规划过程中所面对或需要解决的问题而进行的研究。这类问题通常都是寻找针对具体问题的对策，是城市规划工作进一步开展的基础。通过专题研究，为城市规划工作提供依据，同时可以使规划过程更加科学和合理。一般来说，城市规划中的专题研究通常需要综合运用其他专业的知识（例如经济学、社会学、工程学等专业）。专题研究本质上就是多学科的，因为对任何需要解释的问题都应把不同学科的有用之处组织在一起，从而为具体的行动提出对策或建议。

城市规划的专题研究根据各个城市的具体情况和规划过程的具体要求而确定。如在珠海市的城市总体规划阶段进行了多项专题研究，包括珠海市城市发展的区域研究、产业发展战略研究、城市现代化的目标模式与建设指标体系研究、香港的经济发展与产业重组对珠海的启示、珠海市远景规划模式研究与比较、珠海市城市基础设施发展策略研究、珠海市城市用地的策略研究、珠海市对外交通系统研究、城市住房与居住环境质量的研究、城市景观和城市设计研究、关于东部群岛发展的研究等，这些研究覆盖了城市总体规划编制中所涉及的主要方面和特别需要关注的重大问题，为城市总体规划的编制提供依据。

## 第五节　城市总体规划编制内容与程序

一、城市总体规划编制内容

城市总体规划一般分为两个阶段：①总体规划纲要阶段，②总体规划阶段。各阶段分别包括市域城镇体系规划和中心城区规划两部分内容。编制城市总体规划，对涉及城市发展长期保障的资源利用和环境保护、区域协调发展、风景名胜资源管理、自然与文化遗产保护、公共安全和公众利益等方面的内容，应当确定为必须严格执行的强制性内容。它们的主要内容分别如下。

（一）总体规划纲要阶段

（1）市域城镇体系规划纲要，内容包括：提出市域城乡统筹发展战略；确定生态环境、土地和水资源、能源、自然和历史文化遗产保护等方面的综合目标和保护要求，提出空间管制原则；预测市域总人口及城镇化水平，确定各城镇人口规模、职能分工、空间布局方案和建设标准；原则确定市域交通发展策略。

（2）提出城市规划区范围。

（3）分析城市职能、提出城市性质和发展目标。

（4）提出禁建区、限建区、适建区范围。

（5）预测城市人口规模。

（6）研究中心城区空间增长边界，提出建设用地规模和建设用地范围。

（7）提出交通发展战略及主要对外交通设施布局原则。

（8）提出重大基础设施和公共服务设施的发展目标。

（9）提出建立综合防灾体系的原则和建设方针。

（二）总体规划阶段

市域城镇体系规划应当包括下列内容：

（1）提出市域城乡统筹的发展战略。其中位于人口、经济、建设高度聚集的城镇密集地区的中心城市，应当根据需要，提出与相邻行政区域在空间发展布局、重大基础设施和公共服务设施建设、生态环境保护、城乡统筹发展等方面进行协调的建议。

（2）确定生态环境、土地和水资源、能源、自然和历史文化遗产等方面的保护与利用的综合目标和要求，提出空间管制原则和措施。

（3）预测市域总人口及城镇化水平，确定各城镇人口规模、职能分工、空间布局和建设标准。

（4）提出重点城镇的发展定位、用地规模和建设用地控制范围。

（5）确定市域交通发展策略；原则确定市域交通、通信、能源、供水、排水、防洪、垃圾处理等重大基础设施，重要社会服务设施，危险品生产储存设施的布局。

（6）根据城市建设、发展和资源管理的需要划定城市规划区。城市规划区的范围应当位于城市的行政管辖范围内。

（7）提出实施规划的措施和有关建议。

中心城区规划应当包括下列内容：

（1）分析确定城市性质、职能和发展目标。

（2）预测城市人口规模。

（3）划定禁建区、限建区、适建区和已建区，并制定空间管制措施。

（4）确定村镇发展与控制的原则和措施；确定需要发展、限制发展和不再保留的村庄，提出村镇建设控制标准。

（5）安排建设用地、农业用地、生态用地和其他用地。

（6）研究中心城区空间增长边界，确定建设用地规模，划定建设用地范围。

（7）确定建设用地的空间布局，提出土地使用强度管制区划和相应的控制指标（建筑密度、建筑高度、容积率、人口容量等）。

（8）确定市级和区级中心的位置和规模，提出主要的公共服务设施的布局。

（9）确定交通发展战略和城市公共交通的总体布局，落实公交优先政策，确定主要对外交通设施和主要道路交通设施布局。

（10）确定绿地系统的发展目标及总体布局，划定各种功能绿地的保护范围（绿线），划定河湖水面的保护范围（蓝线），确定岸线使用原则。

（11）确定历史文化保护及地方传统特色保护的内容和要求，划定历史文化街区、历史建筑保护范围（紫线），确定各级文物保护单位的范围；研究确定特色风貌保护重点区域及保护措施。

（12）研究住房需求，确定住房政策、建设标准和居住用地布局；重点确定经济适用房、普通商品住房等满足中低收入人群住房需求的居住用地布局及标准。

（13）确定电信、供水、排水、供电、燃气、供热、环卫发展目标及重大设施总体布局。

（14）确定生态环境保护与建设目标，提出污染控制与治理措施。

（15）确定综合防灾与公共安全保障体系，提出防洪、消防、人防、抗震、地质灾害防护等规划原则和建设方针。

（16）划定旧区范围，确定旧区有机更新的原则和方法，提出改善旧区生产、生活环境的标准和要求。

（17）提出地下空间开发利用的原则和建设方针。

（18）确定空间发展时序，提出规划实施步骤、措施和政策建议。

（三）城市总体规划的强制性内容

（1）城市规划区范围。

（2）市域内应当控制开发的地域。包括：基本农田保护区，风景名胜区，湿地、水源保护区等生态敏感区，地下矿产资源分布地区。

（3）城市建设用地。包括：规划期限内城市建设用地的发展规模，土地使用强度管制区划和相应的控制指标（建设用地面积、容积率、人口容量等）；城市各类绿地的具体布局；城市地下空间开发布局。

（4）城市基础设施和公共服务设施。包括：城市干道系统网络、城市轨道交通网络、交通枢纽布局；城市水源地及其保护区范围和其他重大市政基础设施；文化、教育、卫生、体育等方面主要公共服务设施的布局。

（5）城市历史文化遗产保护。包括：历史文化保护的具体控制指标和规定；历史文化街区、历史建筑、重要地下文物埋藏区的具体位置和界线。

（6）生态环境保护与建设目标，污染控制与治理措施。

（7）城市防灾工程。包括：城市防洪标准、防洪堤走向；城市抗震与消防疏散通道；城市人防设施布局；地质灾害防护规定。

## 二、城市总体规划编制程序

### （一）基础资料的收集、整理与分析

具体收集内容和方法可参见上节城市规划编制方法中的相关内容。同时注意以下重点：

（1）城市总体规划基础资料的收集，应根据规划内容要求，结合城市特点，拟定调查内容，有计划、有步骤地进行，最终形成资料汇编。

（2）调查城市各项用地的分布和面积，并要求经过实地踏勘，查明各种用地的界线，在图上用不同的颜色标示，形成城市用地现状图。

（3）城市用地适用性评价是综合各项用地的自然条件以及整备用地的工程措施的可能性与经济性，对用地质量进行评价。

城市用地适用性的评定要因地制宜，特别是抓住对用地影响最突出的主导环境要素，进行重点的分析与评价。例如，平原河网地区的城市必须重点分析水文和地基承载力的情况；在山区和丘陵地区的城市，地形、地貌条件往往成为评价的主要因素。在地震区的城市，地质构造的情况就显得十分重要；而矿区附近的城市发展必须弄清地下矿藏的分布情况等。

### （二）城镇体系的确定

通过对城镇体系历史、现状、区域发展条件、城镇建设条件等进行分析，总结城镇体系发展的历史过程和优劣势条件。进行包括人口劳动力、区域城镇化、区域发展方向、区域产业发展战略、资源利用需求、交通运输需求及城镇体系远景发展等各项预测。确定城镇体系的规划目标、规划原则和规划指导思想。对城镇体系规划的基本内容即城镇体系组织结构的规划布局，包括城镇体系的职能类型结构、规模等级结构、空间结构及网络结构，同时还包括依据城镇体系规划布局和区域自然、社会、经济因素，合理进行城镇经济区域的划分，确定区域主要城镇发展方向、城镇分工及提出规划实施措施与建议等。

### （三）城市性质的确定

城市的职能是城市在国家和地区的政治、经济、文化生活中所担负的任务和作用。

城市的主导职能就是城市性质。城市性质是城市建设的总纲,是体现城市的最基本的特征和城市总的发展方向,科学地确定城市性质是充分发挥城市作用的重要前提。

1. 确定城市发展性质的依据

(1) 国家的方针、政策及国家经济发展计划对该城市建设的要求。

(2) 该城市在所处区域的地位与所担负的任务。

(3) 该城市自身所具备的条件,包括资源条件、自然地理条件、建设条件和历史及现状基础条件。

2. 确定城市性质的方法

确定城市性质的一般方法是采用"定性分析"和"定量分析"相结合。定性分析就是在全面分析后说明城市在政治、经济、文化生活中的作用和地位;定量分析就是在定性基础上对城市职能,特别是经济职能采用一定的技术指标,从数量上去确定主导的生产部门。

确定城市性质应当以区域规划为依据。如区域规划尚未编制或编制时间过久,应在编制城市总体规划时,以地区国民经济发展计划为依据,结合生产力合理布局的原则性质展开全面的调查和分析。

(四) 城市规模的确定

城市规模包括了两部分的内容,即人口规模和用地规模。

1. 城市人口规模

城市人口规模的研究主要是对城市人口发展进行预测,根据预测的结果对规划期限末城市的人口总数作出判断。

我国目前常用的城市人口规模的预测方法有综合平衡法、区域分配法(城市化法)、环境容量法、线性回归分析法等。这些方法都存在一定的缺陷,不可能完全精确,但它们之间可以相互校核。一般的做法是以一种方法为主,以其他方法进行验算以弥补不足。

对根据各种预测方法所得出的城市人口发展的数量进行全面评估,同时考虑城市化发展的水平、城市发展的政策、城市社会经济发展的阶段与水平以及财政能力、城市的环境容量等,最终确定规划期末的城市人口规模。

2. 城市的用地规模

城市的用地规模是指到规划期末城市建设用地范围的大小。在对城市人口规模进行预测的基础上,按照国家的《城市用地分类与规划建设用地标准》确定人均城市建设用地的指标,就可以计算出城市的用地规模。

城市的用地规模 = 预测的城市人口规模 × 人均建设用地标准

(五) 城市总体布局的确定

城市总体布局反映城市各项用地和空间的内在联系,主要是通过合理组织城市用地和空间,保障城市各项功能的协调、城市安全和整体运行效率,塑造优美的城市环境和形象。城市道路交通与城市土地利用和空间布局有密切关系,因此在确定城市总体布局时,应同时确定道路网的基本框架。

城市用地布局模式是对不同城市形态的概括表述，城市形态与城市的性质规模、地理环境、发展进程、产业特点等相互关联。大体可分为以下类型。

1. 集中式的城市用地布局

特点是城市各项用地集中连片发展，就其道路网形式而言，可分为网格状、环状、环形放射状、混合状以及沿江、沿海或沿主要交通干道带状发展等模式。

2. 集中与分散相结合的城市用地布局

一般有集中连片发展的主城区，主城外围形成若干具有不同功能的组团，主城与外围组团间布置绿化隔离带。

3. 分散式城市用地布局

城市分为若干相对独立的组团，组团间被山丘、河流、农田或森林分隔，一般都有便捷的交通联系。

（六）其他各项专项规划的制定

在城镇体系和中心城区的主体内容完成后，结合规划编制内容完成如绿化景观、市政设施、环境保护等其他各项专项规划。

## 三、城市总体规划的编制成果

城市总体规划的成果应当包括规划文本、图纸及附件。在规划文本中应当明确表述规划的强制性内容。其中，规划文本是对规划的目标、原则和内容提出规定性和指导性要求的文件，附件是对规划文本的具体解释，包括规划说明书、专题规划报告和基础资料汇编等。

（一）城市总体规划纲要的编制成果

城市总体规划纲要的成果包括纲要文本、说明、相应的图纸和研究报告。

1. 文字

简述城市自然、历史、现状特点；分析论证城市在区域发展中的地位和作用、经济社会发展的目标、发展优势与制约因素，初步划出城市规划区范围；原则确定规划期内的城市发展目标、城市性质，初步预测人口规模、用地规模；提出城市用地发展方向和布局的初步方案；对城市能源、水源、交通、基础设施、防灾、环境保护、重点建设等主要问题提出原则性的规划意见；提出制定和实施城市规划重要措施的意见。

2. 图纸

区域城镇关系示意图：图纸比例为1∶200000～1∶50000，标明相邻城镇位置、行政区划、重要交通设施、重要工矿和风景名胜区。城市现状示意图：图纸比例1∶25000～1∶10000，标明城市主要建设用地范围、主要干道以及重要的基础设施。城市规划示意图：图纸比例1∶25000～1∶10000，标明城市规划区和城市规划建设用地大致范围，标注各类主要建设用地、规划主要干道、河湖水面、重要的对外交通设施。其他必要的分析图纸。

3. 专题研究报告

在大纲编制阶段应对城市重大问题进行研究，撰写专题研究报告。例如人口规模预测专题、城市用地分析专题等。

（二）城镇体系规划的编制成果

1. 文字

提出市域城乡统筹的发展战略；确定生态环境、土地和水资源、能源、自然和历史文化遗产等方面的保护与利用的综合目标和要求，提出空间管制原则和措施；预测市域总人口及城镇化水平，确定各城镇人口规模、职能分工、空间布局和建设标准；提出重点城镇的发展定位、用地规模和建设用地控制范围；根据城市建设、发展和资源管理的需要划定城市规划区；对市域交通、通信、能源、供水、排水、防洪、垃圾处理等重大基础设施，重要社会服务设施，危险品生产储存设施的布局进行说明。

2. 图纸

城镇现状建设和发展条件综合评价图；城镇体系规划图；区域社会及工程基础设施配置图；重点地区城镇发展规划示意图；区域空间管制规划图；城市规划区范围图。

一般图纸比例为1∶100000～1∶50000，重点地区城镇发展规划示意图为1∶10000～1∶5000。

（三）中心城区规划的编制成果

1. 文字

说明规划编制的依据和原则；确定城市规划区的范围；论证城市性质、城市人口发展规模及用地规模；划定禁建区、限建区、适建区和已建区，并制定空间管制措施；对城市土地利用和空间布局进行说明；确定村镇发展与控制的原则、措施和建设控制标准；确定住房政策、建设标准和居住用地布局；提出自然环境和历史文化环境保护的措施；说明旧区改建原则，用地结构调整及环境综合整治措施；提出城市环境质量建议指标，改善或保护环境的措施；进行各项专业规划说明；对空间发展时序进行阐述，提出实施规划的措施。

2. 图纸

主要图纸包括城市现状图（包括土地使用现状图和各专项图）；城市用地综合评价图；中心城区总体规划图；空间管制规划图；用地布局区划图；公共设施规划图；道路系统规划图；绿化景观系统规划图；环境保护、防灾及历史文化遗产保护规划图；住宅建设规划图；空间发展时序规划图；各项专业规划图等。

图纸比例一般大中城市为1∶25000～1∶10000，小城市为1∶5000。

四、总体规划实例介绍

（一）城镇体系规划实例——××区城镇体系规划

1. 基本概况

××区位于北纬29°21′～30°01′之间、东经106°56′～107°43′之间，东邻丰都县，南接南川市、武隆县，西连巴南区，北靠长寿区、垫江县。全境东西宽74.5km，南北长70.8km，幅员面积2941.46km²。××区居三峡库区腹地，扼长江、乌江交汇要冲，历来有川东南门户之称（图2-1）。

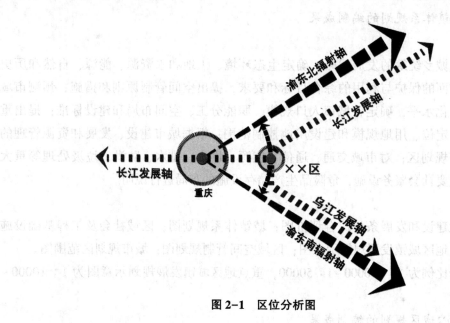

图2-1　区位分析图

2003年，地区生产总值达到97.82亿元，比上年增长13.0%，增幅比全国、全市分别高出3.9和1.6个百分点，超出预期目标1个百分点。其中，第一产业增加值12.18亿元，可比增长5.3%；第二产业增加值51.79亿元，可比增长15.6%；第三产业增加值33.85亿元，可比增长11.4%。全年人均生产总值9613元，比上年可比增长14.2%。第一产业在国民经济中的比重继续下降，二、三产业比重提高。三次产业结构得到积极调整，以第二产业为主导的工业化社会特征愈发明显。2003年底，该区在册户数36.86万户，总人口111.50万人，自然增长率2.1‰，区域人口密度为379人/km²。

区域内城镇布局主要沿江、沿路分布，形成"π"字形结构布局形态。其中长江沿线聚集了包括中心城市在内的9个城镇（涪陵城区、珍溪、清溪、南沱、镇安、石沱、蔺市、龙桥和李渡），该区域集中了全区50%的人口。沿乌江分布有：白涛。沿公路分布有：马武、青羊、龙潭、同乐等乡镇，同时，沿涪南路的城镇带正处于发育期，但城镇经济普遍欠发达，城镇连接尚不紧密，应通过积极引导，以避免分散建设和带状形态过度发展（图2-2）。

2. 规划目标

1) 国民经济与城镇发展战略目标

2010年全区GDP总量约210亿元，年均增长达到11.5%；2020年全区GDP总量约500亿元，年均增长稳定到9%左右。

图2-2 全区城镇体系现状图

2）城镇发展战略目标

××区发展目标是成为市域的新兴工业基地、优质特色农产品加工基地、市域中部的经济、文化、金融中心和交通信息枢纽；乌江流域的物资集散地。

3）城镇化水平

2010年全区总人口为118万人，城镇人口68万人，城镇化水平58%；

2020年全区总人口为120万人，城镇人口84万人，城镇化水平70%。

3. 总体布局

1）全区经济区划

全区划分为3个经济发展区，即北部经济区、东部经济区和西部经济区（图2-3）。

（1）北部经济区

以××城区为龙头，沿长江流域城镇为发展重点，充分发挥××城区龙头作用，实现城镇化水平向高质量、高水平发展。加强周边城镇建设之间的协调发展，实现高度融合的城乡一体化发展。

（2）东部经济区

乌江沿线以东地区，该区域自然环境优美，人文古迹众多。该区以林果种植业为主，以乌江流域风貌旅游展示区为主线，加强发展旅游业。该区重点发展白涛镇。

（3）西部经济区

涪南路沿线及其以东地区，该区为中低山丘陵，山地资源丰富，幅员面积广阔，具有良好的生态农业基础，现阶段应重视生态环境建设，适度发展小城镇，培育水稻种植

图 2-3 全区经济区划与规划结构图

基地。该区重点进行龙潭和新妙两个城镇的建设。

2）空间结构

坚持"依托轴线，强化城区中心地位，以中心镇带动片区发展"的总体发展思路，××区城镇空间发展形成"一个中心，四条发展轴"的总体框架。

（1）一个中心：指××城区，包括李渡、南岸浦、江北、江南和江东5个片区。

（2）沿长江发展轴，轴上主要有××城区以及石沱、镇安、蔺市、清溪、珍溪和南沱等城镇，为××区域经济发展重点地区。

（3）三条发展次轴：第一条是乌江沿线发展轴，轴上主要有白涛镇，以发展乌江风貌旅游展示为主，带动东部地区的发展；第二条是××到南川公路沿线发展轴，轴上有马武、青羊、龙潭等，该轴将促进涪南公路沿线向西部纵深方向发展，并增强该地区城镇的空间连接；第三条为沿涪杉公路到百胜、珍溪镇的发展轴，向东北方向发展。

3）等级与规模

规划期末，全区城镇体系规划形成以××城区为中心，4个中心镇为骨干，10个一般城镇的三级城镇体系等级规模结构。一级城镇（中心城市）为××城区，规划人口规模为70万人左右；二级城镇为中心镇，包括珍溪、新妙、龙潭和白涛4个镇，规划人口规模为2万~3.5万人；三级城镇为一般城镇，包括南沱、焦石、马武、蔺市、百胜、清溪、镇安、青羊、堡子和石沱共10个镇，规划人口规模为0.3万~0.8万人左右（图2-4）。

图 2-4 全区城镇体系规划图

4) 职能划分

××区内各城镇形成各具特色的职能分工，与全区产业布局相适应。规划将城镇职能划分为综合型、工贸型、工矿型、农贸型和农林型五种。

综合型：主要指××城区，为全区的政治、经济和文化中心，承担多种服务职能。

工贸型：包括白涛镇、南沱镇、清溪镇和蔺市镇，城镇利用良好的区位条件，发展工业、商贸业和相关服务业。

工矿型：主要指焦石镇，城镇依托矿产资源优势，积极引导发展强化城镇的矿产加工业，并依托矿产资源发展工业和相关服务业。

农贸型：包括珍溪镇、新妙镇和龙潭镇，作为次区域的综合服务中心，发展相应城镇等级的农副产品加工和小商品贸易职能。

农林型：包括百胜镇、马武镇、镇安镇、堡子镇、青羊镇和石沱镇，城镇依托林业和农业资源，积极促进城镇的农林产品深加工，突出发展有特色的农林产业。

其中，南沱镇、珍溪镇的发展要遵循核电站建设的控制要求，城镇的发展方向要避让核电站站址半径 5km 控制范围。

4. 道路交通规划

1) 综合交通规划目标

××区地处重庆市域中部和长江上游地区，地理区位条件良好。规划充分利用国家和重庆市加大交通基础设施建设力度的机遇，规划期末建成为长江上游与乌江流域重要的交通枢纽。形成以长江"黄金水道"为主轴，××港区和铁路站场为枢纽，高等级公路和铁路网为骨架，县、乡道公路为基础，各种交通方式相互衔接、港站配套、布局合理、协调发展的综合立体交通格局。

2）铁路交通规划

规划建设"二干线一支线"的铁路网络。

（1）二干线分别为渝怀铁路××段和渝利铁路××段。

2005年规划完成渝怀铁路××段，××区内沿线分别设王家坝站、石沱站、蔺市站、××西站、××站、磨溪站和白涛站；规划渝利铁路2007年开工建设，作为沪蓉专运线一段，连接长寿区、××区与丰都县，××区内沿线分别设置××站（客运）与××北站（货运）等站场。

（2）一支线为2005年开工新建的铁路，由××至南川。

3）公路交通规划

××区域高速公路形成"X"形，包括渝涪高速公路××段、重庆—安康高速公路××—丰都段、渝湘高速公路××接线、重庆—安康高速公路巴南—××段。其中渝涪高速公路××段和渝湘高速公路××接线可考虑作为重庆市高速三环的××段选线。规划高速公路全部达到一级以上技术等级。

区内对外交通公路干线包括"六射"：国道G319长寿至××段、国道G319××至武隆段、省道S303××至武隆段、省道S103巴南至××段、省道S103××至丰都段、涪垫路××至垫江段。规划全部达到一级技术等级。

区内其他通县公路。包括"五联六路"，规划全部达到二级技术等级。其中"五联"包括白罗路（白涛—山窝—卷洞—焦石—罗云—龙驹）、蔺安路（蔺市—长岭—吴家）、新龙路（主线：龙潭—明家—龙凤—新妙，支线：明家—增福—永红—新妙）、新丛路（新妙—石和—致韩—丛林）、涪杉路（其中主线为百胜—珍溪—杉树湾，支线为珍溪—仁义）；"六路"指原石南路（主线：江东—龙骨坑—焦石，支线为：龙骨坑—罗云）、天龙路（天台—龙塘）、涪南路（汤家院子—马武—青羊—八一桥—龙潭）、涪蔺沿江南路（江南—龙桥—蔺市）、李镇路（李渡—镇安—卫东）、涪丰沿江北路（江北—农校—珍溪—仁义）。

区内乡级道路连接中心镇，规划达到三级及三级以上技术等级；各行政村之间乡村路规划达到四级及四级以上技术等级。

4）水运交通规划

对××区内航线进行综合整治，长江干道达到一级通航标准，乌江达到三级通航标准，规划建设旅游客运作业区、干散货作业区、集装箱和滚翻作业区、件杂货作业区、油品及危险品作业区、专用作业区和主要乡镇码头及小型客运停靠点。2020年初步形成以"两江"（长江和乌江）为主轴的航道港口体系，优化港口布局，强化水陆联运，重点抓好港口复建和乌江航道整治，逐步形成长江上游枢纽港之一。

沿长江港口作业区主要包括：火风滩作业区、庹家湾件杂货码头、北拱铁公水联运作业区、南岸浦作业区、沙溪沟干散货（煤）作业区、黄旗滚装集装箱作业区、沙背沱水转水作业区、马草背货运码头作业区、城区旅游客运作业区、羊沱背干散货作业区、黄桷嘴石油及危险品作业区和韩家沱件杂货作业区；沿乌江作业区主要包括：马脚溪游艇基地、米汤沟航道段码头、乌杨树渔港台码头区、菜场沱水转水作业区、白涛危险品及化肥作业区和冉家沱件杂货作业区。

5. 旅游发展规划

××区旅游资源分布在地域上具有相对集中性，主要分布于"两江、一城"地区，这为××旅游资源大区的科学划分提供了可能条件。根据旅游条件资源相对性与差异性相结合、空间分布相对集中、行政区域相对完整、以中心城镇与交通枢纽为依托、注重区域协作、资源等级与组合性相结合、善抓主导因素和适应区域社会经济发展等原则，重视可持续发展和不可再生资源利用，并从历史文化和风景旅游景观角度对市域旅游资源进行分析，形成"一点、二线、三片"的旅游规划布局结构（图2-5）。

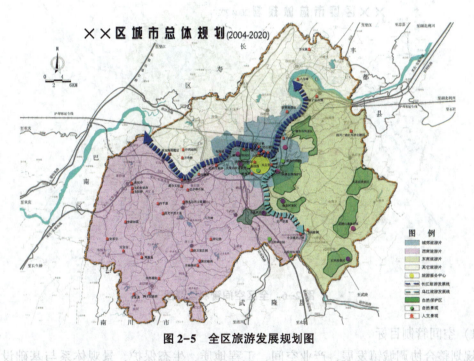

图2-5　全区旅游发展规划图

"一点"即以××城区内完善的基础设施和接待设施为依托，以滨江文化长廊、两江休闲广场、××广场、××博物馆、××体育场（馆）、堡子城公园、望州公园、太极森林公园等为辅助，构成××城区旅游服务接待中心，成为××旅游的集散地和乌江画廊旅游的重要口岸。该中心以发展文化旅游、都市旅游、会展旅游、商务旅游、体育旅游、工业旅游和购物旅游为主。

"二线"即长江三峡旅游和乌江画廊旅游线。长江三峡旅游线××区内重要景区（点）有：长江××段、镇安殷商遗址、北拱汉墓群、白鹤梁、石鼓古镇、北山道院、周易园、徐帮道遗址和移民生态农业园区等；乌江画廊旅游线××区内主要景区（点）有：乌江××段、小溪风景区、小田溪巴王陵、御泉河景区、乌江森林公园、816核洞、大溪河等。依托两条旅游线上区内的人文与自然景观，突出发展以巴国历史文化鉴赏、长江乌江自然山水观光为主的旅游。

"三片"即××城郊片、××东南片、××西南片。××城郊片主要景区（点）有：大梁山、聚云山、法雨寺（天子殿）、雨台山、插旗山、桫椤自然保护区、乌江画廊假日港湾等，与此相应形成城郊旅游环线，主要发展城郊休闲旅游；××东南片主要景区（点）有：御泉河、石夹沟、武陵山、大木民俗风情园等，与此形成××东南旅游环线，主要发展自然山水观光与休闲度假旅游；××西南片主要景区（点）有：陈万宝庄园、青烟洞、周煌墓、天宝寺、天宝寺水库、普陀寺、梨香溪、木鱼山、五宝山等，与此相应形成西南旅游环线，主要发展民俗文化鉴赏、宗教活动、休闲度假旅游。

6. 空间管制区划（图2-6）

图2-6　全区空间管制区划图

1）空间管制目标

规划整合协调城镇发展、产业空间、工程地质、生态保护、景观体系与基础设施支撑体系，根据土地适宜开发强度和开发时序，将全区空间分为禁止建设区、控制建设区和适宜建设区。各分区实施不同开发建设管制要求，指导城镇开发建设行为。

2）禁止建设区

包括地质灾害极易发区和高易发区、基本农田保护区、河流水域、地表水源一级保护区、地下水源核心保护区、文保单位的绝对保护区、国家或省级自然保护区、风景名胜区的核心区、大型生态公园和坡度大于35%的山体等。在该区域内，禁止任何与资源环境保护无关的开发建设行为，必须拆迁任何不符合保护要求的建筑。

3）控制建设区

包括地质灾害中易发区和低易发区、地表水源二级保护区、地下水源防护区、文保单位的建设控制地带、历史文化街区的重点保护区和建设控制区、国家或省级自然保护区、风景名胜区的非核心区、森林公园及经济林、城市开敞空间、规划生态绿地及坡度在25%～35%之间的山体等。控制建设区内的开发建设行为应按照相关保护要求，提出具体建设标准，实施相应的资源环境保护措施和补偿政策。

4）适宜建设区

指禁止建设区、控制建设区以外的地区，包括坡度在25%以下的地区、各城镇建设区、村镇居民点及文物古迹的环境协调区。适宜建设区是城市和城镇发展优先选择的地区，但建设行为需要根据资源和环境条件，科学合理地确定开发模式、规模和强度。

（二）中心城区规划实例1——××市城市总体规划

1．基本概况

根据相关法律规定，为适应××市已经和正在发生的变化和实现其经济、社会发展战略的客观需要，××市开展了新一轮城市总体规划的编制工作。国务院于2001年5月11日正式批复《××市城市总体规划（1999—2020）》。

本规划期限自1999～2020年，近期至2005年，规划立足于21世纪的长远发展，对城市性质、发展目标、市域城镇布局及交通、市政基础设施布局均考虑了更长时间的发展要求，并对城市远景发展进程和方向作出轮廓性安排。本规划区范围为××市行政辖区，总面积6340km$^2$。

本规划控制中心城人口和用地规模，引导中心城的人口和产业向郊区疏解。2020年，全市实际居住人口1600万左右，其中非农人口1360万，城市化水平达到85%，集中城市化地区城市建设总用地约1500km$^2$。中心城规划人口约800万人，城市建设用地约600km$^2$；郊区城镇规划人口约560万。

2020年，把××市初步建成国际经济、金融、贸易、航运中心之一，基本确立××市国际经济中心城市的地位。发挥××市国际国内两个扇面辐射转换的纽带作用，进一步促进长江三角洲和长江经济带的共同发展。

2．规划特点

1）服务全国，面向世界

按照中心城、市域以及以××市为中心的长江三角洲城市群三个层次的发展要求，统筹××市的生产力布局和重大基础设施建设。

2）城郊并进，增强综合竞争力

本轮总体规划覆盖6340km$^2$的市域范围，明确了"多层、多核、多轴"的总体结构。中心城主要是完善功能，体现繁荣、繁华；郊区主要是加快发展，体现综合经济实力。

3）有机统一，协调发展

更好地将城市空间规划和经济社会、环境发展规划有机地结合起来，进一步提高经济中心城市的综合功能。

4) 以人为本，改善环境

以环境建设为主体，营造××城市新形象，促进上海可持续发展。

5) 继承传统，体现特色

保护体现××市历史文脉的传统建筑和街区，特别是优秀近代建筑及其环境风貌，展示××市现代化建设丰厚的传统文化底蕴。

3. 总体布局

1) 城市发展方向

拓展沿江沿海发展空间，形成宝山新城、外高桥港区（保税区）、空港新城、海港新城、××化学工业区、金山新城等组成的滨水城镇和产业发展带；继续推进浦东新区功能开发和形象建设；集中建设新城和中心镇；将崇明作为21世纪上海可持续发展的重要战略空间。

2) 市域空间布局结构

按照城乡一体、协调发展的方针，以中心城为主体，形成"多轴、多层、多核"的市域空间布局结构。

"多轴"由沪宁发展轴、沪杭发展轴、滨江沿海发展轴组成，也是长江三角洲城市带的重要组成部分。

"多层"指中心城、新城、中心镇、一般镇所构成的市域城镇体系及中心村五个层次，形成以中心城为主体，以公路和轨道交通为依托，各级城镇辐射范围合理，空间分布均衡的大中小城镇相结合的多层次的空间分布结构。

"多核"主要由中心城和11个新城组成。中心城是××市政治、经济、文化中心，以外环线以内地区作为中心城范围。新城是以区（县）政府所在城镇，或依托重大产业及城市重要基础设施发展而成的中等规模城市。

中心镇是由市域范围内分布合理、区位条件优越、经济发展条件较好、规模较大的建制镇，依托产业发展而成的小城市。一般镇由现有集镇根据区位、交通、资源条件等适当归并而成。中心村是在合理归并自然村后形成的具有地方特色、环境优美、布局合理、基础设施和服务设施较完善的现代化农村新型社区（图2-7）。

3) 中心城布局

中心城空间布局结构为"多心、开敞"。规划按现状自然地形和主要公共中心的分布以及对资源优化配置的要求，合理调整分区结构。

中央商务区由浦东小陆家嘴（浦东南路至东昌路之间的地区）和浦西外滩（河南路以东，虹口港至新开河之间的地区）组成，规划面积约为$3km^2$。中央商务区集金融、贸易、信息、购物、文化、娱乐、都市旅游以及商务办公等功能为一体，并安排适量居住。

主要公共活动中心指市级中心和市级副中心。

市级中心以人民广场为中心，以南京路、淮海中路、西藏中路、四川北路四条商业街和豫园商城、××站"不夜城"为依托，具有行政、办公、购物、观光、文化娱乐和旅游等多种公共活动功能。

副中心共有四个，分别是徐家汇、花木、江湾—五角场、真如。

徐家汇副中心主要服务城市西南地区，规划用地约2.2km²；花木副中心主要服务浦东地区，规划用地约2.0km²；江湾—五角场副中心主要服务城市东北地区，规划用地约2.2km²；真如副中心主要服务城市西北地区，规划用地约1.6km²（图2-8、图2-9、图2-10）。

4. 道路交通规划

市域交通以"两网"建设为重点，加快大容量城市轨道交通系统的建设；形成市域高速公路网，完善中心城道路网络；加强对外交通和市内交通的衔接，建设客运换乘枢纽和停车场，充分发挥交通系统的综合效率；贯彻公共交通优先的城市客运交通基本政策，形成以轨道交通与地面公交密切衔接、各种交通工具协调发展的现代化城市交通体系。

1）轨道交通

轨道交通系统规划立足长远，一次规划、分步实施。整个系统全部建成后，中心城与郊区主要城镇之间的公共客运交通时间控制在1h左右，中心城内任何两地之间的公共客运交通时间控制在40min左右。

规划轨道线网由市域快速轨道线、市区地铁线、市区轻轨线组成，共17条线路，其中市域快速轨道线4条，市区地铁线8条，市区轻轨线5条，全长约780km。中心城规划轨道交通网总规模约488km。

加强市郊轨道交通建设，做好与国铁、地铁、轻轨的协调与衔接。每个新城与中心城之间规划1~2条轨道交通线。

2）市域道路

建成以高速公路为骨干的布局合理、功能分明的市域道路网，基本实现"15、30、60"目标。"15"即重要工业区重要城镇、交通枢纽、旅客（货物）主要集散地的车辆15min可进入高速公路网，"30"即中心城与新城及中心城至省界30min互通，"60"即高速公路网上任意两点之间60min可达。

市域道路系统由高速公路、主要公路、次要公路以及乡镇公路组成（图2-11）。公路干道系统规划总长度约2500km，其中高速公路650km。

3）中心城道路

中心城道路网由快速路、主要干道、次要干道以及支路组成，规划形成内环以外环形放射、内环以内方格网的混合式路网（图2-12）。道路网总长度约3630km，其中干道长度1410km。在完成内外两个环线和"三横三纵"骨干道路的基础上，加快射线道路建设，完善主要干道、次要干道、支路三级道路网络，提高道路网服务水平。

4）静态交通

结合新建广场、大型公共建筑及交通枢纽等主要交通集散点的地下、地上空间配置停车场（库）。

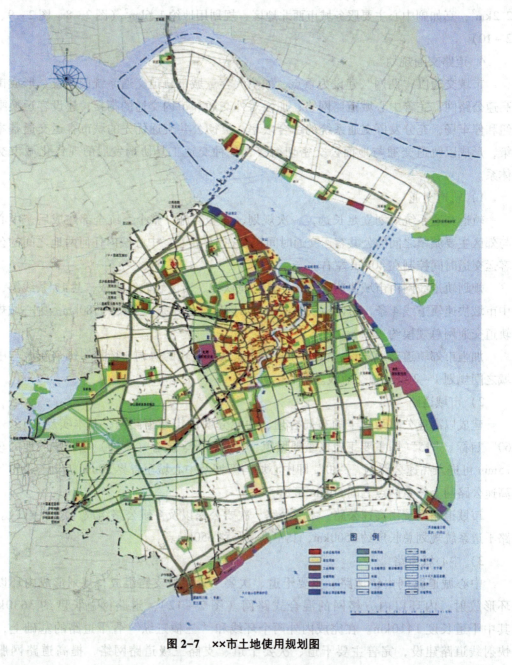

图 2-7 ××市土地使用规划图

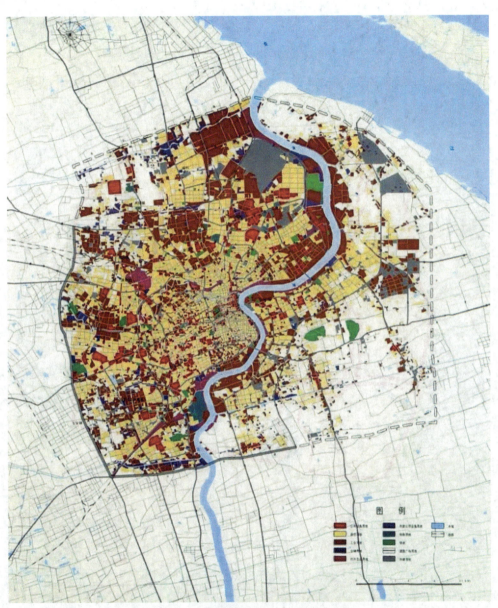

图 2-8 ××市中心城土地使用现状图

图 2-9　××市中心城分区结构图

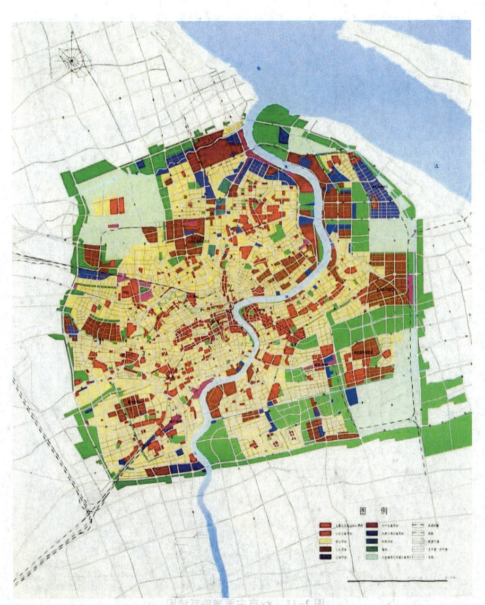

图 2-10 ××市中心城土地使用规划图

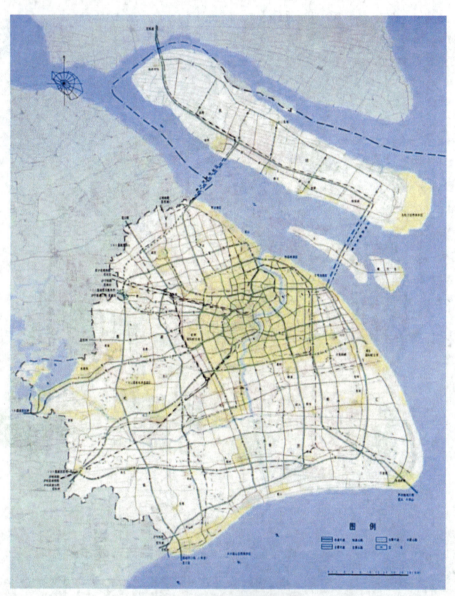

图 2-11 ××市主要道路系统图

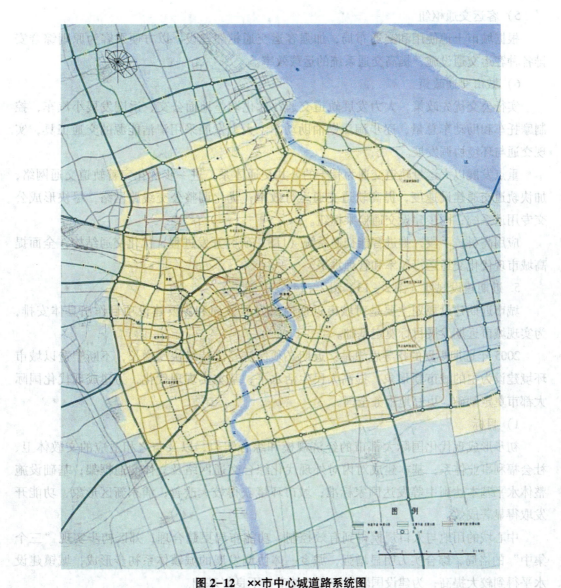

图 2-12 ××市中心城道路系统图

郊区主要城镇停车泊位应按车辆增加同步增长；加大中心城停车泊位建设力度。内环以内发展专业停车设施，停车场（库）建设以小型为主，分散布局为宜；其他地区结合交通节点布置较大型停车场（库）。

5）客运交通枢纽

根据城市土地使用和交通布局，加强客运交通枢纽建设，以方便乘客为原则综合安排各种客运交通设施，提高交通系统的运载效率。

6）城市交通政策

实行公交优先政策，大力发展轨道交通，优化调整地面公交，适度发展小汽车，控制摩托车和助动车总量，逐步淘汰燃油助动车。大力发展采用清洁能源的交通工具，实现交通与环境协调发展。

重点发展以大运量轨道交通为骨干的公共交通体系，进一步优化完善轨道交通网络，加快轨道交通建设速度，提高轨道交通运行效率；优化调整公交线路网络，尽快形成公交专用道系统；同步建设交通换乘枢纽。

应用高科技手段，推进智能交通系统（ITS）研究开发进程，优化交通结构，全面提高城市现代化交通运行效率和管理水平。

5. 近期建设规划（图2-13、图2-14）

城市近期建设规划主要是对城市近期内的发展方向和主要建设项目作出具体安排，为实现城市远期发展目标奠定基础。

2005年近期规划的指导思想是：近期必须保持经济持续快速增长，不断塑造以城市环境建设为主的城市新形象，提高人民生活水平，基本实现现代化，为建成现代化国际大都市奠定基础，更好地服务全国。

1）目标

初步形成现代化国际大都市的经济规模和综合实力，以及与之相适应的文教体卫、社会福利事业体系；基本建成对内对外现代化综合交通网络及立体交通框架；基础设施整体水平基本达到中等发达国家标准；城市环境获得较大改善；浦东新区形象、功能开发取得显著成效。

中心城的用地与人口规模得到有效控制，功能布局更趋合理；郊区初步实现"三个集中"的格局，综合实力明显增强，城乡一体协调发展的城镇体系初步形成，城镇建设水平得到较大提高；为建设国际经济中心城市打下良好基础。

2）主要标志

（1）城市化水平达到76%。

（2）城市综合功能进一步强化，中央商务区和内环线以内及周边地区主要公共活动中心基本建成；黄浦江观光河段基本建成，都市旅游线路和设施比较完善。

（3）国际集装箱深水港区建成框架，铁路上海南站建成；市域高速公路骨架、中心城"环形加十字"的轨道交通网骨架全面建成；各类交通枢纽、停车场（库）等得到较大的发展。

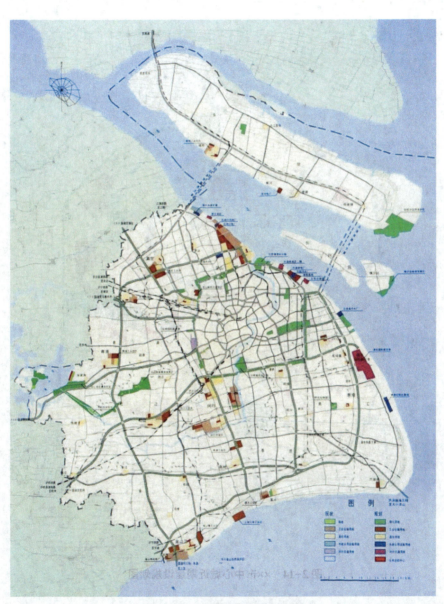

图 2-13 ××市近期建设规划图

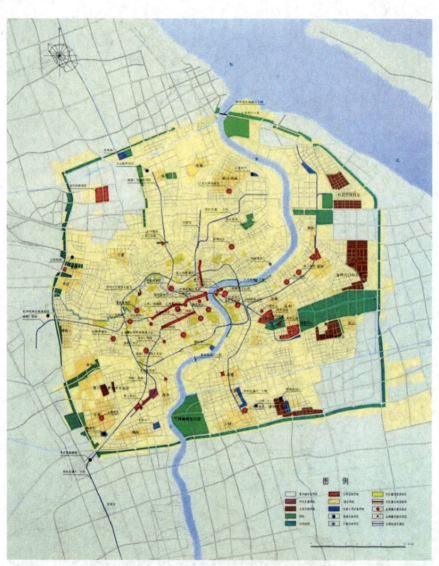

图 2-14 ××市中心城近期建设规划图

(4) 环境建设：以"环、楔、廊、园"为主体的中心城绿地系统和郊区四大生态林地基本建成，人均公共绿地面积达到7m²。

(5) 住宅建设：内外环线之间20个左右现代生活居住园区初步建成。

(三) 中心城区规划实例2——重庆市涪陵区中心城区总体规划

1. 基本概况

1) 现状概况

现状涪陵城区被长江、乌江划分为江南、江北、江东、李渡、南岸浦5个片区，呈"中心组团式"结构。江南片区建设较为完备，建筑密集，但生活与生产用地混杂。江北片区沿江布置零散的旅游设施和居住用地。江东片区沿江呈带状发展，布置以轻纺为主的工业和配套居住用地。李渡片区起步较晚，工业产业区分布零散，尚未形成规模。南岸浦片区以化工区为主，沿长江呈带状发展。2004年末涪陵城区人口约39.32万人，建成区面积32.3km²，人均城市建设用地82.1m²，人均公共绿地1.87m²，道路广场面积率10.73%（图2-15、图2-16、图2-17）。

图2-15 地形模拟图

2) 规划定位概况

**城市性质**：涪陵是重庆市中部区域性中心城市，长江上游与乌江流域重要的交通枢纽和物流中心，三峡库区具有山水园林特色的新兴工业城市。

**城市规模**：近期至2010年，涪陵城市规划人口为50万人；远期至2020年，涪陵城市规划人口为70万人。近期涪陵规划城市建设用地为44.0km²，人均建设用地88.0m²。规划期末涪陵规划城市建设用地为65.0km²，人均建设用地92.9m²。

2. 规划特点

(1) 深入研究涪陵区的发展环境和条件，合理进行产业空间布局。城市总体规划与产业空间布局有机结合，全方位地促进涪陵区经济社会发展。

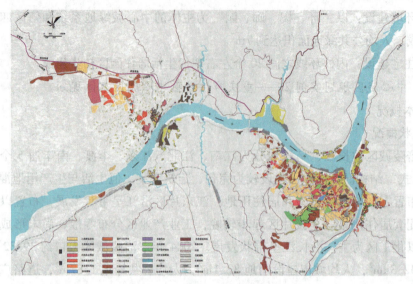

图 2-16　城市土地使用现状图

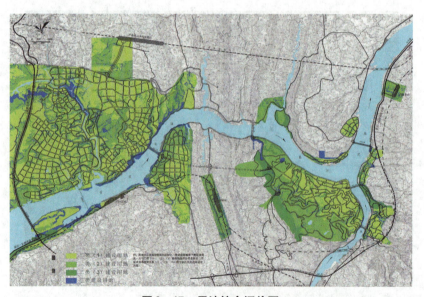

图 2-17　用地综合评价图

（2）合理确定涪陵的城市性质和规模，科学建构城市规划结构，合理进行总体功能布局，促进可持续发展。

（3）合理组织全区和城市城区交通，加强城市城区内外交通联系，提高城市的中心地位和辐射力，带动周边地区的经济社会发展。

（4）充分利用涪陵区的人文和自然景观资源，保护生态环境，突出长江三峡库区山水城市的风貌特色，营造优越的人居环境。

（5）节约和集约利用土地，提高土地利用率；集约和节约利用土地，发挥土地的最大综合效益。

3. 总体布局

1) 规划结构（图2-18）

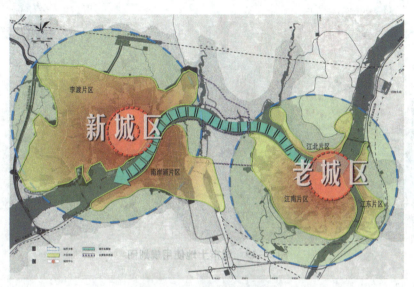

**图 2-18 城市规划结构图**

规划采用江南、江东、江北、李渡、南岸浦五片区协调发展的"多中心、组团式"的城市规划结构。在空间布局上，利用长江、乌江"两江贯穿"的功能轴促动，以及水路、铁路、公路等综合交通的导向作用，采取"城区集聚、效益优先；组团联系、功能互补"的城市空间发展策略，最终形成"一城二区五片"的城市空间格局。

"一城"是指规划形成的一个功能完备、职能互补的涪陵城区。"二区"是指以江南片区为核心的东部老城区和以李渡片区为核心的西部新城区。"二区"又由"五片"组成，其中老城区由江南、江东、江北三个片区组成，新城区由李渡（包括义和镇和致韩镇用地，下同）、南岸浦两个片区组成。长江、乌江交汇口为城区的商贸、文化、旅游中心，是老城区的核心；李渡片区沿江地块为城区的产业管理、创新中心，是新城区的核心。

2) 功能布局（图2-19）

(1) 老城区以第三产业为主，适当保留现状无污染的工业。规划人口规模36万人，城市建设用地22.7km²。

江南片区：发展商贸商务、旅游服务、食品加工、化学医药和居住。规划人口规模30万人，城市建设用地16.2km²。

江北片区：发展旅游观光、文化娱乐产业、临港产业和居住。规划人口规模2万人，城市建设用地3.0km²。

江东片区：发展纺织加工、生活服务和居住。规划人口规模4万人，城市建设用地3.5km²。

(2) 新城区以第二产业为主，发展新型第三产业。规划人口规模34万人，城市建设

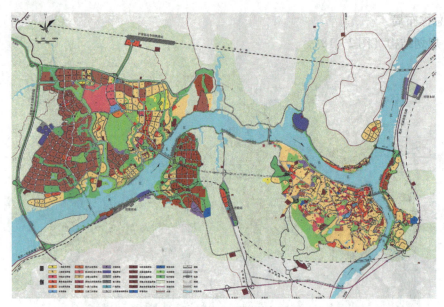

图 2-19 城市土地使用规划图

用地 42.3km²。

李渡片区：发展高新技术（临空港产业）、轻工建材、机械装备、物流中转、教育和居住。规划人口规模 32 万人，城市建设用地 35.8km²。

南岸浦片区：发展化工、能源、物流中转。规划配套建设部分产业工人宿舍，人口规模 2 万人，城市建设用地 6.5km²。

3) 工业用地布局

(1) 规划期末工业用地 1427.5hm²，占城市建设用地的 22.0%，人均用地 20.4m²。

(2) 规划外迁严重影响城市环境的工业，控制工业类别，并在工业用地与居住用地之间设置绿化隔离带。

(3) 江南片区工业区：规划对现状工业企业调整结构、改造技术，消除其对环境的影响，大部分企业近期内可保留发展，远期搬迁至南岸浦工业区或李渡工业区。远期保留的工业区是无污染、高效益的都市工业区。

(4) 江东片区工业区：规划对现状有污染的工业企业进行整理改造，逐步搬迁到南岸浦工业区。远期保留规模较大、效益较好并较集中的工业用地，形成以金帝集团为主的轻纺产业区。

(5) 李渡片区规划布置 4 个产业区：依托高速公路发展沿线产业，利用与重庆江北机场的便捷联系，发展临空港产业基地；在现状川东造船厂基础上发展机械装备产业区；在西北部发展建材加工区；同时利用滨江和自然山体的生态资源优势以及教育科技区的研发优势，在李渡公园南侧发展高科技生态产业区。

(6) 南岸浦片区工业区：规划主要依托现状的化工和能源产业做大做强，布置能源产业区和化肥化工产业区。

（7）工业建筑形式应体现出新时代的新功能特色，工业区的整体环境也应达到整洁、宜人、美观、清新。

4）仓储用地规划

（1）规划期末仓储用地 205.3hm$^2$，占城市建设用地的 3.2%，人均用地 2.9m$^2$。

（2）结合城市用地结构和主要港区、铁路货运站及对外公路站场的设置，合理布置物流区和仓储区。大型综合物流区主要设置在黄旗集装箱码头、涪陵铁路西站和北站附近。直接为城区生活、生产服务的仓库用地，依靠主要的交通性干路，分散布置于江南、李渡片区等。

5）居住用地规划

规划期末城区居住总用地 1691.2hm$^2$，占城市建设用地的 26.0%，人均居住用地 24.2m$^2$。

江南片区居住区：结合现状老城区改造而发展，以旧城改造和部分地块新开发相结合。共规划5个居住区，其中4个居住区围绕城区商业中心集中布置，另一个在长江一桥桥南形成。每个居住区分设公共服务中心，分别容纳6万~8万居住人口（其中1个容纳约2万人）。江南片区居住共容纳约30万人。

江北片区居住区：新建居住用地主要沿滨江路和长江三桥附近布置，部分用地结合沿街商业形成商住模式。江北片区居住容纳约2万人。

江东片区居住区：主要在乌江沿岸新建居住区，并配套完善的公共服务设施。在长江沿岸的居住用地主要为产业区配套。江东片区居住容纳约4万人。

李渡片区居住区：主要结合新城产业园区的建设配套居住用地，按主要道路和绿地分隔，共形成7个居住区，每个居住区分别容纳约4万~6万居住人口。李渡片区居住共容纳约32万人。

南岸浦片区居住区：结合本片区产业园区建设配套居住区和迁建居民点，居住区结合龙桥镇现状居住用地布置于长江沿岸。南岸浦片区居住人口控制在2万人左右。

6）公共设施用地规划

（1）规划建立区级公共中心—片区级公共中心—居住区级公共中心等三级城市公共中心分布体系。区级公共中心——城区形成2个区级中心：老城区在两江口形成区级行政、商贸、文化、旅游中心，新城区在李渡长江大桥北岸区域形成区级产业管理、教育、创新中心。片区级公共中心——在江南、江北、江东、李渡、南岸浦片区内分别设置片区级管理、商业服务等综合性公共中心。其中江南、李渡的片区级公共中心与区级公共中心结合设置。居住区级公共中心——结合居住区布置，按4万~6万人规模配套居住区级公共中心。

（2）行政办公用地布局：规划期末行政办公用地 80.2hm$^2$，占城市建设用地的 1.2%，人均用地 1.1m$^2$。规划保留和完善现状区级行政中心用地，区委办公用地位于江南片区内太极大道南侧，区政府办公用地位于江南片区内兴华中路西侧。其他区级行政办公用地也相应在原有的基础上进行整理，部分可适当进行用地性质置换，提高土地使用价值。在其余片区结合片区级公共中心布点分别设置片区级的行政办公用地。

（3）商业金融用地布局：规划期末商业金融用地面积为 277.8hm²，占城市建设用地的 4.3%，人均用地 4.0m²。在江南片区建设区级商业中心以及区级商务中心。商业中心以易家坝广场商业区为核心，包括高笋塘商业区、堡子城商业区、区体育中心在内的城市商业功能片区。该区域内土地使用性质以商业零售为主。商务中心以两江广场为核心，包括南门山商业区在内的城市商务功能片区，是商业中心向长江、乌江的延伸。该区域内土地使用性质以商务办公、金融保险为主。规划分别在江北片区和江东片区沿长江、乌江地带布置商业服务设施，与江南片区的沿江商业设施共同形成两江口商业界面和城市商贸中心。李渡片区布置新城商业金融中心，主要垂直长江沿岸和公共绿地布置。南岸浦片区的商业金融用地结合片区级公共中心布点设置。各居住区商业服务设施一般由城市公共中心沿干路向各居住区中心延伸，规划城区设 16 个居住区级商业服务区。

（4）文化娱乐用地布局：规划期末文化娱乐用地 43.6hm²，占城市建设用地的 0.7%，人均用地 0.6m²。江南片区主要在滨江大道和中山路设置涪陵文化艺术中心等文化设施服务全区。现有文化娱乐设施适当调整，提升档次，丰富功能。李渡片区在新城公共中心内布置科技馆、图书馆等文化设施服务全区；同时布置相配套的区级文化娱乐设施，服务新城区。江北片区、江东片区、南岸浦片区内结合片区级公共中心设置相应规模的文化娱乐设施。结合居住区建设设置社区级文化站、青少年活动中心、老年活动中心，为居民提供丰富多彩的活动场所。

（5）体育用地布局：规划期末体育用地 23.3hm²，占城市建设用地的 0.4%，人均用地 0.3m²。保留现有江南片区体育场和体育馆，同时在李渡片区结合科研教育园区建设大型体育设施。在服务市民的同时方便高校使用，提高体育设施的使用效率。各居住区应结合居住区绿地设置社区级体育设施，规模宜为 0.5~0.6hm²，内容包括篮球场、羽毛球场等健身场地。

（6）医疗卫生用地布局：规划期末医疗卫生设施用地为 37.3hm²，占城市建设总用地的 0.6%，人均用地为 0.5m²。在江南片区完善现有综合医院、专科医院和预防保健机构。李渡片区内规划设置 1 座三级综合性医院。南岸浦片区内规划设置 1 座二级综合性医院。各居住区相应配套设置社区卫生服务机构，结合居住区中心布置。

（7）教育科研用地布局：规划期末教育科研设施用地为 176.9hm²，占城市建设用地的 2.7%，人均用地 2.5m²。根据城市发展与区域经济、科技需要，除积极发展普通高等院校外，要加强职业技术学院、广播电视大学和教师进修学院等职业、成人高等教育设施的建设。结合正在建设中的涪陵师院，规划在其周边预留一片教育科研用地。加快中等职业学校的规划和建设，大力发展中等职业教育。

4. 道路交通规划（图 2-20）

1）道路体系

规划期末城市道路广场面积达 810.8hm²，占城市建设用地面积的 12.5%，人均 11.6m²。

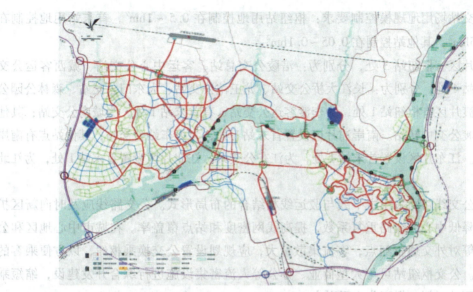

图 2-20　城市交通系统规划图

　　城市道路分为主干道、次干道、支路。城市路网的格局基本根据现状地形成自由形式，各片区分别形成相对独立的道路系统，片区之间有滨江路等城市主干道连接。主干道红线宽度为 24~40m，次干道红线宽度为 18~32m，支路红线宽度为 12~24m。

　　江南片区内道路系统结构为"四横四纵"；李渡片区内道路系统结构为"五横五纵"；南岸浦片区内道路系统结构为"三横两纵"；江北片区和江东片区腹地较小，主要以滨江路进行功能的联系和空间的布置。

　　2）交通设施

　　道路交叉形式：城市道路交叉口形式大多采用平面交叉形式，交叉口进口展宽。规划设高速公路立体交叉出入口4个，分别位于李渡片区西北入城处、李渡片区西南部、城区南部、江东片北部；高速公路互通枢纽2处，位于城区南部和西南部。

　　城市广场规划：规划设置城市广场13处，用地共计约21.2hm²。主要城市广场包括结合规划铁路客运站设置站前广场，在老城区和新城区的区级公共中心分别设置区级游憩集会广场，同时在每一片区规划若干城市游憩集会广场。

　　停车场规划：规划社会机动车停车场主要结合对外交通的车站、商业中心、片区中心等地区布置。共设置29处社会公共停车场，用地共计约11.4hm²。机动车停车场的服务半径在中心区为500m左右，在一般地区不宜大于1000m，以方便停车步行到达目的地。居住建筑每300m²至少设置1个停车位，公共建筑每200m²至少设置1个停车位。

　　加油站规划：城市公共加油站按服务半径0.9~1.2km设置，选址应符合国家标准防火规范的要求，进出口宜设在次干路上。

　　3）公共交通规划

　　规划期末涪陵城区按照10辆标准车/万人的标准，配备相应车辆和场站设施，并从规划和建设上明确公共交通场站用地范围和规模。规划期末城区公交车辆拥有量为700辆标准车。公交站场用地规模控制要求：枢纽站用地控制在 0.5~1hm²，首末站用地控制在 0.1~0.15hm²，其他站控制在 0.05~0.1hm²。

江南片区有枢纽站 3 处，分别为：涪陵公交总站、客运中心公交站、城西客运公交站；首末站 4 处，分别为：长江大桥公交站、龙王沱公交站、大东门公交站、森林公园公交站。李渡片区有枢纽站 1 处，为李渡客运公交站；有首末站 1 处，为城南公交站；其他站点有李渡公交中转站。南岸浦片区设置首末站 1 处，为火车站公交站；其他站点有南岸浦公交站。江东片区设置首末站 1 处，为江东公交站。江北片区设置首末站 1 处，为江北公交站。

规划公交线路网采用主干线与驳运线相结合的布局形式。公交路线应及时向新区扩展，适当降低中心区线路重复系数，提高线网密度和站点覆盖率。在城市中心地区和公路客运站等对外交通枢纽点，客流集散量大，应规划设置公交换乘枢纽，以方便乘客的换乘需要。公交枢纽站可与大型商业、办公等人流密集设施进行综合开发建设，缩短乘客的步行到站时间，提高公交吸引力。

结合码头建设，在长江、乌江城区段内发展水上公共交通。主要站点有龙王沱水上客运中心。

5. 绿地景观系统规划

1）绿化系统规划（图 2-21）

（1）绿化系统规划结构

规划涪陵城市大的绿地系统形成"环、廊、楔、心"的结构模式。江南片区形成"三轴九心"绿地系统布局；李渡片区形成"一环一核八心九带"的绿地系统布局；其他片区主要以山体绿化为背景，在片区内进行绿化渗透。

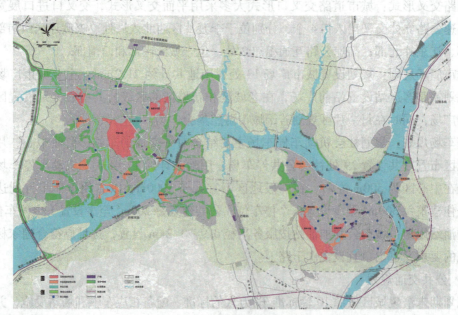

**图 2-21 城市绿地系统规划图**

(2) 江南片区绿地系统布局——"三轴九心"

"三轴"指联系山体绿化及沿江绿化并分别串联江南片区主要的城市公园的三条绿化视线轴线。"九心"指江南片区主要绿化节点。

(3) 李渡片区绿地系统布局——"一环一核八心九带"

"一环"指串联李渡片区主要绿化中心的环状绿带。"一核"指李渡片区的李渡公园，位于李渡片区的中心位置，作为涪陵新城区的绿核。"八心"指八个主要绿化中心，为新城区居民生活的主要活动空间。"九带"指由长江和李渡片区周边山体向城区内引入的九条绿化带，将自然生态环境引入城区内部，并构成满足城区居民休闲游憩需要的休闲绿带。

2) 景观系统规划

(1) 景观系统规划结构

规划形成"两片、两圈、一带"的景观风貌结构布局。

"两片"是指形成不同景观风貌特色的老城区和新城区。其中老城区的江南片区保持老城风貌特色，并加强浓重的人文气息及生活气息，与具有旅游人文特色的江北、江东共同构成旧城风貌片区；新城区形成浓厚现代气息的新城风貌区。

"两圈"是指新旧两个城区的沿江重点景观圈层，包括老城区两江口景观节点圈层和新城区李渡中心及南岸浦沿江景观节点圈层。两圈构成涪陵城市景观风貌标志区域。

"一带"是指以秀丽的长江景色作为纽带，连接新城及老城景观片区及两个重点景观圈，形成涪陵区完整的山水园林城市景观风貌特征。

(2) 城市景观廊道控制

①江南片区规划保护并逐步恢复三条山脊线形成的绿色廊道：a. 望州关森林公园—太极绿地—望州公园—兴华绿地；b. 望州关森林公园—白鹤公园—堡子城公园；c. 鹅颈绿地—双堡公园。沿这三条脊线，不宜修建高层建筑和密集建筑群，而应使原本分散的公园、街头或社区绿化节点逐步串联，形成有一定宽度的有效绿色廊道。

②李渡片区，保护形成的三条绿色廊道分别为：a. 泉家湾公园—朱家沟公园；b. 生态园公园—李渡公园；c. 下桥公园—来滩河—双河湖公园。

③其他片区加强保护的生态廊道：a. 南岸浦的龙桥河、沙溪沟；b. 江东的磨盘沟、马脚溪、石板溪。

6. 历史文化遗存保护与旧城改造规划

依法加强对白鹤梁题刻国家级重点文物保护单位和碑记桥、小田溪巴人墓群省级重点文物保护单位及邱家大院等44处区级重点文物保护单位的保护。做好重点文物保护单位的保护规划，加强重点文物保护单位的环境建设。根据《中华人民共和国文物保护法》和有关文物保护管理规定，对涪陵区内文物保护单位和文物点进行分级管理和保护。

逐步外迁旧城内现有的污染企业并控制其发展规模，通过旧城的再开发，降低建筑密度，提高土地利用效率，梳理道路与交通体系，增加公共绿地和公共开放空间，整治城市公共环境，改善生活环境，提高旧区土地的价值。

## 第六节 城市近期建设规划编制内容与程序

### 一、城市近期建设规划编制内容

#### （一）城市近期建设规划的任务

近期建设规划的基本任务是：明确近期内实施城市总体规划的发展重点和建设时序；确定城市近期发展方向、规模和空间布局，自然遗产与历史文化遗产保护措施；提出城市重要基础设施和公共设施、城市生态环境建设安排的意见。

近期建设规划的期限原则上应当与城市国民经济和社会发展规划的年限一致，并不得违背城市总体规划的强制性内容。近期建设规划到期时，应当依据城市总体规划组织编制新的近期建设规划。

#### （二）近期建设规划的主要内容

（1）确定近期人口和建设用地规模，确定近期建设用地范围和布局。

（2）确定近期交通发展策略，确定主要对外交通设施和主要道路交通设施布局。

（3）确定各项基础设施、公共服务和公益设施的建设规模和选址。

（4）确定近期居住用地安排和布局。

（5）确定历史文化名城、历史文化街区、风景名胜区等的保护措施，城市河湖水系、绿化、环境等的保护、整治和建设措施。

（6）确定控制和引导城市近期发展的原则和措施。

#### （三）近期建设规划的编制原则

（1）处理好近期建设与长远发展，经济发展与资源环境条件的关系，注重生态环境与历史文化遗产的保护，实施可持续发展战略。

（2）与城市国民经济和社会发展规划相协调，符合资源、环境、财力的实际条件，并能适应市场经济发展的要求。

（3）维护公共利益，完善城市综合服务功能，改善人居环境。

（4）严格依据城市总体规划，不得违背总体规划的强制性内容。

### 二、城市近期建设规划编制成果

城市近期建设规划的编制成果包括：规划文本、图纸，以及包括相应说明的附件。在规划文本中应当明确表达规划的强制性内容。

#### （一）城市近期建设规划文本的主要内容

（1）说明规划编制的依据和原则。

（2）市（县）域城镇体系规划的要点。

（3）城市规划区范围。

(4) 城市性质、城市人口发展规模及用地规模。
(5) 城市土地利用和空间布局。
(6) 自然环境和历史文化环境保护。
(7) 旧区改建原则，用地结构调整及环境综合整治。
(8) 城市环境质量建议指标，改善或保护环境的措施。
(9) 各项专业规划。
(10) 近期建设规划。
(11) 实施规划的措施。

(二) 城市近期建设规划图纸的主要内容

(1) 市（县）域城镇分布现状图。图纸比例一般为1：200000～1：50000。
(2) 城市现状图。图纸比例一般大中城市为1：25000～1：10000，小城市为1：5000。
(3) 城市用地工程地质评价图。图纸比例同现状图。
(4) 市（县）域城镇体系规划图。图纸比例同现状图。
(5) 城市总体规划图。表现规划建设用地范围内的各项规划内容，图纸比例同现状图。
(6) 环境保护、防灾及历史文化遗产保护规划图。
(7) 近期建设规划图。
(8) 各项专业规划图。

## 第七节 城市分区规划编制内容与程序

一、城市分区规划编制内容

（一）城市分区规划的任务

编制分区规划，应当综合考虑城市总体规划确定的城市布局、片区特征、河流道路等自然和人工界限，结合城市行政区划，划定分区的范围界限。分区规划的任务是在城市总体规划的基础上，对城市土地利用、人口分布和公共设施、基础设施的配置作出进一步的规划安排，为详细规划和规划管理提供依据。

（二）城市分区规划的主要内容

(1) 确定分区的空间布局、功能分区、土地使用性质和居住人口分布。
(2) 确定绿地系统、河湖水面、供电高压线走廊、对外交通设施用地界线和风景名胜区、文物古迹、历史文化街区的保护范围，提出空间形态的保护要求。
(3) 确定市、区、居住区级公共服务设施的分布、用地范围和控制原则。
(4) 确定主要市政公用设施的位置、控制范围和工程干管的线路位置、管径，进行管线综合。

(5) 确定城市干道的红线位置、断面、控制点坐标和标高，确定支路的走向、宽度，确定主要交叉口、广场、公交站场、交通枢纽等交通设施的位置和规模，确定轨道交通线路走向及控制范围，确定主要停车场规模与布局。

## 二、城市分区规划编制成果

分区规划的成果应当包括规划文本、图件，以及包括相应说明的附件。

（一）分区规划文本的主要内容
(1) 总则：编制规划的依据和原则。
(2) 分区土地使用原则及不同使用性质地段的划分。
(3) 分区内各片人口容量、建筑高度、容积率等控制指标，列出用地平衡表。
(4) 道路规划及交通设施规划。
(5) 绿地、河湖水面、高压走廊、文物古迹、历史地段的保护管理要求。
(6) 工程管网及主要市政公用设施的规划要求。

（二）分区规划图纸
(1) 规划分区位置图：表现各分区在城市中的位置。
(2) 分区现状图：图纸比例一般为1：5000。内容包括市政设施及公共设施现状。分类标绘土地利用现状、市政设施现状。
(3) 分区土地使用规划图：图纸比例一般为1：5000，内容包括规划的各类用地界线，绿地、河湖水面、高压走廊、文物古迹、历史地段的用地界线和保护范围。
(4) 分区建筑容量规划图：标明建筑高度、容积率等控制指标及分区界线。
(5) 道路广场规划图：规划主、次干道和支路的走向、红线、断面、主要控制点坐标、标高；主要道路交叉口形式和用地范围；主要广场、停车场位置和用地范围。
(6) 各项专业规划图。

## 三、城市分区规划实例介绍

（一）某市西区城市分区规划
1. 基本概况
1) 地理位置

分区位于某市城区西部，滨江大道、澄南大道横贯东西，西外环路纵贯南北，毗邻长江、锡澄运河、新夏港河，交通极为优越。目前，分区含夏港镇7个村（夏港、夏东、葫桥、普惠、三元、长江、夏南）和澄江镇6个村（文富、浮桥、通运、红光、璜塘上村、江锋），2001年末总人口5万人。

2) 自然条件

某市地貌属长江三角洲平原，城东南为连续起伏的低丘陵围绕，城北沿江一带有君山、黄山等孤丘突起，大片平原地势低平，海拔高程在3~5m，坡度在3%以下，地形呈西北向东南缓倾之势。

某市地处北亚热带季风气候区,境内平均气温15.2℃,年均日照时间达2163.3h,年平均降水量1025.6mm。常年主导风向为东南风,平均风速3.8m/s。江阴市大部分地区地基承载力为10t/m² 左右,按地震动峰值加速度0.05g设防。

3) 规划范围

分区规划范围为:北至滨江大道,南至澄南大道,西、东分别以新夏港河和锡澄运河为界,总规划面积为19km²(包括部分新夏港河和锡澄运河水域)(图2-22)。

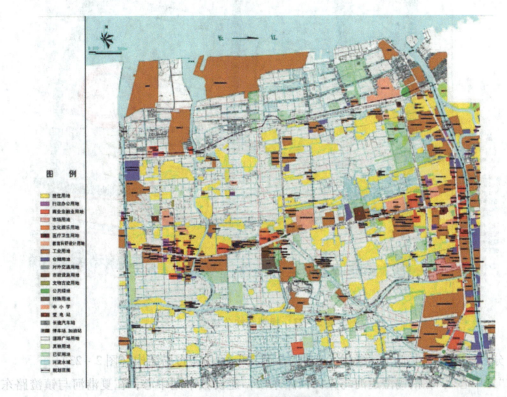

图2-22 土地使用现状图

2. 规划特点

(1) 加强与本分区东侧的旧城的联系,营造良好的沿河生态绿带和公共中心。

(2) 处理分区中部跨越长江交通通道与分区东西两组团的关系,使两组团有适当的空间分隔。

(3) 有机建立东西主副公共中心,有利两组团开发建设。

(4) 理顺与北部长江南岸的港区、工业区的关系。

3. 总体布局

1) 布局原则

进行用地功能的合理置换,疏散分区内占地大、效益差的工业、仓储等单位,提供充足的第三产业发展用地。

强调分区的可持续发展，创造良好的生态环境，满足分区滚动发展的需要。完善分区综合功能，塑造具有滨江特色的城市风貌。

2）功能布局

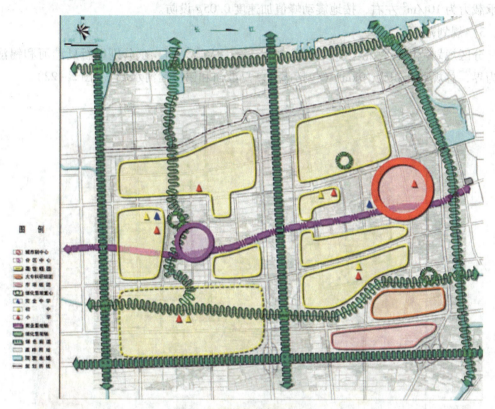

图2-23 规划结构分析图

分区形成"二中心、三绿核、五轴、二片区"的功能布局结构（图2-23）。

"二中心"：在沿锡澄运河与人民西路东段，建设城市副中心；在夏港河与镇澄路东段，规划片区公共中心。

"三绿核"：规划建设夏港公园、西横河公园和体育公园，成为分区的公共绿核。

"五轴"：人民路—商业游览轴、历史文化轴、江岸线—滨江景观轴、澄运河、夏港河、西横河—景观绿化轴。

"二片区"：以西外环路为界，形成夏港片区和城西片区。两片区之间预留250~430m防护绿地作为片区之间的分隔，片区之间则采用快速道路连接。

城西片区：位于锡澄运河以西、预留过江隧道以东，用地面积11.2km$^2$，规划居住人口9万人。为现状主城居住区的拓展，为接收老城区疏散人口、提高普通市民居住水平、吸引外来人口定居的重要区域。安排中学1所，初中2所，小学3所，市级医院1所。东南部布置一片区域性市场用地。

夏港片区：位于新夏港河以东、预留过江隧道以西，用地面积5.5km$^2$，规划居住人口7万人，为城西工业区配套的生活区。安排中学1所，初中1所，小学2所，区级医院1所。南部为远景发展备用地（图2-24）。

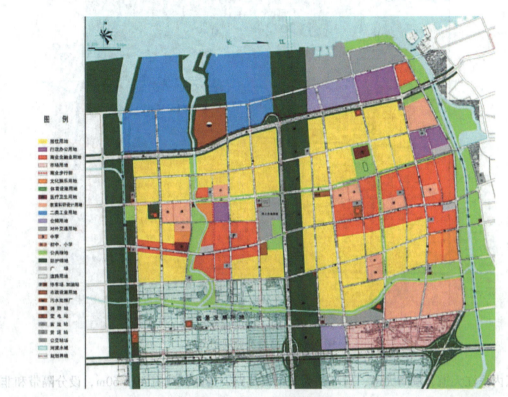

图2-24 土地使用规划图

4. 道路交通规划（图2-25）

1) 规划指导思想

依据江阴市城市总体规划，结合分区自身的性质特点，着重理顺内部道路关系和对外交通联系，形成一个交通既自成体系，对外联系又较为便捷的交通网络。

2) 对外交通规划

规划分区对外公路交通主要由滨江一级公路、澄南大道组成，构成分区联系靖江、常州等城市的快速通道。规划预留过江隧道用地，以适应远景交通量增长的要求，结合高压走廊，用地控制绿带宽250~430m。

分区对外内河航道，锡澄运河规划仍保持五级航道，西横河规划为六级航道。

3) 道路系统规划

规划干道长70.93km，干道网密度为4.3km/km$^2$；道路广场面积217.86hm$^2$，占城市建设用地的13.06%，人均用地13.61m$^2$。

根据江阴市城市发展形态和总体布局，分区道路网络采用以方格网为主的布局形式，分区道路系统由快速路、主干路、次干路、支路四级组成。

城市快速路承担城市各组团间的联系和与高速公路衔接，采用封闭或半封闭形式。

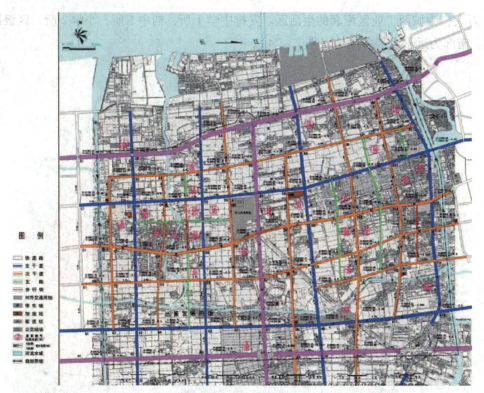

图2-25 道路交通规划图

分区内滨江大道、澄南大道、南环路为城市快速路。道路红线宽40~60m，设分隔带和非机动车道，设计车速为60km/h。快速干道两侧各留30m的绿化带。

主干路间距为1000m左右，主干路是贯通分区的交通性道路，原则上以行驶机动车为主。分区内主干路为五星路、毗邻路、长江路、12号路、16号路、通江路，道路红线宽40m，设分隔带和非机动车道，设计车速为40~60km/h。

次干路间距为400~600m左右，次干路是与主干路衔接的集散道路，主要以承担分区内交通为主，两侧建筑密集，商业活动频繁，汇集大量人流、车流。道路红线宽30m，设计车速30km/h。

支路是供小型车辆和自行车进出街坊、居住区和承担短距离交通的道路，是分区道路系统的重要组成部分，它对提高公交网覆盖率起到了重要作用。规划道路红线宽为15~20m。

步行街结合城西商业中心设置，夏港片区规划一条步行街21号（在五星路和镇澄路之间）；城西片区规划一条步行街24号（在人民西路和6号路之间）。步行街出入口设置机动车停车场。实行完全或限时的步行方式，使人在该空间内享受最大的自由和安全。

5. 近期建设规划

1) 近期城市建设规模

2005年本区规划人口规模为6.5万人，用地规模8.27km$^2$，人均用地127m$^2$。

2) 近期建设规划原则

在城市总体规划和城市远景发展战略的指导下，从全市经济社会发展出发，合理安排城市各项近期建设，使城市在社会、经济、环境效益统一的前提下，协调发展，充分兼顾城市建设的现状。

近期建设遵循紧凑城市布局结构的原则，坚持集中成片开发为主，开发一片、完善一片。

在新区开发的同时，必须注重现有城区的更新和改造。

根据江阴城市的现有基础，合理调整和发展，协调各部门之间的相互关系。既从城市现有基础和物质条件出发，同时又充分预见城市发展的可能，妥善处理好近远期建设的衔接，具体落实近期各项建设项目，为城市的远期和远景的进一步发展创造良好条件。

3) 近期建设发展重点

近期建设规划重点：制定分区框架，扩大分区规模；完善分区功能，提高城市品位；营造城市亮点，展现城市形象。

重点发展区域：分区近期建设的主导因素是滨江大道的通车以及便利的交通优势和突出的景观优势，由此在近期建设中形成了两片重点发展区域：

位于分区西部，该片区在交通上承担了集聚疏散、换乘转接的枢纽功能，同时它又承担了片区行政、商业、文化的中心职能。片区的开发意向为具有综合职能的生活片区。在片区中心，建成人流聚散广场，对镇澄路商业街区进行改造，扩大街坊进深，形成良好的商业购物氛围；建设老夏港河（镇澄路以北）滨水绿带；在五星路北、西外环路东建成环境优美、交通方便的安置小区；片区北部的污水处理厂可考虑进行一期建设（5万 $m^3/d$），其余新建设道路按规划敷设各种市政管道。

位于分区西外环路以东、锡澄运河以西地区。人民西路及锡澄运河两岸为分区现状基础最集中的地区，片区的开发意向为具有城市副中心职能的生活片区。对人民西路商业街区进行改造，扩大街坊进深，形成良好商业购物氛围；搬迁改造分区内污染工业和影响城市景观的工业用地，尤其重点改造锡澄运河两侧与居住混杂的工业用地，重点建设锡澄运河绿带，完成外环路以北河段滨河绿化建设；在五星路北侧建设一片高尚住区；近期沿澄南大道敷设 $DN800$ 的给水干管，建设城西片区的通信设施综合用地，并沿新建设道路按规划敷设各种市政管道。

（二）某市城中片区分区规划

1. 基本概况

城中分区（以下简称分区）位于某市城区中部，主要是某市的老城区域。包括新洋港以南、通榆河以西、青年路以北、西环路以东的区域。分区面积 24.9 $km^2$。分区用地范围主要包括亭湖区的文峰、城东、先锋、亭湖 4 个办事处的城市居民社区用地范围，此外还包含城西、长坝、北港、东闸、大洋、耿伙、大星、双元、环城及五星 10 个村的部分用地和盐都区的前进村的部分用地。在本次分区规划的人口调查中，以 4 个办事处 2003 年末的人口总数为基数，扣除办事处所辖范围中不属于城中分区的单位人口（对于部分属于规划区内的单位人口按实际人口数量计算），规划区内 2003 年末的实际人口数量约为 360769 人（图 2-26、图 2-27）。

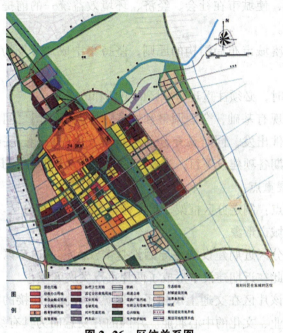

图 2-26　区位关系图

图 2-27　用地现状图

根据城市总体规划，并综合对分区的各方面分析、论证，确定分区职能：本区是盐城市的主要公共中心区和居住片区，同时也是城市中新四军文化和盐文化的特色体现区。

规划人口规模：根据总体规划，结合其他分区规划的人口调整和综合，本分区人口适当疏解，居住人口为 30.6 万人。

规划用地规模：分区规划用地24.9km²，其中建成区面积22.4km²，人均建设用地面积73.3m²。

2. 规划特点

（1）在某市总体规划的指导下，城中分区规划做好与总规的衔接工作，在体现总规意图的前提下进行深化和局部调整。

（2）从城中分区的社会经济发展的实际情况出发，充分考虑分区的可持续发展，在立足现实的基础上，以高起点、合理的标准进行规划设计。

（3）注重经济和产业的变迁对分区发展的重要作用。在调整产业结构方面，大力发展商业金融、文化娱乐和旅游业等第三产业，逐步调整第二产业的布局，合理进行分区用地布局优化，为各项产业的发展提供条件。

（4）提倡"以人为本"的规划思想，以创造可持续发展的人居环境为目标。强调人工环境和自然环境的协调和融合，创造高质量的居住和生活环境。

（5）充分挖掘城市文化特色和景观特色，通过仔细梳理和规划强化，在分区中着重展现城市的独特个性。

3. 总体布局

1）规划理念（图2-28）

规划分区用地布局充分考虑各种对分区发展有重大影响的因素：现状土地使用情况、土地批租情况、各块用地区位条件、主要交通干道和自然水体等，分区规划形成中心强化、轴向延伸、组团发展的规划理念。

2）功能布局（图2-29、图2-30）

按照规划战略，形成"一心三核三轴五组团"的功能布局结构。

"一心"：分区的公共设施中心，同时也是城市的商业、金融、文化中心。位于建军路和解放路交叉口周边的商业中心，位于串场河与小洋河交叉口的商贸金融中心，以及位于先锋岛的文化旅游中心组成了服务于整个盐城市的市级综合中心。

"三核"：包括2个次级的商业服务中心和1个次级的综合服务中心；次级商业服务中心分别为铁路客运站商业区和汽车总站商业区，它们除为本分区服务外，同时承担城市交通枢纽服务的功能。次级的综合服务中心位于解放路和青年路交叉口（部分位于分区外），还包括规划的体育中心（近大庆路）和配套的餐饮娱乐设施，它的服务范围

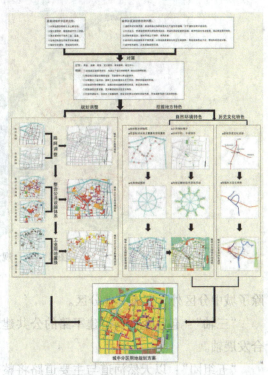

图2-28 规划概念分析图

图 2-29　用地规划图

图 2-30　规划结构分析图

除了城中分区外，还有其他分区。

"三轴"：包括东西向沿建军路的公共建筑服务轴和南北向沿解放路、开放大道的综合发展轴。

"五组团"：以天然河道与主要道路将整个规划分区分为东北组团、北组团、西北组团、西南组团和东南组团。

4. 道路交通规划（图2-31～图2-33）

1）规划指导思想

明确道路系统的功能与等级，建立与分区相适应、布局合理、快速畅通的道路网系统。

合理组织过境交通，减少过境车辆对分区交通和环境的影响，处理好分区内外交通的衔接。

改善停车设施缺乏局面，提供足够的停车用地。

图2-31 道路系统规划图

图2-32 道路定位规划图

图 2-33 道路交通分析图

2) 对外交通规划

新长铁路为国家一级铁路干线，南北向纵贯市区，位于本区的东侧。规划盐城客运站位于大庆路与青年路之间，主站房面积 2500m²，广场面积为 3.24hm²，铁路正线东侧预留货场用地。

规划扩建现状盐城客运总站，占地约 8hm²。新建五星客运站和中心货运站，位于青年路与范公路交叉口西南角（本区规划边界的外侧），各占地约 5hm²。

规划通榆河为三级航道（航道净高不低于 6m），新洋港为五级航道（航道净高不低于 5m），构成环城航道，疏解城区内部河流通航功能。取消串场河城区段通航功能，作为城市景观河道。

盐城飞机场位于本区东侧，距本区中心约 8km，机场通过迎宾大道——建军路与本区便捷联系。现盐城机场已开通至北京、佛山和广州等城市的航线。

3) 道路系统规划

根据盐城市总体规划，城市道路系统由快速干道、主干路、次干路、支路四级组成。

规划形成"四横六纵"的干道系统。四横分别是：黄海路、建军路、大庆路、青年路；六纵分别是：西环路、盐马路、解放路、人民路、开放大道、范公路。

城市快速干道承担城市各组团间的联系和与高速公路衔接，采用封闭或半封闭形式。本区内西环路与范公路为城市快速干道。道路红线宽 70m。西环路两侧设辅道，范公路单边设辅道与周边道路衔接。

主干路是贯通本区的道路骨架。本区内东西向的主干道为黄海路、建军路、大庆路、青年路；南北向的为盐马路、解放路、人民路、开放大道。道路红线宽 30~70m，设分隔带和非机动车道。

次干路是与主干路衔接的集散道路，主要以承担组团内交通为主。道路红线宽 25~

40m。次干道包括文港路、迎宾路、毓龙路等。

支路是供小型车辆和自行车进出街坊、居住社区和承担短距离交通的道路，是城市道路系统的重要组成部分，它对提高公交网覆盖率起到了重要作用。规划道路红线宽为9~25m。

5. 绿化及景观特色规划

1）绿地规划目标

结合分区的良好的水网条件，在规划中创造分区路网、水网和绿网交相辉映的景观特色。建设绿化丰富、生态良好、具有吸引力的居住基地。规划期末分区绿地占城市建设用地的23.36%，人均绿地面积17.13m²，人均公共绿地面积9.86m²。

2）绿地系统结构（图2-34）

规划建成完善的绿化网络和连续的生态走廊，最终形成"四环六点九带"的总体布局。

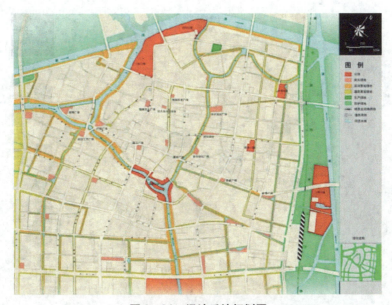

图2-34 绿地系统规划图

四环：一环——沿瓢城旧城轮廓规划设置8m以上的绿化带一圈，以改善旧城环境并强化旧城的历史风貌；二环——在本区内由新洋港、串场河、小洋河围合而成环状水网，规划在此环状水系两岸设置15m以上的绿化带，其中新洋港沿线绿带宽50m，串场河沿线绿带宽50m，小洋河沿线绿带宽15m以上，中环绿化建设可以大大改善本区面貌，提升本区的城市品位和形象；三环——沿油坊沟、腾飞路、大庆东路和K10等道路、水体形成的绿带与串场河和新洋港相接，沿路两侧绿带宽度在8m以上，三环建设主要改善居住社区的生活环境品质；四环——青年路、范公路两侧的绿带和新洋港及西环路绿带相接，形成本区的最外圈的防护隔离绿带。

六点：六个公园，分别指天妃公园、人民公园、大桥公园、毓龙公园、迎宾公园和小洋公园。

九带：与放射状的水网相适应，规划建成九条主要放射状绿化带。包括新洋港沿岸绿化带、海纯路和小洋河东段绿化带、毓龙路绿化带、朝阳河绿化带、小新河绿化带、串场河南段绿化带、新西门路绿化带、油坊沟沿岸绿化带、蟒蛇河沿岸绿化带。其中部分绿带向其他分区延伸，以此形成全市性的绿色生态网络。

3）景观规划目标

优化"百河之城"的城市形态，加强水的格局与城市形态的融合，将水的特色在本区中充分体现出来；发掘历史文化遗存，弘扬红色文化，展示海盐文化，使本区成为盐城自然特色和文化特色的展现区。

4）景观系统水网规划（图2-35）

规划结合城市人文景观资源和自然景观资源，合理梳理本区内河道，形成"环状加放射"的空间结构，即"一环八轴"的水网体系。

图2-35 水网系统规划图

一环：指由新洋港、小洋河、串场河围合而成的环状水网。

八轴：指新洋港、小洋河、小新河、串场河、油坊沟、蟒蛇河（越河）、朝阳河等八条河道。

5）景观特色规划（图2-36）

规划本区的景观特色由两个方面来体现：环状加放射的自然景观特色结构和两轴相随的人文景观特色结构。

自然景观特色系统由自然景观轴线和自然景观节点构成，水系和绿化是构成自然景观特色的重要要素。自然景观轴线是指水网和绿化相结合的环状加放射的自然景观网络。自然景观节点是指河道、道路和绿带交汇处的节点放大绿地，以及公园、街头绿地等。

人文景观特色系统由人文景观轴线和人文景观节点构成。人文景观轴线有两条：一

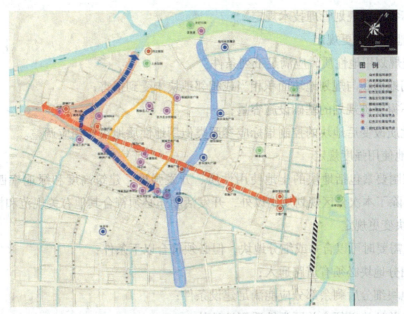

图 2-36 景观特色规划图

条是展现新四军文化的建军路红色文化轴线,另外一条是串场河—瓢城海盐历史文化轴线。人文景观节点是指沿这两条轴线形成的不同内涵的序列式开放广场和部分文化古迹保护区域。

6. 土地开发控制规划(图 2-37)

1)建设用地与建筑相容性规定

由于建设项目的不确定性,为了保证规划管理的弹性,建设用地与建筑相容性必须

图 2-37 分区容量开发控制图

满足《江苏省城市规划管理技术规定》。

2）土地性质变更规定

若改变规划用地性质，应满足下列条件：

（1）用地面积与规划地块面积相当或相邻地块未受到损害；

（2）不得突破规划的基础设施容量；

（3）性质改变后地块的控制指标应参照类似用地性质地块作相应调整。

3）土地使用强度规定

开发控制要素包括地块的土地使用性质、开发强度、建筑高度和绿地率四个方面的控制要素。除了本次分区规划规定以外，开发活动还必须符合其他有关规范和标准。

4）地块变更规定

当开发需要时可以合并或细分地块，但必须符合以下条件：

（1）细分地块必须有道路通入；

（2）地块细分后剩余部分应能满足建设条件；

（3）合并地块必须合并同类性质用地地块；

（4）合并地块时不得影响城市道路建设用地；

（5）合并地块后市政设施容量不得大于原地块市政设施容量之和。

## 第八节 控制性详细规划编制内容与程序

一、控制性详细规划编制内容

（一）控制性详细规划的任务

控制性详细规划的主要任务是：以总体规划或分区规划为依据，细分地块并规定其使用性质、各项控制指标和其他规划管理要求，强化规划的控制功能，指导修建性详细规划的编制，并作为建设主管部门（城乡规划主管部门）作出建设项目许可的依据。

（二）控制性详细规划的内容

控制性详细规划的内容有以下几点：

（1）确定规划范围内不同性质用地的界线，确定各类用地内适建、不适建或者有条件地允许建设的建筑类型。

（2）确定各地块建筑高度、建筑密度、容积率、绿地率等控制指标；确定公共设施配套要求、交通出入口方位、停车泊位、建筑后退红线距离等要求。

（3）提出各地块的建筑体量、体形、色彩等城市设计指导原则。

（4）根据交通需求分析，确定地块出入口位置、停车泊位、公共交通场站用地范围和站点位置、步行交通以及其他交通设施。规定各级道路的红线、断面、交叉口形式及渠化措施、控制点坐标和标高。

(5) 根据规划建设容量，确定市政工程管线位置、管径和工程设施的用地界线，进行管线综合。确定地下空间开发利用具体要求。

(6) 制定相应的土地使用与建筑管理规定。

## 二、控制性详细规划编制程序

### （一）基础资料的收集

控制性详细规划至少应收集以下基础资料：

(1) 总体规划或分区规划对本规划地段的规划要求，相邻地段已批准的规划资料。
(2) 土地利用现状，用地分类应分至小类。
(3) 人口分布现状。
(4) 建筑物现状，包括房屋用途、产权、建筑面积、层数、建筑质量、保留建筑等。
(5) 公共设施规模及分布。
(6) 工程设施及管网现状。
(7) 土地经济分析资料，包括地价等级类型、土地级差效益、有偿使用状况、地价变化开发方式等。
(8) 所在城市即地区历史文化传统、建筑特色等资料。
(9) 现状地块的产权和使用权属划分。

### （二）控制性详细规划的用地分类和地块划分

控制性详细规划的用地应分至小类。控制性详细规划的地块可按规划和管理的需要分为区、片、块几级，块是控制性详细规划的基本单元，其划分的原则为：

(1) 应保证地块性质单一，避免不相容使用性质用地之间的干扰。
(2) 严格遵守城市总体规划或分区规划及其他专业规划的要求。
(3) 尊重现有用地产权或使用权边界。
(4) 考虑土地价值的区位级差。
(5) 兼顾基层行政管辖界线，便于现状资料的收集及统计。

## 三、控制性详细规划编制成果

控制性详细规划成果应当包括规划文本、图件和附件。图件由图纸和图则两部分组成，规划说明、基础资料和研究报告收入附件。控制性详细规划确定的各地块的主要用途、建筑密度、建筑高度、容积率、绿地率、基础设施和公共服务设施配套规定应当作为强制性内容。

### （一）文本内容

控制性详细规划的文本应包括土地使用与规划管理细则，以条文形式重点反映规划地段各类用地控制和管理原则及技术规定，经批准后纳入规划管理法规体系。具体内容如下：

(1) 总则：制定规划的目的、依据及原则，主管部门和管理权限。
(2) 各地块划分及规划控制的原则和要求。
(3) 各地块使用性质划分和适建要求（适建、不适建、有条件适建的建筑类型）。
(4) 各地块控制指标一览表。
(5) 建筑物后退红线距离的规定。
(6) 相邻地段的建筑规定。
(7) 市政公用设施、交通设施的配置和管理要求。
(8) 奖励和惩罚。
控制性详细规划的文本应附地块控制图则。

（二）图纸内容

控制性详细规划的图纸比例一般为 1：2000～1：1000

(1) 用地现状图：土地利用现状、建筑物现状、人口分布现状、市政公用设施现状（必要时可分别绘制）。
(2) 用地规划图：规划各类用地的具体范围（地块）和使用性质、主要交通出入口、绿地和公共设施位置，标明地块编号（和文本中控制指标相对应）。
(3) 道路交通及竖向规划图：确定道路走向、线形、横断面、各支路交叉口坐标、标高、停车场、公交站点站场和其他交通设施位置及用地界线，各地块室外地坪规划标高。必要时可分别绘制。
(4) 工程管网规划图：各类工程管网平面位置、管径、控制点坐标和标高，必要时可分别绘制，分为给水排水、电力通信、煤气、管线综合等。

四、控制性详细规划实例介绍

（一）某市江南新区商贸会展区控制性详细规划

1. 基本概况（图 2-38）

江南新区幅员面积 34.75km$^2$，其中新城规划面积 14km$^2$，新城中心区面积 4.42km$^2$，本次控制性详细规划修编区位于某市万州区南岸，某市江南新区中心区的南部。规划区范围：西临长江，东靠毡帽山（中部路），南至长江三桥，北达行政中心区南边界，总面积 1.63km$^2$。

某市江南新区属大巴山、秦岭山脉平行岭谷地貌，地形呈波浪带状，谷地系统发达，由滨江向纵深地段枝状延伸。滨水岸线地形复杂，富于变化。规划地段滨水岸线形成凸岸，具有视觉发散性和外向性。另外，沿江地势高低各不相同，有滩涂型和峭壁型，有利于形成丰富多样的景观序列。

2. 规划特点

(1) 根据现状情况和发展趋势，适应未来发展和开发的需求。
(2) 充分利用新区开发的优势，建设高起点、环境优美的商贸会展中心区。

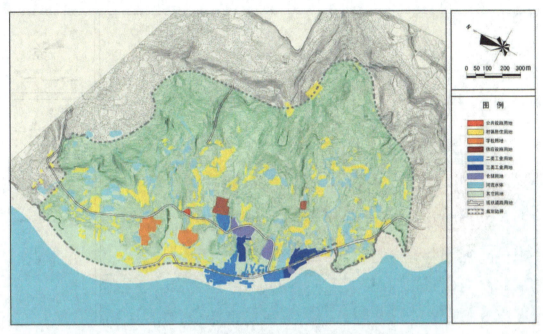

图 2-38　重庆市万州江南新区现状用地布局图

（3）通过合理的用地布局和开发容量控制，体现滨江土地的使用价值。

（4）突出体现万州山水特征，结合山体、冲沟等自然条件，展现城市建设与自然环境共生共容的风貌。

（5）创造舒适宜人的城市空间和滨水休闲空间，建立配套设施完善的现代居住社区。

3. 总体布局（图 2-39、图 2-40）

1）规划结构

商贸会展区规划形成"一心二核三组团"的规划结构，规划沿江形成三个组团，由北向南分别是商业服务综合组团、商务会展中心组团、商贸会展综合组团，各规划组团以所列功能为主，功能适当综合。其中商务会展中心组团的组团中心为规划区功能中心，其他两个组团中心分别为规划区的功能副核心。而居住功能复合在各综合组团内，并按规范安排各类配套服务设施。

2）商业金融用地

规划区商业金融用地 28.54hm$^2$，占城市建设总用地的 19.44%，主要布置于规划区西部，沿南滨路成条状布置。规划区北部商业区以零售业和餐饮业为主，中部商业区以商务办公和金融保险业为主，南部以商业服务业和零售业为主。商业区的条状布置充分利用南滨路的优势区位和滨水的良好景观，体现土地的经济效益。

3）文化娱乐用地

规划区文化娱乐用地 6.52hm$^2$，占城市建设总用地的 4.44%，主要布置于规划区商务会展中心组团的西部和南滨路南段外侧。主要包括大型专业化会展中心和综合性的娱乐设施，沿江布置的文化建筑将展示规划区的城市形象。

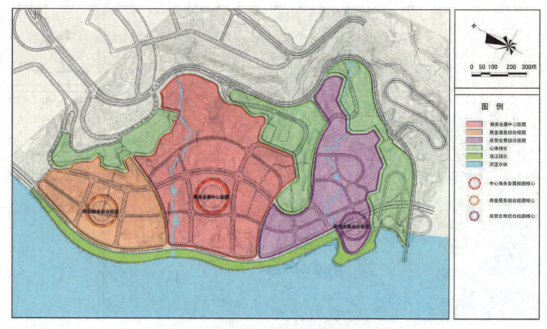

图 2-39　重庆市万州江南新区用地结构图

图 2-40　重庆市万州江南新区土地使用规划图

4）道路广场用地

规划区道路广场用地 42.39hm²，占城市建设总用地的 28.87%，主要布置于人流较为集中的商务会展中心轴线上及轮渡码头附近。社会停车场用地 0.69hm²，占总用地的

0.47%，主要布置于车流较为集中的商务会展中心组团的西部、商业服务综合组团的中部、轮渡码头及综合加油站附近。

5）居住用地

规划区居住用地38.23hm²，占城市建设总用地的26.04%，主要布置于规划区商业服务综合组团和商贸会展综合服务组团的东部地块。结合地形布置多层及小高层住宅建筑，形成高低错落的居住环境。

6）绿化用地

规划区绿化用地28.44hm²，占城市建设总用地的19.37%，主要位于地形起伏较大的规划区东部及滨江地带，结合冲沟形成步行系统串联山体绿化和滨江绿带，并于山体绿化和滨江绿带中布置公园等休闲场所供市民游憩，体现山城优越的绿化资源，打造绿色城市形象。

4. 道路交通规划

1）路网结构

规划片区的路网结合地形条件，根据组团的构成、主要通行空间的联络而形成系统。由于区内地形条件较为复杂，规划采取较小的道路红线宽度，主要通过道路系统的设计和人车分行的设计解决交通问题。

规划中强调道路系统的三个方面，一是外部交通的衔接，规划中充分利用了规划区外围的城市主干道，考虑到规划区与整个城市快速交通体系的联络形成大路网格局。二是充分考虑规划片区内部的道路衔接，区内东西向的次干道将两条南北向的主干道联系起来，形成区内完整的车行交通系统。三是区内次干路和支路系统，在片区中部结合自然条件和组团的分布结构设置，形成具有良好的景观和城市生活氛围的道路空间。

2）道路分级系统

规划将道路分为三级，分别是城市主干路，红线宽度36~40m，两块板形式；城市次干路，红线宽度24~30m，一块板和两块板形式；城市支路，红线宽度9~16m，一块板形式。

3）静态交通设施

为适应未来不断增加的机动车交通量的要求，规划中对交通设施的考虑主要是机动车停车场的安排，停车应体现就近停靠和配套停车的特点。规划区内社会停车场总用地约0.7万m²，另外设有地下停车场面积约1.22万m²，布点集中和分散相集合，在全区保证300m的最大服务半径，在中心区和人车流相对集中地段加设更多的停车场以满足需要。本次规划根据《某市城市规划管理技术规定》对配建停车位提出了下限规定。

规划在道路设计中充分考虑沿路停车的可能，通过限时和划区等管制，充分利用道路空间，满足机动车临时停放的需要。

4）步行交通组织

规划强调以人为本的设计就必然重视步行空间的组织。规划基本上形成了人车分离的步行系统与车行系统。步行系统主要沿南北向的江滨和东西向的河谷地而形成树枝状延伸的系统。在组团内部由大的绿地步行系统再延伸出网络状的步行系统。步行系统与开敞空间和绿地系统联系紧密，在步行系统中组织有若干广场、游园等特色场所，以满足步行活动的多样性需求。

规划片区内地形由江边到内部逐渐提高，且坡度较大，因此区域内部的机动车组织的主要方向是南北向，步行交通的组织主要方向是东西向。

规划在片区内部和各个地块的设计与开发时，应充分利用地形条件，设计安排人车分行的系统，并有意识地将它们与整个步行系统和车行系统衔接。

5）公共交通组织

结合上一层面的规划，沿区内主要道路设置港湾式公交停靠站，间距为500m。建议在滨江地段设计一条特色公交专线，可采用旅游客车的形式。另外，结合滨水码头设计，安排水上特色旅游线路，将万州长江两岸的特色景点联系起来。

规划区北部沿江设置客运码头—公交枢纽站，形成方便的水陆联运。

6）道路竖向规划（图2-41）

在控制性规划中道路竖向设计是竖向设计的主要内容，应综合考虑基地的现状地形、防洪排涝以及工程管网的布线要求，为下一步工作中的道路设计、街坊内部竖向设计提供参考。

道路竖向设计充分考虑与现状道路和已完成设计的城市道路的衔接，以雨水就近排放为原则，并同时考虑到道路的行车要求。道路纵坡控制为：主干道不大于6%，次干道不大于10%，支路不大于12%。

图2-41 重庆市万州江南新区道路竖向设计图

5. 建设开发控制

1）开发强度

土地开发强度涉及建设容量、环境容量、交通负荷能力、土地经济收益和功能需要等多方面的因素。通过合理的土地开发强度的控制，不但可以保证良好的城市空间环境，还可以对引导投资、提高土地使用效率以及形成合理的城市结构起到积极的作用。土地开发强度通过容积率和建筑密度两项指标来控制。

规划开发强度在滨江地段由滨江向内部纵深地段逐步升高，内部视用地条件、空间组织和交通负荷等条件确定其开发强度。

商业服务业建筑：一般用于商业和服务业的建筑使用强度较高，建议容积率控制在2.0~4.5，建筑密度控制在35%~45%。

居住建筑：规划中将住宅用地细划为组团，公共服务设施均统一安排以适应市场和管理需要，规划住宅用地开发强度的控制指标相当于居住小区概念中的住宅净容积率和净密度。建设控制结合城市设计要求，多层住宅区容积率控制在1.5左右，建筑密度控制在35%以下；高层容积率控制在2.5，个别地段地块可适当提高到3.0，建筑密度控制在35%以下。商住用地指商业与住宅混合建设的区域，容积率控制在2.0~3.0，建筑密度控制在40%~50%。

中、小学建筑：应按国家居住区规范的有关规定，一般按容积率1.0，建筑密度30%控制。住宅区内幼儿园按容积率0.8~1.0，建筑密度按30%~40%控制。

文化会展建筑：容积率控制在2.0~3.0，建筑密度控制在45%。

医疗以及其他市政配套设施建设按国家有关规范控制其开发强度。

2）高度控制

根据城市空间设计，结合城市功能布局和开发强度确定城市中建筑的限制高度。规划按总体的形象控制天际轮廓线，沿江地段向内部纵深地段建筑的高度不断升高。在局部地段的高层区宜采取簇团状布局。

规划区内建筑以多层和高层为主，其中居住建筑以小高层为主，公共建筑以多层和高层相结合为主，部分商业和会展建筑以低层为主。

3）后退红线

依照《某市城市规划管理技术规定》进行控制。

4）土地使用兼容性

考虑土地的适用性和土地市场的需求，允许以规划用途为基础，设施建设通过规划管理过程进行调控，它体现着混合使用的功能多样性和服务综合性。规划通过《各类用地建设内容适建表》来控制各类用地的性质兼容性。

土地与建筑兼容关系依照《某市城市规划管理技术规定》执行。

（二）某市老城区地段控制性详细规划

1. 基本概况（图2-42）

某市老城区地段位于某市城市中心，是某市的老城所在地，位于某市城中分区规划的范围以内。规划区范围：东至小洋河，南至串场河、蟒蛇河，西至越河、串场河，北至新洋港，规划区面积4.45km²。作为城市起源的瓢城和先锋岛都在规划范围内。现状用地功能混杂，人口密度较大，居住建筑质量不高。现有泰山庙（新四军重建军部旧址）、宋曹故居、陆公祠、抗大五分校旧址等近代古迹，是盐城红色文化和盐文化的集中体现区。

2. 规划特点

1）有序开展老城区建设与开发

注重老城区建设与开发的研究，制定老城改造的设计目标与开发实施步骤，协调各方面利益，突出控制性详细规划的实用性和可操作性。

2）建立核心空间，突出老城特色

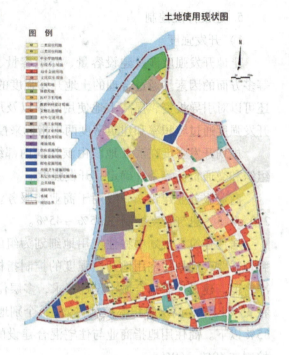

图2-42 土地使用现状图

规划中充分挖掘规划区"百河之城"的自然优势和"红色文化"、"海盐文化"的文化底蕴，强调和落实分区规划中的相关内容。

规划中通过风貌街和风貌协调区的建设，建立特色突出的、具有老街代表和象征意义的建筑群体空间，继承、完善原有的旧城结构，强化核心空间的主体职能和空间逻辑，并通过对其环境的重塑、商业形态的引导，从而形成极具旅游价值的地区。

3）优化用地结构，强化土地效益

根据职能定位和总体规划、分区规划的用地布局要求，调整和完善工业等与功能定位不符的用地性质，充分体现土地的区位价值，在合理的条件下充分体现土地的价值。

4）建立具有鲜明特色的步行商业街区，创造高品质的商业购物环境

建立富于特色的步行街区，形成整体空间环境特征。以原旧城商业中心区的主要街区为基础，根据现状商业和规划公共开敞空间分布以及整个旧城内的交通组织方式，确定步行商业街区范围。

5）完善道路系统，增加交通设施

进一步完善道路系统，形成通畅的道路交通系统，提供足够的静态交通设施。结合绿化、广场空间形成适宜的步行系统。

6）合理确定人口规模

在分区规划的基础上，合理确定土地开发强度和人口规模，完善配套设施。

7）完善市政设施配套，保证旧城的发展需要

规划根据现状和规划用地开发情况，对市政工程重新进行规划设计，保证旧城的发展需要。

3. 规划结构与功能布局（图2-43、图2-44）

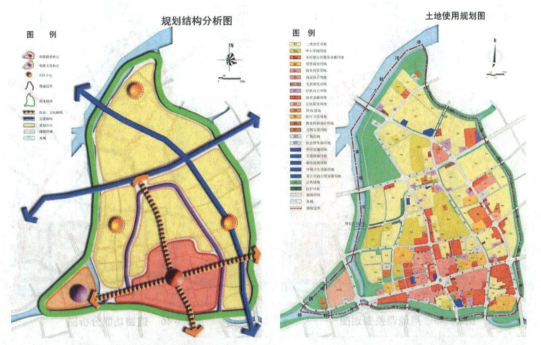

图2-43　规划结构分析图　　　　　图2-44　土地使用规划图

规划形成核轴片区的规划结构。功能布局为"两核两环四轴五片区"的空间布局。

"两核"：位于建军路和解放路交叉口周边的商业中心以及位于先锋岛的文化娱乐中心；

"两环"：沿规划区外围河道形成的滨河绿环和沿瓢城形成的绿化内环，是规划区内主要的绿化景观系统；

"四轴"：东西向沿建军路的商业、文化轴和南北向沿解放路的商业轴以及沿人民路和黄海路的交通轴；

"五片区"：分别是先锋岛组团、瓢城组团、北部组团、西部组团和东部组团。

4. 用地调整规划（图2-45）

用地调整规划中将各种用地分为四类：基本保留用地、部分调整用地、完全调整用地和文物古迹用地。

基本保留用地为现状建筑质量较好，建筑容量和用地性质较为合适，只需配合公共设施和市政设施规划进行用地微调和对环境进行局部调整的用地；部分调整用地为建筑质量较好，用地性质和建筑容量需要进行调整的用地或者规划地块有部分建筑质量较好的建筑在地块调整中需要保留的地块；完全调整用地为建筑质量较差，用地性质不兼容的用地，规划完全调整和改造；文物古迹用地为需要进行特殊保护的用地。

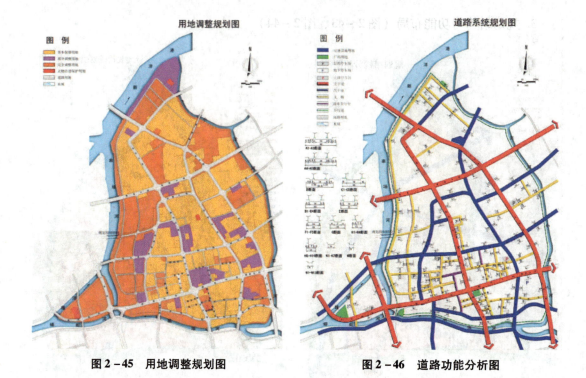

图2-45 用地调整规划图　　　　图2-46 道路功能分析图

5. 道路交通规划（图2-46）

1）路网结构

规划将道路分为三级，分别是城市主干路，红线宽度30～40m，在现状条件允许的情况下，尽量采用三块板的形式；城市次干路，红线宽度18～25m，以一块板形式为主；城市支路，红线宽度7～12m，以一块板形式为主。

2）静态交通设施

本区内设7处地面社会停车场，2处地下社会停车场，1处立体停车场，主要分布在主要公共服务设施附近。停车场占地面积为3.54hm$^2$。其中位于纯化路北侧的停车场按照立体停车场的形式规划，其层数为5～6层，停车场占地面积0.58hm$^2$，则其可用停车面积约增加3.0hm$^2$。地下停车场2处，位于建军路上，总面积约2.0hm$^2$。规划范围内停车场总面积约8.54hm$^2$。

3）道路竖向规划

道路竖向规划综合考虑基地现状地形、防洪排涝、工程管网的布线和与现状道路及已完成设计的城市道路的衔接等要求。规划次干道最大纵坡不大于1%，支路不大于2%。

6. 建设开发控制

1）开发强度（图2-47）

规划区内建筑以中等开发强度为主，规划按照改造现状分析确定的不同用地改造类型，分别确定每个地块的容积率上限和下限。

开发强度控制：核心区较高、核心区周边区域在现状的基础上相对降低，瓢城外围区域在现状的基础上保持不变，新改造的地区按照《江苏省城市规划管理技术规定》（2004年版）新区标准执行。

多层办公类建筑的容积率不超过3.0，高层不超过5.0。

商业办公类建筑多层容积率不超过3.0，高层不超过6.0。

行政办公类建筑容积率不超过1.8。

商业建筑类多层容积率不超过4.0，高层不超过6.5。

居住用地多层住宅用地容积率不超过1.8，中高层住宅用地容积率不超过2.2。

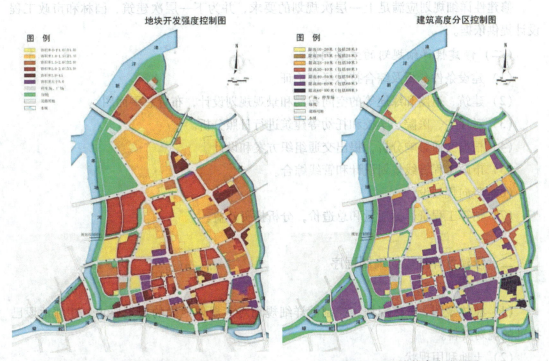

图2-47 地块开发强度控制图　　　　图2-48 建筑高度分区图

2）高度控制（图2-48）

结合老城区功能布局和开发强度确定建筑的限制高度。规划沿四周滨河地段向建军路与解放路、人民路交叉口地段建筑高度逐渐升高，在局部地段的高层区采取簇团状布局。

规划区内建筑以多层和高层为主，其中居住建筑以多层和小高层为主，公共建筑以多层和高层相结合为主，部分商业和博览建筑以低层为主。

3）后退红线

依照《江苏省城市规划管理技术规定》（2004年版）进行控制。

4）土地使用兼容性

在满足整体规划功能布局的前提下，设施建设通过规划管理过程进行调控，规划通过《某市老城区地段地块适建性规定表》来控制各类用地的性质兼容性。

## 第九节 修建性详细规划编制内容与程序

### 一、修建性详细规划编制内容

（一）修建性详细规划的主要任务

修建性详细规划是在当前或近期拟开发建设地段，以满足修建需要为目的进行的规划设计，包括总平面布置、空间组织和环境设计、道路系统和工程管线规划设计等。

修建性详细规划应满足上一层次规划的要求，并为下一层次建筑、园林和市政工程设计提供依据。

（二）修建性详细规划的主要内容

（1）建设条件分析及综合技术经济论证。

（2）建筑、道路和绿地等的空间布局和景观规划设计，布置总平面图。

（3）对住宅、医院、学校和托幼等建筑进行日照分析。

（4）根据交通影响分析，提出交通组织方案和设计。

（5）市政工程管线规划设计和管线综合。

（6）竖向规划设计。

（7）估算工程量、拆迁量和总造价，分析投资效益。

### 二、修建性详细规划编制程序

（一）资料收集

（1）总体规划、分区规划、控制性详细规划对本规划地段的规划要求，相邻地段已批准的规划资料。

（2）土地利用现状。

（3）工程地质、水文地质资料。

（4）建筑物现状，包括房屋用途、产权、建筑面积、层数、建筑质量、保留建筑等。

（5）公共设施规模及分布。

（6）工程设施及管网现状。

（7）土地经济分析资料，包括地价等级类型、土地级差效益、有偿使用状况、地价变化开发方式等。

（8）所在城市即地区历史文化传统、建筑特色等资料。

（9）各类建设工程造价资料。

（二）方案比较

根据现状分析，从多角度、多方面编制多个方案，进行比选，确定最终方案。

（三）成果制作

在最终方案的基础上，进行各专项规划和效果图等的制作，完成全部图纸和文字说明。

### 三、修建性详细规划编制成果

修建性详细规划成果应当包括规划说明书、图纸。

（一）规划说明书

（1）现状条件分析。

（2）规划原则和总体构思。

（3）用地布局。

（4）建筑空间组织和环境景观。

（5）道路和绿地系统规划。

（6）各项专业工程规划及管网综合。

（7）竖向规划。

（8）主要技术经济指标，一般应包括总用地面积、总建筑面积、住宅建筑总面积、平均层数、容积率、建筑密度、住宅建筑容积率、建筑密度、绿地率。

（9）工程量及投资估算。

（二）规划图纸

（1）规划地段位置图：标明规划地段在城市的位置以及和周围地区的关系。

（2）规划地段现状图：标明自然地形地貌、道路、绿化、工程管线及各类用地和建筑的范围、性质、层数、质量等。图纸比例为1：2000～1：500。

（3）规划总平面图：标明地形地貌、规划道路、绿化布置及各类用地的范围和建筑平面的轮廓线、用途、层数等。图纸比例为1：2000～1：500。

（4）道路交通规划图：标明道路控制点坐标、标高，道路断面，交通设施等。图纸比例为1：2000～1：500。

（5）竖向规划图：用等高线法或标注法表示规划后的地形地貌等。图纸比例为1：2000～1：500

（6）市政设施规划图：标明各类市政管线的布置，市政设施的位置、容量，相关设施和用地。图纸比例为1：2000～1：500。

（7）绿化景观规划图：标明植物配置的种类、景点的名称。图纸比例为1：2000～1：500。

（8）表达规划意图的透视图或鸟瞰图（一般应做模型）。

### 四、修建性详细规划实例介绍

（一）浙江省某市北港河旧城改造详细规划

1. 规划概况（图2-49）

某市地处浙江省杭嘉湖平原腹地，城区河流纵横，是江南水乡城市。北港河旧城位于现状某市城市中心北部，功能以居住、工业为主，布局混乱，环境质量差。北港

图2-49 土地使用现状图

河东西贯串旧区，原沿河两岸建筑破旧，居住质量差。严重影响城市的中心功能和城市形象。

2. 规划构思

北港河旧城改造详细规划坚持组织城市公共活动的空间体系，突出城市滨水地区的景观风貌，提高城市土地开发的综合效益的规划设计理念。以改造北港河环境为动力，水流灵气，启动旧城改造与更新，营造具有江南水乡城市风貌的城市中心生活区，获取最佳的社会经济、环境等综合效益。

3. 规划特色

（1）以水为旧城之灵魂，充分利用北港河自然水体，建立河流、绿地三位一体的旧城更新的中心纽带，串联居住区和商业、文化、娱乐、教育等公共设施，联动开发旧城。

（2）规划设计过程贯穿城市经营思想，因地制宜、因势利导地置换旧城土地使用功能，提高土地的使用价值，妥善安置动迁居民，促进城市房地产业的发展。

（3）优化滨水环境设计，兼顾防洪与排涝，科学整理河流岸线，合理设计河岸、堤坝、码头，形成各季相宜的亲水游憩休闲绿地系统。回归"家家踏度入水，河埠捣衣声脆"的水乡情怀。营造具有桐乡文化特色的现代江南水城。

（4）注重水景、河岸、台阶、绿地、广场、小品、桥梁、建筑等综合景观设计，建立层次分明、起伏有序、疏密有致的城市空间景观体系。

4. 空间布置（图2-50、图2-51）

本规划采用水陆交轴、节点相映、片区相连的规划结构形态。即以北港河为水轴，庆丰路为陆轴（生活干道），在两轴相交处，设置多功能的综合性公共活动中心。在北港河西段的梧桐大街与凤鸣路交会处，建立次级商业中心，与北港河东段大型公共绿地，遥相呼应，相映生辉。依据道路、河流等要素，旧城内形成五个居住片区，由滨河绿带相连成群，形成有机组合的整体。形成一个集商业、文化、娱乐、教育、生活居住为一体的具有江南水乡城市风貌的现代综合生活区。

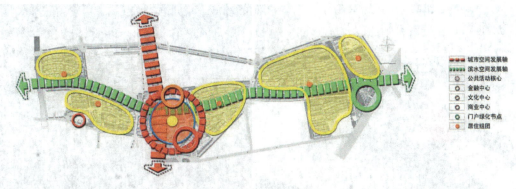

图2-50 规划结构图

图2-51 规划总平面图

### 5. 主要技术经济指标

规划范围为86.5hm², 其中实际规划改造用51.5hm²（不含水面），保留用地15hm²，河流、道路面积20hm²。

规划改造新建建筑总面积67万m²，容积率为1.4。

本规划总投资估计为5.5亿元。

### 6. 实施效果（图2-52、图2-53）

整个工程从2002年开始启动。现行实施的一期工程主要位于北港河东段，新建拆迁安置房1850套共24万m²，其中已在建15万m²，竣工5.2万m²。已疏浚河道17万m³，砌筑护岸湖3800m，安装栏杆3200m，拆除旧桥5座，新建桥梁4座，完成河滨道路2000多米的浇筑，完成绿化种植面积5.4万m²，在中心滨河广场上建设了音乐喷泉、水幕电影等休闲娱乐设施。

北港河改造取得显著的社会经济和环境效益，改善了北港河东段的环境质量，已成为

图2-52 岸线建设中

图 2-53 岸线改造后实景

市民早上健身、晚上散步的习惯活动场所。北港河沿岸的日新月异的面貌令市民深感自豪，增强了市民对旧城改造的信心和对政府工作的信任。

## 第十节 城市设计编制内容和程序

### 一、城市设计范畴

城市设计是指为达到人类的社会、经济、审美或技术等目标在形体方面所作的构思，它涉及城市环境可能采取的形体。就其对象而言，城市设计包括三个层次的内容：一是工程项目的设计，是指在某一特定地段上的形体创造；二是系统设计，即考虑一系列在功能上有联系的项目形体；三是城市或区域设计，包括区域土地利用政策，新城建设、旧区更新改造保护等设计。（不列颠百科全书，1981 年）

城市设计应贯穿于城市规划的全过程，城市设计涉及的范围比较广泛，大到整个城市的总体设计，小到某一特定空间场所、一个广场、一块绿地、一个小品。城市设计不仅要尽力体现自然景观和人工的结合，还需尽力体现历史文化与现实的结合，体现城市环境的统一、和谐，设计要体现时代感。

### 二、城市设计编制内容

（一）背景分析

①社会与经济；②区位与环境；③自然景观与城市特色；④历史与文化；⑤城市设计依据。

（二）现状基础资料分析

①上一层次规划对本规划地段的规划要求；②用地现状资料；③建筑现状资料（侧重在建筑风格、质量、文脉等方面）；④市政工程设施及管网状况；⑤工程地质与水文地质等相关资料；⑥历史、文化、风貌等资料；⑦有关土地和工程的经济资料；⑧街道家具（如座椅等）和市政公用设施（如电话亭等）的分布、造型与质量；⑨广告店招等的

现状情况；⑩有关照明方面的现状情况。

（三）城市设计整体构架

①指导思想；②设计理念；③功能定位；④设计目标；⑤布局结构；⑥城市设计框架。

（四）土地利用与空间形态

①土地利用；②道路系统；③绿地系统（与水系环境）；④城市平面与竖向形态组织；⑤地下空间组织。

（五）城市设计导则

①建筑设计导则；②街道景观设计导则；③开放空间设计导则；④室外广告物设计导则；⑤照明设计导则；⑥街道家具设计准则；⑦绿地种植导则；⑧地面铺装导则。

### 三、城市设计编制程序

尽管每个城市是唯一的，它们的问题也各不相同，但大多数城市设计还是有编制的三个基本阶段。

（1）分析：基础资料收集，例如用地现状资料、建筑现状资料（侧重在建筑风格、质量、文脉等方面）、市政工程设施及管网状况、工程地质与水文地质等相关资料、历史、文化、风貌等资料、有关土地和工程的经济资料等；视觉调查；功能分析等。

（2）综合：综合阶段理解各种限制条件，提出大量的概念，并在许多方案间进行比较权衡，找到适宜的解决方法。

（3）评价：在设计方案完成后，针对最初提出的问题或者强调的问题进行评价是十分重要的。标准基本可以分为两类：①方案解决问题的程度如何；②方案实施的难易如何。

### 四、城市设计编制成果

城市设计成果包括设计说明书和设计图纸两个部分。

（一）设计说明书

设计说明书中包括：背景分析；对于现状资料的分析；城市设计整体构架；土地利用与空间形态；城市设计导则等。

（二）城市设计图纸

城市设计主要图纸应包括：

(1) 区位分析图，图纸比例不限；

(2) 用地现状图，图纸比例为1：1000～1：500；

(3) 现状建筑分析图，图纸比例为1：1000～1：500；

(4) 用地规划图，图纸比例为1：1000～1：500；

(5) 城市设计分析图（有关布局与框架），图纸比例为1：1000～1：500；

(6) 总平面形态意向图，图纸比例为1：1000～1：500；

(7) 竖向形态意向图，图纸比例为1：1000～1：500；

（8）道路交通系统规划图（及步行系统规划），图纸比例为1∶1000~1∶500；

（9）绿地系统规划图，图纸比例为1∶1000~1∶500；

（10）开放空间规划图，图纸比例为1∶1000~1∶500；

（11）建筑高度分布图，图纸比例为1∶1000~1∶500；

（12）地下空间组织图，图纸比例为1∶1000~1∶500；

（13）重要景观节点放大设计图，图纸比例为1∶1000~1∶500；

（14）地块规划控制图，图纸比例为1∶1000~1∶500；

（15）相关城市设计控制图则以及其他相关形态表现（如模型、表现图等）。

## 五、城市设计实例介绍

### （一）某市新城市中心区概念性城市设计

**1. 基本概况**

某市地处浙江西部，是浙、皖、赣、闽四省结合部的地区中心城市，交通联系便捷，"四省通衢"的优势使某市成为浙江省西进的桥头堡。

某市新城市中心区东傍衢江，石梁溪贯穿其中，地势起伏，与某市古城隔江相望，正对某市古老的水亭门，是未来某市城市发展的重点。规划在衢江、石梁溪、常山河支流三江汇集处发展新城市公共中心，以便联系新老两城区，提升某市城市的特色和活力，提高某市在区域城市间的竞争力。

现状用地以果园和农村居民点为主，有部分工业企业及配套的居住区，大片为农用地。新城市中心区具有良好的自然生态环境，为形成生态型城市中心的设计理念具备了良好的条件（图2-54、图2-55）。

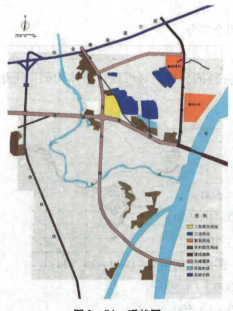

图2-54　现状图

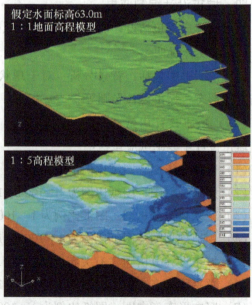

图2-55　现状地形模拟

2. 城市设计理念

该城市设计的主要理念有以下三点。

1）生态型的城市

以天然的石梁溪和衢江为骨架，将道路绿化与城市的大型绿地、居住区绿地、滨水绿化系统连接起来，绿地系统渗透新区各公共活动空间，构筑新城市中心区的网络型绿化体系。以创造宜人、优美、可达性高的新城市中心区绿地系统，建构步行五分钟即距离 250~300m 就可以到达城市绿地的绿地系统，提高城市绿地系统的舒适度和可达性，达到一个符合人们出行的心理要求（图 2-56）。

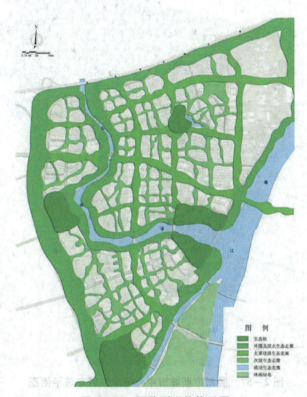

图 2-56 网络型绿化体系图

2）人性化的生活

以合理的服务半径布置新区各项商业、基础设施和停车体系，塑造城市新区人性化的生活场所，以使新区有进一步发展的动力和活力，增加城市的吸引力，带动城市整体往西发展。

3）多样性的文化

某市自古便是江南儒家文化的中心地，拥有丰富深远的文化底蕴，本次规划继承和发扬"四省通衢"多样性文化，在城市设计中融合皖南文化、浙西文化、闽北文化和赣东北文化的特点。新城市中心区建筑以现代为特点，不同于老城传统的浙西建筑形态，通过衢江两岸传统与现代建筑形式的对比，体现新某市的城市特色。同时在广场、绿化环境等细部处理上，也考虑延续某市围棋文化等特色文化，形成现代与历史的交融。

3. 土地使用规划

新城市中心区的用地分为中心区和外围区两部分，中心区为由花园岗路、白云山路和衢江围合的三角形区域。中心区的土地用途主要为行政办公、商业贸易、商务办公、旅游服务和文化休闲。外围区土地用途主要为居住（图2-57、图2-58）。

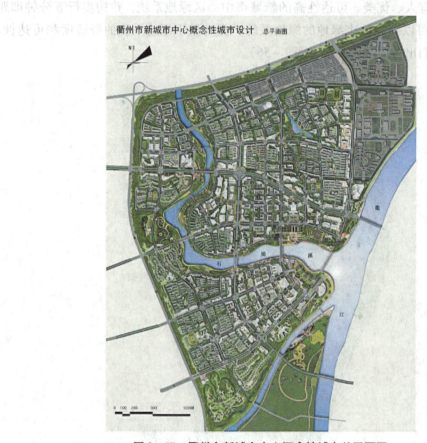

图2-57　衢州市新城市中心概念性城市总平面图

4. 道路交通组织

新城市中心区北面有杭金衢高速公路通过，西侧有高速公路西接线城市主干道，新城市中心区路网结构为：以花园岗路和白云山路为新城市中心区主干道及主要的景观道路。规划中主要考虑现有道路、河道以及城市景观的要求。

5. 绿化景观规划

新城市中心区的绿化景观系统规划分为三级绿化区域和规划区外围绿化带。

一级绿化区域：是由衢江、花园岗路和石梁路围合而成的新城市中心区的生态"绿核"。

二级绿化区域：是新城市公共中心和衢江沿线地区。

三级绿化区域：是新城市公共中心外围区。

图 2-58　衢州市新城市公共中心总平面图

规划区外围绿化带通过各条绿化通廊向规划区内部渗透，并结合三级景观节点构成完整的绿化景观规划体系。

6. 滨水景观规划

新城市中心区滨水环境的设计，着重于再现并提升滨水空间环境质量与景观特色，以体现本次城市设计的重要理念：生态型的城市和多样性的文化。

本次滨水地段环境的设计分为东、西、北三部分。

北部居住区根据原有地势挖掘人工湖。自由的湖面、广场、绿地和小型休闲建筑构筑物组成北部居住区的核心。亲水性的滨水绿地，结合联排别墅及多层住宅区布置水埠、步行石拱桥、桥头小广场，设置石凳、石桌等休息设施，建设滨水住区亲切、舒适的公共活动氛围。

东部滨水区展现开阔风貌特色的线性空间和点状空间，体现中心区生态绿核的重要绿化空间，沿河岸规划有滨水开放公园区、滨水带状休闲区、滨水生态休闲区以及水上休闲设施区，是体现新城市中心区城市行政中心、文化中心活力的重要景观节点。

西部滨水区展现溪流滨水风貌特色的线性空间和点状空间，沿河岸规划有滨水公园区、滨水带状休闲区以及居住区生态滨水绿化环境的重要景观节点，强调开放型和亲水性，是开放、简洁、生动、有特点的现代生活区的亲水绿带。

### 7. 开放空间规划（图 2-59）

新城市中心区城市设计开放空间规划的重点是以生态绿核为中心建构起来的由主要街道、绿地、河流、广场和步行街组成的点线面。

石梁溪滨江绿带以及衢江沿线绿带，是整个新城市中心区生态绿网系统的构筑骨架，与外围绿化带共同构筑城市的绿化及河道开放空间。

花园岗路和白云山路两条景观大道是街道开放空间的重点，是市民交通购物、观光使用最频繁的市民活动空间。

市政中心广场、文化休闲广场、水广场、入口绿化广场构成各等级的景观节点，与绿化节点、建筑界面和活动功能串联在街道河流与绿地上，构成形态丰富的广场开放空间体系。

图 2-59　滨水景观与开放空间

图 2-60　模型夜景

### 8. 夜景照明（图 2-60）

新城市中心的夜景照明规划分为三类控制区，一类照明控制区为新城市中心的"绿核"区域；二类照明控制区为新区公共中心以及白云山路、花园岗路沿线，衢江、石梁溪滨水岸线；三类照明控制区为新区外围部分。

在各重要景观节点和绿化节点处，运用各种激光和光源体现各节点不同的风貌，营造城市夜景的高潮点。

## （二）河南省某市新城市中心区修建性详细规划

### 1. 规划背景

某市位于河南省中部，是郑州市下辖的重要资源型工业市，现状城区是 20 世纪 70 年代因老县城压煤搬迁而形成。城区建设多项人均指标大大低于国内同等城市平均水平，具有典型矿区工业城市的特点。随着矿产资源的枯竭，城市政府着手培育金融商贸、文化、房地产等新的经济增长点，而城市总体规划中确定的文化、体育等用地也必须得到落实。在此背景下，某市政府以行政中心搬迁为契机，在现状城区的西面启动新城市中心区建设工作。

2. 地质灾害危险性评估及对策（图2-61）

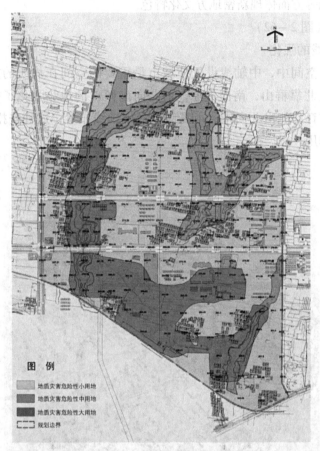

图2-61 地质灾害危险性评价图

本次规划范围内用地的地质情况十分复杂，不仅有大型冲沟，还有采矿塌陷区及采空区。依据甲方提供的地质灾害危险性评估报告，工程建设应采取避让措施的地质灾害危险性大的区域占本次规划总面积的28.6%，对本次规划的土地利用和功能布局产生重大影响。

为提高土地利用率，本次规划将地质灾害危险性大的区域的用地进行细分，并提出多项工程改造措施（如通过在山脚下设置截洪沟，将小型冲沟改造成无排泄洪水功能的城市公园），来缓解中心区土地的巨大需求与实际可供土地稀缺之间的矛盾。

3. 规划指导思想

（1）以某市城市总体规划为依据，适应城市经济发展战略调整的要求，强化新中心区对未来城市发展的领航作用，拉动城市经济发展。

（2）最大限度化解地质灾害对新城市中心区规划建设的影响，趋利避害，在保障城市安全前提下充分利用规划区地貌和自然景观优势，营造一个安全高效、绿色生态的城市新中心区。

(3) 充分发掘城市文化资源，尤其围绕轩辕黄帝和溱洧文化两个主题，在城市公共空间、建筑、景观等方面体现新密地方文化特色。

4. 规划特色（图2-62）

1）城市中轴线的强化

在方格网城市空间中，中轴线设置使城市最重要的空间在均质的方块中脱颖而出。某市新城市中心区北靠群山，南向平原，由北向南倾斜的地势强化了视线俯瞰的效果。将行政、文化、体育功能由北向南，由高向低沿中轴线布置，这种安排为新区空间秩序的建立起到标杆作用。

图2-62 总体鸟瞰图

2）山如堂者密

某市域地形形似堂屋，三面环山，敞向东方。"山如堂者密"，密县由此为名。规划借此大地景观提炼出新城市中心区建筑空间、城市空间的组合特点。

3）空间增值

随着工程技术发展和人们对生态环境的重视，原先被城市开发视为包袱的空间被重新审视。冲沟的排水滞洪功能被市政排水设施分担后，改造成可供市民游憩的冲沟公园，原先无法利用的土地因为赋予合适的功能而最终实现空间的增值。

4) 绿翠贯城

新密产玉,密玉以绿色为主,又称翠玉。规划喻蜿蜒的冲沟为翠玉,绿翠贯城深刻表达了利用自然冲沟营建绿色宜居城市的规划理念。

5. 空间布置(图2-63)

新城市中心区采用核轴骨状规划结构,沿中轴线和西大街两侧布置行政、文化、商业等公共建筑,构成一个清晰的十字轴;政府办公大楼、综合体育馆为南、北两核;四个大型居住组团围绕公建十字轴布置。中轴线在整个空间景观组织中起决定性作用,重要公共建筑在轴线上重复半围合的母题空间,加上地势起伏,使1km长的轴线空间丰富而又不失庄重。贯穿新城市中心区的三条冲沟绿带通过街道绿化,各单位绿化节点向城区腹地渗透,下凹的冲沟空间与建筑的实体形态相间,形成对比强烈的立体空间效果。

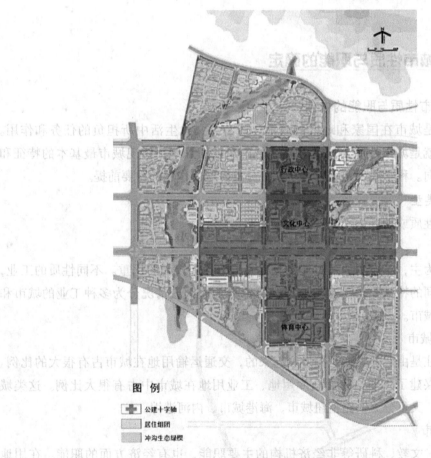

图2-63 规划功能分析图

6. 主要技术经济指标

规划范围总面积289.6hm², 其中实际规划面积280.5hm²(扣除冲沟、地质灾害危险性大区域等无法利用土地), 规划总建筑面积1988600m², 平均容积率为0.71。

# 第三章

## 城市定位与空间布局

### 第一节　城市性质与职能的确定

一、确定城市性质与职能的依据

城市的职能是城市在国家和地区的政治、经济、文化生活中所担负的任务和作用。它的主导职能，就是城市性质。城市性质是城市建设的总纲，体现城市最基本的特征和城市总的发展方向。科学地确定城市性质是充分发挥城市作用的重要前提。

（一）城市类型

我国城市按性质或功能类别分，大体有以下几类。

1. 工业城市

以工业生产为主，工业用地及对外交通运输用地占有较大的比重。不同性质的工业，在规划上会有不同的特殊要求。这类城市又可依据工业构成情况分为多种工业的城市和单一工业为主的城市。

2. 交通港口城市

这类城市往往是由对外交通运输发展起来的，交通运输用地在城市占有很大的比例。随着交通发展又兴建了工业；因而仓库用地、工业用地在城市中占有很大比例。这类城市根据运输条件，又可分为铁路枢纽城市、海港城市、内河港埠。

3. 综合性城市

它既有政治、文教、科研等非经济机构的主要职能，也有经济方面的职能。在用地组成上与布局上，较为复杂，城市规模较大。

4. 县城

这类城市是联系广大农村的纽带，工农业物资的集散地。工业多为利用农副产品加工和为农业服务的工业。这类城市在我国城市中数量最多，是全县的政治、经济、文化中心。

5. 特殊职能的城市

这类城市因具有特殊职能,并在城市建设和布局上占据了主导的地位,因而规划异于一般城市。这类城市又可分为矿业城市、革命纪念性城市、风景旅游和休疗养城市、边防城市、经济特区城市等。

(二) 确定城市发展性质的依据

(1) 国家的方针、政策及国家经济发展计划对该城市建设的要求。

(2) 该城市在所处区域的地位与所担负的任务。

(3) 该城市自身所具备的条件,包括资源条件、自然地理条件、建设条件和历史及现状基础条件。

其中,城市区域因素对城市发展性质的确定具有重要的意义。在考虑城市区域因素时,主要应明确区域的范围,该城市对区域范围所担负的政治、经济职能,该范围的资源情况,包括矿产、水力、农业、旅游等的开发利用现状与潜力,以及与该城市的关系;区域内交通运输经济联系的状况等。

城市本身具备的条件中需要重点研究的是城市形成的现状与发展的主要自然基础;其次是研究该城市在大的经济区的地位及相邻城市的相互关系,研究其在经济、生产、技术协作等多方面的影响;在建设条件方面,主要是在研究用地、水源、电力和交通运输等方面对城市性质的制定具有的潜力和限制。

二、研究城市性质与职能的方法

确定城市性质的一般方法是采用"定性分析"和"定量分析"相结合。定性分析就是在全面分析基础上说明城市在政治、经济、文化生活中的作用和地位;定量分析就是在定性基础上对城市职能,特别是经济职能采用一定的技术指标,从数量上去确定主导的生产部门。

确定城市性质应当以区域规划为依据。如区域规划尚未编制或编制时间过久,应在编制城市总体规划时,以地区国民经济发展计划为依据,结合生产力合理布局的原则性质展开全面的调查和分析:

(1) 从地区着手,由面到点,调查分析周围地区所能提供的资源条件,农业生产特点、发展水平和对工业的要求,以及与邻近城市的经济联系和分工协作关系等。

(2) 全面调查分析城市所在地点的建设条件、自然条件,政治、经济、文化等历史发展特点和现有基础,以及附近的风景名胜和革命纪念地等。

(3) 自上而下充分了解各级有关主管部门对于发展本市生产和建设事业的意图和要求,特别是这些意图和要求的客观依据。

(4) 应在调查的基础上认真进行分析,进行地区综合平衡,明确城市发展方向,从而确定城市性质。

## 第二节 城市规模预测

### 一、城市规模的范畴

城市规模包括两部分内容，即人口规模和用地规模。

城市的人口规模是指到规划期末城市的人口总数，城市的用地规模是指到规划期末城市建设用地范围的大小。

城市规模通常以人口规模和用地规模来界定。人口规模和用地规模两者是相关的，根据人口规模和人均用地指标就能确定城市的用地规模。因此，在城市发展用地无明确约束的条件下，一般是从预测人口规模入手，再根据城市性质与用地条件加以综合协调，确立合理的人均用地指标，以此推算城市的用地规模。

根据国家的有关规定，在城市规划纲要的编制阶段或总体规划编制前，必须对城市规模进行专题研究，所完成的研究报告必须经上一级政府的计划、建设和土地主管部门审批同意后方可进行总体规划的编制。

### 二、城市规模的影响因素

城市人口规模的变化受自然增长率和机械增长率支配。

人口增长实质上是一个劳动力的扩大与再生产过程，可利用自然增长规律和经济增长规律来估算城市人口发展规模。

#### （一）自然增长

自然增长是指人口再生产的变化量，即出生人数与死亡人数的净差值。通常以一年内城市人口的自然增减数与该城市总人口数（或期中人数）之比的千分率表示其增长速度，称为自然增长率。

出生率的高低与城市人口的年龄构成、育龄妇女的生育率、初育年龄和胎数、人民生活水平、文化水平、传统观念和习俗、医疗卫生条件以及国家计划生育政策有密切关系。死亡率则受年龄构成、卫生保健条件、人民生活水平等因素影响。

目前，我国城市人口自然增长情况，已由解放初期的高出生、高死亡、高增长的趋势转变为低出生、低死亡、低增长。我国城市人口自然增长率一般在10‰左右。人口的增长随计划生育的日益深入人心，自然增长率会逐渐下降。如上海自然增长率已出现负数。

就规模不同的城市来说，其自然增长率还有所区别，一般大城市低于小城市，老城市低于新城市。经济发达、文化程度高的城市低于经济次发展的城市。

#### （二）机械增长

机械增长是指由于人口迁移所形成的变化量。即一定时期内，迁入城市的人口与迁出城市的人口的净差值。机械增长的速度用机械增长率来表示，即一年内城市的机械增长的人口数对年平均人数（或期中人数）之千分率。

机械增长的多少与社会经济发展速度、城市的建设和发展条件以及国家的城市发展方针政策密切相关。如在我国三年自然灾害与经济调整时期，就有大量城市职工转为农村人口；改革开放政策实施后，由于农村商品经济的发展，促进了城市化，大量农村人口转化为城市人口。如国家对大城市的人口实行严格控制政策制约了大城市人口的机械增长；而改革开放的政策，又大大刺激了城市暂住人口数量的膨胀。近年来随城市产业结构的调整，经济发展对人口的素质要求日益变化，又采取政策积极吸引高级科技人才。对于具体城市来说，其建设发展条件则是机械增长的重要因素。尤其是新建城市，初期人口的增长以机械增长为主。

### 三、城市规模的预测方法

#### （一）城市的人口规模

社会经济发展的速度和规模为计算人口发展提供了可靠的依据。我国城市类型多，劳动构成和人口增长又各有特点，而各地编制社会经济发展计划的具体程度也不一样，有关人口资料的完备程度也不同，估算城市人口发展规模的方法不能强求一致，可以某种方法为主，辅以其他方法进行校核。

我国目前常用的城市人口规模的预测方法有综合平衡法、区域分配法（城市化法）、环境容量法、线性回归分析法等，这些方法都存在一定的缺陷，但它们之间可以相互校核。一般的做法是以一种方法为主，以其他方法进行验算以弥补不足。

#### 1. 综合平衡法

一般来说，一个城市在经济政治比较稳定的时期，城市人口的机械增长是比较稳定的。此时，城市人口的增长由前一年人口加上自然人口增长和机械人口增长，即：

$$P_i = P_{i-1} + N_i + M_i$$

式中　$P$——总人口；

　　　$N$——自然增长人口；

　　　$M$——机械增长人口；

　　　$i$——年份。

当人口自然增长率和机械增长率为稳定值时该公式可以简化为：

$$P_j = P_0 (1 + n + m)^j$$

式中　$P_j$——规划期末总人口；

　　　$P_0$——基准期人口；

　　　$n$——人口自然增长率；

　　　$m$——人口机械增长率；

　　　$j$——规划年数。

#### 2. 区域分配法（城市化法）

此法以区域国民经济为依据，对区域人口增长采用自然增长规律和机械增长规律进行综合分析。根据区域经济发展预测城市化水平，将城市人口根据区域生产力布局分配给各城镇。

$$P_a = P_1 + P_2 + P_3 + \cdots + P_i$$

式中　$P_a$——区域城镇总人口；

　　　$P_i$——各个城镇的人口。

3. 环境容量法

根据城市基础设施的支持能力和自然资源的供给能力计算城市的极限人口。

$$P\max = \min \mid P_1\max, P_2\max, \cdots, P_i\max \mid$$

式中　$P\max$——城市的极限人口；

　　　$P_i\max$——某项基础设施的支持能力或自然资源的供给能力的最大值。

4. 线性回归分析法

线性回归分析是根据多年人口资料所建立起来的人口发展规模与年份之间的相互关系，依据数理分析的方法所建立起来的方法。

对根据各种预测方法所得出的城市人口发展的数量进行全面评估，同时考虑城市化发展的水平、城市发展的政策、城市社会经济发展的阶段与水平以及财政能力、城市的环境容量等，最终确定规划期末的城市人口规模。

（二）城市的用地规模

在对城市人口规模进行预测的基础上，按照国家的《城市用地分类与规划建设用地标准》确定人均城市建设用地的指标，就可以计算出城市的用地规模。

城市的用地规模 = 预测的城市人口规模 × 人均建设用地标准

在计算城市用地规模时，用地计算范围应当与人口计算范围相一致。

在确定规划人均用地指标等级时，必须根据现状人均建设用地的水平，按照国家《城市用地分类与规划建设用地标准》（GBJ 137—90）的规定确定。所采用的规划人均建设用地指标应同时符合指标级别和允许调整幅度双因子的限制要求。调整幅度是指规划人均建设用地指标比现状人均建设用地增加或减少的数值。

## 第三节　城市用地分类与构成

一、城市用地分类

（一）分类标准

城市用地的用途分类，有着严格的内涵界定。按照国家标准《城市用地分类与规划建设用地标准》，城市用地按大类、中类和小类三级进行划分，以满足不同层次规划的要求。城市用地共分 10 大类、46 中类和 73 小类。城市总体规划阶段一般以达到中类为主，详细规划阶段应达到小类深度。

城市用地的 10 大类及其代号分别为：居住用地（R）、公共设施用地（C）、工业用地（M）、仓储用地（W）、对外交通用地（T）、道路广场用地（S）、市政公用设施用地（U）、绿地（G）、特殊用地（D）、水域和其他用地（E）。

（二）用地内容

1. 居住用地

城市居住用地指居住小区、居住街坊、居住组团和单位生活区等各种类型的用地。根据用地范围内市政公用设施配备情况、居住设施布局完整性情况、环境情况等，将居住用地分成四类。一类居住用地（R1）是指市政公用设施齐全、布局完整、环境良好，以低层住宅为主的用地；二类居住用地（R2）是指市政公用设施齐全、布局完整、环境较好，以多、中、高层住宅为主的用地；三类居住用地（R3）是指市政公用设施比较齐全、布局不完整、环境一般或住宅与工业等用地有混合的用地；四类居住用地（R4）指以简陋住宅为主的用地。各类居住用地内再进一步分为住宅用地、公共服务设施用地、道路用地和绿地。

2. 公共设施用地

公共设施用地指居住区及居住区级以上的行政、经济、文化、教育、卫生、体育以及科研设计等机构和设施的用地，不包括居住用地中的公共服务设施用地。公共设施用地共分成以下几类。

1) 行政办公用地（C1）

行政办公用地指行政、党派和团体机构用地，小类分为市属办公用地与非市属办公用地。

2) 商业金融用地（C2）

商业金融用地指商业、金融业、服务业、旅馆业和市场等用地，小类分为商业用地、金融保险业用地、贸易咨询用地、服务业用地、旅馆业用地和市场用地。

3) 文化娱乐用地（C3）

文化娱乐用地小类分为新闻出版用地、文化艺术团体用地、广播电视用地、图书展览用地、影剧院用地、游乐用地。

4) 体育用地（C4）

体育用地分为体育场馆用地和体育训练用地，不包括学校等单位内的体育用地。

5) 医疗卫生用地（C5）

医疗卫生用地指医疗、保健、卫生、防疫、康复和急救等设施用地，小类分为医院用地、卫生防疫用地、休疗养用地。

6) 教育科研设计用地（C6）

教育科研设计用地小类分为高等学校用地、中等专业学校用地、成人与业余学校用地、特殊学校用地、科研设计用地。中学、小学和幼托用地不应归入到此用地，而应归入到居住用地（R）中。

7) 文物古迹用地（C7）

文物古迹用地是指具有保护价值的古遗迹、古墓葬、古建筑、革命遗址等用地。不包括已作其他用途的文物古迹用地。

8) 其他公共设施用地 (C8)

其他公共设施用地指除以上之外的公共设施用地，如宗教活动场所、社会福利院等用地。

3. 工业用地

工业用地指工矿企业的生产车间、库房及其附属设施等用地。包括专用铁路、码头和道路等用地。不包括露天矿用地，该用地应归入水域和其他用地 (E)。

工业用地按照对环境的影响程度，分为一类工业用地，二类工业用地和三类工业用地。

4. 仓储用地

仓储用地指仓储企业的库房、堆场和包装加工车间及其附属设施等用地。

仓储用地分为以库房建筑为主的储存一般货物的普通仓库用地，存放易燃、易爆和剧毒等危险品的危险品仓库用地和露天堆放货物为主的堆场用地。

5. 对外交通用地

对外交通用地指铁路、公路、管道运输、港口和机场等城市对外交通运输及其附属设施等用地。

6. 道路广场用地

道路广场用地是指市级、区级和居住区级的道路、广场和停车场等用地。

道路广场用地分为道路用地（分为主干路用地、次干路用地、支路用地和其他道路用地）、广场用地（分为交通广场用地和游憩集会广场用地）和社会停车场库用地（分为机动车停车场库用地和非机动车停车场库用地）。

7. 市政公用设施用地

市政公用设施用地指市级、区级和居住区级的市政公用设施用地，包括其建筑物、构筑物及管理维修设施等用地。

市政公用设施用地分为供应设施用地（小类分为供水用地、供电用地、供燃气用地和供热用地）、公共交通和货运交通等设施的交通设施用地（小类分为公共交通用地、货运交通用地和其他交通设施用地）、邮政、电信和电话等设施的邮电设施用地、环境卫生设施用地（小类分为雨水、污水处理设施用地和粪便垃圾处理设施用地）、房屋建筑、设备安装、市政工程、绿化和地下构筑物等施工及养护维修设施的施工与维修设施用地、殡葬设施用地以及其他市政公用设施用地。

8. 绿地

绿地指市级、区级和居住区级的公共绿地及生产防护绿地。不包括专用绿地、园地和林地。

绿地分为用于向公众开放、有一定游憩设施的公共绿地（小类分为公园和街头绿地）和生产防护绿地（小类分为园林生产绿地和防护绿地）。

9. 特殊用地

特殊用地指用于军事、外事和保安等特殊性质的用地，包括军事用地、外事用地和保安用地。

10. 水域和其他用地

水域和其他用地指除以上各大类用地之外的用地，包括水域、耕地（分为菜地、灌溉水田、其他耕地）、园地、林地、牧草地、村镇建设用地（分为村镇居住用地、村镇企业用地、村镇公路用地和村镇其他用地）、弃置地和露天矿用地。

## 二、城市用地指标

城市用地规模是指到规划期末城市建设用地范围的大小。在对城市人口规模进行预测的基础上，按照国家的《城市用地分类与规划建设用地标准》（GBJ 137—90）确定人均城市建设用地的指标，可以计算出城市的用地规模。即：城市的用地规模 = 预测的城市人口规模 × 人均建设用地标准。在计算城市用地规模时，用地计算范围应当与人口计算范围相一致，人口宜以城市总人口为准。

城市用地指标是指城市规划区各项城市用地总面积与城市人口之比值，单位为 $m^2/人$，是衡量城市用地合理性、经济性的一个重要指标。影响城市用地规模的因素较多，城市用地指标有一定的幅度范围。如大城市人口集中，用地一般比较紧张，建筑层数和建筑密度比较高，用地指标就较低；而小城市，特别是边远地区小城市，建筑层数低，建筑密度较低，用地较为宽绰。矿业城市和交通枢纽城市受矿区与交通枢纽的要求影响，用地指标相应大一些；风景旅游城市主要根据风景区情况的不同而各不相同。

应当强调的是，土地是极其重要的资源，而我国人均占有土地量少，城市用地规模和用地指标的确定必须坚持节约用地的原则，合理地使用城市土地，适当地提高土地利用率。当然也绝不是指标越低越好、用地越少越好，因为过度拥挤，不能创造良好的生活和生产环境，不符合现代化城市的要求。

（一）城市建设用地指标分级

为有效地调控城市规划编制中的用地指标，《城市用地分类和规划建设用地标准》（GBJ 137—90）将城市规划人均建设用地指标分为四级。Ⅰ级为 $60.1 \sim 75.0 m^2/人$，Ⅱ级为 $75.1 \sim 90.0 m^2/人$，Ⅲ级为 $90.1 \sim 105.0 m^2/人$，Ⅳ级为 $105.1 \sim 120.0 m^2/人$。

建议首都和特区城市的规划人均建设用地指标宜按Ⅳ级确定，当用地偏紧时可在Ⅲ级内考虑；新建城市的规划人均用地指标宜在Ⅲ级内考虑，当用地偏紧时可在Ⅱ级内考虑；边远地区和少数民族地区地多人少的城市，可根据实际情况在低于 $150 m^2/人$ 的指标内确定。

（二）人均建设用地指标规定

在确定规划人均用地指标等级时，必须根据现状人均建设用地的水平。所采取的规划人均建设用地指标应同时符合表3-1中指标级别和表3-2中允许调整幅度双因子的限制要求。调整幅度是指规划人均建设用地指标比现状人均建设用地增加或减少的数值。

（三）人均单项用地指标规定

为保证城市土地的合理利用，同时又能保证基本的生产、生活要求，在上述标准中对人均单项建设指标控制如表3-3所示。

**规划人均建设用地指标级别表**　　　　　　　　　　　　　　　　　表3-1

| 指标级别 | 用地指标（m²/人） | 指标级别 | 用地指标（m²/人） |
| --- | --- | --- | --- |
| Ⅰ | 60.1~75 | Ⅲ | 90.1~105 |
| Ⅱ | 75.1~90 | Ⅳ | 105.1~120 |

**规划人均建设用地的调整幅度表**　　　　　　　　　　　　　　　　表3-2

| 现状人均建设用地水平（m²/人） | 允许采用的规划指标 | | 允许调整幅度（m²/人） |
| --- | --- | --- | --- |
| | 指标级别 | 规划人均建设用地指标（m²/人） | |
| ≤60.0 | Ⅰ | 60.1~75.0 | +0.1~+25.0 |
| 60.1~75.0 | Ⅰ | 60.1~75.0 | >0 |
| | Ⅱ | 75.1~90.0 | +0.1~+20.0 |
| 75.1~90.0 | Ⅱ | 75.1~90.0 | 不限 |
| | Ⅲ | 90.1~105.0 | +0.1~+15.0 |
| 90.1~105.0 | Ⅱ | 75.1~90.0 | -15.0~0 |
| | Ⅲ | 90.1~105.0 | 不限 |
| | Ⅳ | 105.0~120.0 | +0.1~+15.0 |
| 105.1~120.0 | Ⅲ | 90.1~105.0 | -20.0~0 |
| | Ⅳ | 105.0~120.0 | 不限 |
| >120.0 | Ⅲ | 90.1~105.0 | <0 |
| | Ⅳ | 105.0~120.0 | <0 |

**规划人均单项建设用地指标表**　　　　　　　　　　　　　　　　　表3-3

| 类别名称 | 用地指标（m²/人） | 类别名称 | 用地指标（m²/人） |
| --- | --- | --- | --- |
| 居住用地 | 18.0~28.0 | 绿地 | ≥9.0 |
| 工业用地 | 10.0~25.0 | 其中：公共绿地 | ≥7.0 |
| 道路广场用地 | 7.0~15.0 | | |

注：1. 规划人均建设用地指标为Ⅰ级，有条件建造部分中高层住宅的大中城市，其规划人均居住用地指标可适当降低，但不得少于16.0m²/人。

2. 大城市的规划人均工业用地指标宜采用下限，设有大中型工业项目的中小工矿城市，其规划人均工业用地指标可适当提高，但不得大于30.3m²/人。

3. 规划人均建设用地指标为Ⅰ级的城市，其规划人均公共绿地指标可适当降低，但不得少于5.0m²/人。

### (四) 城市建设用地的结构关系

各城市的各项建设用地构成往往因所在的地区和所具备的条件不同而异。但就一个城市而言，这个有机整体要求能在生产与生活各个方面协调发展，建设用地之间存在着一定的内在联系。在编制和修订总体规划时，居住、工业、道路广场和绿地四大类用地必须符合表 3-4 所示的规划建设用地结构。

规划建设用地结构表　　　　　　　　　表 3-4

| 类别名称 | 占建设用地的比例（%） | 类别名称 | 占建设用地的比例（%） |
| --- | --- | --- | --- |
| 居住用地 | 20~32 | 道路广场用地 | 8~15 |
| 工业用地 | 15~25 | 绿地 | 8~15 |

注：1. 大城市工业用地占建设用地的比例宜取规定的下限，设有大中型工业项目的中小工矿城市其工业用地占建设用地的比例可大于 25%，但不宜超过 30%。
2. 规划人均建设用地指标为第 Ⅳ 级的小城市，其道路广场用地占建设用地的比例宜取下限。风景旅游城市及绿化条件较好的城市，其绿地占建设用地的比例可大于 15%。

## 第四节　城市用地适用性评价

### 一、自然环境与城市用地

#### (一) 气候条件的影响

气候条件在创造舒适的生活环境、减少城市环境污染等方面与城市规划和建设的关系十分密切。气候条件包括日照、风象、气温、降水与湿度等。

**1. 日照**

地面上一天内实际受到阳光直射的时间为实际日照时数；从日出到日落为止，阳光可以照射到大地的时间称为可照时数；实际日照时数与可照时数的百分比叫日照百分率。由于各地各城市所处的纬度不同，相应的日照率和对日照的要求也不同。分析城市所在地区的太阳运行规律和辐射强度，可为建筑日照标准、建筑朝向、建筑间距的确定，与建筑的遮阳设施以及各项工程的采暖设施的设置提供规划设计依据。其中某些因素将进一步影响到城市建筑密度、城市用地指标与用地规模以及建筑群体的布置等。

**2. 风象**

风是地面大气的水平移动，由风向与风速两个量表示。风向是指风吹来的方向，表示风向最基本的指标叫风向频率。风向频率一般是累计某一时期内各个方位风向的次数，并以占该时期内观测累计各个不同风向总次数的百分比来表示。风速是指单位时间内风所移动的距离，表示风速最基本的指标叫平均风速。平均风速是按每个风向的风速累计平均值来表示的。

某一风向频率愈大，则其下风向受污染机会愈多；某一方向的风速愈大，则稀释能力愈强。污染愈轻，由此可见，污染的程度与风频成正比，与风速成反比。污染程度常用污染系数来表示，即：污染系数 = 风向频率/平均风速。

城市用地规划中应同时考虑最小风频风向、静风频率、各盛行风向的季节变换及风速关系。如为减轻工业区排放的有害气体对生活居住区的危害，通常把工业区按当地盛行风向（又称主导风向，即最大频率的风向）布置于生活居住区的下风向，但如全年只有一个盛行风向，且与此相对的方向风频最小，或最小风频风向与盛行风向转换夹角大于90°，则工业用地应放在最小风频之上风位，居住区位于其下风位；当全年拥有两个方向的盛行风时，应避免使有污染的工业处于任一盛行风向的上风方向，工业区及居住区一般可分别布置在盛行风向的两侧。

除考虑城市盛行风向的影响外，用地布局还应特别注意当地的静风频率。尤其位于盆地或峡谷的城市，静风频率往往很高，如果忽视静风的影响，大部分时日烟气滞留在城市上空，沿水平方向慢慢扩散，仍然影响到邻近上风侧的生活居住区。

此外，城市总体规划布局在绿地安排和道路系统规划中也应考虑自然通风的要求。对城市局部地段在温差热力作用下产生的小范围空气环流也应考虑，处理得当有利于该地段的自然通风。如在山地背风面，由于会产生机械性涡流，布置于此的建筑有利于通风，但其上风向若为污染源时，则也会因之而加剧污染。

3. 气温

气温一般是指离地面1.5m高的位置上测得的空气温度，大气温度随高度的增加而递减，人感到舒适的温度范围为18~20℃。城市规划工作需要了解平均温度、最高和最低温度、昼夜平均温度及近于零摄氏度的天数、全年初霜和终霜的日期、开始结冻和解冻的日期及最大冻土深度。城市所在地区的日温差或年温差较大时，会给建筑工程的设施与施工带来影响；在日温差较大的地区（尤其在冬天），常常因为夜间城市地面散热冷却来得快，大气层中下冷上热，而在城市上空出现逆温层现象，在静风或谷地地区，加上山坡气流下沉，更加剧这一现象。这时城市上空大气比较稳定，有害的工业烟气滞留或扩散缓慢，进而加剧了城市环境的污染。此外，城市建筑密集，生产与生活散发大量热量，往往出现市区气温比郊外高的现象，即所谓"热岛效应"，尤其在大城市更为突出。为改善城市环境条件，减少炎热季节市区增温，在规划布局时，可增设大面积水体和绿地，加强对气温的调节作用。

4. 降水与湿度

降水是对降雨、降雪、降雹、降霜等气候现象的总称。降水量和降水强度对排水设施的影响较为突出。此外，山洪的形成、江河汛期的威胁等也给城市用地的选择及城市防洪工程带来直接的影响。

湿度与降水有密切的联系。相对湿度又随地区或季节的不同而异。一般城市因大量人工建筑物与构筑物覆盖，相对湿度比城市郊区要低。湿度的大小还对城市某些工业生产工艺有所影响，同时又与居住环境是否舒适有联系。

（二）工程地质条件的影响

工程地质条件对城市用地布局的影响包括地基承载力以及一些特殊地质现象和地质构造的影响。

1. 地基承载力

地层的地质构造和土质的自然堆积情况产生的地基承载力的差异，对城市建设用地选择和各类工程建设项目的合理布置以及工程建设的经济性都是十分重要的。有些地基土质常在一定条件下改变其物理性质，从而对地基承载力带来影响。例如湿陷性黄土，在受湿状态下，由于土壤结构发生变化而下陷导致上部建设的损坏。又如膨胀土，具有受水膨胀、失水收缩的性能，也会造成对工程建设的破坏。

2. 特殊地质现象和地质构造的影响

特殊的地质现象或地质构造对城市用地选择具有重要影响。

冲沟：如间断流水在地层表面冲刷形成的冲沟使用地支离破碎，尤其在冲沟的发育地区水土流失严重，给工程建设带来困难。规划前应弄清冲沟的分布、坡度、活动状况，以及冲沟的发育条件，以便及时采取相应的治理措施，如对地表水导流或通过绿化工程等方法防止水土流失。

滑坡：滑坡是由于斜坡上大量滑坡体（土体或岩体）在风化、地下水以及重力作用下，沿一定的滑动面向下滑动而造成的，常发生在山区或丘陵地区。因此，山区或丘陵城市在利用坡地或紧靠崖岩进行建设时，需要了解滑坡的分布及滑坡地带的界线、滑坡的稳定性状况。不稳定的滑坡体本身，以及处于滑坡体下滑方向的地段，均不宜作为城市建设用地。如果无法回避，必须采取相应工程措施加以防治。崩塌的成因主要是由山坡岩层或土层的层面相对滑动，造成山坡体失去稳定而坍落。当裂隙比较发育，且节理面顺向崩塌的方向，极易发生崩落。过分的人工开挖尤其容易导致坡体失去稳定而造成崩塌。

岩溶：地下可溶性岩石（如石灰岩、盐岩等）在含有二氧化碳、硫酸盐、氯等化学成分的地下水的溶解与侵蚀之下，岩石内部形成空洞（地下溶洞），这种现象称为岩溶，也叫喀斯特现象。地下溶洞有时分布范围很广、洞穴空间高大。因此，在城市规划时要查清溶洞的分布、深度及其构造特点，而后确定城市布局和地面工程建设的内容。

地震：地震是由地壳断裂构造运动引起的，在有活动断裂带的地区，最易发生地震；而在断裂带的弯曲突出处和断裂带交叉的地方往往是震中所在。震级表示地震强度大小的等级。烈度是指地震后受震地区的地面影响和破坏的强烈程度。

掌握活动断裂带的分布，对城市规划与建设的防震十分重要。在城市规划中防震措施要考虑周到，并遵照国家规定的该地区地震烈度的要求。如地震烈度在7度和7度以上要考虑防震工程措施；9度以上地区不宜作城市用地。在震区设置城市时，除制定各项建设工程的设防标准外，还须考虑震后疏散救灾等问题，如建筑不宜连绵成片，尽量避开断裂破碎地段。地震断裂带上一般可设置绿化带，不得进行城市建筑的建设，同时也不能作为城市的主要交通干道。此外，在城市的上游不宜修建水库，以免震时水库堤坝受损，洪水下泄，危及城市。

（三）地形条件的影响

地形一般可分为山地、丘陵和平原三类，在小地区范围内，地形还可进一步划分为多种形态，如山谷、山坡、冲沟、盆地、谷道、河漫滩、阶地等。

由于城市需占有较大地域，且为了便于城市建设与运营，多数城市选址在平原、河谷地带或是低丘山冈、盆地等地方。平原大都是沉积或冲积地层，具有广阔平坦的地貌，山区由于地形、地质、气候等情况较为复杂，城市布局困难较多，丘陵地区可能有一些工程问题，但一些低丘地区，恰当地选择用地和进行布局，也可以有良好的效果。

城市地形条件对城市规划布局、道路的走向和线形、各项基础设施的建设、建筑群体的布置、城市的形态、轮廓与面貌等，均会产生一定的影响。结合自然地形条件，合理规划城市各项用地和布置各项工程建设，可以节约土地，减少土石方工程，便于城市管理。

（四）水文条件的影响

1. 地面水体

江河湖泊等地面水体，不但可作为城市水源，同时还在水路运输、改善气候、稀释污水以及美化环境等方面发挥作用。但某些水文条件也可能给城市带来不利影响，例如洪水侵袭，年水量不均匀，水流对沿岸的冲刷以及河床泥沙淤积等。特别是我国多沿江河的城市，常会受到洪水的威胁。为防范洪水带来的影响，在规划中应处理好用地选择、总体布局以及堤防工程建设等方面的问题。还要区别城市不同地区，采用不同的洪水设计标准，有利于土地的充分利用，也有利于城市的合理布局和节约建设投资。另一方面，城市建设也可能造成对原有水系的破坏，如过量取水、排放大量污水、改变水道与断面等，均能导致水体水文条件的变化，对城市建设产生新的问题。因此，在城市规划和建设之前，需要对水体的流量、流速、水位、水质等进行调查分析，随时掌握水情动态，研究规划布局对策。

2. 水文地质条件

水文地质条件一般是指地下水的存在形式，含水层的厚度、矿化度、硬度、水温及水的流动状态等条件。在远离江河湖泊或地面水水量不足而水质又不符合卫生要求的城市，地下水常常作为城市用水的水源，调查并探明地下水资源尤为重要。

地下水按其成因与埋藏条件可分为三类：上层滞水、潜水和承压水。其中潜水和承压水能作为城市水源。潜水由地表水渗入形成，主要靠降水补给，所以潜水水位及流动状态与地面状况有关，其埋深也因地面蒸发、地质构造和地形等不同而存在差异。承压水是指两个隔水层之间的重力水，由于有隔水顶板，承压水受大气降水的影响较小，也不易受地面污染，因此往往作为城市水源。

地下水并不是取之不尽的，应探明地下水的蕴藏量和补给情况，根据地下水的补给量来确定开采的水量。地下水过量开采会使地下水位大幅度下降，形成"漏斗"。漏斗外围的污染物质极易流向漏斗中心，使水质变坏；严重的还会造成水源枯竭和引起地面沉陷，形成一个碟形洼地，对城市的防汛与排水均不利，而且对地面建筑及各项管网工程造成破坏。地下水的流向也影响城市布局，与地面水情况类似，对地下水有污染的一些建设项目不应布置在地下水的上游，以减少水体污染，特别要注意防止地下水的水源地受到污染。

## 二、城市用地评价方法

### (一) 城市用地自然条件评价

城市用地自然条件的评价是城市总体规划的一项基础工作。一般可分为三类，即：适宜修建用地、基本适用但要采取一定工程措施的用地、不宜修建或需要大量工程措施才能使用的用地。城市总体规划一般应结合各地区具体条件，因地制宜地提出用地评定意见，如有的城市用地根据用地环境条件的复杂程度和规划要求，用地类别可分为四类或五类；而有的城市则可分为两类。

1) 一类用地：即适于修建的用地，即适建区。

这类用地一般地形平坦、规整，坡度适宜，地质条件良好，没有被洪水淹没的危险，自然环境条件较为优越，能适应城市各项设施的建设要求，一般不需或只需稍加简单的工程准备措施，就可以进行修建。

其具体要求主要包括：

(1) 地形坡度在 10% 以下，符合各项建设用地的要求；
(2) 土质能满足建筑物地基承载力的要求；
(3) 地下水位低于建筑物、构筑物的基础埋置深度；
(4) 可抵御百年一遇的洪水；
(5) 没有沼泽现象或采取简单的工程措施即可排除地面积水；
(6) 没有冲沟、滑坡、崩塌、岩溶等不良地质现象。

2) 二类用地：即基本上可以修建的用地，即限建区。

这类用地因某些不利条件需要采取一定的工程措施，改善其条件后才适于修建，对城市设施或工程项目的布置有一定的限制。

其具体情况主要包括：

(1) 土质较差，建筑物地基需要人工加固措施；
(2) 地下水位距地表面的深度较浅，建筑物下需降低地下水位或采取排水措施；
(3) 属洪水轻度淹没区，淹没深度不超过 1.0~1.5m，需采取防洪措施；
(4) 地形坡度在 10%~20% 之间，修建建筑物时，除需要采取一定的工程措施外，还需动用较大的土石方工程；
(5) 地表面有较严重的积水现象，需要采取专门的工程准备措施；
(6) 有轻微的活动性冲沟、滑坡等不良地质现象，需要采取一定工程准备措施等。

3) 三类用地：即不适于修建或需要大量工程措施才能使用的用地。

这类用地一般用地条件极差，其具体情况是：

(1) 地基承载力小于 60kPa 和厚度在 2m 以上的泥炭层或流砂层，需要采取很复杂的人工地基和加固措施；
(2) 地形坡度超过 20% 以上，布置建筑物很困难；
(3) 经常被洪水淹没，且淹没深度超过 1.5m；

（4）有严重的活动性冲沟、滑坡等不良地质现象，采取防治措施需花费很大的工程量和工程费用；

（5）农业生产价值很高的丰产农田，具有开采价值的矿藏埋藏，属给水水源卫生防护地段，存在其他永久性设施和军事设施等。

### （二）城市用地建设条件评价

城市用地建设条件评价主要是分析城市现状条件对城市布局的影响，一般所指的建设条件，包括城市现状条件和技术经济条件两大类。广义上的自然条件是建设条件的一部分。城市用地建设条件评价具体包括对用地布局结构、市政设施和公共服务设施、社会经济构成等城市现状条件，以及区域经济条件、交通运输条件、用水条件、供电条件、用地条件等技术经济条件等方面进行全面评价，更好地利用城市原有基础，并对不利的因素加以改造，充分发挥城市的潜力。

1. 城市现状条件评价

城市现状条件是指城市各物质要素的现有状况及其服务水平与质量。现状条件分析的内容主要有三方面：城市现状用地布局结构、市政设施和公共服务设施以及社会经济构成现状的特征。

1）城市现状用地布局结构

对城市布局现状的分析，应着重于以下四个主要方面：

（1）城市用地布局结构是否合理，主要体现在城市各功能部分的组合与构成的关系，城市用地布局结构能否适应发展要求，城市布局结构形态是封闭的，还是开放的，是否会在空间扩展过程中出现结构性的障碍等；

（2）城市用地结构对生态环境的影响，主要体现在城市工业排放物所造成的环境污染与城市布局的矛盾，这一矛盾往往影响到城市用地价值；

（3）城市交通系统结构的协调布局，包括铁路、公路、水道、港口及空港等站场及线路的分布对城市用地结构形态的影响，也包括城市内部道路交通系统的完善及与对外交通系统在结构上的衔接和协调，以及其对城市进一步扩展的方向和用地选择是否造成制约；

（4）城市用地结构是否体现城市性质的要求，或是否反映城市特定自然地理环境和历史文化特色等。

2）城市现状市政设施和公共服务设施

城市市政设施和公共服务设施的建设现状，包括质量、数量、容量与利用改造潜力等，将影响到土地的利用及旧区再开发的可能性与经济性。市政设施包括现有的道路、桥梁、给水、排水、供电、燃气等管网和厂站的分布及容量等，是土地开发的重要基础条件，影响着城市发展的格局；公共服务设施包括商业服务、文化教育、邮电、医疗卫生等设施，其分布、配套及质量，都是土地利用状况的重要评价条件。

3）城市社会经济构成现状

社会构成现状，主要表现在人口结构及分布密度，以及城市各项物质设施的分布及容量与居民需求之间的适应性。城市人口高密度地区，为了合理使用土地，常常要疏解人口。城市经济的发展水平、城市的产业结构和相应的就业结构，都将影响城市用地的功能组织和各种用地的数量结构。

2. 技术经济条件评价

城市与城市以外地区的各种联系，是城市存在与发展的重要技术经济因素。这些条件包括：城市是否靠近原材料、能源产地和产品销售地；对外交通联系是否畅通便捷；是否能经济地获得动力和用水供应；是否有足够合适的建设用地；城市与外界是否有良好的经济联系等。对于那些尚未进行区域规划的地区，上述技术经济条件的分析与评价，尤为重要。技术经济条件评价具体包括以下几方面的内容。

1) 区域经济条件

区域经济条件是城市存在和发展的基础，包括国家或区域规划对城市所在地区的发展所确定的要求，区域内城市群体的经济联系，资源的开发利用以及产业的分布等方面。同时，城市作为城乡和区域间物资收储、转运、集散的中心，这些经济活动对城市工业的组成与结构、城市对外交通和城市仓储用地的组织与分布等都会带来影响。此外，城乡劳动力是影响城市发展与建设的外部条件之一，在区域范围内考虑劳动力的来源与潜力，分析城市劳动力的配备和农业劳动力的调整，并作为一个重要的外部条件来加以评价。

2) 交通运输条件

交通运输条件是城市形成和导致城市兴衰的重要因素之一。分析与评价可以从两个方面来考虑：已经形成或已规划确定的区域交通运输网络与城市的关系，以及城市在该网络中的地位与作用；城市对其周围的铁路、公路、水路等交通运输条件的要求。

铁路是我国目前最重要的大型交通运输手段。规划须对以下几个方面进行认真分析：铁路现有和规划发展的站场分布；城市是否有适宜于修建编组站的用地，并能否从一侧方便地引接支线或专用线；城市货物运输量的估算和其他有关铁路与用地的技术经济问题等。具有铁路枢纽功能的城市，会获得各种建设项目的机会，同时，这类城市与铁路的矛盾往往比较突出，如何综合研究由此引发的工程项目内容与用地，如何妥善处理城市建设和铁路各项设施的用地关系，成为此类城市的一个重大课题。

公路运输是最方便的运输方式，能减少中途转运，实现"门到门"的交通，是现代城市必不可少的运输方式。对于建设用地邻近的现有公路，应了解其使用性质、公路等级、交通流量、路幅宽度、通行能力、路面承载力、公路线型等技术资料。同时，结合建设需要，分析其使用价值及技术改造的经济性与可能性，必要时应作出新辟路段与利用旧有公路的经济比较。

水路运输曾是一些城市主要的交通运输手段。水路运输成本低廉，在有条件的地方应充分利用和发展水路运输。需要对水情、航道、岸线以及陆域建港条件等进行分析，并考虑水路运输与陆路运输的衔接和水陆联运等问题。

3）用水条件

用水条件是决定城市建设和发展的重要建设条件之一。着重分析建设地区的地面水和地下水资源，在水量、水质、水文等方面能否满足城市工业生产和居民生活的需要。目前我国部分城市因为受用水条件的限制，城市的建设和发展已受影响。还有一些城市，根据水资源的调查和勘察报告，用水条件可以满足要求，然而因上游地区取水量增加、水源受到严重污染等各外部原因，造成了可取水量减少，甚至水源枯竭。因此，需要在认真分析各种因素的基础上，确定城市水源及水源地的开发保护方案，保证供水的经济性和可靠性。

4）供电条件

城市建设和发展必须具备良好的供电条件。了解和分析区域供电规划，城市输电线路的走向、容量、电压、邻近电源的情况，拟建的电厂或变电站的规模和位置，以及城市工业生产、城郊农业生产和城乡居民生活用电量，最大用电负荷等供电技术经济资料。

当需要自建电厂时，在城市用地选择和用地组织中，充分考虑电厂的规模、位置以及电力生产所需的条件。城市中的电站设施和高压输电线路走向往往会对城市建设起一定的制约作用，在规划布局和土地利用中要充分考虑这些因素。

5）用地条件

用地条件关系到城市的总体布局、城市发展方向和用地规模等。从某种意义上说，城市总体规划主要研究的是城市用地布局。城市各种工程设施在建设上对用地都有不同的要求。

对用地条件的分析主要有以下几个方面：用地地质、地形、高程等是否适合建设；用地发展方向对城市总体布局是否有利，是否具备充足的用地，城市长远发展是否有余地，是否会增加城市基础设施的投资，拟发展范围内农田情况等。

城市土地的经济评价是通过分析土地的区位、投资于土地上的资本、自然条件、经济活跃度和频率，揭示土地质量和土地收益的差异，合理确定不同地段土地的使用性质和强度，为用经济手段调节土地使用，提高土地的使用效益打下重要基础。影响城市土地评价的因素多样复杂，一般可分为三个层次：

基本因素层：包括土地区位、城市设施、环境优劣度等；

派生因素层：即由基本因素派生的子因素，包括繁华度、交通可达性、城市基础设施、社会服务设施、环境质量、自然条件、人口密度、建筑容积率和城市规划等子因素；

因子层：从更小的侧面更具体地对土地使用产生影响。这些因素因子体系整体而言层次越高，影响力越大，因素覆盖面越广，而且包含了低层次因素和因子的作用。

三、城市用地选择

（一）用地选择的影响因素

城市用地选择是城市规划的重要工作内容。它是根据城市各项设施对用地环境的要求、城市规划布局与用地组织的需要来对用地进行鉴别与选定的。新城市建设需要选择适宜的城址，旧城扩建也有选择所需用地的问题。城市用地选择恰当与否，关系到城市的功能组织和城市规划布局形态，同时对建设的工程经济和城市的运营管理都有一定影响。

城市用地选择需有用地适用性评定的成果为依据。同时，还需要按照规划与建设的要求，综合考虑社会、经济、文化、环境等多方面问题，对用地的适用性作出综合评价。通常涉及如下几个方面。

1. 建设现状

是指用地内已有的建筑物、构筑物状态，如现有村、镇或其他地上、地下工程设施，对它们的迁移、拆除的可能性、动迁的数量、保留的必要与价值、可利用的潜力以及经济评估等问题。

2. 基础设施

用地内以及周边区域的水、电、气、热等供应网络以及道路桥梁等状况，将影响到用地相宜建设的规模、建设经济以及建设周期等问题。

3. 土地利用总体规划

是指用地所在地国土管理部门制定的土地利用总体规划，对该用地的用途的规定及对其进行调整的可能性。

4. 生态环境

用地所在的区域自然环境背景以及用地自身的自然基础和环境质量。同时，如作为选定用地加以人工建设，可能对既存环境的正面或负面影响。

5. 文化遗存

用地范围内地上、地下已发掘或待探明的文化遗址、文物古迹以及有关部门的保护规划与规定等状况。

6. 社会问题

指用地的产权归属、动迁原住民所涉及的社会、民族、经济等方面的问题。

(二) 用地选择的原则

(1) 遵照《中华人民共和国城乡规划法》和《中华人民共和国土地管理法》以及相关法律中有关土地利用的规定。

(2) 新城选址或各种开发区选址既要满足建设空间与环境的需要，同时要为将来进一步发展预留余地；旧城扩建用地选择，要结合旧区的布局结构考虑城市扩展重构城市功能布局的合理性；要充分利用旧城的设施基础，节省建设投资。

(3) 用地选择应对用地的工程地质条件作出科学的评估，要结合城市对用地的不同空间与环境质量要求，尽可能减少用地的工程准备费用。同时做到地尽其利，地尽其用，合理利用土地资源。

(4) 要注意保护环境的生态结构、原有的自然资源和水系脉络；要注意保护地域的历史文化遗产。

## 第五节 城市用地与空间布局

### 一、城市用地与空间布局的基本原则

不同地域、不同规模和性质的城市有不同的合理布局形式，但其布局的总体要求是基本一致的。在城市总体布局中一般要考虑以下几个基本要求。

#### （一）立足全局的综合性原则

由于城市总体布局的综合性很强，要立足于城市全局，符合国家、区域和城市自身的根本利益和长远发展的要求。城市总体布局的形成与发展取决于城市所在地域的自然环境、工农业生产、交通运输、动力能源和科技发展水平等因素，同时也必然受到国家政治、经济、科学技术等发展阶段与政策的作用。在我国，城市总体布局必须坚持为发展社会主义经济服务，坚持为建设社会主义的物质文明与精神文明服务，坚持以人为本，为城市居民服务的宗旨，加速城市的社会发展和经济发展，取得社会效益、经济效益和环境效益的统一。

#### （二）立足区域的地方性原则

分析某个城市的总体布局，必须从城市所在地区或更大一些的区域范围的经济建设的全面部署出发，来综合处理城市总体布局中的一些重大原则问题。

充分掌握城市发展的内部和外部条件，创造具有地方特色的城市空间布局形式。城市发展的内部条件主要指城市自身的资源、自然条件及限制条件，如矿藏、物产、地形、地貌、用地等，在城市布局中应充分地利用与发掘这些条件。城市发展的外部条件主要指外部的环境及因素，如相邻城市之间、城乡之间的关系对城市发展的影响，本城在区域中所处的地位与作用，国家或地区计划对本城的影响。

#### （三）抓住城市建设和发展的主要矛盾

在进行城市规划方案时，要努力找出并抓住规划期内城市建设发展的主要矛盾，作为进行总体规划构思的切入点。如对以工业生产为主的生产性城市，规划布局应从工业布局入手；交通枢纽城市则应以有关交通运输的用地安排为重点；风景游览城市应先考虑风景游览用地和旅游设施的布局。一个城市往往是多职能的，因此要综合分析，分清主次，抓住主要矛盾，进而促成各组成要素的有序布局。

#### （四）近远结合，力求科学合理

城市需要不断的发展、改造、更新、完善和提高，而城市总体布局是城市发展与建设的战略部署，必须具备长远观点，力求科学合理、留有余地。

在制订城市总体布局规划时，切实掌握城市建设发展过程中需要解决的实际问题，按照城市发展的客观规律，对城市发展空间作出足够的预见。既要经济合理地安排近期各项建设，又要相应地为城市远期发展作出全盘考虑。分析研究城市用地功能组织，探求城市用地建设发展的合适程序，使一个城市在开始建设阶段就有一个良好的开端。并

在建设发展过程中各个阶段都能互相衔接、配合协调，对于发展城市用地功能、节省投资，是很重要的一环。

加强预见性，布局中留有发展用地。城市各建设阶段用地选择、先后程序的安排和联系等，都要建立在城市总体布局的基础上；同时，对各阶段的投资分配、建设速度要有统一的考虑，使得现阶段工业建设和生活服务设施，符合长远发展规划的需要。城市总体布局要有足够的应变能力和相应措施，城市空间布局也要有适应性，使之在不同发展阶段和不同情况下都相对合理。

城市远期规划，要坚持从现实出发，展望未来发展的可能，作出全面、合理、可持续的安排。城市近期建设规划必须以城市远期规划为指导，明确方向；坚持紧凑、经济、现实，由内向外，由近及远，成片发展，并在各规划期内保持城市总体布局的相对完整性。

城市总体规划布局的科学性还体现在表现形式的不断发展。城市总体规划是一定的历史时期、自然条件和生产生活要求的产物，随着生产力的发展和科学技术的不断进步，布局形式也相应在发展。例如社会改革、工业技术革命及城市产业结构的变化、交通运输的改进与提高、新资源的发现、能源结构的改变等因素，都会对未来城市的布局产生实质性的影响。

（五）集中紧凑，节约用地

集中紧凑不仅可以节约用地，缩短各类工程管线和道路的长度，节约城市建设投资，有利于城市运营，方便城市管理；而且可以减少居民上下班的交通路程和时间消耗，减轻城市交通压力，有利于城市生产，方便居民生活。城市总体布局能否集中紧凑是检验规划是否经济合理的重要标志。当然集中的程度、紧凑的密度，应视城市性质、规模和城市自然环境等条件而定。此外，城市总体布局要十分珍惜有限的土地资源，尽量少占农田，不占良田，兼顾城乡，统筹安排农业用地和城市建设用地，促进城乡共同繁荣。

（六）规划结构清晰，内外交通便捷

规划用地结构清晰是城市用地功能组织合理性的一个重要标志。城市各主要组成用地既要功能明确，又要保证各用地之间有一个协调的关系，同时有安全、便捷的交通联系。明确城市主导和次要发展的内容，明确用地的发展方向及相互关系，在此基础上勾画城市规划结构图，为城市的各主要组成部分（工业、仓库、对外交通运输、生活居住、市中心）的用地进行合理的组织和协调提供框架，并规划出道路的骨架，从而可以在综合平衡的基础上，把城市组织成一个有机的整体。

城市总体布局要充分利用自然地形、江河水系、城市道路、绿地林带等空间来划分功能明确、面积适当的各类功能用地。城市总体布局应在明确道路系统分工的基础上促进城市交通的高效率，并使城市道路与对外交通设施及城市各组成要素之间均保持便捷的联系。

城市中心区是城市总体布局的核心，是构成城市特点的最活跃的因素，其功能布局与空间处理不仅影响到市中心区本身，还关系到城市的全局。城市公共活动中心对城市布局结构也起很重要的作用。

（七）兼顾旧区与新区的发展需要

城市是个有机体，具有不断新陈代谢的内在要求。城市在发展过程中，历史形成的旧区与拟将发展的新区两者之间的相互交替、相辅相成，保存与发展、更新与完善将关系到整个城市的合理发展。

在老城市的规划中，城市总体布局要把城市现状要素有机地组织进来，既要能充分利用城市现有物质基础发展城市新区，又要能为逐步调整或改造旧城区创造条件，这对于加快城市建设，节约城市建设的用地与投资均有十分重要的现实意义。在旧城总体布局中要防止两种倾向，其一是片面强调改造，过早大拆大迁，其结果就可能是城市原有建筑风格和文物古迹受损；其二是片面强调利用，完全迁就现状，其结果必然会使旧城区不合理的布局长期得不到调整，甚至阻碍城市的发展。

新区与老区要融为一体、协调发展，城市新区的开辟意味着城市地域的扩大、空间的延伸，为调整和转移某些不适合在旧区的功能提供可能，为进一步充实和完善旧区的结构创造条件。新区和老区的协调发展，以新区与旧区的相辅相成，构成城市的整体，达到繁荣社会经济、发展科技文化和提高环境质量的需要。

（八）保护环境，美化城市

城市总体布局要有利于城市环境的保护与改善，有利于创造优美的城市空间景观，提高城市的生活质量。在城市总体布局中，要十分注意保护城市地区范围内的生态平衡，力求避免或减少由于城市开发建设而带来的自然环境的生态失衡。

认真地选择城市水源地和污染物排放及处理场地的位置，防止天然水体和地下水源遭受污染；慎重地安排污染严重的工厂企业的位置，防止工业生产与交通运输所产生的废气污染与噪声干扰；注意按照卫生防护的要求，在居住区与工业区、对外交通设施之间设置防护林带。

注意加强城市绿化建设，尽可能将原有水面、森林、绿地有机地组织到城市中来，因地制宜地创造优美的城市环境；注意城市公共活动中心位置的选择与名胜古迹、革命纪念地的保护，为美化城市奠定基础。

## 二、城市用地与空间布局的主要内容

城市总体布局是通过城市用地组成的不同形态体现出来的，需要研究城市各项主要用地之间的内在联系。城市空间布局规划以城市发展纲要以及城市性质和规模为基础。在城市发展大纲指导下，在城市性质和规模大体确定的基础上，根据城市用地评定，对城市各组成部分进行统一安排，使其各得其所、有机联系。

城市活动概括起来主要有工作、居住、游憩、交通等主要方面。在城市总体空间布局中，各种功能的城市用地需要按照各自的功能要求以及相互之间的关系加以组织，使城市成为一个协调的有机整体。城市总体布局内容的核心是城市用地功能的组织，可通过以下几方面来体现。

（一）工业企业采取组群方式布置，形成城市工业区

在城市总体布局中，工业组织方式与布置形式对城市居民的劳动组织有着很大的影响。由于现代化的工业组织形式和工业劳动组织的社会需要，在新城建设或旧城改造中，都力求将那些单独的、小型的、分散的工业企业按其性质、生产协作关系和管理系统组织成综合性的生产联合体，或按组群分工相对集中地布置成为工业区；而那些现代化的大型工业联合企业，则多数要求独立设置，建立生产生活综合区。无论是工业区或综合区，都要协调好其与水陆交通系统的配合，协调好工业区与居住区的联系，控制好工业区对居住区及对整个城市的环境影响。

（二）按居住区、居住小区等组成梯级布置，形成城市生活居住区

城市居民根据生活居住的需要对城市住宅与公共服务设施有不同的要求，城市生活居住区的规划布置应能最大限度地满足城市居民多样化的生活需要。一般情况下城市生活居住区由若干个居住区组成，在集中布置大量住宅的同时，相应设置公共服务设施，并组成各级公共中心（包括市级、居住区级等中心），这种梯级组织形式能较好地满足城市居民生活居住的需求。

（三）组织城市绿化系统，建立各级休憩场所

居民的休憩场所包括各种公共绿地、文化娱乐和体育设施等。在城市总体布局中，应合理地分散组织在城市中，最大程度地方便居民使用。既要考虑在市区（或居住区）内设置可供居民休憩与游乐的场所，也要考虑在市郊独立地建立营地或设施，以满足城市居民在节假日、双休日等短期的休闲与游乐活动。在市区一般以综合性公园的形式出现，而在市郊则一般为森林公园、风景名胜区、夏令营地和大型游乐场等。

园林绿化是改善城市环境、调节小气候和构成休憩游乐场所的重要要素，应均衡分布在城市各功能组成要素之中，并尽可能与郊区大片绿地或农田相连接，与江河湖水系相联系，形成较为完整的城市绿化体系，充分发挥绿地在总体布局中的功能作用。

（四）组织公共设施用地，形成城市的公共活动中心体系

城市公共活动中心通常是指城市主要公共建筑分布最为集中的地段，是城市居民进行政治、经济、社会、文化等公共生活的中心，是城市居民活动十分频繁的地方。选择城市各类公共活动中心的位置以及内容成为城市总体布局的任务之一。公共活动中心包括社会政治公共活动中心、科技教育公共活动中心、商业服务公共活动中心、文化娱乐公共活动中心、体育公共活动中心等。

各类城市公共活动中心一般都由建筑群和开放空间组成，使各类公共活动中心的建筑物、绿化、雕塑及广场的布置与自然和人文环境的特色协调，融为一体，既要实用经

济，又要体现建筑空间艺术审美的要求，还要能表现出城市空间艺术上的协调，展现出城市功能、技术和艺术的三位一体的完美效果，以满足居民的精神生活与物质生活的需要。

（五）划分城市道路的类别，形成城市道路交通体系

城市总体布局中城市道路与交通体系的规划占有特别重要的地位。道路交通系统必须与城市工业区和居住区等功能区的分布相关联，其类别及等级划分又必须遵循现代交通运输对城市本身以及对道路系统的要求，即按各种道路交通性质和交通速度及其从属关系分为若干类别。城市交通性道路中如联系工业区、仓库区与对外交通设施的道路，以货运为主，要求高速；联系居住区与工业区或对外交通设施的道路，用于职工上、下班，要求快速、安全。城市生活性道路起着联系居住区与公共活动中心、休憩游乐场所的作用，应主要考虑安全、舒适。在城市道路交通体系的规划布局中，还要考虑道路交叉口形式、交通广场和停车场位置等。

城市总体布局就是要使城市用地功能组织建立在工业与居住等功能区的合理分布这一重要的原则基础上，使城市各部分之间有简捷而方便的联系，最大限度地简化城市交通组织并节省交通时间；使城市建设有序合理，各项功能得以充分发挥。对城市的总体布局要持辩证的观点，各种城市功能之间既相互依存，也相互影响。在城市总体布局的构思时，需要同时综合考虑相互关联的问题，从总体布局的多方案比较中择优。

三、城市用地与空间布局的主要方法

（一）城市空间布局的方案构思

1. 掌握城市发展的内部和外部条件

城市发展的内部条件主要指城市自身的资源、自然条件及限制条件，如矿藏、物产、地形、地貌、用地等。运用这些条件，可以促进城市的发展，在城市布局时应充分地利用与发掘这些条件。

城市发展的外部条件主要指外部的环境及因素。如中小城市邻近大城市要考虑两者的关系对城市发展的影响；国家或地区规划对本城的影响。

2. 抓住城市发展中的主要矛盾

在做城市规划方案时，要努力找出并抓住规划期间城市建设发展的主要矛盾，作为进行总体规划构思的依据。如为了充分发挥城市的主要职能，对以工业生产为主的生产城市，其规划布局应从工业布局入手；交通枢纽城市则应以有关交通运输的用地安排入手；风景游览城市应先考虑风景游览用地和旅游设施的布局等。不过一个城市往往是多职能的，因此要从综合分析中，分清主次，抓住主要矛盾。

3. 把握城市的规划布局结构

制定规划方案，根据城市各组成要素确定总的构思，明确城市主导发展和次要发展

的内容,用地的发展方向及相互关系,在此基础上勾画城市规划布局结构图,为城市的各主要组成部分(工业、仓库、对外交通运输、生活居住、市中心等各部分)的用地进行合理的组织和构思。规划道路是城市布局的框架结构,简化各种条条(城市各物质要素)、块块(城市各地区用地)之间的关系,可在宏观关系上进行协调与综合平衡,把城市组织成一个有机的整体。

(二)城市空间布局的方案比较

城市总体布局是反映城市各项用地之间的内在联系,是城市建设和发展的战略部署,关系到城市各组成部分之间的合理组织,以及城市建设投资的经济性,这就必然涉及许多错综复杂的问题。所以,城市总体布局一般须多做几个不同的规划方案,综合分析各方案的优缺点,集思广益,探求一个经济上合理、技术上先进的综合方案。

综合比较是城市规划设计中重要的工作方法,在规划设计的各个阶段中都应该进行多次反复的方案比较。考虑的范围和解决的问题,可以由大到小、由粗到细,分层次、分系统地逐个解决。有时为了对整个城市用地布局作不同的方案比较,达到筛选优化的目的,需要对重点的单项工程,诸如道路系统、给水排水系统进行深入的专题研究。总之,需要抓住城市规划建设中的主要矛盾,提出不同的解决办法和措施,防止解决问题的片面性和简单化,才能得出符合客观实际、用以指导城市建设的方案。

一般地讲,新城市的规划布局,由于受现状条件的限制比较少,通过各种不同的规划构思,分别采取不同的立足点和解决问题的条件与措施,可以做出不同的规划方案。

对于原有的城镇,需要充分考虑现状条件,根据实际情况,针对主要问题,也同样可以做出多种规划方案来。

对于一个比较复杂的规划设计任务,必须多做几个不同的方案,作为进行方案比较的基础。首先要抓住问题的主要矛盾,善于分析不同方案的特点,一般是对足以影响规划布局、起关键性作用的问题,提出不同的解决措施和规划方案;在广开思路的基础上,对需解决的问题有一个明确的指导思想,使提出的方案具有鲜明的特点。其次是必须从实际出发,设想的方案可以多种多样,但真正能够付诸实践、指导城市建设的方案必须结合实际,一切凭空的设想对于解决具体实际问题是无济于事的;此外,在编制各种方案时,既要广泛考虑上面有关的问题,又要对需要解决的问题有足够的深度,做到有粗有细、粗细结合。这样,经过反复推敲,逐步形成一个切合实际、行之有效的方案。

四、城市用地与空间布局的相关要素

在城市空间布局的方案比较中,一般是将不同方案的各种条件用扼要的数据、文字说明制成表格,以便比较。通常应考虑的相关要素有下列几项。

(一)地理位置及工程地质条件

规划区的地形、地下水位、地基承载力大小等情况。

## （二）占地、动迁情况

用地范围和占用耕地情况，需要动迁的户数以及占地后对农村的影响，拟采取的补偿措施和费用。

## （三）城市总体布局

城市用地选择与规划结构合理与否，城市各项主要用地之间的关系是否协调，在处理市区与郊区、近期与远景、新建与改建、需要与可能、局部与整体等关系中的优缺点。

## （四）城市中心的选择

城市中心是城市活动的集聚点，我国正处于城市快速发展过程中，很多城市的中心规模、位置都在不断扩大或迁移。合理的城市中心位置应有利于城市活动的组织，有利于城市新旧区的开发和建设，也有利于城市风貌的形成。

## （五）生产协作

工业用地的组织形式及其在城市布局中的特点，重点工厂的位置，工厂之间在原料、动力、交通运输、厂外工程生活区等方面的协作条件。

## （六）交通运输

可从铁路、港口码头、机场、公路及城市道路等方面分析比较。

铁路：铁路走向与城市用地布局的关系、旅客站与居住区的联系、货运站的设置及其与工业区的交通联系情况。

港口码头：适合水运的岸线使用情况、水陆联运条件、旅客站与居住区的联系、货运码头的设置及其与工业区的交通联系情况。

机场：机场与城市的交通联系情况，主要跑道走向和净空等方面的技术要求；

公路：过境交通对城市用地布局的影响、长途汽车站、燃料库、加油站位置的选择及其与市内主要干道的交通联系情况。

城市道路：城市道路系统是否明确和完善，居住区、工业区、仓库区、市中心，车站、货场、港口码头、机场，以及建筑材料基地等之间的联系是否方便、安全。

## （七）环境保护

工业"三废"及噪声等对城市的污染程度，城市用地布局与自然环境的结合情况。

## （八）居住用地组织

居住用地的选择和位置正确与否，用地范围与合理组织居住用地之间的关系，各级公共建筑的配置情况。

## （九）防洪、防震、人防等工程设施

用地是否有被洪水淹没的可能，防洪、防震、人防等工程方面所采取的措施，以及所需的资金和材料。

## （十）市政工程及公用设施

给水、排水、电力、电信、供热、煤气以及其他工程设施的布置是否经济合理，包括对水源地和水厂位置的选择、给水和排水管网系统的布置、污水处理及排放方案、变电站位置、高压线走廊及其长度等工程设施逐项进行比较。

（十一）城市造价

估算各方案的近期造价和总投资。

## 五、城市用地与空间布局的景观环境

城市规划不仅要为城市提供良好的生产、生活条件，而且要创造优美的城市环境和形象。城市空间布局应当是在满足城市功能要求的前提下，充分利用城市自然和人文条件，对城市所进行的整体艺术加工和形象塑造。

（一）城市用地布局艺术

城市用地布局艺术是指城市在用地布局上的艺术构思及其在空间的体现。城市用地布局要充分考虑城市空间组织的艺术要求，把山川河湖、名胜古迹、园林绿地、有保留价值的建筑等有机地组织起来，形成城市景观的整体骨架。

（二）城市空间布局要充分体现城市审美要求

城市之美是城市环境中自然美与人工美的综合，如建筑、道路、桥梁等的布置能很好地与山势、水面、林木相结合，可获得相得益彰的效果。不同规模的城市要有适当的比例尺度，广场的大小，干道的宽窄，建筑的体量、层数、造型、色彩的选择以及其与广场、干道的比例关系等均应相互协调。城市美在一定程度上反映在城市尺度的均衡、功能与形式的统一。

（三）城市空间景观的组织

城市中心和干道的空间布局都是形成城市景观的重点。前者反映的是城市标志性的节点景观，后者反映的是标志性的通道景观，两者都是反映城市面貌和个性的重要因素。要结合城市自然条件和历史特点，运用各种城市布局艺术手段，创造出具有特色的城市中心和城市干道的艺术面貌。

要重视城市的外缘景观和城市鸟瞰形象的塑造，前者是指通过河流、铁路、公路或桥梁时所看到的动态的城市轮廓，后者是指从城市制高点上见到的城市全貌及城市空间构图的特点。两者都能反映出城市的整体美及其特色。

（四）城市轴线组织

城市轴线是组织城市空间的重要手段。通过轴线可以把城市空间组成一个有秩序、有韵律的整体。城市轴线又是城市建筑艺术的集中体现，在城市轴线上往往集中了城市中主要的建筑群和公共空间，因而也最能反映出城市的性质和特色。

（五）继承历史传统，突出地方特色

在城市空间布局中，要充分考虑每个城市的历史传统和地方特色，创造独特的城市环境和形象。

要充分保护好有历史文化价值的建筑、建筑群、历史街区，使其融入城市空间环境之中，成为城市历史文脉的见证。

地方建筑布局形式往往反映地方文化特色，如南方的骑楼、江南的河街结合的布局形式等。对富有乡土味的、建筑质量比较好的、完整的旧街道与旧民居群，应尽量采取整片保留的方法，并加以维修与改善。新建建筑也应从传统的建筑和布局形式中吸取精华，以保持和发扬地方特色。

总之，确定城市总体布局应尽可能进行多方案的比较，综合各方案的优缺点，归纳集中，探求一个经济上合理、技术上先进的综合方案。

城市用地布局确定以后，就可以进行城市各个专业系统的规划。

# 第四章
## 城市交通系统规划

## 第一节 城市交通系统构成

城市交通系统通常包括城市对外交通和城市内部交通。城市对外交通的主要形式有铁路、公路、港口、机场等;城市内部交通习惯称为城市交通,主要包括城市道路交通、城市公共交通、城市轨道交通等。本章城市交通系统按交通类型广义分类为:城市航空交通运输、城市水路交通运输、城市轨道交通、城市道路交通四大系统。

### 一、城市航空交通运输系统

航空交通运输是指使用航空器运送人员、行李、货物和邮件的一种交通运输方式。航空运输系统构成通常有城市航空港(含直升机场)以及相配套的其他设施。

(一)航空港

航空港是航空运输用飞机场及其服务设施的总称。航空港一般由飞行区、客货运输服务区和机场维修区三个部分组成。航空港有时简称为机场。

飞行区主要有飞机起降的跑道、滑行道、等待起飞机坪、迫降带等。客货运输服务区有候机楼、货运站、货物仓库,以及配套服务的宾馆、餐厅等设施。机场维修区有飞机库、维修场地以及相关的维修服务设施。

1. 城市航空港分类

城市航空港按自然条件分为陆上机场和水上机场;按航线性质可分为国际机场和国内机场。国内机场又分为枢纽机场,干线机场和支线机场。

2. 城市航空港等级

城市航空港的等级在世界上划分各不相同,有的按机场容量划分,有的按机场跑道长度划分。我国城市航空港的等级,目前按用途和规模分为四级,如表4-1所示。

我国城市航空港的等级　　　　　　　　　　　　　　表 4-1

| 机场等级 | 用途与规模 | 机场等级 | 用途与规模 |
|---|---|---|---|
| 一 | 供国内、国际远程航线使用 | 三 | 供近程航线使用 |
| 二 | 供国内、国际中程航线使用 | 四 | 供短途地方航线使用 |

（二）直升机场

由于直升飞机可以在有限的场地上完全起飞降落，因此成为城市中抗灾、抢险、消防、医疗救护中重要的交通工具。同时，随着我国的经济发展，直升机正在成为我国城市间的一种有效的、直达的运输工具。

直升机场可以按照使用性质和设置位置进行不同的分类。

1. 按直升机场的使用性质

直升机场按其使用性质一般分为公共直升机场、内部直升机场和私人直升机场。

公共直升机场是指对公众开放的直升机场，降落时不需要事先取得所有人的同意。一般为政府和公司所有。

内部直升机场是指专供所有人或经所有人许可的人使用的直升机场，大多数内部直升机场为个人或公司所有。如医院的直升机场和公安局的直升机场等。

私人直升机场是指任何所有人专用的直升机场，私人直升机场由个人或公司所有。

2. 按直升机场的设置位置

直升机场按其设置的位置可分为地面直升机场和高架直升机场。高架直升机场一般都是私人或内部使用直升机场，其私密性好，进一离通道比较方便。

二、城市水路交通运输系统

城市水路交通运输系统有海洋交通运输和内河交通运输两大类。水路交通运输工程分为海港工程和河港工程两大类，包括水上设施和陆上设施。

（一）港口

1. 海港

海港主要设置在沿海地区（如大连金港）或位于通航河道的入海口、近海河段（如上海市外高桥港区）。

海港的形成一般是带有区域性的，与港口所在的城市有密切的关系，是重要的水陆交通运输枢纽。

2. 河港

河港主要设置在河流沿岸，是内河运输的集散地，也是水陆联运的枢纽。

（二）城市水运工程设施

1. 水上设施

水上设施一般有进港航道、锚地、船舶在港内航行和掉转以及码头前船只靠泊所需的水面、水上导航（灯标等）、水上停泊设施。

## 2. 陆上设施

陆上设施一般有船舶停靠的码头、供旅客上下船和货物装卸及堆存或转载所用的地面、客运站、货运站场、港内交通设施（铁路、道路）以及各种辅助性和服务性的建筑。客运站主要办理旅客上下、行李、包裹收发和邮件的装卸。

客运站按所在城市的地位、旅客集聚量、航线特征可分为三级（表4-2）。

**客运站分级表** 表4-2

| 客运站分级 | 城市地位 | 航线特征 | 旅客集聚量（昼夜） |
|---|---|---|---|
| 一等站 | 省会或省内主要城市 | 远程 | 1500以上 |
| 二等站 | 地区、省辖市 | 近远程 | 500~1500 |
| 三等站 | 县、县以下乡镇 | 近程 | 500以下 |

## 三、城市轨道交通系统

轨道交通系统就是利用各种轨道来输送旅客或货物的交通运输系统。目前，各国对于轨道交通系统的分类有一些概念上的差异，这些差异是因为人们对轨道交通系统技术经济参数的认识不同而引起的。城市轨道交通系统应包含铁路、地铁、轻轨、有轨电车等系统。

### （一）铁路系统

#### 1. 线路等级

铁路线路一般可分为干线铁路、支线铁路和专用线铁路三类。

干线铁路为组成全国铁路网的线路。支线铁路为具有地方性质的线路。专用线铁路为工矿企业、仓库、码头、机场的专用铁路。

根据线路在铁路网中的地位、性质和远期的客货运量，划分等级如表4-3所示。

**线路等级划分表** 表4-3

| 线路等级 | 在铁路网中的作用 |
|---|---|
| 一 | 起骨干作用 |
| 二 | 起骨干作用或铁路网中起联络、辅助作用 |
| 三 | 区域服务，具有地区运输性质 |

#### 2. 铁路设施

铁路设施在城市中主要有客运站、货运站、编组站以及车辆维修设施等。

（1）城市铁路客运站按旅客最高聚集量划分为特大型、大型、中型、小型四级（表4-4）。

**铁路客运站规模分级表** 表4-4

| 旅客站规模 | 特大型 | 大型 | 中型 | 小型 |
|---|---|---|---|---|
| 旅客最高聚集人数 | 10000~20000人 | 2000~10000人 | 600~2000人 | 50~600人 |

（2）货运站根据作业量、货物品类和作业性质可分为综合性货场和专业性货场。货场根据地理位置又可分为陆铁联运货场和水陆铁联运货场。专业性货场一般有危险货物货场、散堆装货物货场、液体货物货场、集装箱货场和零担货场。

（3）编组站根据其在路网中的位置和作用可分为路网性编组站、区域性编组站和地方性编组站，一般路网性编组站可分为大、中型编组站，区域性编组站可分为中、小型编组站，而地方性编组站则为小型编组站。

（二）城市轨道交通类型

当前城市轨道交通通常有地铁、轻轨、自动导向系统、单轨铁路、市郊铁路、橡胶轮胎铁路等基本类型。

1. 地铁

地铁是运行在全封闭的地下隧道内，或根据城市的具体条件，运行在地面或高架专用线路上，用于大城市城区、商业中心区（CBD）客运服务的大运量快速轨道交通系统。

2. 轻轨

轻轨交通（Light Rail Transit，简称 LRT）：是在有轨电车基础上发展起来的运行在专用行车道上的中运量城市轨道交通系统。

一般地，轻轨要求有至少 40% 的股道与道路完全隔离，以避免拥挤，这也是它不同于有轨电车之处。

3. 自动导向系统

自动导向系统（Automatic Guideway Transit，简称 AGT）：是一种通过非驱动的专用轨道引导列车运行的轨道交通。

4. 单轨铁路

单轨交通（Monorail）：是运行在专用轨道梁上的中运量轨道交通系统，有跨座式和悬垂式两种形式。单轨铁路一般使用道路上部空间，故土地占用较少。大多数单轨系统采用橡胶轮胎，可以适应急弯及大坡度，对复杂地形有较好的适应性，从而减少拆迁量。

5. 市郊铁路系统

市郊铁路（Rural Rail，美国也称 Commuter Rail）：是运行在城市中心与市郊及卫星城、市郊与市郊、市郊与新建城镇之间，以地面专用线路为主，一般与国家干线铁路相接的大运量快速轨道交通系统。

6. 橡胶轮胎铁路

除了上述的基于钢轮钢轨的铁路系统外，现代城市交通中，还有一种采用轮胎车辆的铁路系统，即橡胶轮胎铁路。在橡胶轮胎铁路中，线路可以采用钢轨，也可采用混凝土路面。

（三）城市轨道交通系统构成

城市轨道交通工程设施主要有车站、车辆段（含停车场）、线路以及通信、信号、供电等设施。

1. 车站

根据车站远期预测高峰小时客流量和车站所处的地理位置，我国城市轨道交通车站一般可分为小型站、中型站、大型站、特大型站；按结构形式可分为地面站、高架站和地下站；根据运营性质，也可分为中间站、换乘站、中间折返站和尽端折返站；按站台形式，也可分为岛式站台、侧式站台和岛侧混合站台，如图4-1所示。

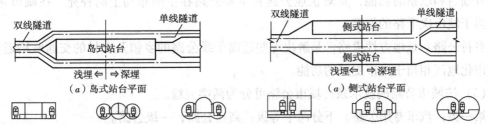

图4-1 不同形式的站台

2. 车辆段

车辆段是城市轨道交通车辆停车、车辆及设备综合维修的基地，是城市轨道交通重要的组成部分。

3. 线路

城市轨道线路分正线、支线、辅助线和车场线。正线是贯通各车站的主线；支线是正线引出的分流营业线；辅助线是车站内正（支）线以外的停车线、渡线进出线。折返线、两条正线间的联络线及车场；车场线是车场内供车辆停放、清洁、检修、试车和调车作业的线路。

4. 轨道与路基

轨道根据其形式不同可分为地面轨道、桥上轨道和隧道内轨道。

5. 车辆

城市轨道车辆与铁路机动车辆基本相同，是一种电动车组，是电力机车和客车的结合。

**四、城市道路交通系统**

城市道路交通系统包括公路和城市道路两大部分。

（一）公路

公路是主要联系城市与城市、城市与农村之间的交通线路。

（1）按城市公路在交通运输中所起的作用可分为国道、省道、市道、县道、乡道、村道。

（2）按城市公路在公路网中的地位可分为快速公路、主要公路、一般公路、乡村公路。

快速公路：是城市的骨架，是连接城市及各区县的快速通道，具有容量大、行车速度快的特点，主要作用是承担过境交通，为汽车专用路。在城市化地区具有城市快速路的功能。

主要公路：主要承担长距离的客货运交通，在城市化地区相当于城市主干路标准。

一般公路：主要为农村地区各主要集镇间交通服务，少数与外省市衔接的公路也具备对外辐射和联系的功能，是对快速公路和主要公路在空间布局上的补充。在城市化地区相当于城市次干路的标准。

乡村公路：是地方性道路，是解决那些远离干线公路的乡镇及农村的交通联络通道，在城市化地区相当于城市支路的功能。

(3) 按城市公路的技术条件城市公路可分为两类五级。

第一类：汽车专用公路。下分两个等级：高速公路；一级公路。

第二类：一般公路，即汽车与拖拉机及非机动车等混合行驶的公路。下分三个等级：二级公路；三级公路；四级公路。

(二) 城市道路

城市道路通常分为快速路、主干路、次干路和支路。

根据城市规模的大小，城市道路可分为四级、三级或二级。大城市一般分为四级，即：快速路、主干路、次干路和支路；中等城市一般分为三级，即：主干路、次干路和支路；小城市一般分为二级，即：干路和支路。

快速路主要承担大区域的交通，为城市中大量、长距离、快速交通服务；主干路主要连接城市中各主要分区，以交通功能为主；次干路是与主干路结合组成道路网，完善干路网级配，起集散交通作用，兼有服务功能；支路为次干路与街区内道路的连接线，解决局部地区交通，以服务功能为主。

## 第二节　城市交通设施空间布局要求

一、城市航空设施布局要求

为了充分发挥航空运输在城市对外交通中的作用，在进行城市规划时应充分研究以下几个主要问题：合理确定机场与城市的位置关系和选定机场用地；解决城市与机场之间的交通联系，规定邻近机场地区的建筑（构筑）物的建筑限界。

(一) 机场的用地要求

(1) 机场用地应当平坦，最好不需进行大量的土石方填挖工程，即可使场地的坡度符合飞机安全起飞、降落的要求。同时，场地坡度还应满足排水的需要。应有足够的用地面积满足机场设置的需要。此外，在净空区域内应不存在妨碍飞机起飞降落的障碍物，或仅有极少量需要拆除的障碍物。

(2) 有良好的工程地质和水文地质条件，机场不应选在矿藏和滑坡及洪水淹没区。

（3）为保证飞机能安全地起飞和降落，机场场地应比周围地区略高一些，不应选择在低洼地带。

（4）有扩大的备用地。同时，应尽量节约用地，少占良田。

（5）有一定的地面运输条件。

（二）机场与城市的关系

在城市中选择机场位置时，除应满足机场本身的技术要求外，还应考虑机场周围地区的使用情况、机场与城市的距离等因素。

1. 机场周围地区的使用情况

一个机场的活动，特别是飞机起飞、降落时发出的航空噪声，对机场邻近地区的干扰很大，尤其是近代喷气式巨型客机，对城市的干扰更大。因此，在选择机场场址时，应充分分析研究机场邻近地区现在和将来土地的使用情况，以免机场与邻近地区发生矛盾。

2. 与其他机场的关系

由于航空事业的发展，一个城市中可能设有几个机场。国外一些大城市如纽约、巴黎、伦敦、莫斯科等的民航机场就有3~4个。国内一些大城市中也布置有若干不同性质的机场，如民用、军用、专业机场等。因此，在选择新机场或扩建机场增加跑道时，必须考虑与其他机场的关系，防止在一个机场上着陆的飞机干扰其他机场上飞机的活动。如果两个机场之间的距离相隔太近，它们之间相互妨碍的程度很大，以致两个机场的容量比一个机场的容量还小。所以，在选择机场时，必须保证机场与机场之间有足够的距离。

此外，还应考虑机场的大气条件、机场与城市之间联系的交通条件、机场周围障碍物情况、供水、供电、燃料运输、公用设施条件以及机场建设费用是否经济和有无发展余地等。

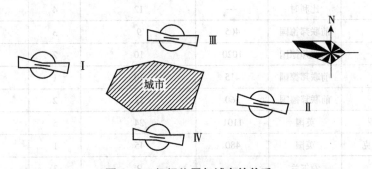

图4-2 机场位置与城市的关系

Ⅰ—方案不便于降落；Ⅱ—方案不便于起飞；Ⅲ、Ⅳ—方案位置较好

综上所述，为了保证飞行安全和城市人民生活、学习、工作的安宁，飞机起飞、着陆时均不应穿越城市的上空。因此，机场在城市中的位置应设在城市主导风向的两侧为好。当机场位置只能设在城市主导风向的上、下风向时，则要求机场应远离城市，使飞

机起飞、着陆时的低空飞行阶段不直接在城市上空为宜。

3. 机场与城市间的距离

就机场本身的使用和建设的要求，机场宜远离城市，这样既容易选址，又能避开城市对飞行的影响，保证机场的净空要求。此外，为了减少飞行对城市的干扰，亦应远离城市为佳。但从机场为城市服务的要求而言，机场与城市的距离愈近愈好。所以选择机场时，应恰当地处理上述几方面的矛盾，使其既能保证机场本身的要求和满足城市人民的安宁，又能很方便地为城市服务。同时，机场的位置亦不要妨碍城市的发展。这些是确定机场与城市之间距离的基本出发点。

机场与城市之间的距离，一般距城市边缘（应考虑城市今后的发展）约10km左右为宜。但距离的大小还与城市和机场之间的交通联系方式有关。从表4-5所列的城市机场资料分析，机场与城市之间的距离分布情况是：10km以内的占14%，10~20km的占40%，20~30km的占18%，30~50km的占13%，50km以上的占4%。多数机场布置在距城市10~30km的范围以内。

为了充分发挥航空交通快速、节省旅途时间的优点，从城市到机场（或从机场到城市）途中花费的交通时间以控制在30min以内为宜。目前国内外航空交通中特别注意解决城市与机场之间的交通联系，否则将会影响航空交通运输的发展。机场与城市之间的交通联系，一般采用以下几种方式：设专用道路、高速列车（包括悬挂单轨车）、专用铁路、地下铁道和直升飞机等。一般认为用汽车交通作为解决机场与城市之间的交通联系，是最方便的。但是当客运量很大时，还需采用大型高效能的交通工具来综合解决。

部分城市机场资料　　　　　　　　　表4-5

| 机场名称 | 国名 | 面积（km²） | 离市中心距离（km） | 跑道数目 | 主跑道/尺寸（m） |
| --- | --- | --- | --- | --- | --- |
| 北京首都机场 | 中国 | — | 45 | 2 | 3800×60 |
| 布鲁塞尔 | 比利时 | — | 12 | 4 | 3640×45 |
| 杜塞尔多夫 | 前联邦德国 | 405 | 9 | 3 | 3000×45 |
| 法兰克福 | 前联邦德国 | 1020 | 10 | 2 | 3800×45 |
| 慕尼黑 | 前联邦德国 | 415 | 10 | 1 | 2800×60 |
| 汉堡 | 前联邦德国 | 360 | 12 | 2 | 3200×60 |
| 伦敦　希思罗 | 英国 | 1101 | 24 | 5 | 3900×90 |
| 伦敦　盖特威克 | 英国 | 480 | 45 | 1 | 2760×45 |
| 都柏林 | 爱尔兰 | — | 9 | 3 | 2130×— |
| 巴黎　奥利 | 法国 | 1600 | 14 | 3 | 3320×60 |
| 巴黎　布尔歇 | 法国 | 600 | 13 | 2 | 3000×45 |
| 巴黎　戴高乐 | 法国 | 2995 | 24 | 4 | 3600×45 |
| 维也纳 | 奥地利 | — | 18 | — | 2960×60 |

续表

| 机场名称 | 国名 | 面积（km²） | 离市中心距离（km） | 跑道数目 | 主跑道/尺寸（m） |
|---|---|---|---|---|---|
| 苏黎世 | 瑞士 | 475 | 12 | 3 | 2700×60 |
| 日内瓦 | 瑞士 | — | 4 | 1 | 3900×50 |
| 阿姆斯特丹 | 荷兰 | 1700 | 12 | 5 | 3450×60 |
| 米兰 利纳特 | 意大利 | 316 | 7 | 2 | 2200×60 |
| 罗马 菲乌米齐诺 | 意大利 | 1600 | 30 | 3 | 3900×60 |
| 哥本哈根 | 丹麦 | 680 | 8 | 3 | 3350×80 |
| 赫尔辛基 | 芬兰 | — | 19 | 2 | 3200×— |
| 里斯本 | 葡萄牙 | — | 7 | 2 | 3800×— |
| 奥斯陆 | 挪威 | — | 8 | 1 | 2550×— |
| 斯德哥尔摩阿尔兰达 | 瑞典 | — | 38 | 2 | 3300×— |
| 雅典 | 希腊 | — | 15 | 2 | 3200×— |
| 悉尼 | 澳大利亚 | — | 11 | 2 | 3960×— |
| 伊斯坦布尔 | 土耳其 | — | 24 | 1 | 2300×— |
| 贝鲁特 | 黎巴嫩 | — | 16 | 2 | 3250×— |
| 曼谷 国际 | 泰国 | 800 | 18 | 2 | 3200×60 |
| 香港 | 中国 | 610 | 8 | 1 | 540×60 |
| 蒙特利尔 | 加拿大 | 1496 | 53 | 3（6） | 3350×60（3060×60） |
| 多伦多 | 加拿大 | — | 29 | — | — |
| 亚特兰大 | 美国 | — | 13 | 4 | 3230×60 |
| 波士顿 洛根 | 美国 | — | 5 | 2 | 3050×60 |
| 芝加哥 奥海尔 | 美国 | 2833 | 36 | 6 | 3530×60 |
| 达拉斯/沃斯堡 | 美国 | 7300 | 24 | 3（6） | 3480×60 |
| 达拉斯/勒菲尔德 | 美国 | — | 10 | — | — |
| 丹佛 | 美国 | — | 8 | 2 | 3050×60 |
| 底特律 韦恩城 | 美国 | — | 35 | 3 | 3200×60 |
| 夏威夷檀香山 | 美国 | — | 8 | 3 | 3770×60 |
| 休斯顿国际 | 美国 | 2832 | 40 | 2 | 2820×—（3600×—） |
| 堪萨斯城国际 | 美国 | 2050 | 2 | 2 | 3300×45 |
| 洛杉矶国际 | 美国 | 1200 | 16 | 4 | 3660×45 |
| 迈阿密国际 | 美国 | 1165 | 11 | 3 | 3200×— |
| 纽约 肯尼迪 | 美国 | 2050 | 24 | 5 | 4450×45 |
| 纽约 拉瓜迪亚 | 美国 | 233 | 15 | 4 | 1830×45（1830×40） |

续表

| 机场名称 | 国名 | 面积（km²） | 离市中心距离（km） | 跑道数目 | 主跑道/尺寸（m） |
|---|---|---|---|---|---|
| 纽约 纽瓦克 | 美国 | 970 | 21 | 3 | 3000×60 |
| 费城 国际 | 美国 | 688 | 13 | 2 | 3000×60 |
| 旧金山国际 | 美国 | 900 | 21 | 4 | 3230×60 |
| 西雅图塔科马 | 美国 | 886 | 22 | 2 | 3600×— |
| 坦帕 | 美国 | 1414 | 8 | 3 | 2650×—（3600×—） |
| 华盛顿 杜勒斯 | 美国 | 4046 | 43 | 3 | 3500×45 |
| 华盛顿国家 | 美国 | 348 | 7 | 4 | 2100×60 |
| 安克雷齐国际 | 美国 | — | 11 | | 3230×— |
| 马赛 | 法国 | — | 27 | | 3000×— |
| 东京 羽田 | 日本 | 407 | 19 | 3 | 3150×60 |
| 东京 成田 | 日本 | 1065 | 66 | 1（3） | 4000×60 |

注：表中"（）"内之数为未来之数据。

### （三）直升机场

#### 1. 直升机场选址

直升机场选址应考虑噪声对城市居民的影响，其进—离场航道宜布置在人口较少的地区或已有较大背景噪声及容许有较大噪声的地区。

直升机场场址应避开公共设施密集的地区，其进—离场航道上不能有建筑物影响直升飞机进出直升机场，保持航道始终通畅。

直升机场宜与邻近主干道直接相通，这样能减少旅客在地面上出入机场可能发生的问题。

直升机场宜与城市交通枢纽相沟通，解决旅客的交通换乘问题。

直升机场最好能与城市高速公路相邻，这样能利用城市高速公路来解决噪声问题和进—离场航道问题。

直升机场的选址要考虑使用人，因此，在条件和环境允许的情况下，尽可能靠近使用人的实际始发地和目的地。

直升机场可选在地面上的汽车停车场内，也可以选在建筑物的屋顶上或废弃的码头上。通常高架的或水上的机场比地面机场更有利，它能控制人流出入，并且进—离场航道较容易达到无阻要求。

#### 2. 直升机场平面布置

直升机场的平面布置主要取决于所使用的直升飞机的性能以及所需的辅助设施。直升机场一般至少要有一起落场、一外围区及一进—离场航道。起落场可依地形设计成各种形状，但一般直升机场的外形为正方形、长方形和圆形。直升机场的主要尺寸如表4-6所示。

直升机场主要尺寸    表4-6

| 设计项目 | 直升机场类别 | | 附注 |
|---|---|---|---|
| | 公共 | 内部及私人 | |
| | 尺寸 | | |
| 起落场（长、宽、直径） | 1.5×直升机全长 | | 考虑将来使用较大直升飞机的可能性 |
| 着陆坪（长、宽、直径） | 1.0×旋翼直径 | | |
| 地面式最小尺寸（长、宽、直径） | 2.0×轮距<br>2.0×橇距 | 1.5×轮距<br>1.5×橇距 | 高架着陆坪尺寸小于1.5倍旋翼直径，直升飞机的操作会由于旋翼下洗地面效应之损失而有所困难 |
| 高架式最小尺寸（长、宽、直径） | 1.0×旋翼直径<br>1.0×旋翼直径 | 1.5×轮距<br>1.5×橇距 | |
| 外围区建议宽度或最小宽度 | 1/4直升飞机全长，最小3m | | 外围区是起落场四周的无障碍区 |
| 滑行道宽度 | 可变，最小6m | | |
| 停机场（长、宽、直径） | 1.0×直升飞机全长 | | 停机场应在外围区以外 |

## 二、城市水运设施布局要求

水路运输具有运输量大、运费低廉、投资少等特点，在交通运输中起着重要的作用。由于江河不仅提供了优越的运输条件，并为工业、农业和居民生活提供了水源。一些有水运条件的国家，常把运输量大、用水多的工厂沿河修建，建设工业港，甚至开挖运河引向已有工矿区。近年来，我国内河以及海洋运输均有发展，且随着国际贸易的发展，远洋运输发展更快。

港口是水陆运输的枢纽，在整个运输事业中占有十分重要的地位。正确选择港口位置，建设和改造港口，合理布置各项设施，是发展水路运输的必要前提，也是港口城市总体规划中一项重要的工作。

（一）港口在城市中的位置

港口是所在城市的一个重要组成部分。在城市总体规划中需要全面综合考虑，城市规划部门要与航运部门密切配合，全面分析，合理地部署港口及其各种辅助设施在城市中的位置，妥善解决港口与城市其他组成部分的联系。只有在港口位置首先确定后，组成城市的其他各项要素，才能合理地进行规划与布置。

港口为水陆联运枢纽，涉及面广，应根据港口生产上的要求及其发展需要、河道或者海岸特征（地形、地质、水文条件）、与陆路交通衔接等要求，从政治、经济、技术上全面比较后再行选定。

港址选择的基本要求如下：

（1）港口位置选择应与城市总体规划布局相互协调，既要满足港口在技术上的要求，也要符合城市发展的整体利益，合理地解决港口与居住区、工业区的矛盾，并使它们有机地统一起来，尽量避免将来可能产生的港口与城市建设的矛盾。此外，为了港口的发展，须保留一定的岸线和陆域。

（2）水域条件是选址中的一个重要因素。

河港址选择要研究所在河段的河势情况，应选在地质条件较好、河床稳定、冲淤变化小、水流平顺、有较宽水域和足够的水深供船舶周转、停泊的河段，而不宜选在天然矶头或河岸凸嘴附近易发生冲淤的地方。

对于海港来说，要满足船舶能安全和方便地进出港口，在港内水域及航道中安全运转航行；进港航道有足够的水深且能保持稳定，并尽量不受泥沙回淤的影响；港口水域要有防护，使不受波浪、水流或淤泥的影响；有方便的船舶停泊锚地和水上装卸作业锚地。

（3）港址应尽量避开水上贮木场、桥梁、闸坝及其他重要的水上构筑物或贮存危险品的建筑物。

（4）港址应有足够的岸线长度和一定的陆域面积供布置生产及辅助设施之用，便于与铁路、公路、城市道路相连接，并有方便的水、电、建筑材料等供应。

（5）港区内不得跨越架空电线和埋设水下电缆，两者应在距港区至少100m处，并设置信号标志。

（二）岸线分配

岸线地处整个城市的前沿，分配使用合理与否，是关系到城市全局的大问题。港口由于岸线轮廓、陆域尺度的限制，现有建筑物的分布，主要货主的位置以及其他历史因素，往往使港区布局较为分散，岸线延伸较长。在城市中，规划、分配岸线时，应遵循"深水深用，浅水浅用，避免干扰，各得其所"的原则，将有条件建设港口的岸线留作港口建设区，但城市的岸线不宜全部为港口占用，应留出一定长度的岸线供城市绿化等用。

港区各作业区的布置，要以满足生产要求为前提，注意避免各作业区之间的相互干扰，与城市其他各项建设密切配合。岸线一般布置原则：

（1）为城市居民服务的快慢件货运作业区和客运码头，要接近城市中心地区，并和市中心、铁路车站、汽车站有便捷的交通联系。

（2）为城市服务的货运作业区应布置在居住区的外围，接近城市仓库区，并与生产消费地点保持最短的运输距离，以免增加不必要的往返运输和装卸作业。

（3）中转联运作业区，应布置在市区范围外，与城市对外交通有良好的联系，便于铁路接轨（进线），布置调车站场，并最大限度地减少对城市的干扰。

（三）港口与城市生活居住区的关系。

有些城市位于河流一侧；有些城市河流从城市中蜿蜒而过，把城市用地分割为若干部分；也有些城市临近天然湖面。城市与自然水面相结合，给城市增添了开朗壮观的景色。

在海港城市中，海岸线处于整个城市的前沿，它的分配和使用，关系到城市全局的问题。

但在许多旧城市中，港口与生活居住区的位置，往往在历史上已形成不合理的布局，在城市中心岸线上，集中了大量的港口建筑物和构筑物、仓库、各种各样的码头，以致使城市同水面隔开。为了给居民创造良好的生活环境，港区应在生活居住区的下游下风，以免对生活居住区造成干扰，也可减少繁忙的城市交通对港区的影响。沿河两岸发展的城市，还应注意使沿河两边有欣赏城市景色的可能，即留出一定范围的岸线辟为居民文化生活活动用地。改造港口城市时，在可能的条件下，应整顿港口建筑物，把某些部分沿岸地带辟作居民文化生活与休息的场所。有沿江道的城市，码头到仓库间可修建隧道，以减少沿江道的城市交通与港口运输交叉干扰。

（四）港口与工业布局的关系

沿江靠河的城市，较易解决水运交通和用水问题，给工业发展带来有利条件。城市的工业布点，应充分利用这些有利条件，把货运量大的工厂，如钢铁厂、水泥厂、炼油厂等，尽可能靠近通航河道设置，并规划好专用码头。以江河为水源的工厂、供城市生活用水的水厂，取水构筑物的位置应符合有关规定设置。港区污水的排放，应考虑环境保护要求，不可将不符合排放标准的废水直接排入河中，以免影响环境卫生，污染水源。

某些必须设置在港口城市的工业，如造船厂，则须有一定水深的岸线及足够的水域和陆域面积，应合理安排船厂位置和港口作业区，以免相互干扰。

（五）水陆联运关系

港口是水陆联运的枢纽，大量旅客集散、车船换装或过驳作业都集中于此，是城市对外交通和城市道路网中重要的一环。在规划设计中，要妥善安排水陆联运和水水联运。

在水陆联运问题上，经常给城市布局带来的困难，是通往港口的铁路专用线往往分割城市。铁路、港口码头布置的好坏，直接关系到港区货物联运、装卸作业速度以及港口经营费用的大小等。铁路专用线伸入港区的布置一般有沿岸线布置（铁路专用线从城市外围插入港区）、绕过城市边缘延伸到港区以及穿越城市三种形式。前两种较好，后一种应尽量避免。

当货物需通过道路转运时，港区道路出入口位置应符合城市道路网规划要求，避免把出入口开在城市生活性道路上。

沿河两岸和河网地区建设的城市，还应注意两岸的交通联系和驳岸规划（蓝线规划）。桥梁的位置、高度、过江隧道位置、出入口、轮渡、车渡等位置，除应与城市道路网相衔接外，还要与航道规划统筹考虑，使之既能满足航运的要求，又方便市内的交通联系。过江电缆等水下工程设施的位置也应统一规划，集中设置，以减少对水上交通的干扰。

### 三、城市轨道交通设施布局要求

（一）铁路交通设施布局要求

在我国现阶段，铁路是沟通全国的运输骨干。城市由于有了方便的铁路运输条件为建设工业企业创造了有利条件，促进了城市生产的发展和城市用地的扩大，另一方面铁路运输部门也必须依靠所在的城市为其创造工作与生活各方面的物质条件。因此，各类车站设备以及不同规模的铁路枢纽常常和各种规模的城市结合在一起。在有铁路通过的城市中，铁路用地已成为城市不可分割的组成部分，特别是铁路枢纽城市，它占了相当大的比重。

但是，在城市发展建设中，经常出现铁路与城市发生矛盾并相互干扰的问题。有不少城市存在着铁路在市区中穿越或绕行的现象，不但给城市交通与居民生活造成很大干扰，同时也对铁路运输作业带来很大影响。主要原因一方面是由于城市的发展和用地的扩大，有些城市是历史形成的，原来的布局已不合理，加之新中国成立后生产发展与大量建设，城市用地扩大了几倍、十几倍，形成严重分割的局面；另一方面是由于缺乏规划或规划不当所造成的，其中不少是新中国成立后新建或发展起来的中小城市。规划不当不但造成铁路在市区穿越或绕行的问题，也会形成铁路远离城市布置。有的城市铁路车站远距市区达四五公里甚至十几公里，铁路与城市联系非常不便，增加了市内交通运输里程，造成了长期性的浪费。铁路是城市对外和对内客、货运既便捷又经济的大型交通运输工具，应尽量减少其对城市的干扰并最大限度地接近城市，以充分发挥其运输效能，为城市生产与生活服务。

1. 铁路设施的分类与布局原则

按铁路设备与城市的关系可分为三类：

第一类，直接与城市工业生产与居民生活有密切联系的铁路设备。如客运站、零担货站、为城市郊区服务的铁路，以及工矿企业、建筑施工基地、室内供应站或仓库等的专用线。

第二类，与城市工业生产和居民生活虽没有直接联系，而是第一类所不可缺少的设备。如正线和客站、货站的进站线、客车整备所、车站间的联络线，在正线、支线及进站线等相互交叉处铁路交叉布置等。

第三类，与城市设施没有联系的铁路技术设备。如编组站、机车车辆修理厂，机务段、消毒站、供直通列车通过用的迂回线、环线及其他线路，铁路仓库和其他的铁路设备等。

在铁路设施布局时，第一类铁路设备与建筑可根据其性质设在市区或市中心地区的边缘，第二类必要时可以放在市区；第三类铁路技术设备，在满足铁路技术要求的前提下，尽可能不设在市区范围内，有些设备（如编组站）希望能离开城市相当距离。

2. 铁路线路在城市中的布局

铁路线路的选线必须综合考虑到铁路的技术标准、运输经济、城市布局、自然条件、农田水利、航道以及国防等各方面的要求，因地制宜，制订具体方案。

1）满足铁路线路的运营技术要求。铁路线路除了应按照级别满足其定线技术要求外，还应做到运行距离短、运输成本低、建筑里程少和工程造价省。

2）解决铁路与城市的相互干扰。无论是把铁路布置得接近市中心，或布置在城市市区边缘，对城市都不可避免地或多或少产生一些干扰，如噪声、烟气污染和阻隔城市交通等。解决铁路与城市相互干扰，必须从铁路规划与技术和城市规划两方面来解决。改进铁路技术方面是很重要的，如采用焊接长轨，既加强了铁路上部建筑，又可减轻噪声，近几年来在某些路线上已采用了内燃机车，这样就大大地减少了烟尘，但有害废气的污染仍然存在，比较彻底的办法是使用电力机车，当然近期全部实现是不可能的。另外，还可以从技术上作多方面的改进，以减少或消除在铁路运输作业过程中产生的废气、废水、废渣以及噪声。

为合理地布置铁路线路，减少它们与城市的干扰，一般有下列几方面措施：

（1）铁路线路在城市中布置，应配合城市规划的功能分区，把铁路线路布置在各分区的边缘，使不妨碍分区内部的活动。当铁路在市区穿越时，可在铁路两侧地区内各配置独立完善的生活福利和文化设施，以尽量减少跨越铁路的频繁交通（图4-3）。

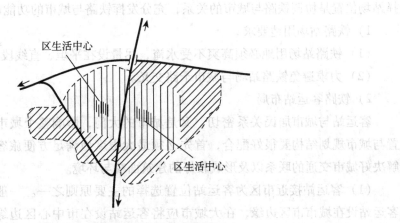

图4-3 铁路布置与城市分区相配合

（2）通过城市铁路线两侧植树绿化，既可减少铁路对城市的噪声干扰，废气污染及保证行车的安全，还可以改善城市小气候与城市面貌。铁路两旁的树木，不宜植成密林，不宜太近路轨，与路轨的距离最好在10m以上，以保证司机和旅客能有开阔的视线。有的城市利用自然地形（如山坡、水面等）作屏蔽，对减少铁路干扰收到良好的效果（图4-4）。

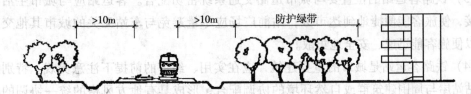

图4-4 铁路在城市中的防护绿带

（3）妥善处理铁路线路与城市道路的矛盾。尽量减少铁路线路与城市道路的交叉，这对于创造迅速、安全的交通条件和经济上有着重要的作用。在进行城市规划与铁路选线时，要综合考虑铁路与城市道路网的关系，使它们密切配合。

（4）减少过境列车车流对城市的干扰，主要是对货物运输量的分流。一般采取保留原有的铁路正线而在穿越市区正线的外围（一般在市区边缘或远离市区）修建迂回线、联络线的办法，以便使与城市无关的直通货流经城市外侧通过。

（5）改造市区原有的铁路线路。对城市与铁路运输相互有严重干扰而又无法利用的线路，必须根据具体情况进行适当的改造。如将市区内严重干扰的线路拆除、外迁或将通过线路、环线改造为尽端线路伸入市区等。

（6）将通过市中心区的铁路线路（包括客运站）建于地下或与地下铁道路网相结合。这是一种完全避免干扰又方便群众的较理想的方式，也有利于备战，但工程艰巨，投资很大。

3. 铁路站场在城市中的布局

车站是铁路运输的主要设备，它们的位置决定了铁路正线在城市的走向和专用线的接轨点，特别是客运站、货运站、编组站等专业车站对城市的影响更大。因此，正确选择站场位置是协调铁路与城市的关系，充分发挥铁路与城市的功能的关键。

1) 铁路站场用地要求

（1）铁路站场用地必须高爽不受水淹，尽量设在平坦、直线段的宽阔处。

（2）力求避免铁路站场与城市干路交叉。

2) 铁路客运站布局

客运站与城市居民关系密切，又是城市的大门，影响整个城市的布局，因此它的布置与城市规划结构要很好配合，首先必须最大限度地满足方便旅客的要求，同时还必须解决好城市交通的联系以及形成较好的建筑面貌与环境。

（1）客运站接近市区为客运站位置选择的主要原则之一。一般讲，在中小城市应将客运站设在城市市区边缘，在大城市应将客运站设在市中心区边缘，从我国多年实践经验来看是适宜的。国外有的城市还将客站设在市中心地下。

（2）车站与市中心的距离往往是衡量客运站是否方便旅客的一个标志。由于城市市区交通运输条件的差别，更确切的标准应该是以时间来衡量。根据一些城市的调查，认为客运站与市中心的距离在 2～3km 以内是较方便的。按照这个距离，在我国一般大中城市，用公共交通工具所花的时间约在 15min 左右，如果步行，可控制在 30～45min 左右。

（3）铁路客运站的位置要与城市道路交通系统密切配合。客运站应与城市生活性干路连接，使旅客能便捷地到达市区；站前广场应尽量避免与车站无关的城市其他交通干扰，以便旅客能迅速、安全地集散。

（4）铁路客运站是城市的重要建筑，应在实用、经济的前提下注意美观。特别应注意车站站屋与周围建筑群或自然环境的协调配合，形成具有地方风格的统一协调的站前空间环境。

3) 铁路货运站布局

城市的货物运输中，除了部分属于单一货主的大宗货物采用专用线直接到发货主单位外，其他货物的运输都必须通过货运站转到货主手中。因此货运站是城市内外运输的衔接点，又是铁路货运的起讫点。它对城市生产和居民生活关系极为密切，对城乡物资交流、互相支援起主要作用。货站位置首先应满足货物运输的经济合理性，即加快装卸速度，缩短运输距离，同时要尽量减少对城市的干扰。

4) 铁路编组站布局

编组站是铁路枢纽的重要组成部分，它虽不直接服务于城市的铁路设备，但由于占地广、对城市干扰大、职工多，因此对城市规划有很大的影响。编组站应设在便于汇集车辆的位置，必须依据车流的性质、方向加以考虑。

（二）城市轨道交通设施布局要求

轨道交通运营线路由区间结构、车站、轨道等共同组成。

1. 路网按线路布置方式的划分

从线路的布置方式划分，路网可分为如下两种基本类型：

（1）各条线路在不同标高的平面上相交，在交叉处采用分离的立体交叉，路网中列车独立运营，不同线路的列车不能互通，乘客必须通过交叉点处的换乘站、中转站才能到达线路上的目的地车站，这类路网称为分离式路网。

（2）各条线路在同一平面交叉，在交叉处用道岔连接，因而各条线路之间可以互通，整个路网上可以像城间铁路那样实行联运，乘客可以直接到达位于另一条线路上的车站，这类路网称为联合式路网。

分离式路网的优点是能确保在安全的条件下最好地组织大频率和高速度的交通，其缺点是必须换乘和路线系统不可能发展。世界上多数大城市的轨道交通线路是按分离式路网修建的，但也有少数城市是按联合式路网修建的，如纽约和伦敦。还有部分城市，如马德里，将这两者组合起来，即在主要线路方向上是相互分离的，而其他线路之间是相互联系的，兼备上述两种路网的优点。

2. 路网形态结构的特征

在路网形态结构中，最常见、最基本的路网形态结构是网格式、无环放射式及有环放射式三种。

（1）网格式路网的各条线路纵横交叉，形成方格网，呈格栅状或棋盘状（图4-5）。网络式路网中的线路走向比较单一，其基本线路关系多为平行与十字形交叉两种，如大阪及墨西哥城的地铁路网就是这种类型。

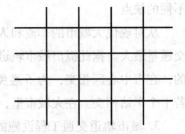

图4-5 网格式路网结构示意图

这种结构的路网线路分布比较均匀，客流吸引范围比例较高；线路按纵横两个走向，多为相互平行或垂直的线路，乘客容易辨别方向；换乘站较多，纵横线路的换乘方便，路网连通性好。

这类路网的缺点，一是线路走向比较单一，对角线方向的出行要绕行，市中心区与郊区之间的出行常需换乘，有时可能要换乘多次；二是平行线路间的换乘比较麻烦，一般要换乘两次或两次以上，当路网密度较小，平行线之间间距较大时，平行线间换乘费时较多。

（2）无环放射式路网是由若干穿过市中心的直径线或从市中心发出的放射线构成的（图4-6）。这种类型的路网可使整个区域至中心点的绕行程度最小，即全市各地至中心点的距离较短，因此其路网中心的可达性很好，市中心与市郊之间的联系非常方便，有利于市中心客流的疏散，也方便了市郊居民到市中心工作、购物和娱乐出行，有助于保证市中心的活力，维持一个强大的市中心。

由于各条线路之间都相互交叉，任意两条线路之间均可实现直接换乘，因此路网连通性很好，路网任意两车站之间最多只需换乘一次。但由于没有环行线，圆周方向的市郊之间缺少直接的轨道交通联系，

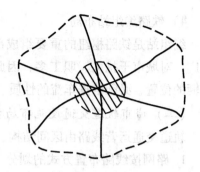

图 4-6　无环放射式路网结构的基本图

市郊之间的居民出行需要经过市中心区的换乘站中转，绕行很长距离，或者需要通过地面道路交通方式来实现，交通联系很不方便。这种不方便程度随着城市规模的扩大而增大。

当三条及以上轨道交通线路在同一点交会时，其换乘站的设计、施工及运营都很困难。这种车站一般会在四层高以上，旅客换乘不便，日常费用也高，同时庞大的客流量也难以疏散。因此，一般将市中心的一点交叉改为在市中心区范围内多点交叉，形成若干 X 字形、三角形线路关系，这样既有利于换乘站的设计与施工，又有利于乘客的集散。

(3) 有环放射式路网由穿越中心区的径向线及环绕市区的环行线共同构成，基本图式如图 4-7 所示。径向线的条数较多，走向多样，但都经过市中心区，在一些轨道交通路网规模不是很大或建设时期较短的城市，如北京、新德里等，环线一般只有一条，而在一些轨道交通路网规模较大、轨道交通发展比较成熟的城市，如莫斯科、东京等，会出现两条或两条以上的轨道交通环线。

有环放射式路网结构是在无环放射式线路网结构的基础上加上环形线形成的，是对无环放射式的改进，因而既具有无环放射式路网的优点，又克服了其周边方向交通联系不便的缺点。

从对现代大城市的车流和人流的分析可以看出，城市辐射方向（相对于市中心）的交通量最大。据此提出城市轨道交通路网的最佳图式如图 4-8 所示。辐射路线是最基本的，在市中心区相交，为了避免中心站超载，各条辐射线的交叉点不集中于一点，而在若干个车站相交。在大城市里，当沿城市边缘地区人口稠密时，应考虑用环形路线。

3. 城市轨道交通工程设施的规划原则

1) 城市轨道交通网络规划原则

(1) 城市轨道交通网络规划应在城市总体规划的基础上，根据远期预测客流量，合理确定其规模与布局。

(2) 城市轨道交通网络规划要与城市道路网及其他交通设施相衔接，充分发挥其交通功能。

(3) 城市轨道交通网络布设应与主导客流方向一致，并尽可能将大客流集散点串联起来，便于乘客直达目的地，减少换乘。

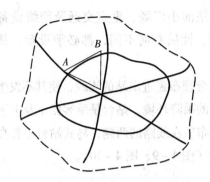 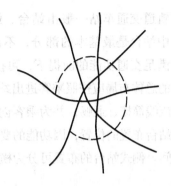

图 4-7 有环放射式路网结构基本图　　图 4-8 城市轨道交通路网的最佳结构图

(4) 城市轨道交通网络规划要与城市的改造、建设结合起来，同时要考虑历史文物的保护。

(5) 城市轨道交通网络规划应尽可能与地下空间开发结合起来，符合城市防灾的要求。

(6) 城市轨道交通网络的规划要保证与铁路的方便联系。

2) 城市轨道交通车站规划原则

(1) 车站应设置在大客流量集散中心和各类交通枢纽点上，同时与城市综合交通网络协调，成为交通换乘中心，有利于最大限度吸引客流，方便乘客使用。

(2) 车站规模应根据该站远期预测客流量计算确定，需满足乘降和疏散的要求。

(3) 车站建筑形式应与城市景观和地面建筑相协调，并符合防火要求。

(4) 车站布置应保证乘客使用方便、安全、畅通和便于管理。

3) 城市轨道交通行车组织规划原则

(1) 列车运行密度与列车编组长度应根据全线高峰小时客流量进行计算确定。全线客流量不均匀时，宜根据客流实际分布状况组织区间运行。

(2) 城市轨道交通正线上引出支线时，可组织支线独立运行。

(3) 城市轨道交通线路的两折返站之间的距离超过 3~5 站时，应在中间车站增设故障列车临时停放线或渡线。

4. 城市轨道交通工程设施规划布局

1) 线路

城市轨道交通规划线路控制宽度应考虑工程实施范围及工程实施影响范围，一般控制宽度为 30m。城市轨道交通规划线路的走向宜结合城市道路，其规划控制线可结合城市道路红线规划一并控制，并应结合地下市政管线的要求。

城市轨道交通线路规划应遵循以下原则：

(1) 城市轨道交通线路位置应与城市规划相协调，与城市主客流方向一致，将散点串联起来。

(2) 根据城市的条件、施工的方法，可采用地下线，地面线应采用专用道形式。

2) 车站

城市轨道交通车站一般由站台、站房、站厅、站前小广场、垂直交通及跨线设备等组成。其中站台是最基本的部分，不论车站的类型、性质有何不同，都必须设置。其余部分，在满足交通功能的前提下，可按需要设置。

车站的总体布局应按照乘客进出站的活动顺序，合理布置进出站的流线，使其不发生干扰，保持流线简捷、通畅，并为乘客创造便捷、舒适的乘降环境。站台是乘客候车及上下车的地方。站台布置的位置，因功能的要求，侧式站台布置在线路的两侧，岛式站台布置在上下行线中间。侧式站台的布置可分为横列和纵列两种（图4-9、图4-10）。

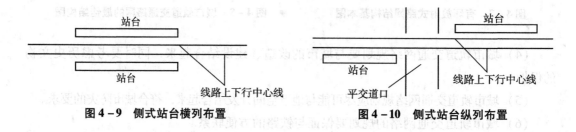

图4-9　侧式站台横列布置　　　　　图4-10　侧式站台纵列布置

在高架站或地下站中，侧式站台应采用横列布置。而地面站，在平交道口，纵列布置有其优越性。站房是根据运营管理工作的需要而设置的各种用房。站厅是乘客进出站台或集散、换乘的一个缓冲空间，与车站的出入口相衔接。站前小广场是车站进出口附近的站前空间，是车站与城市空间相联系的纽带，也是乘客进出车站的缓冲之地。垂直交通及跨线设备是为适应现代化城市立体交通的不同空间层次的车站疏导客流而设置的必要设施。车站设施必须统筹考虑，其布局必须合理、紧凑并节约城市用地，既要满足城市轨道交通的运营功能，又要起到美化城市景观的作用（图4-11）。

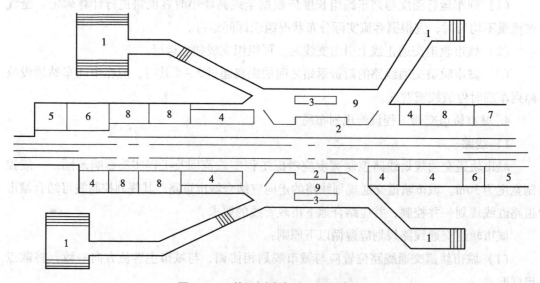

图4-11　单层侧式车站平面示意图

1—地面出入口；2—站台；3—售票处；4—行车用房；5—环控用房；
7—通信信号用房；8—其他设备用房；9—售票厅

3）车辆基地

车辆基地一般由车辆段、综合维修中心、材料总仓库、培训中心等四个独立单位组成。

一般在每条运营线路中应设一个车辆基地，有条件的地方也可两条线合建一处。当运营线路长度超过20km时，可根据运营情况，在适当位置增设一个停车场。

车辆基地选址原则：

（1）用地性质应符合城市总体规划要求。

（2）用地位置应靠近正线，减少车辆出入线长度。

（3）用地面积足够，并具有远期发展余地。

（4）有利于列车迅速进出基地。

（5）有利于铁路线路、电力线路、各种管道的引入和对城市道路的连接。

（6）尽量避开工程地质及水文地质不良地段，有利于降低工程造价。

（7）车辆基地的用地面积在30hm$^2$左右，长度一般为1500m，宽度在200m左右。

## 四、城市道路交通设施布局要求

### （一）公路

**1. 公路与城市的关系**

根据城市建设与管理的经验，公路与城市的关系一般有两种情况，即公路穿越城市或绕过（切线或环线绕过）城市。从使用的实际效果来看，公路宜绕过（切线或环线绕过）城市，绕过城市的距离视城市的规模及公路的等级而定。

1）中小城镇

对于中小城镇，其用地规模较小，客货运输量不大，如系地方公路或交通量不大的公路，可采用沿城镇发展用地的边缘经过。对于交通流量较大的一、二级公路，宜在城镇用地外围一定距离设置，同时应接入城市干路与该城镇取得联系。

2）大中城市

大中城市一般在市郊分布有工业区、集镇、仓储区等，而且城市越大，它与市郊和其他城市联系越多，交通越频繁，形成对外交通枢纽。一般对这类城市，宜在市区边缘设置环形放射式交通干路系统，使过境交通沿环线公路到达另外的目的地，避免穿越城市中心区。

3）特大城市

特大城市用地范围广、车流量大、交通要求高，同时与许多城镇都有密切的联系，一般都设有多个公路环线。

**2. 城市公路网规划**

（1）城市公路网规划要与城市总体布局规划相结合，充分考虑城市的自然地理条件。

（2）城市公路网规划必须与上一级的综合运输通道、公路规划相结合。

（3）城市公路网规划要适应城市经济发展的需要，同时必须考虑相邻城市的经济发展对它的要求。

(4) 城市公路网规划要与城市公路枢纽的总体布局相适应。

(5) 城市公路网规划必须满足交通的需求。

(6) 城市公路网规划要满足国防需要。

3. 公路站场规划

公路站场可分为客运站场和货运站场。

站场位置选择应该遵循以下原则：

(1) 根据客货运输货物区域分布、流量流向构成、货物品种结构、其他运输方式站场（港）的分布、生产性质以及城市交通主干道和对外主要通道的分布等综合因素分析和论证而定。

(2) 结合城市结构、工业布局、居民点的分布，根据客货运输的不同特点，分析客货流生成及其分布规律，采用定量和定性相结合的分析方法以及城市土地使用的可能性来确定各客货运站场的地理位置。

（二）城市道路

1. 城市道路网规划

1) 城市道路网类型及适用范围

城市道路网的类型一般有环形放射式（图4-12）、方格网式（图4-13）、自由式（图4-14）、混合式（图4-15）和组团式（图4-16）五种形式。

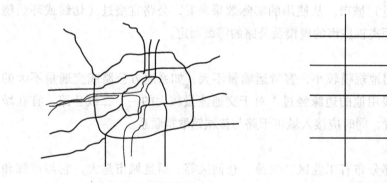

图4-12　环形放射式

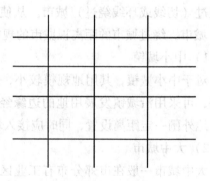

图4-13　方格网式

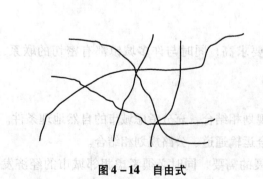

图4-14　自由式

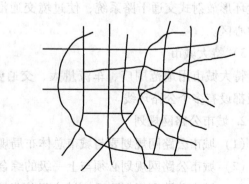

图4-15　混合式

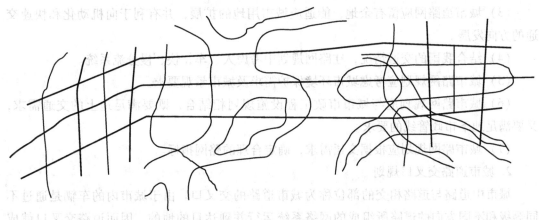

图 4-16 组团式

环形放射式城市道路网便于市中心与外围市区和郊区的直接快速联系，同时对过境交通有很好的分流作用，因此，常用于特大城市的快速道路系统。

方格网式城市道路网有利于建筑物的布置和方向的识别，交通容易分散且灵活，便于交通组织，整个系统的通行能力大，适用于地形平坦的城市，为最基本的道路网类型。

自由式道路网适用于地形起伏变化较大的城市，能与不规则的自然地形相吻合，其缺点是非直线系数较大，常出现不规则的方格、三角或五角形，其通行能力较低。

混合式道路网由上述三种路网类型组成，一般是受历史影响逐步发展而成的。随着城市交通量的递增，城市规模的扩大，有的在旧市区方格网式的基础上再分期修建放射干道和环形干道；有的在新区建设方格网道路，然后，为形成新、旧区一体化，再加环形放射路网，加强联系。一般适用于历史形成的大、中城市。

组团式道路网适用于因河流或其他自然地形相隔，使城市用地分成几个组团的城市。组团式道路系统为多中心系统，其特点是便于分散交通流。

2）道路网规划原则

城市道路系统是城市的骨架，其网络规划是否合理，直接影响到城市的经济发展和居民的生活质量。影响城市道路系统布局的因素，主要是城市的自然地理条件、城市的用地布局、城市对外交通的联系及市内交通体系。因此，城市道路网规划时，必须遵循下列原则：

（1）应根据土地使用、客货交通源和集散点的分布和交通流量流向，结合地形、地物、河流走向、铁路布局和原有道路系统来确定城市路网的形式和布局。河网地区，道路宜平行或垂直于河道布置。山区路网应平行于等高线设置，双向交通道路宜分别设置在不同的标高上。旧城路网改造时，在满足道路交通情况下，应兼顾历史文化、地方特色和原有路网的形成历史，对有历史文化价值的道路应适当加以保护。

（2）在交通规划的基础上，正确处理好城市道路与公路的衔接关系。一般以城市为目的地的到达交通，其线路宜与城市干路直接衔接。对于城市过境交通，为避免其直接穿越城区，宜设置环路。

（3）城市道路网应留有余地，能适应城市用地的扩展，并有利于向机动化和快速交通的方向发展。

（4）结合我国的交通情况，在路网规划中考虑人、车，快、慢分流系统。

（5）城市路网规划应考虑城市环境保护需求及城市景观要求。

（6）城市路网规划应与城市市政工程设施规划相结合，既要满足地上的交通需求，又要满足地下市政管线的要求。

（7）城市路网规划应根据交通需求，确定合理的路网指标。

2. 城市道路交叉口规划

城市中道路与道路相交的部位称为城市道路的交叉口。由于城市内的车辆是通过不同等级和不同方向的道路所组成的网络系统运行并到达目的地的，因而道路交叉口就成为城市交通能否快速畅通的关键部位。

城市道路交叉口分为平面交叉和立体交叉两类。

平面交叉是指各相交道路中心线在同一高度相交的道口。平面交叉的形式决定于道路系统规划、交通量、交通性质和交通组织，以及交叉口用地和其周围建筑的布局。常见的形式有：十字形、X 字形、T 字形、Y 字形、错位交叉和复合交叉等几种。进入交叉口的车辆，由于行驶方向不同，车辆与车辆相交的方式亦不相同。当行车方向互相交叉时可能产生碰撞的地点称为冲突点。当车辆从不同方向驶向同一方向或成锐角相交时可能产生碰撞的地点称为交织点。选择和设计交叉口时，应尽量设法减少冲突点和交织点。交叉口的行车安全和通行能力，在很大程度上决定于交叉口的交通组织。消除冲突点的交通组织有以下几种方式：

（1）环形交叉。在交叉口中央设置圆形或椭圆形交通岛，使进入交叉口的车辆一律绕岛单向逆时针方向行驶。

（2）渠化交通。在交叉口合理布置交通岛，组织车流分道行驶，减少车辆行驶时的相互干扰。

（3）交通管制。在交叉口设置信号灯或由交通警手势指挥，使通过交叉口的直行、左转弯和右转弯的车辆的通行时间错开，即在同一时间内只允许某一方向的车流通过交叉口。

立体交叉是指交叉道路的中心线在不同标高相交时的道路交叉口，其特点是各相交道路上的车流互相不干扰，可以各自保持原有的行车速度通过交叉口。

立体交叉主要由跨路桥、匝道、出入口和变速车道等部分组成。高速或快速路从桥上通过，相交道路从桥下通过的跨路桥称为上跨式，反之，称为下穿式；匝道是为连接两相交道路而设置的互通式交换道，分为单向匝道、双向匝道和设分隔带的双向匝道；出入口的出和入是针对快速道路本身而言的，由快速道路驶出、进入匝道的道口称为出口，由匝道驶出、进入快速道路的道口称为入口；由匝道驶入快速道的车辆需加速，由快速道驶入匝道的车辆需要减速，设置在快速道右侧，用于出入匝道车辆加速或减速使用的附加车道称为变速车道。

根据相交道路上行驶的车辆是否能相互转换，立体交叉又可分为分离式和互通式两种。分离式立体交叉，在交叉处设跨路桥，上下道路之间不设匝道，因此在上、下道路上行驶的车辆不能相互转换。当快速干道与城市次要道路相交时，可采用分离式立交，保证干道交通快速畅通。互通式立体交叉，相交道路上行驶的车辆可以相互转换，在交叉处设置跨路桥，与匝道一起供车辆转换使用。

3. 静态交通设施规划

1）城市停车场（库）的分类

按停车场与道路的关系分，城市停车场可分为路内停车场和路外停车场。从国外的停车情况来看，随着经济的发展，在已有城市中，其城市汽车的拥有量或城市停车需求的增长速度一般都将远远超过城市停车设施的增长，因此，不可避免地将有一部分城市道路在特定的时间内用于城市停车需求。如法国的巴黎、奥地利的维也纳，都有相当多的城市道路在晚上、早晨，甚至白天划出一部分的车道用于城市停车。

按停车使用性质分，城市停车场可分为公共停车场（库）和单位或个人的私有停车场（库）。公共停车场（库）又可分为外来机动车公共停车场（库）、市内机动车公共停车场（库）和自行车公共停车场（库）三类。

2）城市停车场（库）的形式

城市停车场（库）的形式一般有立体式（包括地下）和平面式。立体式城市停车场（库）一般设置在城市较繁华、土地价值较高地区，并且停车时间较长。平面式城市停车场（库）的特点是出入库较容易，在城市中宜分散设置。

3）城市公共停车场（库）的规划指标

城市公共停车场（库）用地总面积可按规划城市人口每人 $0.8\sim1.0m^2$ 计算。

城市公共停车场（库）的规划指标如表 4-7 所示。

城市公共停车场（库）的规划指标　　　　表 4-7

| 项目 | 地区 | 服务半径（m） | 占全部停车位的比例（%） | 用地面积（$m^2$/人） | 停车位（辆/百人） |
|---|---|---|---|---|---|
| 机动车停车 | 市中心区或分区中心区 | 200 | 50~70 | 0.6~0.9 | 2~3 |
| | 一般地区 | 300 | 15~40 | | |
| | 城市对外道路出入口 | | 5~10 | | |
| 非机动车停车 | | 50~100（一般小于200） | | 0.08~0.2 | 5~10 |

4）城市公共停车场（库）的规划原则

（1）城市公共停车场（库）宜根据停车特性及需求来确定停车场车位与形式及停车容量。

（2）城市公共停车场（库）尽可能分散多处布置，应避免停放出入口对着交通干道。

（3）城市公共停车场（库）的分布应符合停车需求的分布强度和交通枢纽集散的衔接。

（4）城市公共停车场（库）的用地，在市中心区宜结合土地发展规划与旧区改造、拆迁的可能性。

5）城市公共停车场（库）的用地取得

一般来说，在市区边缘取得停车场用地较容易，但在市区且按照停车场的建设规划在合适的地区找到适当的用地就比较困难。通常可采用下列方法取得城市公共停车场（库）的用地。

（1）在双休日、法定休假日，将设在政府机关内的停车空间作为一般的停车场对外开放，或将其平面停车场立体化，扩大规模。

（2）趁市区旧城改造之机或规划修编时，重新规划停车场用地。

（3）利用被迁走的公共设施的原址设置停车场。

（4）利用公共用地设置停车场。如很宽的道路、站前广场的地下空间、高架道路或高架铁路的下部空间、公园的地下空间或河川用地。

6）城市公共停车场（库）的布置

城市公共停车场（库）主要有停放场地、车道、出入口等。

停放场地与车辆停放方式有关，一般有平行式、斜列式（与通道成30°、45°、60°角停放）和垂直式。如图4-17～图4-19所示。

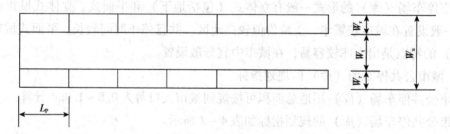

图4-17 平行式

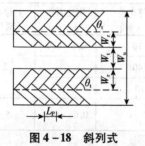

图4-18 斜列式

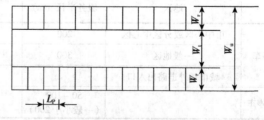

图4-19 垂直式

停车场车道一般来说不但是供车辆行驶用，而且是停车前面的空间，也就是说停车场地与车道相连才能发挥作用，因此，停车场中，车道的布置是很重要的。车道尽量布置成单行道，避免形成死胡同形式。车道的动线必须与停车场的管理体系的动线相适应。

停车场出入口不宜设在主干路上，可设在次干路或支路上并远离交叉口。一般停车场的出入口不应少于2个，其净距宜大于10m；困难条件或停车容量小于50辆时，可设一个出入口,但其进出通道的宽度宜采用9~10m。出入口应有良好的通视条件,并要设置明显的交通标志。

4. 城市公交设施规划

城市公共交通的方式一般有轨道交通(如地铁、轻轨、有轨电车)、常规公共汽电车等。

1)城市公交设施构成

城市公交设施的构成主要有车辆、城市公交线网、城市公交站点、换乘枢纽和场站(包括停车场和保养场)。

2)城市公交线网规划原则

(1)城市公交线网必须综合规划,组成一个整体。

(2)市区线路、郊区线路和对外交通线路,必须紧密衔接,线路间的集散能力应相互协调。

(3)线路网的布局应符合城市规划区内的主要客流流向,并对城市用地的发展具有良好的适应性。

(4)绝大多数乘客步行距离较短,乘车方便。

3)城市公交线路的形式

城市公交线路一般有直径线、半径线、切线或半环线以及环行线。直径线为线路两端在市区边缘,穿过市中心的繁华地区;半径线为一端在市中心,另一端在市区边缘;切线或半环线为连接外围而不通过市中心区;环行线为在市中心外围形成环行线路。

4)城市公交线网的规划指标

城市公交线网的规划指标如表4-8所示。

**城市公交线网的规划指标**　　　　　　　　　　　表4-8

| 内容 | 指标 | |
|---|---|---|
| 城市公交网的网密度 | 市中心区 | 3~4km/km² |
|  | 城市边缘地区 | 2~2.5km/km² |
| 城市公交网的非直线系数 | 小于1.4 | |
| 城市公交线路重复系数 | 1.25~2.5 | |
| 城市公交换乘系数 | 大城市 | 小于1.5 |
|  | 小城市 | 小于1.3 |
| 城市公交线路长度 | 8~12km | |
| 城市公交线路运行时间 | 30~40km | |
| 城市公交网及站点覆盖面积 | 以300m半径 | 大于50%城市用地 |
|  | 以500m半径 | 大于90%城市用地 |
| 城市公交网的平均站距 | 市区线 | 450~550m |
|  | 郊区线 | 800~1000m |

5) 城市公交站点布置

城市公共交通的站点可分为中间站和首末站两种类型。每个站点可以是一条线路专用或几条线路集中布置，以便旅客换乘。几条线路集中布置则形成换乘枢纽。

(1) 城市公交中间站布置

中间站点一般沿城市道路设置。从行车安全和方便乘客的角度出发，中间站点位置一般设在交叉口之前距交叉口 50m 左右。当多条线路共用一处停车站时，在路段上同侧换乘最多不超过 50m，异向换乘最多不超过 100m。同时，在公共汽车停靠时，为不影响其他车辆的通行，有条件的地区应设置港湾式公共交通停靠站。港湾式公共交通停靠站的长度不小于两个停车位的长度，其宽度一般为 2.5~3.0m。

港湾式公共交通停靠站的基本尺寸如图 4-20 所示。

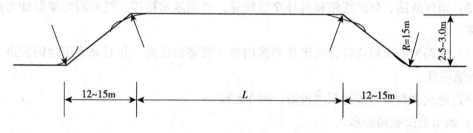

**图 4-20　港湾式公共交通停靠站**

(2) 城市公交首末站布置

城市公交首末站应设置在城市道路以外的用地上。城市公交首末站设施一般有车辆停靠车道、候车带、回车和蓄车的场地与通道以及车辆调度、驾驶员休息室等设施。每条线路的停靠车道长度至少 26~40m，宽度为 3.5m。乘客候车带的宽度不小于 2m。有条件的地方应建造候车廊。

回车场地的大小要考虑车辆的最小转弯半径和回转轨迹，场地的外直径不能小于 20m，通道宽度应在 3.5m 以上。在旧城用地紧张、建筑密集的情况下，可利用街坊回车。

城市公交首末站的用地面积一般在 1000~1400m²。

城市公交首末站的平面布置形式一般有港池式、路边式和尽端式（图 4-21~图 4-23）。

6) 城市公交场站设施规划

城市公交场站设施一般有公交停车场、车辆保养场、整流站、公共交通车辆调度中心等。城市公交场站设施布局，应根据公共交通的车种车辆数、服务半径和所在地区的用地条件设置。

公共交通停车场应大、中、小相结合，分散布置，一般大、中型公共交通停车场宜布置在城市的边缘地区。

公共交通车辆保养场应使高级保养集中、低级保养分散，并与公共交通停车场相结合。其用地指标如表 4-9 所示。

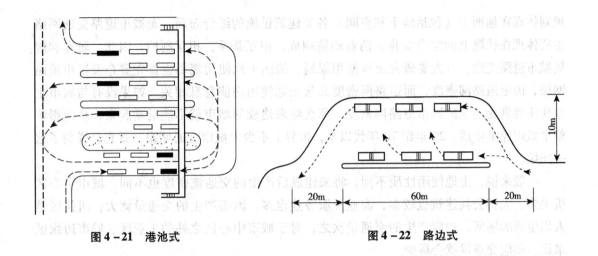

图 4-21 港池式　　　　　图 4-22 路边式

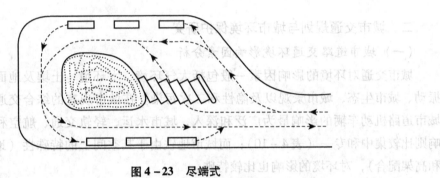

图 4-23 尽端式

电车整流站的服务半径宜为 1~1.5km。一座整流站的用地面积小于 1000m²。

公共交通车辆调度中心的工作半径小于 8km，每处用地面积约 500m²。

保养场用地面积指标　　　　　表 4-9

| 保养场规模（辆） | 每辆车的保养场地用地面积（m²/辆） ||
| --- | --- | --- |
|  | 单节公共汽车和电车 | 铰接式公共汽车和电车 |
| 50 | 220 | 280 |
| 100 | 210 | 270 |
| 200 | 200 | 260 |
| 300 | 190 | 250 |
| 400 | 180 | 230 |

## 第三节　城市交通规划发展动态

一、城市交通规划与城市土地使用开发研究

城市土地使用与城市交通是一个问题的两个方面。从土地使用形态上看，土地使用规划体现在地面上（包括地下和空间）各类建筑设施的综合布局，而城市道路交通网络主要体现在线路上的综合安排，两者相辅相成，相互联系，相互制约。因此，研究和规划城市道路交通，首先要研究土地使用规划，编制土地使用规划也首先要布设城市道路网络，确定道路网密度，而道路网密度又与土地使用功能息息相关。如果没有与城市土地使用规划相适应的城市道路网密度，那么将来建成的城市就不能活动起来，从而影响整个城市经济生活。20 世纪 70 年代以来，世界上不少大城市交通堵塞，就充分说明了这一问题。

一般来说，土地使用性质不同，将来建成后产生的交通流密度也不同：城市中心区机关多，大型公共建筑也较多，商业及服务业也多，因而产生的交通量就大；居住区是人们生活的场所，相应产生的交通量次之；对于城市中心区之外的工业区、城市边缘区来说，相应交通量就会稀少。

二、城市交通规划与城市环境保护研究

（一）城市道路交通环境影响因素分析

城市交通对环境的影响因素一般包括大气环境、水环境、土壤及地面状况、噪声和振动、城市生态、城市景观以及隐性和二次污染。在城市现有的综合交通运输体系中以城市道路机动车辆的影响最为广泛和深入，城市水运、轻轨交通、航空和管道运输的影响则比较集中和专一（表 4 – 10）；而城市地铁由于其空间上的特殊性（地下为主、地面和高架配合），对环境的影响也比较特殊。

各种交通方式对环境影响的分类　　　　　　表 4 – 10

| 环境类别＼交通类别 | 大气环境 | 水环境 | 土壤及地面状况 | 噪声和振动 | 城市生态 | 城市景观 | 隐性（二次）污染 |
|---|---|---|---|---|---|---|---|
| 城市道路 | 有 | 有 | 有 | 有 | 有 | 有 | 有 |
| 水路运输 | 有 | 有 | 无 | 有 | 有 | 无 | 有 |
| 轻轨交通 | 无 | 无 | 有 | 有 | 有 | 有 | 有 |
| 航空运输 | 有 | 无 | 无 | 有 | 无 | 无 | 有 |
| 管道运输 | 无 | 无 | 有 | 无 | 无 | 无 | 有 |

1. 大气污染要素

从表 4 – 10 中我们可以看出：城市道路和航空是大气污染的主要来源，其最根本的来源为燃料的燃烧。以机动车为例，机动车排放源不同部位产生污染物的比例如表 4 – 11 所示。

机动车排放源不同部位产生污染物的比例（%）　　　　表4-11

| 污染物 \ 机动车部位 | CO | HC | NO$_x$ | SO$_2$ | Pb |
|---|---|---|---|---|---|
| 排气管 | 98 | 55 | 96 | 100 | 75 |
| 曲轴箱 | 2 | 25 | 4 | — | — |
| 燃油系统 | 0 | 20 | 0 | — | — |

大气污染的主要要素包括：一氧化碳（CO）、氮氧化物（NO$_x$）、碳氢化合物（HC）、颗粒物、铅（Pb）及二氧化硫（SO$_2$）。

2. 噪声和振动

城市噪声主要来自于交通运输。噪声过大会危害身体健康，使人烦躁不安，干扰睡眠，增加紧迫感，工作中分散注意力。

城市振动往往体现于建筑物的激振。振动的主要来源有航空运输、轻轨及地铁、立交桥等。其传播媒质为大气和土壤。

3. 水环境污染

道路附近的水质会受到来自机动车道上交通流的影响，特别是当装运有害物质的汽车发生事故的时候更为严重。有时，有害物质可能从道路排水系统流入到地下水中，造成饮用水的严重污染。

酸雨也会在一定范围内对水体产生污染。

冬季使用消冰盐可能造成严重的地区性污染，影响了道路附近的植物和水生生物的正常生长。

4. 土壤和地面污染

汽油发动机排放出的无机铅化合物和其他重金属的细小颗粒，可以直接落入土壤，并通过道路附近的植物进入到食物链中。

道路及相应的基础设施占用了大量土地。在道路施工中使用的和拆除道路过程中再产生的某些化学物质，成为污染环境的废物。在永冻地区，公路的修筑可以引起土中温度体系的改变，导致道路的冻融、变软和沉降。

废弃的汽车产生大量的废物，如金属、塑料、轮胎、碳氢化合物、机油等，与交通运输过程中产生的垃圾一起成为地面垃圾污染的重要来源。

5. 城市生态

随着城市规模的不断扩大，城市道路交通和铁路建设一方面将占用大量农田和森林，使得城市已失衡的生态结构（合理的生态结构为金字塔形，城市生态结构则为倒金字塔形）更加恶化；另一方面交通设施的建设土方量大，很易造成水土的流失，且难以恢复。

城市交通排放出的氮氧化物作为一种有机肥料，会导致野生植物数量的猛增；且会造成水环境的富营养化，使水质下降，生物大量缺氧死亡，从而打破生态系统的平衡。

此外，由于城市道路网的密集及城郊铁路和道路的延伸，使城区的公园被紧缩；使城郊的自然风景区和保护区产生人为的地域隔断和环境污染，从而使城市生态环境受到严重干扰，造成许多植被灭绝、鸟类和动物迁移。

当前快速的生活节奏和密集的人口密度使得人们需要一个放松和调节的场所，城市的生态环境就提供了这样一个氛围让人们回归自然。这一点已为世界各国所共识，世界发展组织已将城市生态环境质量作为评定城市发展水平的关键要素之一。可以说，保护城市生态环境是城市可持续发展的重要举措，人类对环境的利用，必须在注意经济规律的同时，遵循生态规律。

6. 城市景观污染

我国是一个历史悠久的国家，各个城市均具有其独特的历史景观和人文景观；现今我国经济迅速发展，城市化进程逐渐加快。因此，在城市规划中面临着城市景观的继承和发展的任务。城市各种交通方式的规划和建设对城市现有景观的影响有两方面。

一方面是交通设施的建设和运行对现有城市景观（包括历史景观和人文景观）的影响，比如北京市在路网规划时要避免穿过历史景观保护区，且要配合旧城改造进行规划，此外在历史景点沿线要进行交通流量的管制，比如与洛阳龙门石窟齐名的煤都山西省大同市的云冈石窟由于受临近100m的煤炭运输国道的煤尘影响成为黑佛的事件，损失就不可估量。

另一方面则是交通设施本身应当合理规划，使其成为城市新的景观和现代化的标志，其中比较关键的是综合路网规划应与城市规划相配合，且要注意合理使用立交和高架形式。

7. 隐性污染和二次污染

城市交通的隐性污染主要体现为交通对电力的利用与消耗。电力资源是一种相对比较清洁的能源形式，在西方各大城市中普遍使用，其运行的排污量和噪声污染均相对较低。在城市交通中电力主要用于地铁、轻轨、有轨电车和无轨电车等公共交通方式，这符合我国城市中加大公共交通比例来解决交通拥挤问题的政策。因此，电力是既解决拥挤又解决环境问题的双重能源形式，应用前景很广。

但是，我们应当看到，我们国家与西方发达国家在使用电力资源方面有着内在的差异：我国电力资源主要来自水电站、火（坑口）电站，北部地区则主要依靠坑口电站、核电站、风力电站的比例比较低；而发达国家则主要以水电、核电、风力电站为主，其能源结构多不是煤炭型，如法国核电比例超过65%。在我国，尤其是北方，可以说煤炭是电力的影子，电力并不是清洁能源，它具有隐性污染。

城市交通的二次污染有酸雨、温室效应、光化学烟雾等，且与一次污染是混杂的，没有明显的界限。就其污染的范围、污染的时段、污染的反应历程可将二次污染进行分类（表4-12）。

二次污染的分类    表 4–12

| 分类 | 二次污染 | |
|---|---|---|
| 污染范围 | 区域性：酸雨、光化学烟雾等 | 全球性：温室效应等 |
| 污染时段 | 短期：土壤污染物随地表径流污染水体等 | 长期：铅沿食物链的传播等 |
| 反应历程 | 转移型：铅的污染等 | 转化型：光化学烟雾、酸雨等 |

城市交通的二次污染由于其污染的隐蔽性和长期性，不易被察觉，而一旦被发现，后果就难以挽回。如现在的酸雨、温室效应、金属在生物体内的沉积以及臭氧层空洞等全球性环境问题的形成就是百年来工业化和城市化的结果。因此我们应当用历史和发展的眼光来看待这些污染问题，解决二次污染的根本性途径就是切断一次污染的发生，不给予二次污染发生的条件。

(二) 城市道路交通环境影响现状分析

(1) 机动车排气污染已成为城市大气污染的主要来源。

我国城市机动车排放形势已相当严峻。同发达国家相比，我国城市机动车污染物排放量相当惊人。在世界十大污染城市中，我国就占了四个，分别是：北京、上海、广州和沈阳。在1997年的联合国城市评估中，我国的北京和上海同时被列为不适合人类居住的城市。根据目前机动车排放水平和未来城市交通增长趋势，如果我国不采取适当措施控制的话，可以预计在不久的将来，城市交通将带来越来越严重的污染，如不采取有效对策进行全面治理，付出的代价将是沉重的。

(2) 我国城市交通环境问题产生的原因。

同国外大城市相比，我国城市的机动车拥有量并不很大，但污染状况却相当严重，从排放的角度说，其原因包括两个方面：一方面由于我国机动车排放控制水平差，机动车单车排放因子很大；另一方面由于城市配套设施建设相对落后，机动车在较差的工况下运行，加重了车辆的排放。除此之外，还有管理和技术等方面的原因。

首先，公共交通比例下降，个体交通迅速发展，使交通供需矛盾"雪上加霜"。最近几年，我国经济迅速发展，居民生活水平不断提高，再加上汽车工业已被列为我国国民经济的支柱产业，各个城市机动车出现了迅猛发展的势头，1985~1994年全国的机动车平均年递增率达15%（不包括摩托车）。其中，小汽车的增长速度最快，预示着小汽车进入家庭的趋势。

其次，我国机动车维护保养状况不容乐观。由于车型、燃料等原因，我国单车尾气和噪声污染远远高于国外汽车。不仅如此，由于我国经济还不发达，受经济利益的驱动，广大车主不按规定维护或淘汰报废车辆，机动车车况差，所造成的废气和噪声污染严重。即使在目前相对宽松的检查维护（I/M）制度的检测标准下，中国各城市I/M检测合格率仍然较低。重庆、上海、广州路检合格率均低于50%。这说明中国的车辆缺少维修保养，机动车排放恶化迅速。

再次，交通管理水平不高，交通基础设施的潜力没有充分发挥。

最后，对机动车排污的环保监控力度有待加强。

尽管各个城市的交通污染问题都有其自身特点，但我们还是可以在了解几个城市的交通和污染现状的情况下，对我国城市交通污染问题形成一个总体认识，并为解决交通污染问题提供一些线索。我国城市的交通污染问题已经相当严重，机动车保有量迅速增加的现状与趋势必将使我国城市环境面临更加严峻的考验，这使得我们需要及时吸取我国各大城市发展中在交通环境方面的经验教训，制定相应的对策，以尽快使我国城市走上可持续发展的道路。

（三）解决交通环境问题的对策建议

（1）集成的城市规划、城市土地利用、交通和环境规划。

城市交通的发展依托于城市区域，必然就要求与城市规划、城市土地利用相协调，并以城市环境承载力为约束条件。

（2）建立以大运量、快捷、低污染、低能源消耗的轨道交通和电气化公共交通为核心的城市综合运输体系。

（3）充分发挥自行车在城市综合交通体系中的作用。

（4）采用先进的技术，提高城市交通系统效益，降低能耗和污染。

（5）实施交通需求管理。

（6）积极进行城市交通基础设施的建设。

（7）进行法制建设和环境教育，使人们的法制观念和环境意识得到加强。

### 三、市政公用系统与城市交通的关系研究

市政公用系统是城市总体规划中另一个重要组成部分，也与城市道路网络密切相关。市政公用系统大致分为以下两大类：一是重力流，如雨污水的排放，都是依靠重力而流动的。雨水及经过处理的污水排入河道，这类公用系统多根据地形沿河湖水系布局，而形成管道系统，例如：北京市内有通惠河、凉水河、清河、坝河四个水系。排水管道系统分成四个系统，分别排入以上四个水系；另一类是压力流，以及电流、电信等管线。压力流如供水、供热、煤气等其流体和气体是依靠压力而运行的。这种流体或气体来源于供水厂、集中供热厂、煤气厂（或天然气），流动的液体或气体在管道中可以相互流通，管网呈环形布置，以达到互通有无，提高供应效率，降低工程造价。

由于上述各种市政管线（街坊和小区内部除外）都是随着城市道路系统布设的，因此，道路网布局形式制约着各种管线的布局形式。反之，各种管线的布局形式也影响着道路网的布局形式。在城市规划中，布设城市道路网络，除去主要考虑交通流量因素外，也必须考虑到市政公用事业系统的布设，使两者协调一致，便于城市管理。

城市道路与城市间公路都是为交通服务的，除去它们的共同点之外，城市道路功能大大不同于一般的公路。城市道路两旁都有高的或比较高的房屋建筑，这就要求布设城市道路时既满足工程技术要求，又要与道路两旁的建筑艺术相协调，以体现城市自身风

貌，给人们以美的印象。在城市道路横断面范围内，通常要埋设各种地下管线，布置行道树和街道绿化，安排一些小品建筑，给人们以美的享受。此外，在城市道路两边，还要设置通信和照明设施，设置交通站，以及人行道和过街天桥，以方便人们活动。所有这些功能，在布设城市道路及交通系统时，均应全面研究，合理、恰当布设，以全面体现城市道路的各项功能。

在城市里，有各类地下管线：有的是通过型干管，有的是为街道两边服务的支线或户线，一般都布局在道路横断面内。因此，在规划城市道路横断面时，必须充分考虑各种管线在横断面内的布设问题。对于一般大城市而言，城市生活和专用的管线有以下几种：雨水管、污水管、自来水管、集中供热管道、煤气管道、电力电缆、各种通信电缆。在工业城市里，还有许多工业管道，如氧气管、氢气管、汽油和柴油及重油管道，还有乙烯、液化气管道等。随着城市现代化的发展，服务于城市生活和工业生产要求的管线还会增加，如石油管道、邮政通信线路。

根据城市总体布局和城市道路布设，各类地下管线在道路横断面埋设方式也不同，有集中总管道埋设方式，也有分散埋设方式；在分散埋设中有单排和双排埋设两种。在埋设深度上，视管线性质不同而异。就各类管线性质和规模不同，其占地宽度也不同，尤其是附属建筑物如排水管道的检查井、供水管道的闸门井、煤气管道的小室、供电和通信管道的入孔等占地都是比较大的。这些在布设城市道路横断面时都必须充分予以重视，合理安排。总之，城市道路无论是纵向还是横向布设，都不同于城市间的公路，与城市里各种系统都是密切相关的。

### 四、国外城市交通系统发展动态

交通规划进入信息时代呈现综合态势。未来交通运输的发展趋势是：以信息技术为先导，旅客运输向更加高速、舒适、安全的方向发展，如高速铁路、航空和高速公路的汽车运输；货物运输将向重载、快速的方向发展，如铁路的重载列车、高速公路的大型集装箱货车运输等。

在城市化和机动化进程中，城市交通的供需规模不断扩大。交通拥挤问题日趋复杂，交通规划的内容日趋综合。从交通设施的角度来看，各类交通设施的规模逐步扩大，互相之间的关联性逐步增强，越来越依赖于整体效益的发挥。从交通运行的角度来看，居民的出行距离逐步增长，出行方式趋于多样化，越来越多的出行需要以多方式组合的形式完成。从管理的角度来看，交通涉及的领域逐步增多，交通信息化的要求不断提高，高效管理越来越依托于各部门的协同合作。在这样的变化过程中，交通规划更加注重各专业系统间的整合发展，研究的内容逐步从交通设施规划发展到兼顾供需平衡，进而发展为将交通设施建设、交通运行服务和交通组织管理紧密结合的综合性规划。

#### （一）目标多元化

城市是人类文明的标志之一，它聚集着人类的智慧与成就，是人口和物质高度集中的特定区域。21世纪是"城市的世纪",城市化进程已经成为我国乃至全球社会全面发展的关键因素。城市既是一个地理空间,又是一个经济空间,还是一个社会空间。城市功能的多样性决定着城市发展目标的多重性,并且随着城市化进程的深入,城市发展目标的多元化趋势越发明显,包括了经济增长、社会进步、文化发达、科技创新和环境优化等多方面的发展目标;交通是实现城市功能的重要支撑手段之一。交通规划的综合性正是体现在将交通发展的目标与用地、社会、经济和环境等诸多城市发展领域紧密结合在一起,从而促进城市全面发展。

交通发展要与土地使用发展密切结合,既能发挥交通设施的最大效益,又能先期引导土地布局的形成。例如,在多中心发展的特大城市中,轨道交通车站的设置必须结合周边开发条件研究。一方面郊区轨道车站的设置要与城镇体系规划相结合,避免站点过密而造成"摊大饼"式的发展,破坏城市多中心结构的形成;另一方面轨道交通站点附近应该成为土地开发的重点区域,从而提高轨道交通的运行效益。

交通发展要与经济增长相适应。交通发展需要投入大量资金,资金永远是稀缺资源,必须合理使用和分配,使每一项投资都能充分产生社会和经济效益,并且使交通发展满足经济和财政的承受能力。交通发展对经济增长的拉动作用非常巨大,反映在对房地产、汽车等交通相关产业的支撑作用,反映在促进投资需求的增长,反映在交通消费市场的开辟和拓展,反映在经济运转效率的提高等诸多方面。因此,交通发展与经济增长密不可分。经济增长是实现交通快速发展的物质基础,交通发展反过来也将对经济增长起到促进作用。

交通发展要与环境相协调。人们在享受便利交通的同时,要求舒适、清洁的交通环境,并且关注交通对城市环境的影响。机动化在提高城市交通运转效率的同时,也带来了空气污染和噪声污染,有的交通设施还可能会对城市景观产生一定的影响。为了减少交通污染,提倡使用人均污染最少的交通工具,鼓励使用清洁能源,提高车辆的噪声限制。交通基础设施的建设要注重与周边环境的协调,在满足交通功能的同时,将高架、立交等对环境造成较大影响的基础设施远离居民住宅区,并积极开发降噪技术。

交通发展要与社会进步互相促进。交通发展的过程本身就反映了社会的进步,交通工具从人力、畜力到半机动化、机动化,进而到高速化、捷运化,城市交通的运行速度越来越快,经济活动的效率越来越高,社会发展水平因此不断提高。社会进步也对城市交通提出了更高的要求,一方面要不断提高交通服务水平适应市民生活质量的提高;另一方面要保证社会各阶层都能平等共享城市交通资源,体现社会公平原则。

(二)运行联运化

随着城市发展,越来越多的居民将搬迁到城市的外围地区居住,原先集聚在中心的城市功能也将逐步向外疏解。在城市的拓展过程中,居民的交通空间也随着生活空间的改善而逐步扩大,人们对快速交通方式的依赖程度会越来越高,出行距离的增加建立在交通运行速度提高的基础上。

在机动化高度发达的城市中，可供人们选择的交通方式是多种多样的，并且所有的出行方式都能在各自适用的范围内发挥优势。步行和自行车等慢行方式虽然只处于从属的地位，全程采用的比例较低，但却是机动方式的组成部分，步行几乎是所有机动方式的起点和终点，自行车则是扩展公交服务范围的有效手段。在受到小汽车交通冲击之后，大城市交通纷纷寻求的一种新的发展模式，即"停车+换乘"模式，引导小汽车乘客换乘公共交通进入城市拥挤地带，实现了小汽车与公共交通的有效组合。随着城市的发展和机动化程度的提高，为了避免交通拥挤，单一的出行方式将越来越多地被几种出行方式的组合所取代。

（三）设施整合化

在机动化程度很低的时候，人们主要依靠步行和自行车来完成出行，路幅不宽的小路系统就可以满足日常的交通需求，不会产生对高等级道路的需求。在机动化程度提高后，满足机动车的快速出行逐步成为城市交通的重要任务，与此相适应的将是一个功能完善、高等级和高效率的道路系统。机动化程度进一步提高后，人们逐步意识到道路系统不可能满足无节制增长的机动车交通，必须通过各种交通设施的合理组合来获得交通运行的最大效益，满足日常的客货移动。

在机动化发展初期，机动化水平的提高主要依赖于道路设施供应的增长。上海20世纪50年代就已启动了路网改造计划，但是道路建设速度非常缓慢，这种状况持续了近40年。同期机动车的增长速度也相当缓慢，年均增长不到5000辆。20世纪90年代，在政策推动和巨额投资的支持下，道路系统更新换代，道路里程迅速增长，道路等级不断提高，同期机动车的增长速度也明显加快，年均增长超过了5万辆。

当机动化发展到多方式组合的阶段时，仅靠单一的道路系统已经难以满足多样化的交通需求，需要一个多种设施平衡发展的综合交通体系来满足交通的畅达。首先，要求道路设施与公共客运设施平衡发展。道路系统在满足机动车运行的同时，还要考虑客运效率，合理分配各种方式占用的道路资源；通过建设公共客运设施（如大力发展轨道交通），增强公交吸引力，减少机动车流量。其次，要求突出交通枢纽的特殊地位，随着各个交通系统渐成规模，交通枢纽将成为实现各种方式有效转换的关键环节。并且还要重视管理设施的建设，为进一步整合多种交通设施、均衡流量分布和发挥整体效益创造物质条件。

（四）管理智能化

随着城市的拓展、机动化程度的提高，人们逐步意识到城市交通问题不再有单一的解决方法，必须采用综合管理的手段。在机动化程度较高的大城市，由于交通供需规模庞大，交通管理的职能往往分散于政府的各个主管部门。如果各部门仅从系统自身发展的角度制定近期的工作计划，在实际工作中往往会遇到很多协调上的矛盾。在多元决策的时代，高效的管理必须依赖于先进的管理机制和智能化的管理手段。

先进的管理机制，是指采用合适的体制结构和法律手段。发挥政府各部门、市场和公众各自的作用和组合优势。综合管理的对象是政府部门、交通决策者和交通经营者，涉及规划、投资、运营、收费、环境保护和体制建设等多个领域。规划与投资是综合管理的龙头，对合理利用社会资源和推动交通发展起决定作用；运输经营管理兼顾市场和公益两重性，对包括公共汽（电）车、轨道交通、出租车和货运车等在内的客货运输经营者进行管理，以保障运输服务的高效；定价与收费通过市场行为来调节交通需求，平衡各项交通设施的建设与使用；交通环境管理涉及诸多方面，以控制和减少尾气排放和噪声污染为管理重点；交通体制与法制是实施综合管理的组织保证，尤其迫切需要建立一个权威的交通管理部门，对交通相关的各项职能进行统一管理。

智能化的管理手段，是指通过开发和发展智能交通系统，实现信息共享，诱导交通均衡分布，有效维护和更新交通设施。智能交通系统的建设与传统交通设施（道路、轨道、桥梁、枢纽及停车等）的建设密不可分，前者是在后者的基础上全面提升交通体系的运行水平。因此，作为交通设施的一个组成部分，智能交通系统应与传统的交通设施同步规划、同步设计和同步建设。智能交通系统不仅适用于实时道路交通管理，而且还可应用到公交运营管理、交通信息服务和规划决策支持等多个领域。智能交通系统的核心与基础是各系统之间的信息交换和共享。因此，管理智能化的过程也是信息整合化的过程。

### 五、城市交通规划实例介绍

#### （一）合肥市综合交通规划概要

**1. 规划背景**

合肥市是安徽省省会，全省的政治、经济、科技、文化中心，我国重要的科教基地之一和建设中的铁路交通枢纽和公路主枢纽。合肥市现已基本形成东、北、西3个工业区和西部风景区，市区为4区1镇，市区总面积458km²，建成区面积76km²，市区人口111万人，其中城市居民80万人。

**2. 规划总体框架（图4-24）**

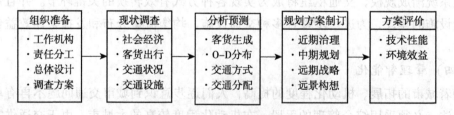

图4-24 规划总体框架

**3. 交通调查和分析**

1）调查内容（图4-25）

2）特征分析

特征分析的内容包括：

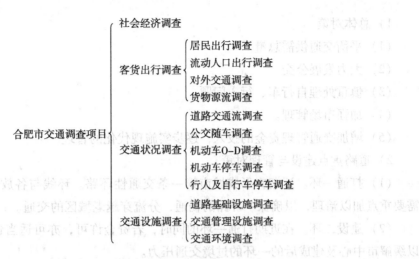

图 4-25 综合交通调查项目

(1) 居民出行特征分析。
(2) 住旅店流动人口出行特征分析。
(3) 当日进出流动人口出行特征分析。
(4) 对外客运交通特征分析。
(5) 机动车停车特征分析。

4. 近期综合治理的原则思路

1) 综合治理内容

内容包括分析评价现状城市交通系统，提出远景及中长期规划的近期实施步骤，制订全面综合的治理计划等。依据治理性质的不同，可分为战术的治理与战略的治理、微观的治理与宏观的治理、治标的治理与治本的治理、简单的治理与复杂的治理等。

2) 综合治理的系统分析原则

城市交通系统是城市内各不同功能等级的道路网络、城市公交站场设施、城市交通动静态管理控制等要素构成的有机整体。按照系统论的观点，城市交通系统必须符合如下几个基本原则：

(1) 城市交通系统的整体性原则。
(2) 城市交通系统的结构性原则。
(3) 城市交通系统的有序性原则。
(4) 城市交通系统的等级性原则。
(5) 城市交通系统的环境依存性原则。

5. 近期综合治理对策

通过对合肥市交通在路网布局、道路建设水平、道路系统、静态交通设施、交通管理、公交体系等各方面存在问题的分析，提出综合治理对策，并就关键交叉口、路段提出治理方案。

1) 总体对策

(1) 平衡交通供需总量。

(2) 大力发展公交。

(3) 慎重处理自行车、行人问题。

(4) 加强市场管理。

(5) 增加交通管理资金的投入，逐步实施现代化的管理。

2) 道路重点建设与管理对策

(1) 打通一环。近期应形成城市第一条交通性环路。环线与各放射性干道的交叉口需要重点加以治理，以确保一环路的畅通，分流穿越老城区的交通。

(2) 建设二环。在近期打通一环的同时，若资金许可，亦可适当建设二环部分道路，以缓解市中心及建成后的一环的过境交通压力。

(3) 规划三环。未来城市发展后，一环、二环皆作为市内交通性干道，过境交通由三环分流，要规划好三环线的道路走向，留下空间与通道，以备发展。

(4) 完善支路网络，提高道路网密度。市区内除骨架道路外，辅道建设也应予以重视，以分解干道压力。

(5) 加强道路管理，保障交通功能；加强道路交通状况的巡视管理，及时清除突发事件，纠正违章行为；主干道尽量减少支路出入口，适当修建人行过街通道。完善干道上的标志线、护栏、分隔带等交通工程设施。

(6) 尽快完成老城区井字骨架。

6. 中期交通需求预测

1) 居民出行预测

居民出行预测的总体思路如图 4-26 所示。

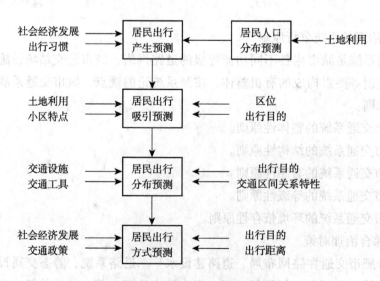

图 4-26 居民出行预测总体思路

2）流动人口出行预测

分为住旅店流动人口出行以及当日进出流动人口的出行预测。

3）货运交通需求预测（图4-27）

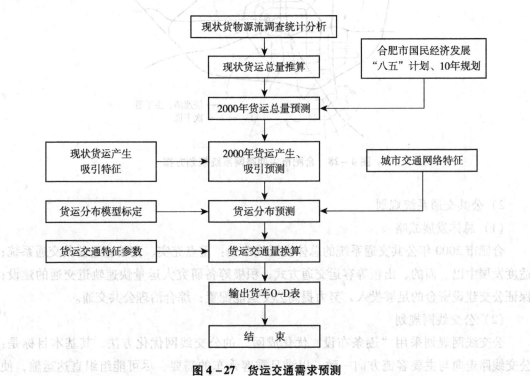

**图4-27 货运交通需求预测**

4）对外交通预测

主要包括两项内容：一是规划期铁路、公路、水运、航空等主要对外交通运输方式的客、货运需求量预测，二是城市道路网上对外、过境的客货运交通预测。

7. 合肥市中期交通系统规划

其内容包括道路网规划、公共交通系统规划、老城区自行车交通规划、老城区机动车停车场规划、老城区人行道及步行系统规划、对外交通规划等，并对交通环境影响进行了评价，提出了相应的对策。

1）道路网规划

按照道路网规划的原则方法，根据对现状网络的分析评价，预测交通需求，经过多次调整修改，提出合肥市中期路网系统规划方案，如图4-28所示。

网络结构中，形成内环及一、二环三个环路，内环主要为非机动车服务，一环为主干道，二环为快速路，主要放射道路均为主干道，快速环路、一环路与主要放射性干道的交叉口设置立体交叉口，共有9个，流量均在4000辆/h以上，大部分超过5000辆/h。推荐路网交通负荷分布比较均匀，发挥了网络的整体效应，杜绝了流量过分集中的不合理现象。

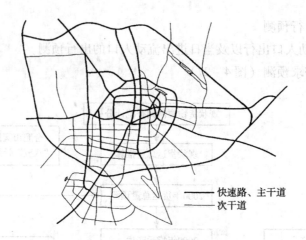

图 4-28 合肥市中期路网系统规划方案

2）公共交通系统规划

（1）总体发展战略

合肥市 2000 年公共交通系统的总体发展战略是：重点充实、完善普通公共交通系统；适度发展中巴、面的、出租等客运交通方式；积极筹备研究大运量快速轨道交通的建设；保证公交建设资金的足够投入，努力提高公交运能配置；综合治理公共交通。

（2）公交线网规划

公交线网规划采用"逐条布设，优化成网"的公交线网优化方法，其基本目标是：公交线路走向与主要客流方向一致，以满足乘客乘车的需要；尽可能组织直达运输，使全服务区乘客换乘次数最少；尽可能按最短距离布设线路，使全服务区内乘客总乘行时间（或乘行距离）最短；使规划区内线路分布均匀，尽量消除公交空白区；在线路上客流均匀，充分发挥运能。

线网布设均匀，各大交通枢纽，商业中心，东、西南、北三个工业区之间及市中心区之间均有便捷的公交线路通行，适应未来城市路网的环形加放射格局。

公共交通系统规划的内容还包括车辆配备、公共保养场、站场规划。

（3）其他交通系统规划

对于老城区自行车交通系统，根据自行车系统规划的指导思想、规划原则、规划方法，考虑到老城区既是商业、行政、文化中心，又是古迹众多、绿水环绕的优美景区，在景观、环境质量方面应有较高的要求，因此布设了两条自行车环行干道，再整修由此环行干道通向老城区内外的自行车支线，组成一个机非分离、干支结合、紧密联系、四通八达的自行车道路网络，以方便上、下班和前来市区购物的自行车骑行者，适当提高服务水平和安全保障。

对于老城区机动车停车场，通过对停车车位的需求预测，根据停车场场址选择的原则、方法，提出了停车场规划方案。对于老城区人行道及步行系统，通过对步行交通现状的分析，根据步行交通系统规划的原则和要求，提出了具体的规划方案。

根据对外交通需求预测的结果，按照对外交通规划的原则、方法，对合肥市公路、铁路、水运、航空的总体布局作出了规划，对出入口道路则进行了更为详细的分析论证。

(4) 交通环境影响评价与对策

① 交通环境质量现状评价

根据大气、噪声观测资料分析，合肥市大气质量的主要指标近年来均有超标现象，尤其是商业区和交通区，大气质量超标严重，这在很大程度上与交通污染有关。交通噪声超标现象则相当严重。

② 交通规划环境影响预测评价

根据交通预测得到的 2000 年规划路网各路段的交通量和各交叉口流量，以及规划确定的各路段车道数、断面形式、分隔方式、交叉口的控制方式等，通过预测模型可计算得到规划交通网络上各路段、各交叉口的 CO 浓度附加值和各路段的噪声预测值。

8. 远期交通战略规划

远期交通战略规划是对城市交通骨架、走廊所进行的宏观规划，其目的是为城市交通的发展提供余地、指明方向，因此，其规划方法、规划内容也具有宏观性和战略性。

1) 城市发展宏观预测

要对城市远期交通进行战略规划，则需了解城市远期的发展，需对其进行宏观预测，预测内容包括社会经济指标，如人口、就业、产业结构等，以及土地利用状况，其方法是根据历史资料、现有状况以及发展战略，结合有关的规划指标，采用灰色系统模型等进行。

2) 交通需求预测

合肥市远期交通需求预测仍采用交通产生、吸引、分布、方式、分配预测的程序，但远期交通需求预测着重对交通主体的宏观预测，因此在预测的内容和方法上应有其特点。

合肥市远期客货运交通产生预测采用了生成率法，吸引预测采用类别生成率法，交通分布采用了双约束重力模型，交通方式预测则着重对总体结构从发展趋势、方式特点进行分析和预测。交通分配采用了静态多路径法进行。

3) 交通发展战略

城市交通发展战略要以明确的城市发展战略为前提，从合肥市发展空间布局看，必须保持强大的主城中心，并充分发挥各组团的协作功能。为适应这一格局，2010 年合肥市交通发展战略规划应致力于发展大运量的公交系统，形成一个软硬兼备、设施先进、功能齐全、布局合理、分工明确而又相互协调的交通体系。从内容上看，主要包含客运系统、货运系统、交通枢纽系统、交通工具系统、交通载体系统、停车场系统以及交通管理系统、对外交通系统。

(1) 对外交通发展战略。

对外交通发展战略包括改造合肥港、新建火车站、提高出入口道路等级、加强城镇间道路建设、形成公路外环等。

(2) 市内交通发展战略。

市内交通发展战略包括优先发展快速公交、建立自行车专用道系统、商业中心设立步行街、优化交通结构、完善换乘系统、客货适当分流、建立停车场系统，并采取合理安排用地、发展多中心结构等手段控制交通总量。

(3) 道路网总体布局。

远期道路网总体布局的关键是形成三条环线（不包括内环），加强各功能区之间的连接。

# 第五章
## 城市给水排水系统规划

### 第一节 城市水务系统构成

#### 一、城市水务系统定义

城市水务系统由城市供水系统、城市排水系统、城市防洪排涝工程与管理、城市用水与节水管理、城市水环境保护与生态系统建设等五个子系统组成，每个子系统又可分为若干个次一级的子系统，各子系统之间既相对独立，又相互影响，相互依存，密不可分。

城市水务是城市为城市水资源开发、利用、治理、配置、节约和保护而进行的防洪、水源规划与建设、输水、供水、用水、排水、水污染防治、污水处理回用等活动的总称，是现代化城市建设与发展的重要基础。

#### 二、城市水务管理

城市水务管理是一项涉及城市水资源开发利用和保护的复杂的系统工程，是经济社会发展对水资源管理提出的必然要求，是国际上经实践证明的先进可行的水资源管理方式。

城市水务管理就是实行在城市区划内防洪、水资源供需平衡和水生态环境保护的统一管理体制，即对城市防洪、排涝、蓄水、供水、用水、节水、污水处理、地下水等涉水事务进行统一管理。城市水务管理首先要求对城市区域水资源的统一管理，其次是对涉水事务的统一管理。这种管理体制的科学基础是水资源以流域管理为基础的系统管理思想，实现以流域为系统、以区域为单元，流域与区域相互协调的管理体制。它对地表水与地下水、水量与水质、生活用水、生产用水与生态用水、城市与农村、流域与区域等水问题统筹兼顾。城市水务管理主要有以下内涵。

（一）水安全保障（防洪排涝）

建立城市防洪安全保障体系，建立城市完整的排涝系统，使城市达到应有的设防标准；组织建设、运营、管理防洪排涝工程；研究并实施防洪排涝的非工程措施。

（二）水资源供给

协调城市与所在流域的水资源配置关系，建立满足城市生产、生活、生态需求的水资源供给体系；组织或协调建设满足城市需求的水源工程、给水工程，并对这些工程进行直接运营与管理或进行行业管理。

（三）水环境改善

建立城市水环境保护体系；划定水域功能区，进行水域纳污总量控制，监测城市水域水质；组织或协调建设满足城市水环境要求的水环境工程（包括城市河湖清淤、河道整治、截污导流、调水工程等）、污水处理工程，并对这些工程进行直接运营与管理或进行行业管理；进行地下水合理开采的总量控制、目标管理、地下水污染的防治，维护良好的水文地质环境。

（四）水经济建设

城市水土资源开发（包括从源水到成品水的水商品经营、水工程管理范围内土地资源合理开发利用、水利旅游、水产品种养等）；科学合理水价形成机制的研究与建立；水利或水务资产的运营；水资源开发、节约、保护所需要的设施与设备研究开发经营与市场管理。

（五）水文化建设

水务精神的树立与弘扬，水务形象的设计与塑造，水务人榜样的树立与宣传，水务经验的总结与应用，水务传统的继承与发扬以及水景观的规划与建设，水古迹的恢复与修复。

（六）水生态修复

维持城市河湖适宜的水量，达标的水质；建设与恢复自然的河流，使河势自然、水流通畅、水体清澈；建设与恢复必要的河湖湿地；种植丰富物种的水边植物带，恢复城市水域水生生物的多样性，使水域能形成良好的、稳定的水生生态系统。

## 第二节　城市给水工程规划

一、城市用水量标准与用水量确定

（一）城市用水分类

通常在进行城市用水量预测时，根据用水目的不同，以及用水对象对水质、水量和水压的不同要求，将城市用水分为生活用水、生产用水、市政用水、消防用水以及其他未预见用水量。

1. 生活用水

生活用水指城市居民日常生活用水、工业企业职工生活用水和公共建筑用水等。生活用水量的多少取决于各地的气候、居住习惯、社会经济条件、水资源丰富程度等因素。就我国来看，随着人民生活水平的提高和居住条件的改善，生活用水量将有所增长。生活饮用水的水质关系到人体生命健康，必须符合《生活饮用水卫生标准》（GB 5749—2006）。生活用水管网必须达到一定的压力，才能保证用户使用。

2. 生产用水

生产用水主要指工业生产过程中的用水。其水量、水质和水压的要求，因具体生产工艺而不同。由于工艺技术的改进和节水措施的推广，工业用水重复率将提高，使用水量下降；而工业规模的扩大将使生产用水量增多。一般来讲，火电、冶金、造纸、石油、化工等行业的用水量较大。

3. 市政用水

市政用水主要指道路保洁、绿化浇水、车辆冲洗等用水。随着市政建设的发展，城市环境卫生标准的提高及绿化率的提高，市政用水量将进一步增大。

4. 消防用水

消防用水指扑灭火灾时所需要的用水，一般供应室内、外消火栓给水系统、自动喷淋灭火系统等。消防用水不经常使用，可与城市生活用水系统综合考虑，对于防火要求高的工厂、仓库、高层建筑等，可设立专用消防给水系统，以保证对水量和水压的要求。消防用水对水质没有特殊要求。

5. 其他用水

除以上用水外，还有水厂自身用水，管网漏失水量及其他未预见水量。

(二) 城市用水量标准

用水量标准是计算各类城市用水总量的基础，是城市给水排水工程规划的主要依据，并且对城市用水管理也有重要作用。然而，我国各地具体条件差别较大，难有统一精确的城市用水量标准，规划时确定城市用水量标准，除了参照国家有关规范外，还应结合当地的用水量统计资料和未来城市的经济发展趋势。

城市用水量应由下列两部分组成：第一部分应为规划期内由城市给水工程统一供给的居民生活用水、工业用水、公共设施用水及其他用水水量的总和。第二部分应为城市给水工程统一供给以外的所有用水水量的总和。其中应包括：工业和公共设施自备水源供给的用水、河湖环境用水和航道用水、农业灌溉和养殖及畜牧业用水、农村居民和乡镇企业用水等。

城市给水工程统一供给的用水量预测宜采用表 5-1 和表 5-2 中的指标。

**城市单位人口综合用水量指标 [万 $m^3$/(万人·d)]** 表 5-1

| 区域 | 城市规模 | | | |
|---|---|---|---|---|
| | 特大城市 | 大城市 | 中等城市 | 小城市 |
| 一区 | 0.8~1.2 | 0.7~1.1 | 0.6~1.0 | 0.4~0.8 |
| 二区 | 0.6~1.0 | 0.5~0.8 | 0.35~0.7 | 0.3~0.6 |
| 三区 | 0.5~0.8 | 0.4~0.7 | 0.3~0.6 | 0.25~0.5 |

注：1. 特大城市指市区和近郊区非农业人口100万及以上的城市；大城市指市区和近郊区非农业人口50万以上及不满100万的城市；中等城市指市区和近郊区非农业人口20万以上及不满50万的城市；小城市指市区和近郊区非农业人口不满20万的城市。(下同)
2. 一区包括：贵州、四川、湖北、湖南、江西、浙江、福建、广东、广西、海南、上海、云南、江苏、安徽、重庆；
二区包括：黑龙江、吉林、辽宁、北京、天津、河北、山西、河南、山东、宁夏、陕西、内蒙古河套以东和甘肃黄河以东的地区；
三区包括：新疆、青海、西藏、内蒙古河套以西和甘肃黄河以西的地区。(下同)
3. 经济特区及其他有特殊情况的城市，应根据用水实际情况，用水指标可酌情增减。(下同)
4. 用水人口为城市总体规划确定的规划人口数。(下同)
5. 本表指标为规划期最高日用水量指标。(下同)
6. 本表指标已包括管网漏失水量。
7. 依据《城市给水工程规划规范》(GB 50282—98)，下同。

城市单位建设用地综合用水量指标 [万 m³/(km²·d)]　　　　表 5-2

| 区域 | 城市规模 | | | |
|---|---|---|---|---|
| | 特大城市 | 大城市 | 中等城市 | 小城市 |
| 一区 | 1.0~1.6 | 0.8~1.4 | 0.6~1.0 | 0.4~0.8 |
| 二区 | 0.8~1.2 | 0.6~1.0 | 0.4~0.7 | 0.3~0.6 |
| 三区 | 0.6~1.0 | 0.5~0.8 | 0.3~0.6 | 0.25~0.5 |

注：本表指标已包括管网漏失水量。

城市给水工程统一供给的综合生活用水量的预测，应根据城市特点、居民生活水平等因素确定。人均综合生活用水量宜采用表 5-3 中的指标。

人均综合生活用水量指标 [L/(人·d)]　　　　表 5-3

| 区域 | 城市规模 | | | |
|---|---|---|---|---|
| | 特大城市 | 大城市 | 中等城市 | 小城市 |
| 一区 | 300~540 | 290~530 | 280~520 | 240~450 |
| 二区 | 230~400 | 210~380 | 190~360 | 190~350 |
| 三区 | 190~330 | 180~320 | 170~310 | 170~300 |

注：综合生活用水为城市居民日常生活用水和公共建筑用水之和，不包括浇洒道路、绿地、市政用水和管网漏失水量。

现行城市用水量标准比发达国家和城市自身实际情况偏高，在规划工作中，还可以结合《城市居民生活用水量标准》(GB/T 50331—2002)、《城市综合用水量标准》(SL 367—2006) 和当地规范与实际情况选取用水指标。

（三）城市用水量确定

城市用水量预测与计算一般采用多种方法相互校核。

城市用水量预测的时限一般与规划年限相一致，有近期（5 年左右）和远期（15~20 年）之分。在可能的情况下，应提出远景规划设想，对未来城市用水量作出预测，以便对城市发展规划、产业结构、水资源利用与开发、城市基础设施建设等提出要求。

城市总体规划中城市用水量预测的常用方法有人均综合指标法、单位用地指标法、年递增率法以及城市发展增量法，这些方法对于分区规划和详细规划也有参考作用。

1. 人均综合指标法

人均综合指标是指城市每日的总供水量除以用水人口所得到的人均用水量。规划时，合理确定本市规划期内人均用水量标准是本法的关键。通常根据城市历年人均综合用水量的情况，参照同类城市人均用水指标表 5-1 确定。

确定了用水量指标后，再根据规划确定的人口数，就可以计算出用水量总量。

$$Q = Nqk$$

式中　$Q$——城市用水量；

$N$——规划期末人口数；

$q$——规划期限内的人均综合用水量标准；

$k$——规划期用水普及率。

## 2. 单位用地指标法

确定城市单位建设用地的用水量指标后，根据规划的城市用地规模，推算出城市用水总量。这种方法对城市总体规划、分区规划、详细规划的用水量预测与计算都有较好的适应性。具体指标参考表 5-2 中确定。

## 3. 年递增率法

根据历年来供水能力的年递增率，并考虑经济发展的速度，选定供水的递增函数，再由现状供水量，推求出规划期的供水量。其中常用复利公式来计算，假定每年的供水量都以一个相同的速率递增。

$$Q = Q_0 (1+\gamma)^n$$

式中　$Q$——预测年份规划的城市用水总量；
　　　$Q_0$——起始年份实际的城市用水总量；
　　　$\gamma$——城市用水总量的年平均增长率；
　　　$n$——预测年限。

这种方法的关键是合理确定递增速率。各城市在对历年数据进行分析的基础上，考察增长的原因，及未来增长的可能性，选用合理的递增速率。另外，预测起始年份的选择对预测结果也有一定影响。

## 4. 城市发展增量法

根据城市建设发展和规划的要求，规划期内居住、公建、工业等发展布局都有明确的指标，所以只要按有关定额和方法分别计算出新增部分的用水量，再加上现状的用水量，就可以求出规划期内的城市用水总量。这种方法用于近期建设预测比较准确。

## 二、城市给水水源工程规划

### （一）城市水资源

城市水资源是指可供城市发展、人民生活和进行城市基础设施利用的地表水和地下水。即城市可以利用的河流、湖泊的地表水，逐年可以恢复的地下水，以及海水和可回用的污水等。我国城市缺水十分严重，目前有一多半城市缺水，集中在华北、西北、辽宁中南部及沿海地区。除了水资源先天不足外，由于污染造成的水质下降，也使得沿江河的城市普遍缺水。

一个城市水资源量的多少，主要是由城市所在区域的天然条件决定的。在考虑一个城市水资源量的时候，必须考虑城市所在区域的水资源情况。即一个城市的水资源量为当地降水形式的地表水量以及贮存和转化的地下水量，加上外来水量（主要是河川径流量）的储存量和动态水量。但必须注意，不是所有的水资源量都是可以利用的。通常水资源可利用量指经济上合理、技术上可能和生态环境不遭受破坏的前提下，最大可能被控制利用的不重复的一次性水量。它与天然水资源总量、当前的技术经济都有密切关系。城市水资源可利用量才是所预测的用水量进行水量平衡的依据。

城市水资源和城市用水量之间应保持平衡，以确保城市可持续发展。在几个城市共享同一水源或水源在城市规划区以外时,应进行市域或区域、流域范围的水资源供需平衡分析。

根据水资源的供需平衡分析,应提出保持平衡的对策,包括合理确定城市规模和产业结构,并应提出水资源保护的措施。水资源匮乏的城市应限制发展用水量大的企业,并应发展节水农业。针对水资源不足的原因,应提出开源节流和水污染防治等相应措施。

(二) 城市水源选择与保护

1. 城市水源种类

(1) 地下水指埋藏在地下孔隙、裂隙、溶洞等含水层介质中储存运移的水体。地下水按埋藏条件可分为潜水、泵压水等,其中在城市中多开采潜水。地下水具有水质清洁、水温稳定、分布面广等特点。但地下水的矿化度和硬度较高,一些地区可能出现矿化度很高或其他物质(如铁、锰、氯化物、硫酸盐等)的含量较高的情况。地下水是城市的主要水源,若水质符合要求,一般都优先考虑。但必须认真地进行水文地质勘察,以保证对地下水的合理开发。

(2) 地表水主要指江河、湖泊、蓄水库等。地表水源由于受地面各种因素的影响,具有浑浊度较高、水温变幅大、易受工农业污染、季节性化明显等特点,但地表径量大、矿化度和硬度低,含铁锰量低。采用地表水源时,在地形、地质、水文、人防、卫生防护等方面较复杂,并且水处理工艺完备,所以投资和运行费用较大。地表水源水量充沛,常能满足大量用水的需要,是城市给水水源的主要选择。

(3) 海水含盐量很高,淡化比较困难。但由于水资源缺乏,世界上许多沿海国家开始开发利用海水。海水作为水源一般用在工业用水和生活杂用水方面,如工业冷却、除尘、冲灰、洗涤、消防、冲厕等。也有对海水进行淡化处理,作为生产工艺用水和饮用水的。海水腐蚀和海生物附着会对管道和设备造成危害,但这一问题从技术上和经济上都可以得到合理解决。

(4) 微咸水主要埋藏在较深层的含水层中,多分布在沿海地区。微咸水的含氯量只有海水的1/10。微咸水的水量充沛,比较稳定;水质因地而异,有一定变化。微咸水可作为农用灌溉、渔业、工业用水等。

(5) 再生水是指经过处理后回用的工业废水和生活污水。城市污水具有量大、就近可取、水量受季节影响小、基建投资和处理成本比远距离输水低等优点。城市污水处理后,可以用在许多方面,如农业灌溉、工业生产、城市生活杂用、地下回灌、水景用水、消防用水、渔业养殖甚至饮用水等。再生水的利用应充分考虑对人体健康和环境质量的影响,按照一定的水质标准处理和使用。

(6) 暴雨洪水通常在干旱地区出现时间集中,不能为农田和城市充分利用,且短时间的大量积水,危害城市安全。暴雨洪水一般被城市管道收集后,经河道排入大海,成为弃水。但在缺水地区修建一定的水利工程,形成雨水贮留系统,一方面可以减少水淹之害,另一方面可以作为城市水源。

2. 城市水源选择

城市给水水源选择影响到城市总体布局和给水排水工程系统的布置，应进行认真深入的调查、踏勘，结合有关自然条件对水资源勘察、水质监测、水资源规划、水污染控制规划、城市远近期发展规模等进行分析、研究。

选择城市给水水源应符合以下原则：

(1) 水源具有充沛的水量，满足城市近、远期发展需要。天然河流（无坝取水）的取水量应不大于河流枯水期的可取水量；地下水源的取水量应不大于开采贮量。采用地表水源时，须先考虑从天然河道和湖泊中取水的可能性，其次可采用蓄水库水，而后考虑需调节径流的河流。地下水贮量有限，一般不适用于用水量很大的情况。

(2) 水源具有较好的水质。水质良好的水源有利于提高供水水质，可以简化水处理工艺，减少基建投资和降低制水成本。根据《地面水环境质量标准》（GB 3838—2002）把地面水分为五级，其中生活饮用水源的水质必须符合《生活饮用水卫生标准》（GB 5749—2006）中的要求。对于工业企业生产用水水源的水质要求则随生产性质及生产工艺而定，参见《工业企业设计卫生标准》（GBZ 1—2010）。

当城市有多种天然水源时，应首先考虑水质较好的容易净化的水源作供水水源，或考虑多水源分质供水。符合卫生要求的地下水，应优先作为生活饮用水源，按照开采和卫生条件，选择地下水源时，通常按泉水、承压水（或层间水）、潜水的顺序。对于工业企业生产用水水量不大或不影响当地生活饮用需要的，也可采用地下水源。

(3) 坚持开源节流的方针，协调与其他经济部门的关系，与水资源利用有关的其他经济部门有农业、水力发电、航运、水产、旅游、排水等，所以进行给水水源规划时要全面考虑、统筹安排，做到合理化综合利用各种水源。

(4) 水源选择要密切结合城市近、远期规划和发展布局，从整个给水系统（取水、净水、输配水）的安全和经济来考虑。给水水源的选择对给水系统的布置形式有重要的影响，应根据技术经济的综合评定认真选择水源。

(5) 选择水源时还应考虑取水工程本身与其他各种条件，如当地的水文、水文地质、工程地质、地形、人防、卫生、施工等方面条件。

(6) 保证安全供水。大中城市应考虑多水源分区供水，小城市也应有远期备用水源。在无多个水源可选时，结合远期发展，应设两个以上取水口。

3. 城市水源保护

城市水源一旦遭受破坏，很难在短时间内恢复，将长期影响城市用水供应。所以在开发利用水源时，应做到利用与保护相结合，在城市规划中明确保护措施。水源保护应包括水质和水量两个方面。

为了更好地保护水环境，根据不同水质的使用功能，划分水体功能区，从而可以实施不同的水污染控制标准和保护目标。城市规划中，也必须结合水体功能分区进行城市布局。通常根据《地面水环境质量标准》（GB 3838—2002）将水体划分为五类，表5-4是水域功能分类与要求的排放标准及水污染控制区的关系。

地表水域功能分类与水污染防治控制区及污水综合排放标准分级之关系　　表 5-4

| 地表水环境质量标准中水域功能分类 | | 水污染防治控制区 | 污水综合排放标准的分级 |
| --- | --- | --- | --- |
| Ⅰ类 | 源头水、国家自然保护区 | 特殊控制区 | 禁止排放污水区 |
| Ⅱ类 | 集中式生活饮用水水源地一级保护区、珍贵鱼类保护区、鱼虾产卵场等 | 特殊控制区 | 禁止排放污水区 |
| Ⅲ类 | 集中式生活饮用水水源地二级保护区、一级鱼类保护区、游泳区 | 重点控制区 | 禁止排放污水区 |
| Ⅳ类 | 工业用水区、人体非直接接触的娱乐用水区 | 一般控制区 | 执行二级或三级标准（排入城镇生物处理污水处理厂） |
| Ⅴ类 | 农业用水区、一般景观要求水域 | 一般控制区 | |

我国有关法规对给水水源的卫生防护提出了具体要求，城市给水工程系统规则应予执行。

1) 地表水源的卫生防护。在饮用水地表水源取水口附近，划定了的水域和陆域作为饮用水地表水源一级保护区。其水质标准不低于《地面水环境质量标准》（GB 3838—2002）的Ⅱ类标准。在一级保护区外划定的水域和陆域为二级保护区，其水质不低于Ⅲ类标准。根据需要在二级保护区外划定的水域和陆域为准保护区。各级保护区的卫生防护规定如下：

（1）取水点周围半径 100m 的水域内，严禁捕捞、停靠船口、游泳和从事可能污染水源的任何活动，并应设有明显的范围标志。

（2）取水点上游 1000m 至下游 100m 的水域，不得排入工业废水和生活污水，其沿岸防护范围不得堆放废渣，不得设立有害化学物仓库、堆站或装卸垃圾、粪便和有毒物品的码头；沿岸农田不得使用工业废水或生活污水灌溉及施用持久性或剧毒的农药，不得从事放牧等有可能污染该段水域水质的活动。

供生活饮用的水库和湖泊，应根据不同情况的需要，将取水点周围部分水域或整个水域及其沿岸划为卫生防护地带，并按上述要求执行。

受潮汐影响的河流取水点上、下游及其沿岸防护范围，由有关部门根据具体情况确定。

（3）以河流为给水水源的集中式给水，应把取水点上游 1000m 以外的一定范围河段划为水源保护区。严格控制上游污染物排放量。排放污水时应符合《工业企业设计卫生标准》（GBZ 1—2010）和《地面水环境质量标准》（GB 3838—2002）的有关要求，以保证取水点的水质符合饮用水水源水质要求。

（4）水厂生产区的范围应明确划定，并设立明显标志，在生产区外围不小于 10m 范围内不得设置生活居住区和修建禽畜饲养场、渗水厕所、渗水坑，不得堆放垃圾、粪便、废渣，应保持良好的卫生状况和绿化。

单独设立的泵站、沉淀池和清水池的外围不小于 10m 的区域内，其卫生要求与水厂生产区相同。

2) 地下水源的卫生防护。饮用水地下水源一级保护区位于开采井的周围，其作用是保证集水有一定滞后时间，以防止一般病原菌的污染。直接影响开采井水质的补给区地段，必要时也可划为一级保护区。二级保护区位于一级保护区外，以保证集水有足够的滞后时间，以防止病原菌以外的其他污染。准保护区位于二级保护区外的主要补给区，以保护水源地的补给水源水量和水质。各级保护区的卫生防护规定如下：

（1）取水构筑物的防护范围，应根据水文地质条件、取水构筑物的形式和附近地区的卫生状况进行确定，其防护措施与地面水的水厂生产区要求相同。

（2）在单井或井群影响半径范围内，不得使用工业废水或生活污水灌溉和施用有持久性毒性或剧毒的农药，不得修建渗水厕所、渗水坑、堆放废渣或铺设污水渠道，并不得从事破坏深层土层的活动。

（3）在水厂生产区的范围内，应按地面水厂生产区的要求执行。

（4）分散式给水水源的卫生防地带，以地面水为水源时参照上文中地面水（1）和（2）的规定；以地下水为水源时，水井周围30m的范围内，不得设置渗水厕所、渗水坑、粪坑、垃圾堆和废渣等污染源，并建立卫生检查制度。

### 三、城市给水工程系统布局要求

#### （一）城市给水工程系统组成与功能

城市给水工程系统由相互联系的一系列构筑物所组成，其任务是从水源取水，按照用户对水质的要求进行处理，然后将水输送到给水区，并向用户配水。

按照工作过程，城市给水工程系统可分以下几部分功能。

**1. 取水工程**

用以从选定的水源（包括地表水和地下水）取水，并输往水厂。工程设施包括水源和取水点、取水构筑物及将水从取水口提升至水厂的一级泵站等。

**2. 水处理（净水）工程**

将天然水源的水加以处理，符合用户对水质的要求，工程设施包括水厂内各种水处理构筑物或设备、将处理后的水送至用于输送的二级泵站等。

**3. 输配水工程**

输水工程是指从水源泵房或水源集水井至水厂的管道（或渠道），或仅起输水作用的从水厂至城市管网和直接送水到用户的管道，包括其各项附属构筑物、中途加压泵站等。配水工程又分为配水厂和配水管网两部分，配水厂是起调节加压作用的设施，包括泵房、清水池、消毒设备和附属建筑物；配水管网包括各种口径的管道及附属构筑物、高地水池和水塔。

以地面水为水源的给水系统通常由上述三个部分组成。

以地下水为水源的给水系统，因水质较好，常省去水处理构筑物，只需加氯消毒或直接使用。

#### （二）城市给水工程系统布局要求

确定城市给水工程系统是城市给水工程系统规划的主要内容。在规划设计中，应遵循国家的建设方针，根据城市总体规划的要求，在满足用户对水量、水质和水压需要的前提下，因地制宜地选择经济合理、安全可靠的给水系统。

1. 给水工程系统布置的一般原则

（1）根据城市规划的要求、地形条件、水资源情况及用户对水质、水量和水压的要求等来确定布置形式、取水构筑物、水厂和管线的位置。

（2）从技术经济角度分析比较方案，尽量以最少的投资满足用户对水量、水质、水压和供水可靠性的要求。考虑近远期结合、分期实施。

（3）在保证水量的条件下，优先选择水质较好、距离较近、取水条件较好的水源。当地水源不能满足城市发展要求的，应考虑远距离调水或分质供水，保证城市可持续发展。

（4）水厂位置应接近用水区，以便降低输水管道的工作压力和长度。净水工艺力求简单有效，并符合当地实际情况，以便降低投资和生产成本。

（5）输配水系统在满足供水要求的前提下，考虑对管道采用新材料、新技术，减少金属管道和高压材料的使用。

（6）充分考虑用水量较大的工业企业重复用水的可能性，努力发展清洁工艺，以利于节省水资源，减少污染，减少费用。

（7）给水系统扩建时，应充分发挥现有给水系统的潜力，改造设备，改进净水工艺，调整管网，加强管理，以便尽可能提高现有给水系统的供水能力。

2. 取水工程设施布局要求

取水工程是给水工程系统的重要组成部分，通常包括给水水源选择和取水构筑物的规划设计等。取水构筑物的作用是从水源经过的取水口取到所需要的水量。在城市规划中，要根据水源条件确定取水构筑物的位置、取水量，并考虑取水构筑物可能采用的形式等。

1）地下水取水构筑物布局要求。地下水取水构筑物的位置选择与水文地质条件、用水需求、规划期限、城市布局等都有关系。在选择时应考虑以下情况：

（1）取水点要求水量充沛、水质良好，应设于补给条件好、渗透性强、卫生环境良好的地段。

（2）取水点的布置与给水系统的总体布局相统一，力求降低取、输水电耗和取水井及输水管的造价。

（3）取水点有良好的水文、工程地质、卫生防护条件，以便于施工和管理。

（4）取水点应设在城镇和工矿企业的地下径流上游，取水井尽可能垂直于地下水流向布置。

（5）尽可能靠近主要的用水地区。

2）地表水取水构筑物布局要求。地表水取水构筑物位置的选择对取水的水质、水量、取水的安全可靠性、投资、施工、运行管理及河流的综合利用都有影响。所以应根据地表水源的水文、地质、地形、卫生、水利等条件综合考虑。选择地表水取水构筑物位置时，应考虑以下基本要求：

（1）设在水量充沛、水质较好的地点，宜位于城镇和工业的上游清洁河段。取水构筑物应避开回流区和死水区，潮汐河道取水口应避免海水倒灌的影响，水库的取水口应在水库范围以外，靠近大坝；湖泊取水口应选在近湖泊出口处，离开支流汇入口，且须避开藻类生长区；海水取水口应设在海湾内风浪较小的地区，注意防止风浪和泥沙淤积。

（2）具有稳定的河床和河岸，靠近主流，有足够的水源，水深一般不小于2.5～3.0m。弯曲河段上，宜设在河流的凹岸，但应避开凹岸主流的顶冲点，顺直的河段上，宜设在河床稳定、水深流急、主流靠岸的窄河段处。取水口不宜放在入海的河口地段和支流向主流的汇入口处。

（3）尽可能减少泥沙、漂浮物、冰凌、冰絮、水草、支流和咸潮的影响。

（4）具有良好的地质、地形及施工条件。取水构筑物应建造在地质条件好、承载力大的地基上。应避开断层、滑坡、冲积层、流沙、风化严重和岩溶发育地段。应考虑施工时的交通运输和施工场地。

（5）取水构筑物位置选择应与城市规划和工业布局相适应，全面考虑整个给水排水系统的合理布置。应尽可能靠近主要用水地区，以减少投资。输水管的铺设应尽量减少穿过天然（河流、谷地等）或人工（铁路、公路等）障碍物。

（6）应考虑天然障碍物和桥梁、码头、丁坝、拦河坝等人工障碍物对河流条件引起变化的影响。

（7）应与河流的综合利用相适应。取水构筑物不应妨碍航运和排洪，并且符合灌溉、水力发电、航运、排洪、河湖整治等部门的要求。

（8）取水构筑物的防洪标准不应低于城市防洪标准，其设计洪水重现期不得低于100年。城市供水水源的设计最小（枯水）流量的保证率，一般采用90%～97%。设计枯水位的保证率，一般采用90%～99%。

3. 给水处理工程设施布局要求

1）给水处理方法

通常天然水源的水质不能满足人们的生产生活需要。为了保障人体健康和工业生产，人们制定了各种供水水质标准。我国现行的《生活饮用水卫生标准》（GB 5749—2006）规定了生活饮用水各种指标所应达到的限值。工业用水因种类繁多，水质要求各不相同，需由生产工艺、产品质量、设备材料以及水在生产中的用途来决定。随着科学技术的进步、人民生活需求的提高、水源污染的加剧，水质标准总是在不断改进、补充之中。

给水处理的目的是通过必要的处理方法去除水中杂质，使之符合生活饮用或工业使用所要求的水质。水处理方法应根据原水水质和用水对象对水质的要求确定，主要有：①澄清过滤和消毒；②除臭、除味；③除铁、除锰和除氟；④软化；⑤淡化和除盐；⑥水的冷却；⑦预处理和深度处理。

以上是给水处理的基本方法，为了达到某一处理目的往往几种方法连用。

2）给水处理厂规划

给水处理厂厂址选择必须综合考虑各种因素，通过技术经济比较后确定。厂址选择应该考虑以下几个方面：

（1）厂址应选择在工程地质条件较好的地方。一般选在地下水位低、承载力较大、湿陷性等级不高、岩石较少的地层，以降低工程造价和便于施工。

（2）水厂应尽可能选择在不受洪水威胁的地方；否则应考虑防洪措施。

（3）水厂周围应具有较好的环境卫生条件和安全防护条件。并考虑沉淀池及滤池冲洗水的排除方便。

（4）水厂应尽量设置在交通方便、靠近电源的地方，以利于施工管理和降低输电线路的造价。

（5）厂址选择要考虑近、远期发展的需要，为新增附加工艺和未来规模扩大发展留有余地。

水厂用地控制指标参考表5-5中的指标。

水厂用地控制指标　　　　　　表5-5

| 建设规模（万 $m^3/d$） | 地表水水厂（$m^2 \cdot d/m^3$） | 地下水水厂（$m^2 \cdot d/m^3$） |
|---|---|---|
| 5~10 | 0.50~0.70 | 0.30~0.40 |
| 10~30 | 0.30~0.50 | 0.20~0.30 |
| 30~50 | 0.10~0.30 | 0.08~0.20 |

注：1. 建设规模大的取下限，建设规模小的取上限。
　　2. 地表水水厂建设用地按常规处理工艺进行，厂内设置预处理或深度处理构筑物以及污泥处理设施时，可根据需要增加用地。
　　3. 地下水水厂建设用地按消毒工艺进行，厂内设置特殊水质处理工艺时，可根据需要增加用地。
　　4. 本表指标未包括厂区周围绿化地带用地。

4. 输配水工程布局要求

城市输水和配水系统是保证输水到给水区内，并且配水到所有用户的全部设施，包括输水管渠、配水管网、泵站、水塔和水池等。

1）输水管渠布置布局要求

输水管渠指从水源到城镇水厂或者从城镇水厂到给水工程管网的管线或给水渠道。选择与确定输水管线走向和具体位置，应遵循下列原则：

（1）根据城市总体规划，结合当地地形条件，进行多方案技术经济比较，确定输水管位置。

（2）定线时力求缩短线路长度，尽量沿现有或规划道路定线，少占农田，减少拆迁，减少与河流、铁路、公路、山岳的交叉，便于施工和维护。

（3）选择最佳的地形和地质条件，努力避开滑坡、坍方、岩层、沼泽、侵蚀性土壤和洪水泛滥区，以降低造价和便于管理。

（4）规划时考虑近远期的结合和分期实施的要求。

(5) 输水管条数主要根据输水量、事故时须保证的用水量、输水管长度、当地有无其他水源和用水量增长情况而定。供水不许间断时，输水管一般不宜少于两条；当输水管长，或有其他水源可以利用时，或用水可以暂时中断时，可考虑单管输水另加水池。若管线长、水压高、地形复杂、交通不便，应采用较大容积水平池。

2) 配水管网布局要求

配水管网的作用就是将输水管线送来的水，配送给城市用户。根据管网中管线的作用和管径的大小，将管线分为干管、分配管（配水管）、接户管。配水管网的布置形式主要有树状网和环状网两种。配水管网的布置要求供水安全可靠，投资节约，一般应遵循如下原则：

（1）按照城市规划布局布置管网，应考虑给水系统分期建设的可能，并需有充分发展的余地。

（2）干管布置的主要方向应按供水主要流向延伸，而供水的流向取决于最大用户或水塔调节构筑物的位置。

（3）管网布置必须保证供水安全可靠，宜布置成环状，即按主要流向布置几条平行干管，其间用连通管连接。干管位置尽可能布置在两侧有用水量较大的道路上，以减少配水管数量。平行的干管间距为 500~800m，连通管间距 800~1000m。

（4）干管一般按规划道路布置，尽量避免在高级路面或重要道路下敷设。管线在道路下的平面位置和高程应符合城市地下管线综合设计要求。

（5）干管应尽可能布置在高地，这样可保证用户附近配水管中有足够的压力和减低管内压力，以增加管道的安全。若城市地形高差较大时，可考虑分压供水或局部加压，不仅能节约能量，还可以避免地形较低处的管网承受较高压力。

（6）给水管网按最高日最高时流量设计，如果昼夜用水量相差较大，高峰用水时间较短，可考虑在适当位置设调节水池和泵房，利用夜间用水量减少进行蓄水，日间供水，增加高峰用水时的供水量，从而缩小高峰用水时水厂供水范围，降低出厂干管的高峰供水量。

（7）管线应遍布在整个给水区内，保证用户有足够的水量和水压。

（8）力求以最短距离敷设管线，以降低管网造价和供水能耗费用。

（9）城镇生活饮用水管网严禁和非生活饮用水管网连接，严禁和各单位自备生活饮用水供水系统直接接通。

（10）为保证消火栓处有足够的水压和水量，应将消火栓与干管相连接。消火栓的布置，首先应考虑仓库、学校、公共建筑等集中用水的用户。

3) 附属设施布局要求

（1）泵站。在城市给水系统中必须利用水泵来提升水量，满足使用要求，水泵一般布置在泵站内。按照泵站在给水系统中所起的作用，可分类如下：

一级泵站。直接从水源取水，并将水输送到净水构筑物，或直接输送到配水管网，水塔、水池等构筑物中，又称水泵房、水源泵房。

二级泵站。通常设在净水厂或配水厂内。自清水池中取净化了的水，加压后通过管网向用户供水。又称清水泵房。

加压泵站。加压泵站用于升高输水管中或管网中的压力，自输水管线一般管网或调节水池中吸水压入下一段输水管网，以便提高水压，满足用户的需要。多用于地形高差太大，或水平供水距离太远，将供水管网划成不同的区而设置的分压或分区给水系统。又称中途泵房、增压泵房。

调节泵房。建有调节水池的泵房，可增加管网高峰时用水量，又称为水库泵房。

通常一二级泵站的用地一般都算在取水工程和水厂指标中，泵站独立设置时，其用地可参考表5-6中的指标确定。

泵站用地控制指标　　　　　　　　　　　　表5-6

| 建设规模（万 m³/d） | 用地指标（m²·d/m³） |
| --- | --- |
| 5~10 | 0.20~0.25 |
| 10~30 | 0.10~0.20 |
| 30~50 | 0.03~0.15 |

（2）水塔是给水系统中调节流量和保证水压的构筑物。调节水量主要是调节泵站供水量和用水量之间的流量相差，其容积由二级泵站供水量曲线确定。水塔高度由所处地面标高和保证的水压确定，一般建在高处。水塔多用于城镇和工业企业的小型水厂，以保证水量和水压，其调节容量较小，在大中城市一般不用。水塔可根据在管网中的位置，分为网前水塔、网中水塔和对置水塔。

（3）水池。一级泵站通常均匀供水到水厂，二级泵站根据用水量变化供水到管网，两者供水量不平衡，就在一二级泵站间建清水池，目的在于调节一二级泵站流量差。中、小水厂都应设清水池，以调水水量变化，并贮存消防用水。供水范围较大、昼夜供水量相差大的城市及低压区需提高水压的用水户可设水池来调节来水量和局部加压。

## 第三节　城市排水工程系统规划

一、城市排水体制确定

（一）城市排水分类

城市排水按照来源和性质分为三类：生活污水、工业废水和降水。通常所言的城市污水是指排入城市排水管道的生活污水和工业废水的总和。

1. 生活污水

指人们在日常生活中所使用过的水，主要包括从住宅、机关、学校、商店及其他公共建筑和工厂的生活间，如厕所、浴室、厨房、洗衣房、洗室等排出的水。生活污水中含有较多有机物和病原微生物等，需经过处理后才能排入水体、灌溉农田或再利用。

2. 工业废水

工业生产过程中所产生或使用过的水，来自车间或矿物。其水质随着工业性质、工业过程以及生产的管理水理的不同而有很大差异。根据污染程度的不同，又分为生产废水和生产污水。

生产废水是在使用过程中，受到轻度污染或仅水温增高的水。其中含有淋洗大气及冲洗建筑物、地面、废渣、垃圾等所挟带的各种污染物。降水比较清洁，但初期雨水通常比较脏，含有较多污染物。雨水时间集中，径流量大。通常雨水不需处理，可直接就近排入水体。

另外，冲洗街道水、消防用后水，因性质与雨水相似，也并入雨水，通常雨水不需处理，可直接就近排入水体。

（二）城市排水体制分类

1. 合流制排水系统

合流制排水系统是将生活污水、工业废水和雨水混合在一个渠内排除的系统。

1）直排式合流制

管渠系统的布置就近坡向水体，分若干个排水口，混合的污水不经处理和利用直接就近排入水体。这种排水系统对水体污染严重，但管渠造价低，又不进污水处理厂，所以投资省。这种体制在城市建设早期多使用，不少老城区都采用这种方式。因其所造成污染危害很大，目前一般不宜采用。

2）截流式合流制

在早期直排式合流制排水系统的基础上，临河岸边建造一条截流干管，同时，在截流干管处设溢流井，并设污水处理厂。晴天或初雨时，所有污水都排送至污水处理厂，经处理后排入水体。当雨量增加，混合污水的流量超过截流干管的输水能力后，将有部分混合污水经溢流井溢出直接排入水体。这种排水系统比直排式有了较大改进。但在雨天，仍有部分混合污水不经处理直接排入水体，对水体污染较严重。为了进一步改善和解决污水处理厂晴、雨天水量变化较大引起的管理问题，可在溢流井后设贮水库，待雨停之后，把积蓄的混合污水送污水处理厂进行处理，但投资很大。截流式合流制多用于老城改建。

2. 分流制排水系统

分流制排水系统是将生活污水、工业废水和雨水分别在两个以上各自独立的管渠内排除的系统。

1）完全分流制

完全分流制分设污水和雨水两个管渠系统，前者汇集生活污水、工业废水，送至处理厂，经处理后排放和利用；后者汇集雨水和部分工业废水（较洁净），就近排入水体。该体制卫生条件较好，但仍有初期雨水污染问题，其投资较大。新建的城市和重要工矿企业，一般应采用该形式。工厂的排水系统，一般采用完全分流制，甚至要清浊分流，分质分流。有时，需几种系统来分别排除不同种类的工业废水。

2) 不完全分流制

不完全分流制只有污水管道系统而没有完整的雨水管渠排水系统，污水经由污水管道系统流至污水处理厂，经过处理利用后，排入水体；雨水通过地面漫流进入不成系统的明沟或小河，然后进入较大的水体。这种体制投资省，主要用于有合适的地形，有比较健全的明渠水系的地方，以便顺利排泄雨水。对于新建城市或发展中地区，为了节省投资，常先采用明渠排雨水，待有条件后，再改建雨水暗管系统，变成完全分流制系统。对于地势平坦，多雨易造成积水地区，不宜采用不完全分流制。

(三) 城市排水体制的选择

城市排水体制的确定，不仅影响排水系统的设计施工、投资运行，对城市布局和环境保护也影响深远。一般应根据城市总体规划、环境保护的要求、原有排水设施、水环境容量、地形、气候等条件，从全局出发，通过技术经济比较，综合考虑确定。下面从不同角度来进一步分析各种体制的使用情况。

1. 环境保护

截流式合流制同时汇集了部分雨水输送到污水处理厂，有利于减少初期雨水的污染，但这时截流主干管尺寸较大，污水处理厂容量也增加很多，投资费用增多。同时截流式合流制在暴雨时，把一部分混合污水通过溢流井泄入水体，易造成污染。分流制把城市污水全部送至污水处理厂进行处理，但初期雨水径流未加处理直接排入水体，对水体有一定程度的污染。由于分流制比较灵活，能够适应发展，又比较符合城市卫生要求，因此是城市排水系统体制发展的方向。

2. 工程投资

合流制泵站和污水处理厂的造价比分流制高，但管渠总长度短，所以，合流制的总造价要较分流制低。从初期投资看，不完全分流制初期只建污水排除系统而缓建雨水排除系统，便于分期建设，能节省初期投资费用，缩短施工期限，较快发挥效益，以后随城市的发展，再建雨水管渠。

3. 近远期关系

排水体制的选择要处理好近远期建设的关系，在规划设计时应作好分期工程的协调与衔接，使前期工程在后期工程中得到全面应用，特别对于含有新旧城区的城市规划而言，更需注意。在城市发展的新区，可以分期建设，先建污水管，收纳污染严重的污水，后建雨水管或用明渠过渡；在城市发展进度很快，地形平坦，综合开发的新区，雨水系统宜于一次建成。而在地形平坦，下游有一条充沛的水流，污水浓度较大，街道狭窄的地区，可采用合流制。由于旧城区多为合流制，则只需在合流管出口处埋设截流管，即可初步改善环境质量，与分流制相比，工程量少，易于上马且工时短。旧城区的合流制过渡到分流制涉及许多问题，需因地制宜，综合考虑，进行技术经济比较。

4. 施工管理

合流制管线单一，减少了与其他地下管线、构筑物的交叉，管渠施工较简单。另外，合流制管渠中流量变化较大，对水质也有一定影响，不利于泵站和污水处理厂的稳定运行,造成管理维护复杂,运行费用增加。而分流制水量水质变化较小,有利于污水处理和运行管理。

总之,排水体制的选择应因时因地而宜。一般新建的排水系统宜采用分流制。但在附近有水量充沛的河流或近海,发展又受到限制的小城镇地区,在街道较窄,地下设施较多,修建污水和雨水两条管线有困难的地区;或在雨水稀少,废水全部处理的地区等,采用合流制有时是有利的。

### 二、城市污水工程系统布局要求

城市污水系统主要包括污水管道系统和污水处理厂两个部分。城市污水管道系统规划的主要内容有:排水流域的划分;污水管道的定线和平面位置;城市污水和工业废水流量的确定;污水管道的水力计算;污水管道在道路上的位置确定等。

（一）城市污水量预测和计算

1. 城市污水量预测和计算

城市污水量包括城市生活污水量和部分工业废水量,与城市性质、发展规模、经济生活水平、规划年限等有关。生活污水量的大小直接取决于生活用水量。通常生活污水量约占生活用水量的70%~90%。

污水量与用水量密切相关,通常根据用水量乘以污水排除率即可得污水量。根据规划所预测的用水量,通常可选用城市污水排除率、城市生活污水排除率和城市工业废水排除率来计算城市污水量。另外应当注意,地下水位较高的地方,应适当考虑地下水的渗入量。

2. 变化系数

在进行污水系统的工程设计时,常用到变化系统的概念,从而考虑污水处理厂的污水泵站的设计规模和管径。污水量的变化情况常用变化系数表示。变化系数有日变化系数、时变化系数和总变化系数。污水量变化系数随污水流量的大小而不同。污水流量愈大,其变化幅度愈小,变化系统较小;反之则变化系统较大。生活污水量总变化系统一般按表5-7采用。当污水平均日流量为表中所列污水平均日流量中间数值时,其总变化系统可用内插法求得。

**生活污水量总变化系数**　　　　表5-7

| 污水平均日流量（L/s） | 5 | 15 | 40 | 70 | 100 | 200 | 500 | 1000 | ≥1500 |
|---|---|---|---|---|---|---|---|---|---|
| $K_z$ | 2.3 | 2.0 | 1.8 | 1.7 | 1.6 | 1.5 | 1.4 | 1.3 | 1.2 |

（二）城市污水管网布局要求

在进行城市污水管道的规划设计时,先要在城市总平面图上进行管道系统平面布置,也称定线,主要内容有:确定排水区界,划分排水流域;选择污水处理厂和出水口的位置;拟定污水干管及主干管的路线;确定需要提升的排水区域和设置泵站的位置等。平

面布置得正确合理,可为设计阶段奠定良好基础,并使整个排水系统的投资节省。在具体规划布置时,要考虑以下的布局原则:

(1) 尽可能在管线较短及埋深较小的情况下,让最大区域上的污水自流排出。

(2) 地形是影响管道定线的主要因素。定线时应充分利用地形,在整个排水区域较低的地方,如集水线或河岸低处敷设主干管及干管,便于支管的污水自流接入。地形较复杂时,宜布置成几个独立的排水系统,如由于地表中间隆起而布置成两个排水系统。若地势起伏较大,宜布置成高低区排水系统,高区不宜随便跌水,利用重力排入污水处理厂,并减少管道埋深;个别低洼地区应局部提升。

(3) 污水主干管的走向与数目取决于污水处理厂和出水口的位置与数目。如大城市或地形平坦的城市,可能要建几个污水处理厂分别处理与利用污水,就需设几个主干管。小城市或地形倾向一方的城市,通常只设一个污水处理厂,则只需敷设一条主干管。若区域几个城镇合建污水处理厂,则需建造相应的区域污水管道系统。

(4) 污水管道尽量采用重力流形式,避免提升。由于污水在管道中靠重力流动,因此管道必须有坡度。在地形平坦地区,管线虽不长,埋深亦会增加很快,当埋深超过最大埋深深度时,需设中途泵站抽升污水。这样会增加基建投资和常年运行管理费用,但不建泵站,使管道埋深过深,导致施工困难大且造价增高。所以需作方案比较,选择最适当的定线位置,尽量节省埋深,又可少建泵站。

(5) 管道定线尽量减少与河、山谷、铁路及各种地下构筑物交叉,并充分考虑地质条件的影响。污水管特别是主干管,应尽量布置在坚硬密实的土壤中,如通过劣质土壤(松软土、回填土、土质不均匀等)或地下水位高的地段时,污水管道可考虑绕道或采用建泵站及其他施工措施的办法加以解决。

(6) 污水干管一般沿城市道路布置。不宜设在交通繁忙的快车道下和狭窄的街道下,也不宜设在无道路的空地上,而通常设在污水量较大或地下管线较少一侧的人行道、绿化带或慢车道下。道路宽度超过 50m 时,可考虑在道路两侧各设一条污水管,以减少连接支管的数目及与其管道的交叉,并便于施工、检修和维护管理。污水干管最好以排放大量工业废水的工厂(和污水量大的公共建筑)为起端,除了能较快发挥效用外,还能保证良好的水力条件。

(7) 管线布置应简捷顺直,不要绕弯,注意节约大管道的长度。避免在平坦地段布置流量小而长度大的管道,因流量小,保证自净流速所需的坡度较大,而使埋深增加。

(8) 管线布置考虑城市的远、近期规划及分期建设的安排,与规划年限相一致,应使管线的布置与敷设满足近期建设的要求,同时考虑远期有扩建的可能。规划时,对不同重要性的管道,其设计年限应有差异。城市主干管,年限要长,基本应考虑一次建后相当长时间不再扩建,而次干管、支管、接户管等年限可依次降低,并考虑扩建的可能。

(三) 城市污水处理厂规划布局要求

城市污水处理厂是城市排水工程的重要组成部分,恰当地选择污水处理厂的位置对于城市规划的总体布局、城市环境保护、污水的利用和出路、污水管网系统的布局、污水处理厂的投资和运行管理等都有重要影响。

1. 城市污水处理厂厂址选择

（1）污水处理厂应设在地势较低处，便于城市污水自流入厂内。厂址选择应与排水管道系统布置统一考虑，充分考虑城市地形的影响。

（2）污水处理厂宜设在水体附近，便于处理后的污水就近排入水体，尽量无提升，合理布置出水口。排入的水体应有足够环境容量，减少处理水对水域的影响。

（3）厂址必须位于集中给水水源的下游，并应设在城镇、工厂厂区及居住的下游和夏季主导风向的下方。厂址与城镇、工厂和生活区应有300m以上距离，并设卫生防护带。

（4）厂址尽可能少占或不占农田，但宜在地质条件较好的地段，便于施工、降低造价。充分利用地形，选择有适当坡度的地段，以满足污水在处理流程上的自流要求。

（5）结合污水的出路，考虑污水回用于工业、城市和农业的可能，厂址应尽可能与用处理后污水的主要用户靠近。

（6）厂址不宜设在雨季易受水淹的低洼处。靠近水体的污水处理厂要考虑不受洪水的威胁。

（7）污水处理厂选址应考虑污泥的运输和处置，宜近公路河流。厂址处要有良好的水电供应，最好是双电源。

（8）选址应注意城市近、远期发展问题，近期合适位置与远期合适位置往往一致，应结合城市总体规划一并考虑。厂址用地应考虑扩建的可能。

2. 城市污水处理厂的用地

污水处理占地面积与污水量及处理方法相关，表5-8列出不同规模污水处理厂的用地指标。

污水处理厂建设用地指标 $[m^2/(m^3 \cdot d)]$　　　　表5-8

| 建设规模 \ 处理级别 | Ⅰ类 | Ⅱ类 | Ⅲ类 | Ⅳ类 | Ⅴ类 |
|---|---|---|---|---|---|
| 一级 | 0.3~0.4 | 0.4~0.6 | 0.6~0.8 | 0.8~1.0 | 1.0~1.4 |
| 二级 | 0.5~0.6 | 0.6~0.8 | 0.8~1.2 | 1.2~1.5 | 1.5~2.0 |

注：1. 建设规模：Ⅰ类20万~50万 $m^3/d$；Ⅱ类10万~20万 $m^3/d$；Ⅲ类5万~10万 $m^3/d$；Ⅳ类2万~5万 $m^3/d$；Ⅴ类0.5万~2万 $m^3/d$。
2. 表中指标规模大的取下限，规模小的取上限。
3. 表中指标不包括污水处理厂出水回用需增加的用地。
4. 深度处理的面积应视情况增加。

### 三、城市雨水工程设施布局要求

（一）雨水量的确定

雨量分析的目的是通过对降雨过程的多年资料的统计和分析，找出表示暴雨特征的降雨历时、降雨强度与降雨重现期之间的相互关系,作为雨水管渠设计的依据。

降雨量是降雨的绝对量,用深度 $h$(mm)表示。降雨强度指某一连续降雨时段内的平均降雨量,用 $i$ 表示。即

$$i = \frac{h}{t}$$

式中　$i$——降雨强度(mm/min);

　　　$t$——降雨历时,即连续降雨的时段(min);

　　　$h$——相应于降雨历时的降雨量(mm)。

降雨强度也可用单位时间内单位面积上的降雨体积 $q_0$ [L/(s·$10^{-4}$m²)] 表示。$q_0$ 和 $i$ 的关系如下:

$$q_0 = \frac{1 \times 1000 \times 10000}{1000 \times 60} i = 166.7i \approx 167i$$

在设计雨水管渠时,假定降雨在汇水面积上均匀分布,并选择降雨强度最大的雨作为设计根据,根据当地多年(至少10年以上)的雨量记录,可以推算出暴雨强度的公式。按照规范,暴雨公式一般采用下列形式:

$$q = \frac{167A_1(1 + c\lg p)}{(t + b)^n}$$

式中　$q$——暴雨强度 [L/(s·$10^{-4}$m²)];

　　　$p$——重现期(年);

　　　$t$——降雨历时(min);

　　　$A_1$,$c$,$b$,$n$——地方参数,由设计方法确定。

### (二) 城市雨水管渠布局要求

城市雨水管渠系统是由雨水口、雨水管渠、检查井、出水口等构筑物组成的一整套工程设施,雨水管渠系统的布置,要求使雨水能顺畅及时地从城镇和厂区内排出去。一般可从以下几个方面进行考虑。

1. 充分利用地形,就近排入水体

规划雨水管线时,首先按地形划分排水区域,再进行管线布置。根据地面标高和河道水位,划分自排区和强排区。自排区利用重力流自行将雨水排入河道,强排区需设雨水泵站提升排入河道。根据分散和直接的原则,多采用正交式布置,使雨水管渠尽量以最短的距离重力流排入附近的池塘、河流、湖泊等水体中。只有当水体位置较远且地形较平坦或地形不利的情况下,才需要设置雨水泵站。一般情况下,当地形坡度较大时,雨水干管宜布置在地形低处或溪谷线上;当地形平坦时,雨水干管宜布置在排水流域的中间,以便尽可能扩大重力流排除雨水的范围。

2. 尽量避免设置雨水泵站

由于暴雨形成的径流量大,雨水泵站的投资也很大。且雨水泵站在一年中运转时间短,利用率低,所以应尽可能靠重力流排水。但在一些地形平坦、地势较低、区域较大

或受潮汐影响的城市，在必须设置的情况下，把经过泵站排泄的雨水径流量减少到最小限度。

3. 结合街区及道路规划布置

道路通常是街区内地面径流的集中地，所以道路边沟最好低于相邻街区地面标高，尽量利用道路两侧边沟排除地面径流。雨水管渠应平行道路敷设，宜布置在人行道或草地带下，不宜布置在快车道下。另外，也不宜设在交通量大的干道下，从排除地面径流而言，道路纵坡最好为 0.3%～0.6%。

4. 结合城市竖向规划

进行城市竖向规划时，应充分考虑排水的要求，以便能合理利用自然地形就近排出雨水，还要满足管道埋设最不利点和最小覆土要求。另外，对竖向规划中确定的填方或挖方地区，雨水管渠布置必须考虑今后地形变化，进行相应处理。

5. 雨水管渠采用明渠或暗管应结合具体条件确定

一般在城市市区，建筑密度较大，交通频繁地区，均采用暗管排雨水，尽管造价高，但卫生情况较好，养护方便；在城市郊区或建筑密度低、交通量小的地方，可采用明渠，以节省工程费用，降低造价。在受到埋深和出口深度限制的地区，可采用盖板明渠排除雨水。

6. 雨水出口的设置

雨水出口的布置有分散和集中两种形式。当出口的水体离流域很近，水体的水位变化不大，洪水位低于流域地面标高，出水口的建筑费用不大时，宜采用分散出口，以便雨水就近排放，使管线较短，减小管径。反之，则可采用集中出口。

7. 调蓄水体的布置

充分利用地形，选择适当的河湖水面和洼地作为调蓄池，以调节洪峰，降低沟道设计流量，减少泵站的设置数量。必要时，可以开挖一些池塘、人工河，以达到储存径流、就近排入的目的。调蓄水体的布置应与城市总体规划相协调，把调蓄水体与景观规划、消防规划结合起来，起到游览、休闲、娱乐、消防贮备用水的作用，在缺水地区，可以把贮存的水量用于市政绿化和农田灌溉。调蓄水体宜布置在低洼处或滩涂上，使设计水位低于道路标高，减少竖向工程量。若调蓄水体的汇水面积较大或呈狭长时，应尽量纵向延伸，与城市内河结合，接纳城市雨水。没有调蓄水体时，城市雨水应尽量高水高排，以减少雨洪量的蓄积。也可以在公园、校园、运动场、广场、停车场、花坛下修建雨水人工贮留系统，使所降雨水尽量多地分散贮留。

8. 雨水口的布置

雨水口的布置应使雨水不致漫过路口而影响交通，因此一般在街道交叉路口的汇水点、低洼处应设置雨水口，不宜设在对行人不便的地方。街道两旁雨水口的间距，主要取决于街道纵坡、路面积水情况及雨水口的进水量，一般为 25～60m。

9. 排洪沟的设置

城市中靠近山麓建设的中心区、居住区、工业区，除了应设雨水管道外，尚应考虑在规划地区周围或超过规划区设置排洪沟，以拦截从分山岭以内排泄下来的洪水，使之排入水体，保证避免洪水的损害。

### 四、城市合流制排水系统规划

#### （一）合流制管渠系统特点

合流制管渠系统是在同一管渠内排除生活污水、工业废水及雨水的管渠系统。常用的是截流式合流管渠系统，它在临河的截流管上设溢流井，晴天时，截流管以非满流将生活污水和工业废水送往污水处理厂处理；雨天时，随雨量增加，截流管以满流将生活污水、工业废水和雨水的混合污水送往污水处理厂处理。当雨水径流量继续增加到混合污水量超过截流管的设计输水能力时，溢流井开始溢流，并随雨水径流量的增加，溢流量增加。最后，混合污水量又重新等于或小于截流管的设计输水能力，溢流停止，全部混合水又都流向污水处理厂。

截流式合流制消除了晴天时城市污水的污染及雨天时较脏的初期雨水与部分城市污水对水体的污染，在一定程度上满足了保护环境的需求，但在暴雨天，则有部分带有生活污水和工业废水的混合污水溢入水体，使水体受到周期性污染。另外，合流制水质变化较大，给污水处理厂的运用管理带来了一定困难。但合流制的总投资比分流制节省，许多城市的旧城区多习惯采用合流制形式排污。

#### （二）合流制排水系统适用条件

（1）雨水稀少的地区。

（2）排水区域内有一处或多处水源充沛的水体，其流量和流速都足够大，一定量的混合污水排入水体后对水体造成的危害程度在允许范围以内。

（3）街坊和街道的建设比较完善，必须采用暗管渠排除雨水，但街道横断面比较窄，地下管线多，施工复杂，管渠的设置位置受到限制时。

（4）地面有一定坡度倾向水体，当水体高水位时，岸边不受淹没。污水在中途不需泵站提升。

（5）水体卫生要求特别的地区，污、雨水均需要处理者。

在考虑采用合流制管渠系统时，首先应满足环境保护的要求，充分考虑水体的环境容量限制。

#### （三）合流制排水系统布置

截流式合流制排水系统除应满足管渠、泵站、污水处理厂、出水口等布置的一般要求外，尚应考虑以下的要求：

（1）管渠的布置应使所有服务面积上的生活污水、工业废水和雨水都能合理地排入管渠，并能以可能的最短距离坡向水体。

（2）在合流制管渠系统的上游排水区域内，如有雨水可沿地面的街道边沟排泄，则可只设污水管道。只有当雨水不宜沿地面径流时，才布置合流管渠。

（3）截流干管一般沿水体岸边布置，其高程应满足连接的支、干管的水能顺利流入，并使其高程在最大月平均高水位以上。在城市旧排水系统改造中，如原有管渠出口高程较低，截流干管高程达不到上述要求时，只有降低高程，设防潮闸门及排涝泵站。

（4）溢流井的数目不宜过多，位置应选择适当，以免增加溢流井和排放渠道的造价，减少对水体的污染。溢流井尽可能位于水体下游，并靠近水体。

（四）城市旧合流制排水管渠系统改造

我国大多数城市旧排水管渠系统都采用直排式的合流排水管渠系统，然而随着城市社会经济的发展和水环境污染的加剧，在进行城市旧城改建规划时，对原有排水管渠进行改建，势在必行。旧排水系统改造中，除加强管理、养护，严格控制工业废水排放，新建或改建局部管渠和泵站等措施外，在体制改造上通常有以下两种途径。

1. 改合流制为分流制

一般方法是将旧合流制管渠局部改建后作为单纯排除雨水（或污水）的管渠系统，另外新建污水（或雨水）管渠系统。这样可以解决城市污水对水体的污染。这种办法在城市半新建地区、成片彻底改造旧区、建筑物不密集的工业区以及其他地形起伏有利改造的地区，都是可能和比较现实的。因为把合流制改为分流制须具备一些条件：住房内部有完善的卫生设备，能够雨、污严格分流；城市街道横断面有足够的位置，有可能增设污（或雨）水管渠；施工中对城市交通不会造成过大影响。对于我国旧区改建的现状，某些地区可以考虑由合流制逐步过渡到分流制。

一种做法是在规划中近期采用合流制，埋设污水截流总管，但可采用较低的截流倍数，以便在较短时期内，使城市旧区水体的污染面貌得以迅速地初步改善。但随旧区的逐步改造以及道路的拓宽与新辟，可以相应地埋设污水管，接通截流总管，并收纳污水管经过地区新建的或改善的房屋的污水，以及收纳原有建筑物（包括工厂）的污染严重的污水，这样便可逐步地由合流制过渡到合流与分流并存，以至最后做到旧区大部分污染严重的污水分流到污水管中去，基本上达到分流制的要求。而把原有合流管道作为雨水管道。此外，利用原已建成的合流管的截流设施，在下雨时，还可截流一部分污染严重的初期雨水，防止溢入水体。这种做法可以充分利用原合流管在雨水收集系统方面自成体系、口径较大和直排水体的特点。

另一种做法是以原有合流管道作污水管道来进行分流，而另建一套简易和雨水排泄系统。通过采用街道暗沟、明渠等排泄雨水，这样可以免去接户管的拆装费用，也可避免破坏道路，增设管道。等有条件时，可以把暗沟、明渠等改为雨水管道。这种方法经济，适用于过渡时期的改造。

2. 保留合流制，修建截流干管

将合流制改为分流制几乎要改建所有的污水出户管及雨水连接管，要破坏很多路面，且需很长时间，投资也巨大。所以，目前旧合流制管渠系统的改造大多保留原有体制，沿河修建截流干管，即将直排式合流制改造成为截流式合流制管渠系统。也有城市为保护重要水源河道,在沿河修建雨污合流的大型合流管渠,将雨污水一同引往远离水源地的其他水体的。截流式合流制因混合污水的溢流而造成一定的环境污染,可采取一定的补救措施。

(1) 建混合污水贮水池或利用自然河道和洼塘,把溢流的合流污水调蓄起来,雨后再把贮存的水送往污水处理厂,能起到沉淀的预处理作用。

(2) 在溢流出水口设置简单的处理设施,如对溢流混合污水筛滤、沉淀等。

(3) 适当提高截流倍数,增加截流干管及扩大污水处理厂容量等。

(4) 使降雨尽量多地分散贮留,尽可能向地下渗透,减少溢流的混合污水量。主要手段有依靠公园、运动场、广场、停车场地下贮留雨水,依靠渗井、地下盲沟、渗水性路面渗透雨水,削减洪峰。

### 五、泵站及管道附属构筑物布局要求

**(一) 排水泵站布局要求**

排水泵站按排水的性质可分为污水泵站、雨水泵站、合流泵站和污泥泵站等。按在排水系统中所处的位置,又分为局部泵站、中途泵站和终点泵站。

(1) 泵站在排水系统总平面图上的位置安排,应考虑当地的卫生要求、地质条件、电力供应、施工条件及设置应急出口管渠的可能,进行技术经济分析比较后,进行决定。

(2) 排水泵站宜单独设置,与居住房屋、公共建筑保持适当距离,以防止泵站臭味和机器噪声对居住环境的影响。泵站周围应尽可能设置宽度不小于 10m 的绿化隔离带。

(3) 排水泵站的占地随建设规模、泵站性质等不同而相异,合流泵站可参考雨水泵站指标,如表 5-9 和表 5-10 所示。

雨水泵站建设用地指标　　　　　　　　　　　　　　　　　表 5-9

| 雨水流量 (L/s) | 20000 以上 | 10000~20000 | 5000~10000 | 1000~5000 |
|---|---|---|---|---|
| 用地指标 [m²/ (L/s)] | 0.4~0.6 | 0.5~0.7 | 0.6~0.8 | 0.8~1.1 |

污水泵站建设用地指标　　　　　　　　　　　　　　　　　表 5-10

| 污水流量 (L/s) | 2000 以上 | 1000~2000 | 600~1000 | 300~600 | 100~300 |
|---|---|---|---|---|---|
| 用地指标 [m²/ (L/s)] | 1.5~3.0 | 2.0~4.0 | 2.5~5.0 | 3.0~6.0 | 4.0~7.0 |

**(二) 排水管道系统附属构筑物布局要求**

(1) 检查井用来对管渠进行检查和清通,也有连接管段的作用。一般设在管渠交会、转弯、管渠尺寸或坡度改变及直线管段相隔一定距离处。相邻两检查井之间管渠应成一条直线。直线管道上检查井间距通常为 25~60m,管径越大,间距越大。检查井有不下人的浅井和需下人的深井。

（2）跌水井，当遇到下列情况且跌差大于1m时需设跌水井：管道中流速过大，需加以调节处；管道垂直于陡峭地形的等高线布置，按原坡度将露出地面处；接入较低的管道处；管道遇上地下障碍物，必须跌落通过处。在转弯处不设跌水井，常用跌水井有竖管式、阶梯式等。

（3）溢流井多用在截流式合流制排水系统中，晴天时，管道中污水全部送往污水处理厂处理；雨天时，管道中混合污水仅有部分送污水处理厂处理，超过截流管道输水能力的那部分混合污水不作处理，直接排入水体。在合流管道与截流管道交接处，应设溢流井完成截流和溢流作用，溢流井可能设置的位置，尽可能靠近水体下游，最好在高浓度工业污水进水点上游。

（4）雨水口是在雨水管渠或合流管渠上收集雨水的构筑物。地面上的雨水经过雨水口和连接管流入管道上的检查井和进入排水管渠。雨水口设置要求能迅速有效地收集雨水，定在汇水点上或截水点上，一般设在交叉路口，路侧边沟的一定距离处及设有道路边石的低洼地方。

（5）倒虹管是排水管渠遇到河流、山涧、洼地或地下构筑物等障碍物时，不能按原有坡度埋设，而是按下凹的折线方式从障碍物下通时的管道。倒虹管由进水井、管道及出水井三部分组成。管道有折管式和直管式两种。折管式施工麻烦，养护困难，只适于河滩很宽的情况。直管式施工和养护较前者简单。倒虹管应尽量与障碍物正交通过。倒虹管顶与河床距离一般不小于0.5m。其工作管线一般不少于两条，但通过谷地、旱沟或小河时，可敷设一条。

（6）排水管渠出水口的位置和形式，应根据出水水质、水体的水位及变化情况、水流方向、下游用水情况、水岸变迁（冲淤）情况和夏季主导风向等因素确定。出水口一般设在岸边，当排水需要同受纳水体充分混合时，可将出水口伸入水体中，伸入河心的出水口应设标志。污水管的出水口一般都应淹没在水体中，管顶高程在常水位以下，以使污水和河水混合得好，而避免污水沿河滩泄流，造成污染。雨水管出水口可采用非淹没式，管底标高在水体最高水位以上，一般在常水位以上，以免水体水倒灌。否则应设防潮闸门或排涝泵站。出水口与水体岸边连接处，一般做成护坡或挡土墙，以保护河岸及固定出水管渠与出水口。

## 第四节　城市水务系统发展概况与动态

### 一、城市水务系统发展概况

（一）我国城市水务发展概况

1. 我国水务管理发展状况

新中国成立后，经过几十年的艰苦努力，城市水务工作取得了很大的成绩，基本满足了工业和城市生活对水资源的需求。

供水行业得到了快速发展，从1883年上海市建成我国第一家自来水厂到现在，我国供水行业已经有 100 多年的历史。1949 年底,在全国 136 个设防城市中,只有 58 个城市有供水设施,日供水能力仅 240.6 万 m³,用水人口不足 1000 万人,不到城市人口的 20%,绝大多数城市居民直接饮用江河湖水和井水。到 2000 年底,累计用于城市供水设施的固定资产投资达到 12117 亿元。全国 667 个设市城市都建有供水设施,日供水能力达到 2.18 亿 m³;城市用水人口发展到 2.03 亿人,自来水普及率达到 96.7%。

我国的污水处理事业也得到快速发展,1949 年全国只有 4 座污水处理厂,总计日处理能力 4 万 m³,且多为一级处理,到 2000 年底,全国已有 310 个城市建立了污水处理设施,建设污水处理厂 417 座,年污水处理量 113.6 亿 m³,污水处理率达到 34.2%。

改革开放后,水务管理体制改革试点最早是从深圳开始的。深圳市从城市发展的实践和连接发生的旱涝灾害中认识到水分割管理体现的弊端和水务统一管理的重要性,借鉴香港地区水务管理的经验,于 1993 年 7 月组建了水务局,对城乡涉水事务进行统一管理,收到明显成效。之后,各地为解决长期困扰城市水务发展的水资源城乡分割、地表地下水分割管理的问题,在全国开展了以城乡水资源统一管理和供水、用水、排水、污水处理统一管理为主要内容的城市水务体制改革。

各地成立水务局后,综合承担了政府赋予的水行政主管职能,加强了水行政管理,按市场需求及当地水资源条件,合理开发,配置水资源,通过水资源的开发、管理、节约和保护,实现自我发展、自我积累、自我完善的良性循环。

2. 我国城市水务工作现状存在的问题

1)城市水务管理脱节

城市供水、节水、排水、污水处理回用几方面依然存在相互脱节的问题。现阶段在全国推行城市水务管理体制还面临着已有法规和体制等的阻力。

2)城市水务投资渠道不畅

多年来,水利投入主要用于农田水利建设、水土保持和防洪工程,城市供水项目尤其是城市供水管网建设投资由城建部门负责。水务管理体制改革后,与新的体制相配套的投入机制尚未建立,目前城市供水项目投资仍然要报建设部门审批,过去建设部门对供水管网改造维修及城市供排水设备维修每年也有固定经费来源,实施水务管理体制改革后,地方财政没有明确新的投资渠道。

3)部分地区水务运行机制中有政企不分的现象

在计划经济体制下,城市供水和污水处理设施的建设基本上全部由国家投资,地方政府直接管理,国家有限的投资远不能适应城市化的迅猛发展和城市规模的不断扩大,致使本应适当超前的城市供水排水与污水处理的基础设施滞后,由于供水和排水企业者都是国有独资企业,水费和排污费由政府定价,不足以支持水务企业的自身运行。

4)现有法律法规不能满足新体制的要求

受过去水资源分割管理体制和"行业立法"的影响,涉及水管理问题的不同部门政策、法规不尽一致;水务工作缺乏系统的政策法规保障。

3. 我国水务法规状况

20 世纪末，我国政府出台了一系列水务法规，如《中华人民共和国城市供水条例》、《城市节约用水管理规定》、《生活饮用水卫生监督管理办法》、《中华人民共和国水法》、《城市供水价格管理办法》、《中华人民共和国水污染防治法》、《中华人民共和国水污染防治法实施细则》、《中华人民共和国节约能源法》等，为我国水务工作的开展提供了法律保障。北京、上海、深圳等地，为了适应本地区的自身情况，编制了一系列地方水务法规，如《北京市实施〈中华人民共和国水污染防治法〉办法》、《上海市供水管理条例》、《深圳经济特区城市供水管理条例》、《天津市节约用水条例》等。

为了适应新形势下水务管理体制的改革，使水务活动尽快走上法制的轨道，2002 年 8 月 29 日，第九届全国人民代表大会常务委员会第二十九次会议通过了《中华人民共和国水法》，成为我国进行水务管理的基本法规，目的是为了合理开发、利用、节约和保护水资源，防治水害，实现水资源的可持续利用，适应国民经济和社会发展的需要。

（二）国外水务管理体制

国外水务管理模式有多种。无论水务管理在形式上是否统一，取水许可和污水排放许可这两大职能，都是作为规划和管理的主要内容统一在一个机构内。

1974 年，英国进行水管理体制改革，按流域（或联合附近几个小流域）成立了 10 个水务局。各水务局在伦敦成立了水务局协会，代表和协助分散在英格兰和威尔士的 10 个水务局工作。水务局的职责是具体进行水务局辖区内的水资源保护、开发、重新分配及水务局间的调水工作；向辖区内的居民提供洁净、充足的水；管理下水道排水，污水处理，履行恢复与维持河流及其他水域的清洁和卫生的职责；全面监督辖区内有关土地排水和防洪的一切事务；委派区域土地排水委员会履行除排水费率制定外的一切排水方面的职责；对未来供水和需求情况、水质改善情况编制规划和行动计划；对供水和污水防治进行统一收费。1986 年，水务局转变成公开招股有限公司。英格兰和威尔士在水质与水量管理，地表水与地下水管理等方面已做到完全统一。环境、运输和区域部负责制定政策和行政控制与指导；环境署负责资源和环境规划和管制，包括取水许可证和污水排放许可证的管理；水服务办公室负责私营公司的经济管制；私营供水和污水处理公司直接对顾客进行有偿水服务，收费标准由水服务办公室控制，这些公司是证券市场的上市公司。

美国加利福尼亚州采取的是水资源统一管理模式。参与加州水资源开发和管理工作的机构由联邦、州和地方政府三级组成，其中联邦机构主要有垦务局、陆军工程兵团和土壤保持局。加州水委员会和加州水资源局负责州水资源开发与管理。水委员会负责水权管理和发放排污许可证，编制各地区的水资源保护规划；水资源局的主要职能是进行水资源规划，保障与水有关的公共安全，包括防洪调度和大坝安全监督，负责水工程的建设和运行。

澳大利亚的维多利亚州 1993 年实行水工业改革，其核心是按城市、农业灌溉，实行对象管理。焦点集中在三个方面：墨尔本水公司、小城市水务局及农村水务服务。墨尔本水公司为墨尔本市提供水服务，属政府所有，但鼓励采用商业运作方式；小城市水务局提供各种服务，涉及水、污水及水道管理机构；农村水务服务的对象是灌溉农业。

加拿大各省都设有水管理机构，环境部的水资源局负责调查水资源的规模，改善流域水质及城市和特殊工业的排水条件；供水和污染控制局负责制定和实施各种标准和条例，控制饮用水的供应，发展修建和运用供排水工程。

韩国水资源公社是一家属于建设与交通部的大型国有事业单位，在自有工程的基础上，负责从水源到自来水龙头再到排水管道的一条龙管理，包括水源工程、管网工程、排水工程等的建设、运营与管理，统一征收水费和排水费。近年受政府委托，水资源公社甚至开始承担新城镇和开发区开发建设的责任。

世界各国水务管理的经验表明，资源、环境管制和经济管制最好与服务相分离，而且资源、环境与经济管制之间最好也彼此分离。政策制定和决策必须是政府的直接职责，但在把管制职能（如经济管制）分配给各个自主的机构（具有管理功能的事业单位）方面有相当大的好处，通过经济管制推动和提高供水、排水和水处理等服务机构（企业）的技术业绩和财务业绩。这是已达到高度认同的水行业管理模式。

## 二、分质供水系统发展

### （一）分质供水系统概述

分质供水又称双路供水，是目前发达国家普遍采用的供水方式。分质供水采用两套供水管网，一路供应日常生活用的自来水，一路采用专门的环保健康管道供应经深度处理的可供直接饮用的优质纯净水。住户只要打开水龙头，就可以喝到清甜爽口的纯净水。

分质供水主要应用于居住小区、学校部队、商用建筑、酒店宾馆等区域饮水系统，具有以下优势。

（1）饮用水集中净化，合理利用水资源。

（2）采用反渗透、纳滤等水处理工艺，严格按国家标准生产。

（3）整个系统全封闭设计，循环灭菌，彻底消除二次污染。

（4）无需预约送水，打开水龙头即可饮用，方便、快捷、安全。

（5）质量、价格比较优，是理想的饮用水消费方式。

（6）管道纯净水入户，提高了生活品质，与国际接轨。

分质供水旨在从根本上解决人们的直接饮用水水质问题，相对目前流行的瓶装水、桶装水，它的水质更为可靠，使用更为方便，成本更为低廉；同时，增加了饮用水的使用范围，如煮饭、煲汤，甚至洗面、沐浴等。分质供水是体现住宅小区科技含量的重要组成部分。分质供水迎合了现代人的生活需求。分质供水将以其洁净的水质、方便经济的特点走入千家万户，成为人们日常生活中的重要组成部分。

### （二）国内外分质供水发展概况

分质供水在国外有着长期的应用历史。国外现有的分质供水都是以可饮用水系统为城市主体供水系统,而将低品质水、回用水或海水另设管网供应,用作园林绿化、清洗车辆、冲洗厕所、喷洒道路以及工业冷却等,称为非饮用水。非饮用水系统通常是局部或区域性的,作为主体供水系统的补充。设立非饮用水系统的着眼点在于节约水资源及降低处理费用。在这方面,国内现有分质供水系统,青岛的城市污水回用、香港的海水冲厕系统,以及其他城市的分质供水实践与国外并无形式与内容上的差别。

(三) 我国分质供水发展前景

代表国内主流分质供水的概念与上述国际上通用的分质供水概念(即主体饮用水系统与补充非饮用水系统)有所区别,我们现在提倡的分质供水,是指以自来水为原水,把自来水中生活用水和直接饮用水分开,即把自来水中5%左右的水再进一步深加工净化处理,使水质达到洁净、健康的标准,供应给家庭用户,达到直饮的目的。我们目前推行的分质供饮用水工程,也可称为"健康饮水工程",在国际上无先例,它主要分为下面三种方式。

1. 桶装供水方式

桶装水是我国最早实施的分质供水方式,目前已有上千万个家庭和大量的机关、企事业单位采用桶装水作为日常饮水。桶装水主要是纯净水,相对于低标准和受污染的自来水来说,这肯定是一种进步。随着人们对于纯净水认识的深化,桶装水正朝着洁净天然水、山泉水,甚至是饮用矿泉水的方向发展。桶装水生产成本、运输、营销等费用高,售价是自来水的上百倍。桶装水必须通过饮水机才能直接饮用。如果说自来水存在二次污染,那么桶装水就存在来自多次使用的塑料桶及饮水机带来的第二、第三次污染。

2. 直饮机(净水器)方式

据不完全统计,全国大小形状不一、进口与国产、内部滤材等不同品种和型号的饮水机有70种以上。由于价格及容积所限,普通直饮机的净水工艺简单,滤材容量有限,因此,对自来水净化效果受到一定的影响。随着使用时间的增加,过滤的效果越来越差。而消费者大部分不具备鉴别滤材是否失效的能力,因滤材更换不及时造成水质下降。现在已经出现了一些采用更先进技术的直饮机,所制的饮用水能达到很高水平,但设备造价较高。

3. 管道分质供水方式

1996年上海率先在锦华小区实验建设了全国第一个分质供水系统。同年上海成立了国内第一家管道分质供水专业公司,并在一些小区建立了管道分质供水系统。之后,北京、深圳、广州、西安、宁波等省市的一些小区也相继建立了分质供水系统。广东省委、省政府在全国率先把分质供水网建设工程正式列入全省国民经济和社会发展"十五"计划中。据不完全统计,全国现有300多个住宅新区近100万户居民打开水龙头就能喝到甘冽爽口的饮用水。

完成提高城市供水水质是一项长期的任务。在努力实现这一任务的目标过程中,试行各种局部分质供水，以缓解水源污染的危害，不失为过渡时期的一种积极举措。在新建住宅小区，特别是有优质地下水资源可利用时，试行分质供水，是多种可供选择临时措施中有吸引力的一种。

在水资源严重紧缺，不得不利用需要淡化的咸水、受严重污染的原水或进行远距离引水的场合，仅考虑满足饮用水量需求的管道分质供水，不是发达国家的先进经验和可接受的做法。这种分质供水只能在有限程度上提高居民用水的安全性，是受目前经济实力限制而采取的一种过渡性方法。这些方法在某些城市的生活小区试行，有一定的积极意义；在整个城市实行是不合理的，存在着显而易见的不良后果。目前这种少量饮水单独用管道供应的做法受关注，与商业利益驱动不无关系。长远来看，改善饮用水水质的基本途径是提高城市主体供水系统的水质。实现这一目标，不仅需要加强水源保护，改进水厂处理工艺，改善输配水系统的技术状态，还需要改革城市供水行业的运行机制，逐步实现水价的市场化。

### 三、中水系统与污水回用系统发展

#### （一）中水系统与污水回用系统概况

1. 中水系统概况

中水就是指循环再利用的水。中水是把水质较好的生活污水经过比较简单的技术处理后，作为非饮用水使用，其水质介于给水和排水的水质之间。中水一词最早起源于日本，是不同于给水（日本称上水）、排水（日本称下水）的一种水处理方法。中水主要用于洗车、喷洒绿地、冲洗厕所、冷却用水等，这样做充分利用了水资源，减少了污水直接排放对环境造成的污染。

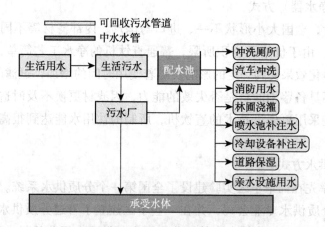

图 5-1  中水系统流程示意图

对于淡水资源缺乏、供水严重不足的城市来说，中水系统是缓解水资源不足，防治水污染，保护环境的重要途径，中水是水资源有效利用的一种形式和途径，也是社会发展的产物。

其实中水处理离我们的日常生活并不遥远，许多家庭都习惯把洗衣服和洗菜的水收集起来，用于冲厕所和拖地板，其实这就是最原始、最简单的中水处理办法。

中水水源取自生活用后排放的污水、冷却水，甚至雨水和工业废水。选择中水水源一般按下列顺序取舍：冷却水、淋浴水、洗排水、洗衣排水、厨房排水、厕所排水，其中应最先选用前四类排水，因为这四类水排水量大，有机物度含量低，处理简单。医院污水不宜作为中水水源。中水水源水量应是中水回用量的110%~115%。

中水系统按规模可分建筑中水系统、小区中水系统、城市中水系统。

中水系统由中水原水系统、中水处理设施和中水供水系统组成。中水原水系统主要是原水采集系统，如室内排水管道、室外排水管道及相应的集流配套设施；中水处理设施用于处理污水达到中水的水质标准；中水供水系统用来供给用户所需中水，包括室内外和小区的给水管道系统及设施。

2. 污水回用系统概况

污水回用又称水的回收利用，是城市污水经过必要的处理，在最终排放前加以利用。而工业水的循环利用是指工业污水排入城市下水系统前的再利用。污水排入水体后经过一定稀释扩散与自净作用，再次被抽取使用，称为间接回用。在目前情况下河流均受到不同程度的污染，利用地面水实际上大都是间接回用。直接回用指城市污水经必需的处理后，直接用于不同目的。通常所说的污水回用都是指直接回用。

面临日渐严重的水资源危机，用传统解决水源及水污染的办法已不能适应社会飞速发展的新形势，寻求新的水经营理念和用水管理方法已显得十分必要。强调水的价值、提高用水效率、实现社会发展向节水型经济的战略转移，是新形势下的用水准则。废污水回用技术正是顺应这一形势，并显示出其资源化利用与减轻水污染的双重功能。据统计，城市用水中只有2/3的水直接或间接用于饮用，其他1/3都可用回用水代替，因此，污水回用在对健康无影响的情况下，为我们提供了一个非常经济的新水源。也体现了优水优用、低水低用的合理用水、水资源合理配置的原则。在"十一五"期间，我国所有设市城市都必须建设污水处理设施，到2008年，城市污水集中处理率稳定达到65%。其中绝大多数是二级生化污水处理设施。城镇供水的约80%转化为污水，经收集处理后，其中70%可以回用。经过多年的实践，废污水回用已具备成熟的处理技术，且处理费用较低，作为第二水源要比长距离引水、海水淡化和人工降雨更具实际意义。在北京、天津、沈阳、鞍山、抚顺、大连、青岛、石家庄、太原、大同、西安、深圳等地已建或拟建一批污水处理或回用工程项目（总回用水量将达$5 \times 10^8 m^3/a$），同时改造一批旧的污水灌溉系统。长期以来，被忽视的污水灌溉的水质问题会被逐步解决。尽管如此，目前我国的城市污水回用仍处于起步阶段，需要加快推进步伐。

3. 中水系统与污水回用系统辨析

由于中水与污水回用在内容与形式上有一定的交叉，中水与污水回用这两个概念经常容易引起混淆，甚至认为是同一套系统，因此，有必要对这两个概念进行辨析。

1) 中水系统与污水回用系统的水源各不相同

中水的水源主要为冷却水、淋浴水、盥洗排水、洗衣房排水、厕所排水等，一般来说，污水回用水是中水系统的主要水源，但在有些特定情况下，中水系统也可采用低质自来水、雨水或其他水作为水源，二者还是有区别的。

污水回用水的主要水源则是经污水处理厂二级处理后的工业废水和生活污水等。

2) 中水系统与污水回用系统的用途各不相同

中水的用途主要有两种，一种是用于生活杂用水，主要供公共建筑、住宅、工厂等冲洗厕所、清扫地面、浇洒道路、草地花园及补充冷却水、清洗汽车等；另一种是用于消防系统的消防用水。

污水回用水一般不作生活饮用水，主要用于如冷却水、工艺水、锅炉用水、洗车用水、发电水力冲灰用水等，或作为市政杂用水、风景区和农业用水。其中，市政杂用水部分即相当于中水的用途。

综上，中水系统与污水回用系统在概念、水源及用途上不尽相同，但两者的建立从根本上来说，是为了合理利用水资源，及降低水处理费用，最终达到城市的可持续发展。

(二) 中水系统发展概况

1. 国外中水系统发展概况

国际上，日本、美国、南非、以色列等国早已开展污水经处理后回用的工作。美国加利福尼亚州已实施卫生间污水处理再利用工程。在德国的一些城市，地方政府正试验污水经处理后冲洗马桶。

污水回用形式分两类：一是闭路水循环系统。即一个单栋建筑物的污水经处理后仍回用于该建筑物，主要用作厕所冲洗。如较大的办公楼或者公寓大厦都有就地废水处理设备。二是区域水循环系统。这种系统往往由数个建筑物的生活污水集中处理后，再分配给这个范围内的建筑物使用，冲厕是它的主要用途。

福冈市和东京市都有规定：新建筑，其面积 30000$m^2$ 以上，或可回用水量在 100$m^3$/d 以上，都必须建造中水回用设施。

2. 我国中水系统发展概况

我国中水利用起步相对较晚，1985 年北京市环境保护科学研究所在所内建成了第一项中水工程。此后，我国天津、深圳、大连、西安等缺水的大城市相继开展了污水回用于工业和民用的试验研究，至 1996 年全国已有近 180 多套中水处理设施，但因种种原因，当时设施运行率并不高，如深圳市 29 套中水设施，只有 2 套设施得以勉强坚持运行；北京 120 套中水设施，保持运行的仅 60 套。

上海虽然地处东海之滨，濒江临海，但水源水质状况不容乐观，是一个水质型缺水城市。目前上海中水回用处于自发阶段，回用范围也仅限于绿地浇灌、道路冲洗、景观用水等，如宝山钢铁股份有限公司、信谊药厂、上无二十厂等企业内部的食堂、浴室、厕所污水集中处理回用；结合前建设部康居小区示范工程的要求，有关部门已在新建的奥林匹克花园、东方城市花园、名人花园和万里小区等开展中水回用试点，但城市中宾馆、学校的生活污水至今尚未有中水回用。

可见，中水回用基本集中在北方地区和北方沿海极度贫水城市，南方大部分城市中水回用还刚提到议事日程或还未提到议事日程。随着我国许多地方水荒的日益加剧，中水回用作为污水再生利用的形式之一，具有一定的优越性和生命力。

（三）污水回用系统发展概况

1. 国外污水回用发展概况

以色列是节约用水，特别是污水回用方面最具特色的国家。它地处干旱和半干旱地区，面积约 $2 \times 10^4 km^2$，人口约420万，水资源总量不足 $20 \times 10^8 m^3$，人均年水资源占有量仅为 $476 m^3$，严重缺水。目前全国需水量达 $20 \times 10^8 m^3$，已超过水资源总量，其中7%用于工业、25%用于生活与市政、68%用于农业。据认为，在这样严重缺水地区建成经济发达国家并保持经济高速增长，其重要政策是农业节水和城市污水回用。

1987年，以色列占全部污水处理总量46%的出水直接回用于灌溉，其余33.3%和约20%分别为回灌于地下和排入河道，最终又被间接回用于各方面（包括灌溉）。此外占总取水量约8%未经处理排入河道的污水，最终也被间接回用。由此可见，以色列的污水回用程度之高堪称世界第一，这同其特定自然地理条件和国情有关。由于大范围的污水回用，对于包括回用水技术在内的节水技术、回用水水质以及污水回用产生的生态和流行病学问题，在以色列受到极大的重视。

美国水资源总量较多，城市污水回用工程主要分布于水资源短缺、地下水严重超采的西南部和中南部的加利福尼亚、亚利桑那、得克萨斯和佛罗里达等州，其中以南加利福尼亚成绩最为显著。污水回用工程项目数（总数约500多个）和回用水量均以农业灌溉居多，工业用水次之。总的来讲，美国城市污水回用所占比重不高，范围不广，推行比较慎重，对水质控制较为严格。

早在20世纪60年代，日本沿海和西南一些缺水城市，如东京、名古屋、川崎、福冈等地即开始考虑将城市污水处理厂的出水经进一步处理后回用于工业、生活或生活杂用（以冲洗卫生设备为主）。其中，较大的工业回用水项目有东京江东地区工业水道、名古屋工业水道、川崎市工业水道。回用水供水规模：东京，约14万 $m^3/d$，供240个工业企业；名古屋，约40万 $m^3/d$，回用方式是将污水处理后出水同地面水混合后供工业企业；川崎，近20万 $m^3/d$，供工业企业用水。另外，福冈1980年、1989年先后建成规模为 $400 m^3/d$、$2000 m^3/d$ 的污水"再净回用示范工程系统"，分别供12个公共建筑物和2个生活小区；在日本其他城市因受水资源及技术经济条件限制，也有类似的回用水系统投入使用。相对而言，日本城市污水回用工程，以拥有较多的"中水道"（即中水系统）而著称。

2. 我国污水回用现状

我国污水回用于灌溉具有悠久的历史，范围也很广泛。从20世纪50年代起即在北方的一些缺水地区，如抚顺、沈阳、大连、石家庄、北京、青岛、西安等约20多个城市进行污水灌溉。抚顺、沈阳是我国较早采用污水灌溉农田的地区之一。由于灌溉用水中的污染物长期超标，使一些灌区的土壤、农作物、地下水受到不同程度的污染，居民健康受到损害。例如，其中某灌区已有 $2670 \times 10^4 m^2$ 水田受到镉污染，以致所产稻米不能食用，近市区的约 $400 \times 10^4 m^2$ 稻田因严重污染而改作工业用地。

大连市从 20 世纪 60 年代起用污水"支援农业"，至 20 世纪 70 年代末，据环境保护部门报告，污灌区内的粮食、蔬菜中重金属离子含量较高，有几十口水井的水质达不到饮用水标准，部分蔬菜不能生长，数百株果树不能成活。

石家庄市自 1957 年起即利用城市污水（约 40 万 $m^3/d$）灌溉下游总面积达 $1.25 \times 10^8 m^2$ 农田，并已成为农业灌溉的稳定水源。由于引用污水未经处理，其中工业废水污染物成分逐年增加，使灌溉区土壤、农作物、地下水受到污染。

据北京有关研究报告，施用某污水处理厂污泥作肥料的土壤受到重金属污染，污水灌溉区的蔬菜类受到细菌、蛔虫卵等生物性污染，粮食作物的重金属含量超标。

总之，我国多年实行污水灌溉的教训是，用于农业特别是粮食、蔬菜等作物灌溉的城市污水必须经过适当处理，有毒有害废水必须经严格的处理后才能排入城市排水系统。无论怎样，污水回用都必须同水污染治理相结合才能取得良好的效果。

### 四、雨水利用与海水淡化

#### （一）雨水利用概况

雨水是天然水中最为纯净的一种水。目前，雨水资源利用技术发展很快。在我国缺水地区和沿海滩涂地区，采用集雨系统收集雨水作为人畜饮用水源，改善生活质量。城市雨水收集系统还可用于工业、农业和补充地下水的水源，缓解地区用水紧张的矛盾。

1. 雨水利用的特点

（1）雨水是再生速度最快的水资源；

（2）雨水是地表水和地下水最主要的补给来源；

（3）雨水广泛分布，适合于分散聚落的使用；

（4）雨水可就地使用；

（5）雨水大多集中在夏季；

（6）雨水来水的强度远比河流的水流速度小；

（7）除了人工降雨，雨水的获得均为免费；

（8）雨水处理成本较低。

2. 城市雨水利用的主要方面

（1）利用城市绿（草）地增加雨水入渗，部分恢复雨水对地下水的补给，同时减轻城市排水工程的负担；

（2）将雨水利用看成城市骨干供水系统中重要的辅助性工程，作为部分工业用水和杂用水的水源；

（3）利用雨水对地下水进行回灌，人为增加雨水对地下水的补给；

（4）利用雨水解决人畜饮水问题。

自 20 世纪 80 年代以来，许多国家已把雨水资源化作为城市生态系统的一部分，如德国已经形成了一套较为成熟的雨水资源利用的实用技术、行业标准和管理条例。日本建设省 1980 年就开始推行雨水储留渗透计划，并得到民间企业的支持，目前全日本已拥有利用雨水设施的建筑物 100 多座，屋顶集水面积 20 多万平方米。在福冈市，自 1978 年大旱后，为建设节水型城市，开始倡导大型建筑物引进非饮用水管道，一部分大型建筑物开始使用雨水作为非饮用水的补充。为了进行将雨水作为非饮用水用于大型建筑物以外的中等规模楼房和单栋式住宅的研究，建设了示范工程，从 1994 年开始进行雨水利用率、自来水补充水量及其水质等相关数据的收集。目前用水量中的雨水利用比例大型建筑物约为 20%～60%，一般单位和学校约 30%。比较著名的有福冈体育馆雨水利用系统，该馆日平均用水量 700m$^3$，其中 50% 是利用雨水。东京都已经有 8.3% 的人行道采用了透水性的柏油路面，雨水通过路面渗入地下，经过收集系统处理后加以利用。

（二）海水淡化利用概况

海水占地球水资源总量的 97%，在余下的 3% 淡水中，又有 77% 是人类难以利用的两极冰盖、冰川、冰雪。人类实际可利用的淡水只占全球水总量的 0.7%，而且大部分属于不可再生的枯竭性地下水。由于淡水资源缺乏，人们已开始开发利用海水。美国、日本、英国等发达国家都相继建立了专门的机构，开发海水的直接利用，研究海水淡化利用等新技术。

海水利用主要有三个方面。一是海水代替淡水直接作为工业用水和生活杂用水，其中用量最大的是用作工业冷却水，其次是洗涤、除尘、冲灰、冲渣；化盐碱及印染等。二是海水经淡化后，供高压锅炉使用，淡化水经矿化处理作饮用水。三是海水综合利用，即提取化工原料。

1. 国外海水淡化发展现状

海水淡化的方法各有其适用范围和条件，但用得最广泛的是蒸馏法和反渗透法。目前海水淡化业已供养了世界上近 2 亿人口。就工厂数量而言，日本厂家占 32.8%，约占 1/3 的份额，在该领域，日本的技术处于世界领先水平。美国和以色列政府共同开发了海水淡化新技术，运用该技术建造的工厂为多层分解厂的样板。美国内务部灌溉局对沙特阿拉伯的反渗透海水淡化厂提供咨询，并为沙特阿拉伯海水淡化研究和培训中心提供项目计划。该中心集中开发新技术、新材料、新工艺、新的维修方法和节约能量的措施，以达到提高海水淡化的经济性目的。

2. 我国海水淡化发展现状

我国研究海水淡化技术起始于 20 世纪 50 年代，对此一直非常重视，连续几个五年计划都把海水淡化列入国家科技攻关项目，并将海水淡化产业化列入了《当前优先发展的高技术产业化重点领域指南》。经过 40 多年的发展，已组建了专门的海水淡化科研开发机构，形成了一批专门人才队伍，并掌握了反渗透法、蒸馏法等多项海水淡化技术。海水淡化在国内的生产和应用主要集中在大连、山东、天津、浙江等沿海地区，目前已具有一定规模。

我国目前海水淡化年产总量已超过千万吨。随着国内市场需求的日趋旺盛，我国海水淡化整体行业已经启动,并正在实现与国际市场的逐步接轨。大连长海县、山东长岛县和浙江嵊泗县日产1000t级的海水淡化厂也已竣工,解决了海岛居民的饮水问题,这些都是用反渗透的方法对海水进行淡化的。1988年天津大港电厂引进两套日产3000m³的海水淡化装置,1990~2000年已生产了2000万m³淡水,还利用国内技术建设日产1200m³淡水的多级闪蒸装置。

**五、水务系统规划与城市水生态系统**

现代化城市对平衡的水生态与优美的水环境提出了越来越高的要求,在城市必须考虑生态与环境的用水份额,并将其纳入水资源规划,统筹安排。城市绿化面积的扩大,要考虑水资源的支撑能力;城市河湖底部衬砌要考虑一定的比例,充分利用自然底部的自净能力,防止水体底部的硬化;河道疏浚和利用要考虑航运、旅游和环境效益兼顾,不能只考虑经济效益。保护、改善水生态与环境,已成为城市水务系统规划的一个重要目标。城市水务系统规划应依据水功能区划要求,保护水环境与生态,对航运、旅游、养殖等有所改变(破坏)水环境与生态的活动建立补偿恢复机制。

(一)城市水生态系统建设

水生态建设是指一切有利于防止水生态破坏、维护水生态平衡、促进水生态良性循环的建设。所谓生态环境(又称自然环境),是指环围着人群的空间中可以影响人类生活、生产的一切自然形成的物质、能量的总称。构成生态环境的物质种类很多,主要有空气、水、土壤、植物、动物、岩石矿物、太阳辐射等,这是人类赖以生存的物质基础。生态环境建设是指为防治生态环境破坏,恢复、保护和改善生态环境所开展的建设活动。生态环境建设的主要内容包括植树造林、水土保持、防治荒漠化、草场恢复与保护、海岸保护、湿地保护、陆生及水生生态保护等工程建设项目。

水生态建设是按照水生态建设规划、水生态设计而进行的改善水生态环境质量、创造健康舒适的生活和生产环境的建设工作。这是一项从调查评价到规划、设计,实施规划、设计和建设,直到检查调整的系统工程。水生态建设的目的是创建安全、健康、舒适和具有欣赏功能的人工生态环境。

水生态建设,要求在建设活动中,一方面推行水生态环境评价,做好生态脆弱区、生态敏感区和重要生境的保护;另一方面,加大力度进行生态修复与生态建设,这是一项功在当代,利泽千秋的事业。水生态建设是落实生态规划目标的一个重要环节。从时间上划分应与规划目标的三个阶段相对应,即近期生态规划方案、中期生态规划方案、远期生态规划方案。

(二)城市水生态的管理

传统的城市水生态系统建设目标是以城市防洪为主,兼顾内河航运和水环境改造。因而,许多城市内河治理的结果是,河流多被改道、调直,河岸呈现渠道化,导致河流水环境生物多样性减少,河流自然降解污染物和适应更大流速变化的能力下降。河湖围垦、修筑水坝及河网改造、岸边工程等，使季节性淹没区减少，天然湿地大量丧失，鱼类洄游通道不畅，各种适生生物的生境、栖息地被大量压缩，有的甚至导致食物链中断，许多城市河流已由生物多样性及其丰富的生态系统渐渐变为不适于生物生存。借鉴国内国外城市水生态系统建设的经验教训，现代城市水生态系统建设管理应当遵循人与环境和谐规律，按照水生态安全、水循环、水景观、水价值和水保健的目标进行综合整治。

1. 生态用水管理

生态用水从广义上说，是维持全球生物地理生态系统水分平衡所需用的水，包括水热平衡、水沙平衡和水盐平衡等，都是生态用水；狭义的生态用水主要是指为维持生态环境不再恶化并逐渐改善所需消耗的水资源总量。在我国，生态缺水是导致生态环境质量下降的主要原因之一。在局部地区，生态缺水已经导致生态系统破坏，对社会经济发展和人民生活水平的提高产生了严重影响。

随着人们生活水平的提高和对生活的理解，人水和谐的理念正不断为人们所认识。因此，在国内外的城市建设中，生态和景观用水得到了广泛的关注。保持适宜的城市生态环境用水量，不仅可以改变城市的景观环境，而且还能改善城市的气候条件，提高人们居住的舒适度。再者，在枯水季节，维持城市河道适宜的生态用水，可以改善河道水环境质量，防止河道堵塞，维持河流水生生物生存，提高沿河两岸房地产价位，促进社会经济健康发展。

2. 自然保护区管理

在城市水生态管理中，自然保护区管理应当放在突出的位置。在管理上应结合实际采取灵活的目标、措施，如不涉及传统的捕捞、运输等生产活动的禁止问题，只是向其提出保护性要求，但对河岸改造、水坝建设、控制河湖的涵闸等涉及人为改变河流自然状态的项目，则应当持慎重态度。

选择一批自然状态尚存、生态功能重要的河流、河段，划为自然保护区，范围大小应尽量尊重河流自然走线，能体现河流减缓洪涝、改善水质、养育动植物及提供生态系统服务的价值。

3. 截污导流措施

在城市河道整治中，应当预先进行污水截流，建设城市污水处理厂进行集中处理。导流措施分为两种，一种是导清水，如"引江济太"工程；另一种是导污水，即将它调离敏感水域，进行易地处理。在区域水生态建设中，应使清水与污水分流，确保城市水生态系统良性循环，而将污水通过生态工程措施完成深度处理。

4. 底泥清除

底泥清除是将营养物直接从河道取出，这是解决河湖内源释放的重要措施。河床沉积的污泥不仅严重影响河水的自净作用，使水质趋于恶化，而且会产生恶臭，污染大气。但清除出的底泥又会产生污泥处置和利用的问题。将疏浚出来的污泥进行浓缩，上清液经处理后再排入河流，污泥用作肥料。

## 第五节 城市水务系统规划实例

### 一、城市总体规划层面的规划实例

河南省某城市位于中原腹地,历史悠久,属河南省经济较发达地区。现状城市人口规模为15万人,预测2005年达到20万人,2020年达到30万人。城市人均建设用地指标2000年为104.3$m^2$,规划2005年人均用地为106$m^2$,用地规模21.2$km^2$,2020年为110$m^2$,建设用地总量控制在33$km^2$左右。

(一)给水工程规划(图5-2)

1. 城市给水现状及存在问题

该城市城区内现有三座水厂,城北一座,中心区两座,水源均为地下水,三座水厂设计规模都在1.0万$m^3/d$以下。城区铺设供水管网长度57km。

规划拟解决的主要问题:①提高水厂供水能力;②改善配套供水管网;③保护地下水源,减少污染。

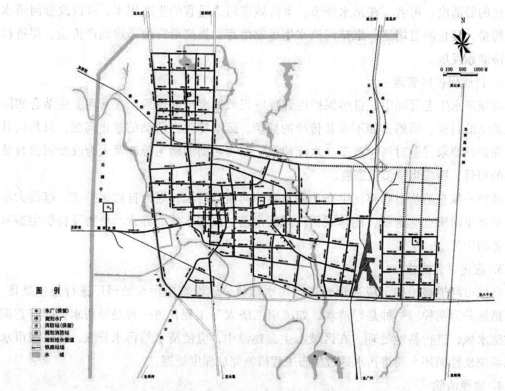

图5-2 总体规划层面的给水工程规划

2. 用水量预测

用水指标的确定根据《城市给水工程规划规范》(GB 50282—1998)中关于此类城市用水规定,参考周边类似城市的用水状况,并结合现状该城市用水水平确定规划用水指标如表 5-11 所示。

**河南某城市用水量预测表**　　　　　　　　　　　　　　　　　表 5-11

| 规划期限 | 城区人口<br>（万人） | 综合用水标准<br>（L/人·d） | 近期用水量<br>（万 m³/d） | 远期用水量<br>（万 m³/d） | 备注 |
|---|---|---|---|---|---|
| 近期 2005 年 | 20 | 550 | 11 | | 全部取地下水 |
| 远期 2020 年 | 30 | 620 | | 18.6 | 地下水取 1.5 万 m³/d，其余由南水北调水供给 |

3. 给水设施及网络规划

水厂规划应根据城市用水预测，规划城市水厂总供水能力应大于城市用水量，以满足该城市生活、生产用水（表 5-12）。

**河南某城市水厂规划一览表**　　　　　　　　　　　　　　　　　表 5-12

| 水厂名称 | 设计规模<br>（万 m³/d） | 供水规模<br>（万 m³/d） | 占地面积<br>（hm²） | 备注 |
|---|---|---|---|---|
| 一水厂 | 5.0 | 5.0 | 3.5 | |
| 二水厂 | 3.0 | 3.0 | 2.1 | 水厂占地面积不包括水厂区周围绿化用地 |
| 三水厂 | 10 | 9.0 | 5.4 | |
| 四水厂 | 2.0 | 2.0 | 1.5 | |
| 合计 | | 19.0 | 12.5 | |

城市供水管网布置一般宜采用环状网，各水厂之间设输配水干管相互连通，以此提高供水的安全性。

4. 水源规划及水源保护

城市水源根据该城市水资源情况，近期均采用地下水，远期规划利用地表水（南水北调）。

水源保护是为了保证水厂供水的水质，本地区主要是关于地下水的保护。根据国家水源保护规定，在单井或井群影响半径范围内，不得使用工业废水或生活污水灌溉和施用持久或剧毒的农药，不得修渗水厕所、渗水坑，堆废渣或铺设污水渠道，并不得从事破坏深层土层的活动。在水厂生产区范围内，应明确划定并设立明显标志。在生产区外围不小于 10m 范围内不得设置生活住居和修禽畜饲养场，渗水厕所、渗水坑不得堆放垃圾、粪便、废渣或铺设污水渠道，应保持良好的卫生状况和绿化。

（二）排水工程规划（图 5-3）

1. 城市排水现状及存在问题

城区现状排水体制为合流制，城区现有污水处理厂一座，日处理量 5000m³。城区的排水大致分为三个区域，城区现有两个雨水提升泵站。

规划拟解决的主要问题：①提高污水处理厂处理能力；②建设城市污水管网；③改造城市雨水管网。

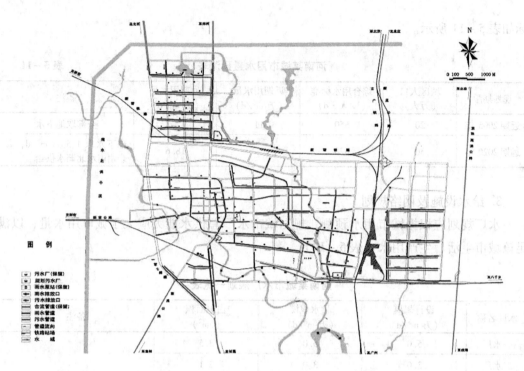

**图 5-3　总体规划层面的排水工程规划**

2. 排水体制

该城市老城区现状为合流制排水管道，由于老城区用地复杂，道路较窄，改造难度较大，因此规划保留合流制不变，新规划地区采用雨、污分流排水体制。

3. 污水处理规划

污水量排放标准：城市生活污水排放标准按用水量的80%计。工业用水重复率为60%，城区近期生活污水排放量为2.4万 m³/d，工业废水排放量3.44万 m³/d，近期污水总量为5.84万 m³/d。远期生活污水排放量为3.84万 m³/d，工业废水5.9万 m³/d，远期污水总量为9.74万 m³/d。

污水收集处理应根据该地区地形高程以及规划河流、公路、铁路分割城区的情况，将城区分为三个污水处理分区，每个分区各设一座污水处理厂，其中：城北区污水处理厂处理能力为2.0万 m³/d，占地面积3.2hm²；中心区污水处理厂处理量达到4.0万 m³/d，占地面积扩大到6.0hm²；城东区规划污水处理厂处理量为4.0万 m³/d，占地面积6.0hm²。

污水收集管网应尽可能结合道路坡度，采用重力流管道布置。

4. 雨水处理规划

城区的雨水排水同样应根据该地区地形高程以及规划河流、公路、铁路分割城区的情况，大致分为中心区、城东、城北三个区域，各区域雨水收集管网也应结合道路坡度，并结合污水管网布置情况，采用重力流管道布置，雨水就近排入河道。

## (三) 本水务系统规划小结

(1) 城市供水应充分了解该城市水资源现状及存在问题；
(2) 城市用水指标应根据国家规范、用水现状等多因素综合考虑；
(3) 城市排水体制的确定应充分考虑城市现状情况；
(4) 城市排水管网的建设应考虑河流及重要交通廊道等因素对城市的分割。

## 二、城市详细规划层面的规划实例

重庆市某地区位于城市新区中心区的南部，定位为以商务办公、会展功能为主兼顾商业活动的经济核心区域。规划本区就业人口为5.5万，居住人口为1.45万。规划区总面积1.63km²。

### (一) 给水工程规划（图5-4）

**1. 用水量预测**

规划区规划用地性质为公建和居住。根据《城市给水工程规划规范》（GB 50282—1998）中关于居住区生活用水量的标准，参考有关公建用地用水量标准，结合该地区现状用水水平以及总体规划中确定的用水标准，确定中心区用水量标准如下：

居住建筑140L/（人·d），行政办公建筑2.5L/（m²·d），商业金融建筑6L/（m²·d），文化娱乐建筑5L/（m²·d），市政建筑2L/（m²·d），道路广场用地1.5L/（m²·d），绿化用地1.5L/（m²·d），则规划区最高日总用水量为8000m³/d。根据最高日用水量及时变化系数1.6计算，规划区最高日最高时设计用水量为148L/s。

**图5-4 详细规划层面的给水工程规划**

2. 水源规划

水源规划应根据城市总体规划和分区规划给水工程规划中确定的城市水源以及供水分区，确定本区为一级供水分区，由该城市某水厂的供水干管和一级加压泵站共同供水。

3. 给水设施及网络规划

规划该地区一级加压泵站位于规划区东侧地块，泵站规模2万 m³/d，预留用地为4000m²。

由于该地区地形起伏较大，南北高程相差较多，因此给水管网规划时按高程分为南北两个供水分区，分区管网成环状布置，各供水分区的管道在适当的位置设联络管连通，由阀门进行控制，以提高供水的安全性。

给水管网同时考虑消防用水，按同一时间火灾次数2次、一次灭火用水量35L/s考虑。同时考虑城市总体规划中的要求，在滨江路、疏港路等地段预留一条远期输水管路。

(二) 排水工程规划 (图5-5)

1. 排水体制

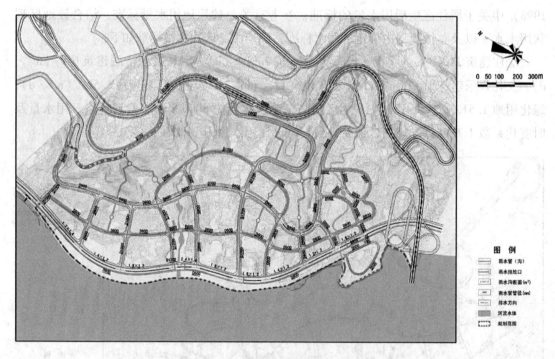

图5-5 详细规划层面的排水工程规划

本规划区位于城市新区内，根据分区规划中确定的排水体制，本地区排水确定为雨污分流制。

2. 雨水工程规划

规划区地势东高西低、北高南低，有多条冲沟由东向西穿过本区，汇入长江。因此，区内雨水采用暗管或暗沟的形式，原则上由东至西、由北至南布置，根据高程划分不同的排水分区，雨水就近接入排洪沟，同时沿江布置一条排洪总沟，本区雨水汇入后最终排入长江。

雨水管道根据道路坡向平行道路中心线布置。截洪沟一般放在道路靠山一侧。

3. 污水工程规划（图5-6）

图5-6 详细规划层面的污水工程规划

本规划区污水主要为公建和居住污水。污水量按生活总用水量的85%计算，为5896m³/d。

污水管道按道路坡向，平行于道路中心线布置，根据本区地势，南部沿江高程最低，因此规划沿滨江路建设一条污水截流干管。本区的污水根据高程按不同分区收集后由北至南汇集到污水截流干管中，通过位于长江某桥附近的污水提升泵站最终进入城市污水处理厂。

污水提升泵站规模1.5万 m³/d，最大设计流量为270L/s，占地1500m²。

（三）本水务系统规划小结

(1) 本区域供水应结合城市总体规划、分区规划中对本区的要求；

(2) 本区域用水指标应根据国家规范、用水现状、城市总体规划、分区规划中确定的指标等多因素综合考虑；

(3) 地形起伏较大的区域可根据地形考虑分区供水；

(4) 地形起伏较大的区域排水管网的建设应充分考虑地形因素；结合总体规划、分区规划中对本区域的要求布置。

# 第六章
## 城市能源系统规划

### 第一节 城市能源系统构成

#### 一、城市能源系统构成

城市能源系统是为了满足城市工业生产、建筑（民用和商业）以及交通等部门的功能需求，由城市外部输入的油、气、煤、电以及可再生能源，经过城市内的输配（城市电力网、燃气网、热力网等）、转换（电厂、锅炉、制冷机等）直至最终使用各环节的末端设备组成的系统。

（一）城市供电工程系统构成

城市供电工程系统由城市电源工程、输配电网络工程组成。

（1）城市电源工程。主要有城市电厂、区域变电所（站）等电源设施。城市电厂是专为本城市服务的，包括火力发电厂、水力发电厂（站）、核能发电厂（站）、风力发电厂、地热发电厂等电厂。区域变电所（站）是区域电网上供给城市电源所接入的变电所（站）。区域变电所（站）通常是大于等于110kV电压的高压变电所（站）或超高压变电所（站）。城市电源工程具有自身发电或从区域电网上获取电源，为城市提供电源的功能。

（2）城市输配电网络工程。由城市输送电网与配电网组成。城市输送电网含有城市变电所（站）和从城市电厂、区域变电所（站）接入的输送电线路等设施。城市变电所通常为大于10kV电压的变电所。城市输送电线路以架空线为主，重点地段等用直埋电缆、管道电缆等敷设形式。输送电网具有将城市电源输入城区，并将电源变压进入城市配电网的功能。

城市配电网由高压、低压配电网等组成。高压配电网电压等级为1～10kV，含有变配电所（站）、开关站、1～10kV高压配电线路。高压配电网具有为低压配电网变、配电源，以及直接为高压电用户送电等功能。高压配电线路通常采用直埋电缆、管道电缆等敷设方式。低压配电网电压等级为220V~10kV，含低压配电所、开关站、低压电力线路等设施，具有直接为用户供电的功能。

（二）城市燃气工程系统构成

城市燃气工程系统由燃气气源工程、储气工程、输配气管网工程等组成。

（1）城市燃气气源工程。包含煤气厂、天然气门站、石油液化气气化站等设施。煤气厂主要有炼焦煤气厂、直立炉煤气厂、水煤气厂、油制气煤气厂等四种类型。天然气门站收集当地或远距离输送来的天然气。石油液化气气化站是目前无天然气、煤气厂的城市用作管道燃气的气源，设置方便、灵活。气源工程具有为城市提供可靠的燃气气源的功能。

（2）燃气储气工程。包括各种管道燃气的储气站、石油液化气的储存站等设施。储气站储存煤气厂生产的燃气或输送来的天然气，调节满足城市日常和高峰小时的用气需要。石油液化气储存站具有满足液化气气化站用气需求和城市石油液化气供应站的需求等功能。

（3）燃气输配气管网工程。包含燃气调压站、不同压力等级的燃气输送管网、配气管道。一般情况下，燃气输送管网采用中、高压管道，配气管为低压管道。燃气输送管网具有中、长距离输送燃气的功能，不直接供给用户使用。配气管则具有直接供给用户使用燃气的功能。燃气调压站具有升降管道燃气压力之功能，以便于燃气远距离输送，或由高压燃气降至低压，向用户供气。

（三）城市集中供热系统构成与功能

城市集中供热工程系统由供热热源工程和供热管网工程组成。

（1）集中供热热源工程。包含城市热电厂（站）、区域锅炉房等设施。城市热电厂（站）是以城市供热为主要功能的火力发电厂（站），供给高压蒸汽、采暖热水等。区域锅炉房是城市地区性集中供热的锅炉房，主要用于城市采暖，或提供近距离的高压蒸汽。

（2）集中供热管网工程。包括热力泵站、热力调压站和不同压力等级的蒸汽管道、热水管道等设施。热力泵站主要用于远距离输送蒸汽和热水。热力调压站用于调节蒸汽管道的压力。

## 第二节 城市供电工程系统规划

一、城市用电标准与负荷确定

（一）城市用电分类

我国城市用电负荷按城市全社会用电分类，可分为八类：

（1）农、林、牧、副、渔、水利业用电；

（2）工业用电；

（3）地质普查和勘探业用电；

（4）建筑业用电；

(5) 交通运输、邮电通信业用电；

(6) 商业、公共饮食、物资供销和金融业用电；

(7) 城乡居民生活用电；

(8) 其他事业用电。

城市用电负荷也可分为以下四类：

(1) 第一产业用电；

(2) 第二产业用电；

(3) 第三产业用电；

(4) 城乡居民生活用电。

我国大的电力网架系统：

"城网"、"农网"。

### (二) 城市电力负荷预测方法

城市电力负荷预测通常采用两种方法，一种方法是从用电量预测入手，然后由用电量转化为市内各分区的负荷预测；另一种方法是从计算市内各分区现有的负荷密度入手，进行预测。两种方法可以互相比校。

各电力分区应根据负荷性质、地理分布位置和城市功能区等情况进行适当划分。分区面积要照顾到电网结构形式，一般不超过 $20km^2$ 为宜。

1. 电量预测方法

通常采用的电量预测方法有：①产量单耗法；②产值单耗法；③用电水平法；④按部门分项分析叠加法；⑤大用户调查法；⑥年平均增长率法；⑦回归分析法；⑧时间序列建模法；⑨经济指标相关分析法；⑩电力弹性系数法。

城网最大预测值可以年供电量的预测值除以年综合最大负荷利用小时数而得，然后分配落实到各分区得出全市负荷的分布情况。年供电量的预测值等于年用电量与地区线路损失电量预测值之和。年综合最大负荷利用小时数，可由平均日负荷率、月不平衡负荷率和季不平衡负荷率三者的连乘积再乘以 8760 而求得。也可将每月的典型日负荷曲线相加，求出年平均日负荷率，再乘以 8760 而求得。

2. 负荷密度法

适用于市区内大量分散的电负荷预测，按市区分区面积，以平均 $kW/km^2$ 表示。市区内少数集中用电的大用户则应视作点负荷单独计算。采用负荷密度法，应首先调查市区内各分区的现有负荷，分别计算现有负荷密度值。必要时，可将各分区再分为若干小区进行计算后加以合成。然后根据城市功能区和大用户的用电规划，并参考国内外城市用电规划资料，估计规划期内各分区可能达到的负荷密度预测值。

从各分区的负荷密度汇总计算市区内总负荷预测值时，应同时考虑分区间负荷的不同时率和单独计算的大用户用电预测值。

3. 电力平衡

电力负荷预测结果应与系统电力网规划中电源容量进行电力平衡（包括有功和无功

功率）。电力平衡应分年、分期进行。电力平衡应与上级规划部门共同确定：

（1）由系统电力网供给的电源容量和必要的备用容量；

（2）电源点的位置、接线方式及电力流向；

（3）电源点和送电线的建设年限、规模及进度。

（三）城市电力负荷预测与计算

城市电力负荷预测主要采用城市人均居民生活用电量指标、单项建设用电负荷密度指标和城市建筑单位建筑面积负荷密度指标进行计算。

城市人均居民生活用电指标、规划单项建设用电负荷密度指标主要用于编制城市总体规划和分区规划。城市建筑单位建筑面积负荷密度指标主要用于编制城市详细规划。

（1）编制城市总体规划中电力工程系统规划时，规划人均城市居民生活用电量指标应根据城市性质、人口规模、地理位置、经济基础、居民生活消费水平、民用能源消费结构及电力供应条件的不同，在调查研究的基础上，因地制宜确定。如对紧邻香港，居民收入高、气温高、热季长、居民现状生活用电水平偏高的城市，其规划人均生活用电指标可适当提高，但不宜大于3000kW·h/（人·年）。我国中、西部地区经济较不发达，电力能源供应紧缺城市，其规划人均生活用电指标可适当降低，但不宜低于250kW·h/（人·年）（表6-1）。

规划人均生活用电指标  表6-1

| 指标分级 | 生活用电水平 | 人均生活用电量 [kW·h/（人·年）] | 指标分级 | 生活用电水平 | 人均生活用电量 [kW·h/（人·年）] |
| --- | --- | --- | --- | --- | --- |
| Ⅰ | 较高生活水平 | 1501~2500 | Ⅲ | 中等生活水平 | 401~800 |
| Ⅱ | 中上生活水平 | 801~1500 | Ⅳ | 较低生活水平 | 250~400 |

（2）编制新兴城市总体规划或新建区分区规划中电力工程规划时，可选用分类综合用电指标；其规划范围内的居住、公共设施、工业三大类主要用地用电可选用规划单项建设用地供电负荷密度指标（表6-2）。

规划单项建设用地供电负荷密度指标  表6-2

| 用地性质 | 单项建设用地用电负荷密度（kW·h/hm²） |
| --- | --- |
| 居住用地 | 100~400 |
| 公共设施用地 | 300~1200 |
| 工业用地 | 200~800 |

（3）编制城市详细规划中，进行供电规划负荷预测时，居住建筑、公共建筑、工业建筑等三大类建筑采用规划单位建筑面积负荷密度指标（表6-3）。

**规划单位建筑面积负荷密度指标**　　　　　　　　　　表 6-3

| 建筑类别 | 单位建筑面积负荷密度（W/m²） |
| --- | --- |
| 居住建筑 | 20~26 |
| 公共建筑 | 30~120 |
| 工业建筑 | 20~80 |

住宅建筑规划单位建筑面积负荷指标是指在一定的规划范围内，同类型住宅建筑最大用电负荷之和除以其住宅建筑总面积，并乘以归算至住宅 10kV 配电室处的同时系数，具体计算时可根据地方实际情况适当调整指标。

公共建筑规划单位建筑面积负荷指标为某公共建筑物的最大负荷除以其总建筑面积，并归算至 10kV 变（配）电所处的单位建筑面积最大负荷。

工业建筑规划单位建筑面积负荷指标为归算至工业厂房的 10kV 变（配）电所处的单位建筑面积最大负荷。

工业建筑用电指标主要根据我国改革开放以来已开发建成的新建工业区和经济技术开发区内的工业标准厂房用电的实测数据。主要适用各城市新建工业区或经济技术开发区中以电子、纺织、轻工制品等工业为主的综合工业标准厂房用电标准。

## 二、城市供电电源工程规划

### （一）城市电源类型与特点

#### 1. 城市电源类型

城市电源通常分为城市发电厂和变电所两种基本类型。城市电源由城市发电厂直接提供，或由外地发电厂经高压长途输送至变电所，接入城市电网。变电所除变换电压外，还起到集中电力和分配电力的作用，并控制电力流向和调整电压。

1）发电厂有火力发电厂、水力发电厂、风力发电厂、太阳能发电厂、地热发电厂和原子能发电厂等。目前，我国作为城市电源的发电厂，以火电厂、水电厂为主。

2）变电所可按功能、构造形式、职能等三种方式分类。

（1）按功能分类：变压变电所，将较低电压变为较高电压的变电所，称为升压变电所；将较高电压变为较低电压的变电所，称降压变电所。通常发电厂的变电所大多为升压变电所，城区的变电所一般都是降压变电所。变流变电所：即将直流电变为交流电，或者由交流电变成直流电。后一种变电所又称为整流变电所。通常以直流电方式进行长距离区域性输送电时，采用后一种变电所。

（2）按构造形式分类：变电所分为屋外式、屋内式、地下式、移动式。

（3）按职能分类：区域变电所，为区域性长距离输送电服务的变电所。城市变电所，为城市供、配电服务的变电所。

3）变电所等级通常按电压分级：变电所等级有 500kV、330kV、220kV、110kV、66kV、35kV、10kV 等。通常 220kV、500kV 的变电所为区域性变电所，110kV 及以下的变电所为城市变电所。

（二）城市供电电源规划要点

1. 火电厂布局要点

（1）在保证城市环境质量不受大的影响的前提下，城市火电厂尽量靠近负荷中心，特别是靠近用电大户较多的工业区，以缩短电力线供电距离，减少高压走廊用地。

（2）燃煤电厂的燃料消耗量很大，大型电厂每天约耗煤在万吨以上，因此，作为区域性电源的大型电厂，厂址应尽可能接近燃料产地，靠近煤源，以便减少燃料运输费，减少国家铁路运输负担。同时，由于减少电厂贮煤量，相应地也减少了厂区用地面积。在劣质煤源丰富的矿区建立坑口电站是最经济的，它可以减少铁路运输（用皮带直接运煤），进而降低造价，节约用地。燃油电厂一般布置在炼油厂旁边，不足部分油量采用公路或水路方式运输。

（3）火电厂铁路专用线选线要尽量减少对国家干线通过能力的影响，接轨方向最好是重车方向为顺向，以减少机车摘钩作业，并应避免切割国家正线。专用线设计应尽量减少厂内股道，缩短线路长度，简化厂内作业系统。

（4）火电厂生产用水量大，包括汽轮机凝汽用水，发电机的冷却用水，除灰用水等。大型电厂首先应考虑靠近水源，直流供水。但是，在取水高度超过20m时，采用直流供水是不经济的。

（5）燃煤发电厂应有足够的贮灰场，贮灰场的容量要能容纳电厂10年的贮灰量。分期建设的灰场的首期容量一般要能容纳3年的贮灰量。厂址选择时，同时要考虑灰渣综合利用场地，并应邻近灰渣利用的企业（如制砖厂等）。在计算灰场能容纳的灰渣量时，灰渣体积一般采用$1t/m^2$。

（6）火电厂厂址选择应充分考虑出线条件，留有适当宽度的出线走廊。高压线路下不能有任何建筑物。

（7）火电厂运行中有飞灰和硫酸气，厂址选择时要有一定的防护距离。

2. 水电厂（站）布局要点

（1）水电厂（站）一般选择在便于拦河筑坝的河流狭窄处，或水库水流下游处。

（2）建厂地段须工程地质条件良好，地耐力高，非地质断裂带。

（3）水电厂（站）选址时，应充分考虑其对站址周边生态环境和景观的影响，进行相应的影响评估。

（4）有较好的交通运输条件。

3. 核电厂布局要点

（1）靠近负荷中心：核电厂作为区域性电厂，使用燃料少，运输量小，无论建设在什么地方，发电成本几乎是一样的。因此选址时首先应该考虑电站靠近区域负荷中心，以减少输电费，提高电力系统的可靠性和稳定性。

（2）厂址要求在人口密度较低的地方。以电站为中心，周边100m内为隔离区，在隔离区外围，人口密度也要适当。在外围种植作物也要有所选择，不能在其周围建设化工厂、炼油厂、自来水厂、医院和学校等。

（3）用水量大：由于核电厂不像烧矿物燃料电站那样可以从烟囱释放部分热量，所以核电厂比同等容量的矿物燃料电厂需要更多的冷却水。

（4）用地面积：电厂用地面积主要决定于电站的类型、容量及所需的隔离区。一个60万kW机组组成的电厂占地面积大约为40hm$^2$，由四个60万kW机组组成的电站占地面积大约为100~120hm$^2$。

（5）地形要求平坦，尽量减少土石方工程。

（6）核电厂场址不能选在断层、断口、解离、折叠地带，以免发生地震时造成地基不稳定。

（7）要求有良好的公路、铁路或水上交通条件，以便运输核电厂设备和建筑材料。

（8）核电厂厂址选择还应考虑防洪、防御、环境保护等条件。

4. 变电所（站）布局要点

（1）变电所（站）应接近负荷中心或网络电源。

（2）变电所（站）便于各级电压线路的引入和引出，架空线走廊与所（站）址同时决定。

（3）变电所（站）建设地点工程地质条件良好，地耐力较高，地质构造稳定。避开断层、滑坡、塌陷区、溶洞地带等。避开易发生滚石的场所，如所址选在有矿藏的地区，应征得有关部门同意。

（4）所址地势高而平坦，不宜设于低洼地段，以免洪水淹没或涝渍影响，山区变电所的防洪设施应满足泄洪要求。110~500kV变电所的所址标高宜在百年一遇的高水位之上，35kV变电所的所址标高宜在50年一遇的高水位之上。

（5）交通运输方便，适当考虑职工生活上的方便。

（6）所址尽量不设在空气污秽地区，否则应采取防污措施或设在污染的上风侧。

（7）具有生产和生活用水的可靠水源。

（8）不占或少占农用。

（9）应考虑对邻近设施的影响，尤其注意对广播、电视、公用通信设施的电磁干扰。

### 三、城市供电设施布局要求

（一）城市供电网络规划

1. 城市电力网络等级与结线方式

1）城市电力网络等级

（1）电压等级对城网的标称电压，应符合国家电压标准。城市电力线路电压等级有500kV、330kV、220kV、110kV、66kV、35kV、10kV、380V、220V等九类。通常城市一次送电电压为500kV、330kV、220kV，二次送电电压为110kV、66kV、35kV，高压配电电压为10kV，低压配电电压为380V、220V。现有非标准电压，应限制发展，合理利用，根据设备使用寿命与发展需要分期分批进行改造。

(2) 各地域网电压等级及最高一级电压的选择应根据现有供电情况及远景发展慎重确定。城网应尽量简化变压层次；一般不宜超过四个变压层次。老城市在简化变压层次时可以分区进行。

(3) 一个地区同一级电压电网的相位和相序应相同。

2) 电力网结线方式与特征

城网的典型结线方式可有以下四种：

(1) 放射式：可靠性低，适用于较小的负荷。单个终端负荷、两个或多个负荷均匀分布（图6-1）。

(2) 多回线式：多回线式可靠性高，适用于较大负荷（图6-2）。多回线式可与放射式组合成多回平行线放射供电式，也可与环式合成双环式或多环式。

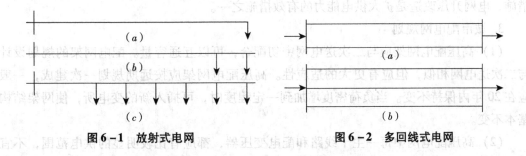

图6-1 放射式电网　　　　　图6-2 多回线式电网

(3) 环式：环式可靠性高，适用于一个地区的几个负荷中心。环路一般有可断开的位置（图6-3）。

(4) 格网式：格网式可靠性最高，适用于负荷密度很大且均匀分布的低压配电地区（图6-4）。这种形式的造价很高，干线结成网格式，在交叉处固定连接。

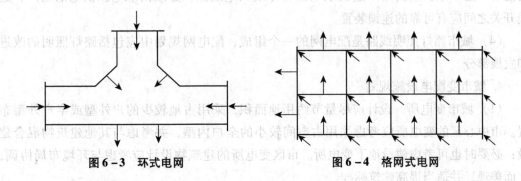

图6-3 环式电网　　　　　图6-4 格网式电网

2. 城市送电网规划

1) 一次送电网

(1) 一次送电网是系统电力网的组成部分，又是城网的电源，应有充足的吞吐容量。城网电源点应尽量接近负荷中心，一般设在市区边缘。在大城网或特大城网中，可采用高压深入供电方式。深入市区变电所的一次电压，一般采用220kV或110kV，二次电压直接降为10kV。

(2) 一次送电网网架的结构方式,应根据系统电力网的要求和电源点的分布情况确定,一般宜采用环式(单环、双环等)。

2) 二次送电网

(1) 二次送电网应能接受电源点的全部容量,并能满足供应二次变电所的全部负荷。当市区负荷密度不断增长时,新建变电所会使各变电所的供电面积缩小。降压变电所之间的距离,可按低压出线电压及负荷密度决定。

(2) 规划中确定的二次送电网结构,应与当地城建部门协商,布置新变电所的地理位置和进出线路走廊,并纳入城市总体规划中,预留相应的位置,以保证城市建设发展的需要。

(3) 现有城网当供电容量严重不足,或者设备需全面进行改造时,可采取电网升压措施,电网升压改造是扩大供电能力的有效措施之一。

3. 城市配电网规划

(1) 高压配电网架应与二次送电网密切配合,可以互通容量。配电网架的规划设计与二次送电网相似,但应有更大的适应性。高压配电网架应按远期规划一次建成,一般应在20年内保持不变。当负荷密度增加到一定程度时,可插入新的变电所,使网架结构基本不变。

(2) 高压配电网中每一主干线路和配电变压器,都应有比较明显的供电范围,不宜交错重复。高压配电网架的结线方式,可采用放射式。大城网和特大城网,应采用多回线式或环式,必要时可增设开闭所。低压配电网一般采用放射式,负荷密集地区及电缆线路可采用环式,市中心个别地区有条件时可采用格网式。

(3) 配电网应不断加强网络结构,尽量提高供电可靠性,以适应扩大用户连续用电的需要,逐步减少重要用户建设双电源和专线供电线路。必须由双电源供电的用户,进线开关之间应有可靠的连锁装置。

(4) 城市路灯照明线路是配电网的一个组成,配电网规划中应包括路灯照明的改进和发展部分。

4. 城市变配电设施规划

(1) 城市变电所。设计应尽量节约用地面积,采用占地较少的户外型或半户外型布置。市中心区的变电所应考虑采用占空间较小的全户内型,并考虑与其他建筑物混合建设;必要时也可考虑建设地下变电所。市区变电所的建筑物设计应考虑与环境布局协调,立面美观,并适当提高建筑标准。

一个变电所的主变压器台数(三相)不宜少于2台或多于3台。单台变压器容量不宜大于下列数值:

500kV—750MVA,220kV—180MVA,110kV—60MVA,66kV—50MVA,35kV—20MVA。

在一个城网中,同一级电压的主变压器单台容量不宜超过三种;在同一变电所中,同一级电压的主变压器宜采用相同规格。

(2) 配电所及开闭所。配合城市改造和新区规划同时建设,作为市政建设的配套工程。市区配电所一般为户内型，单台变压器容量不宜超过1000kVA，一般为两台，进线两回。35kV及以下的变压器宜采用变压器台，户外安装。在主要街道、路间绿地及建筑物中，有条件时，可采用电缆进出线的箱式配电所。

（二）城市电力线路规划

1. 高压电力线路敷设

确定高压线路走向，必须从整体出发，综合安排，既要节省线路投资，保障居民和建筑物、构筑物的安全，又要和城市规划布局协调，与其他建设不发生冲突和干扰。电力线路的敷设原则有：

（1）城市内的高压线路应尽可能与城市道路或河道平行设置，以利用道路和河道组织高压走廊，减少高压走廊占地面积。

（2）保证线路与居民、建筑物、各种工程构筑物之间的安全距离，按照国家规定的规范，留出合理的高压走廊地带。尤其接近电台、飞机场的线路，更应严格按照规定，以免发生通信干扰等事故。

（3）高压线路不宜穿过城市的中心地区和人口密集的地区。考虑到城市的远景发展，避免线路占用工业备用地或居住备用地。

（4）高压线路穿过城市时，须考虑对其他管线工程的影响，尤其是对通信线路的干扰，并应尽量减少与河流、铁路、公路以及其他管线工程的交叉。

（5）高压线路必须经过有建筑物的地区时，应尽可能选择不拆迁或少拆迁房屋的路线，并尽量少拆迁建筑质量较好的房屋，减少拆迁费用。

（6）高压线路应尽量避免在有高大乔木成群的树林地带通过，保证线路安全，减少砍伐树木，保护绿化植被和生态环境。

（7）高压走廊不应设在易被洪水淹没的地方，或地质构造不稳定（活动断层、滑坡等）的地方。在河边敷设线路时，应考虑河水冲刷的影响。

（8）高压线路尽量远离空气污浊的地方，以免影响线路的绝缘，发生短路事故，更应避免接近有爆炸危险的建筑物、仓库区。

（9）线路的长度短捷，减少线路电荷损失，降低工程造价；尽量减少高压线路转弯次数，使线路比较经济。

在城市供电规划中，上述原则不能同时满足时，应综合考虑各方因素，做多方案的技术经济比较，选择最合理的方案。

2. 城市送配电线路敷设

1）送电线路敷设

市区架空送电线路可采用双回线或与高压配电线同杆架设。35kV线路一般采用钢筋混凝土杆，66kV、110kV线路可采用钢管型杆塔或窄基铁塔以减少走廊占地面积。

市区架空送电线路杆塔应适当增加高度，缩小档距，以提高导线对地距离。杆塔结构的造型、色调应尽量与环境协调配合。

对路边植树的街道，杆塔设计应与园林部门协商，提高导线对地高度，与修剪树枝协调考虑，保证导线与树木能有足够的安全距离。

城网的架空送电线路导线截面除按电气、机械条件校核外，一个城网应力求统一，每个电压等级可选用两种规格。

2) 配电线路敷设

市区高、低压配电线路应同杆架设，并尽可能做到是同一电源。同一地区的中、低压配电线路的导线相位排列应统一规定。市区中、低压配电线路主干线的导线截面不宜超过两种。

市区架空中、低压配电线路可逐步选用容量大、体积小的新设备。

3) 架空电力线路耐张段与档距

(1) 架空电力线路耐张段

35kV 及以上架空电力线路耐张段的长度一般采用 3~5km，如施工条件许可，可适当延长；在高差或档距相差非常悬殊的山区和重冰区，应适当缩小。10kV 及以下架空电力线路耐张段的长度，不宜大于 2km。

(2) 线路档距

架空电力线路档距根据当地地形、风力和运行经验来确定。一般 110kV 及以上平均档距在 300m 左右。在城区内档距为 200~300m。35kV 架空电力线路平均档距在 200m 左右，在城区内档距为 100~200m。3~10kV 以下架空电力线路在郊区的档距为 50~100m，在城区内的档距为 40~50m。35kV 以下架空电力线路在郊区的档距为 40~60m，在城区内的档距为 40~50m。高压接户线（1~10kV）的档距不宜大于 40m；档距超过 40m 时，应按高压配电线路设计。低压接户线（1kV 以下）的档距不宜大于 25m；档距超过 25m 的，宜设接户杆。低压接户杆的档距不应超过 40m。

3. 电缆敷设方式

1) 市区电缆线路路径应与城市其他地下管线统一安排。通道的宽度、深度应考虑远期发展的要求。路径选择应考虑安全、可行、维护便利及节省投资等条件。

2) 电缆敷设方式应根据电压等级、最终数量、施工条件及初期投资等因素确定，可按不同情况采取以下敷设方式：

(1) 直埋敷设。适用于市区人行道、公园绿地及公共建筑间的边缘地带，是最简便的敷设方式；应优先采用。

(2) 沟槽敷设。适用于电缆较多，不能直接埋入地下且无机动负载的通道，如人行道、变电所内、工厂企业厂区内以及河边等场所。

(3) 排管敷设。适用于不能直接埋入地下且有机动负荷的通道，如市区道路及穿越小型建筑等。

(4) 隧道敷设。适用于变电所出线端及重要市区街道电缆条数多或多种电压等级电缆平行的地段。隧道应在变电所选址及建设时统一考虑，并争取与市内其他公用事业部门共同建设使用。

(5) 架空及桥梁构架安装。尽量利用已建的架空线杆塔、桥梁结构、公路桥支架式特制的结构体等架设电缆。

(6) 水下敷设安装。须根据具体工程标准设计。

4. 城市电力线路安全保护

1) 电力电缆线路安全保护。地下电缆安全保护区为电缆线路两侧各0.75m所形成的两平行线内的区域。海底电缆保护区一般为线路两侧各2n mile（海里）所形成的两平行线内的区域。若在港区内，则为线路两侧各100m所形成的两平行线内的区域。江河电缆保护区一般不小于线路两侧各100m所形成的两平行线内的水域；中、小河流一般不小于线路两侧各50m所形成的两平行线内的水域。

2) 架空电力线缆安全保护。架空电力线路保护区为电力导线边线向外侧延伸所形成的两平行线内的区域，也称之为电力线走廊。高压线路部分通常称为高压走廊（表6-4）。

架空电力线路高压走廊宽度　　　　表6-4

| 线路电压等级（kV） | 高压走廊宽度（m） |
| --- | --- |
| 500 | 60~75 |
| 330 | 35~45 |
| 220 | 30~40 |
| 110、66 | 15~25 |
| 35 | 12~20 |

(1) 各种架空电力线路通过一般地区的边导线外侧延伸距离不应少于表6-5所列数值。

架空电力线路边导线外侧延伸距离　　　　表6-5

| 线路电压（kV） | 1~10 | 10~35 | 154~330 | 500 |
| --- | --- | --- | --- | --- |
| 边导线外侧延伸距离（m） | 5 | 10 | 15 | 20 |

(2) 在厂矿、城镇等人口密集地区，架空电力线路保护区可略小于上述规定。但各级电压导线边导线延伸的距离，不应小于导线边线在最大计算弧度及最大计算风偏后的水平距离和风偏后的建筑物的安全距离之和。

## 第三节　城市燃气工程系统规划

一、城市燃气用气标准与负荷确定

城市燃气负荷预测与计算是城市燃气工程规划的首要任务。其主要内容有：确定城市燃气的种类，选择燃气供应对象和确定供应标准，预测和计算燃气负荷。

(一) 城市燃气的种类

城市燃气一般是由若干种气体组成的混合气体，其中主要组分是一些可燃气体，如甲烷等烃类、氢和一氧化碳，另外也含有一些不可燃气体组分，如二氧化碳、氮和氧等。燃气可按来源分类，也可按热值和燃烧特性分类。

1. 按来源分类

按燃气的起源或其生产方式分类，大体上可分为天然气和人工燃气两大类。人工燃气中的液化石油气和生物气，与人工煤气在生产和输配方式上有较大不同，因此习惯上将燃气分为四类：天然气、人工煤气、液化石油气和生物气。

2. 按热值分类

$1Nm^3$ 燃气完全燃烧所放出的热量称为燃气的热值，单位为 $kJ/Nm^3$，对于液化石油气，热值单位也可为 $kJ/kg$。热值可分为高热值与低热值，高热值是指 $1Nm^3$ 燃气完全燃烧后其烟气被冷却至原始温度，而其中的水蒸气以凝结水状态排出时所放出的热量。低热值是指 $1Nm^3$ 燃气完全燃烧后其烟气被冷却至原始温度，但烟气中水蒸气仍为蒸汽状态时所放出的热量。高低热值之差为水蒸气的气化潜热。

燃气可根据热值分为三个等级：高热值燃气（HCV gas）、中等热值燃气（MCV gas）和低热值燃气（LCV gas）。气化煤气多数属于低热值燃气，热值大致在 $12 \sim 13 MJ/Nm^3$ 之间，或更低一些。中等热值燃气热值在 $20MJ/Nm^3$ 左右，以干馏煤气等城市燃气为代表。高热值燃气的热值在 $30MJ/Nm^3$ 以上，天然气、部分油制气和液化石油气都是高热值燃气。

3. 按燃烧特性分类

燃气性质中，影响燃烧特性的参数主要有燃气的热值、相对密度以及火焰传播速度（燃烧速度）。

(二) 城市燃气气种选择

城市燃气气种的选择，要考虑多方面的因素。

天然气资源探明储量与开采量的大幅增长，运输手段的改善，以及制取和使用天然气对环境影响较小，都是天然气备受发达国家青睐的原因。在天然气被确立为许多国家主要气种地位的同时，各国也从未完全放弃对人工煤气制取和供应系统的建设和研究，一些地区仍以人工煤气作为主要气种。这一方面是由于资源条件和城市条件的限制，使得某些城市使用人工煤气更为经济，另一方面，也是出于对油气资源枯竭的忧虑，未雨绸缪的一种做法。

气种的选择是通过各种复杂因素的综合比较权衡后方能作出的重要决策。在这些因素中，最基本的条件是各地的燃料资源状况，城市环境也是选择城市主要气种的主要依据，而城市的规模、交通条件、经济实力、人民生活水平、气候条件等因素都或多或少地影响气种选择的结果。

我国的燃料结构中，煤始终占主导地位，而我国煤制气事业也有百余年历史。石油工业的发展，天然气开采规模的逐步扩大，使得油制气、液化石油气和天然气纷纷进入城市气种选择的范围，但近期内都不可能完全取代煤制气的地位。基础较好的煤制气、使用灵活的液化气和前景广阔的天然气，将成为未来中国城市使用的三种主要气种，多气种并存的局面将维持很长一段时间。

针对我国幅员辽阔、能源资源分布不均，各地能源结构、品种、数量不一的特点，发展城市燃气事业要贯彻多种气源、多种途径、因地制宜、合理利用能源的方针。发展城市燃气，必须从本地区资源条件出发，发展完善煤制气，优先使用天然气，合理利用液化石油气，大力回收利用工业余气，在难以实现全国统一供气体系的情况下，建立因地制宜、多气互补的灵活的燃气供给体系。

（三）城市燃气的供应对象

燃气是一种优质燃料，应力求经济合理地充分发挥其使用效能。燃气的供气原则不仅涉及国家的能源政策，而且与当地具体情况和条件密切相关。由于我国气源尚不丰富，因此把有限的气量供应民用比供给工业更为有利，我国城市燃气的供应一般为民用优先。

1. 城市民用燃气供应原则

（1）优先满足城镇居民炊事和生活热水的用气。

（2）应尽量满足医院、学校、旅馆、食堂等公共建筑用气。

（3）人工煤气一般不供应锅炉用气。如果天然气气量充足，可发展燃气采暖，但要拥有调节季节不均匀用气的手段。

2. 城市工业燃气供应原则

（1）优先满足工艺上必须使用煤气，但用气量不大，自建煤气发生站又不经济的工业企业用气。

（2）对临近管网，用气量不大的其他工业企业，如使用燃气后可提高产品质量，改善劳动条件和生产条件的，可考虑供应燃气。

（3）可供应使用燃气后能显著减轻大气污染的工业企业。

（4）可供应作为缓冲用户的工业企业。

由于工业企业的用气量均匀，在城市用气量中占一定比例，有利于平衡民用气耗的不均匀性，在工业企业中发展一批缓冲用户，可以平衡城市燃气供应的季节不均匀性和日高峰负荷，保证燃气生产和供应的稳定性。

（四）城市燃气负荷预测与计算

1. 城市燃气负荷的分类与用气指标

城市燃气负荷根据用户性质不同可分为民用燃气负荷和工业燃气负荷两大类。民用燃气负荷又可分为居民生活用气负荷与公建用气负荷两类。

在计算用气负荷时，还必须考虑未预见用气量。未预见用气量中主要包括两部分：一部分是管网的漏损量，另一部分是因发展过程中出现没有预见到的新情况而超出了原计算的设计供气量。

有关规范提供了供设计用的居民生活用气量指标（表6-6）。

城镇居民生活用气指标 MJ/（人·年）[$1.0 \times 10^4$ kcal/（人·年）]　　表6-6

| 城镇地区 | 有集中采暖的用户 | 无集中采暖的用户 |
| --- | --- | --- |
| 东北地区 | 2303~2721（55~65） | 1884~2303（45~55） |
| 华东、中南地区 | — | 2093~2303（50~55） |
| 北京 | 2721~3140（65~75） | 2512~2931（60~70） |
| 成都 | — | 2512~2931（60~70） |

注：1. 本表指一户装一个煤气表的用户做饭烧热水的用气量，不适用于瓶装液化石油气用户。
　　2. "采暖"指非燃气供暖。
　　3. 燃气热值按低热值计算。

2. 燃气的需用工况

燃气的需用工况系指用气的变化规律。各类用户对燃气的用量随时间而变化，一年中各月、各日、各时均不相同。用气的不均匀性与确定气源生产规模、调峰手段和输配管网管径有很密切的关系，在燃气用量的预测与计算中，必须对燃气的需用工况作合理分析。

用气不均匀性可分为三种：月不均匀性（或季节不均匀性）、日不均匀性和小时不均匀性。用气不均匀性受到很多因素影响，如气候条件、居民生活水平与生活习惯、机关与企事业单位的工作时间安排和用气设备情况等。作为重要的设计参数，用气不均匀性有关数据必须通过大量资料收集和分析得出。

3. 燃气用量的预测与计算

根据燃气的年用气量指标可以估算出城市的年燃气用量。燃气的日用气量与小时用气量是确定燃气气源、输配设施和管网管径的主要依据。因此，燃气用量的预测与计算的主要任务是预测计算燃气的日用量与小时用量。

由于工业企业用气量在规划中很难准确计算与预测，因此，在总量预测中对这部分用气多采用比例估算的方法。当然，如果有详细的实测资料或设计参数，则可更准确地计算与预测工业企业用气量。

居民生活与公建用气量应根据用户数量和用气指标进行预测与计算。在日用气量与小时用气量的计算中，经常采用的是不均匀系数法。

城市燃气总用量可由以下两种方法得出。

1) 分项相加法

分项相加法适用于各类负荷均可用计算方法得出较准确数据的情况：

$$Q = Q_1 + Q_2 + Q_3 + Q_4 + \cdots + Q_n$$

式中　$Q$——燃气总用量；

$Q_1 \sim Q_n$——各类燃气负荷。

2) 比例估算法

在各类燃气负荷中，居民生活与公建用气量可以较准确算出，在其他各类负荷量不确定时，可以通过预测居民生活与公建用气量在总用气量中的比例来得出总用气量。

$$Q = Q_s/p$$

式中　$Q$——总用气量；

　　　$Q_s$——居民生活与公建用气量；

　　　$p$——居民生活与公建用气量占总用气量的比例。

### 二、城市燃气气源工程规划

气源指向城市燃气输配系统提供燃气的设施。在城市中，主要指煤气制气厂、天然气门站、液化石油气供应基地及煤气发生站、液化石油气气化站等设施。气源规划就是要选择适当的城市气源，确定其规模，并在城市中合理布局气源。

#### （一）城市燃气气源设施

**1. 人工煤气气源设施**

根据煤气厂技术工艺设备不同，可分为炼焦制气厂、直立炉煤气厂、水煤气型两段炉煤气厂和油制气厂等几种。其中，炼焦制气厂和直立炉煤气厂供气量较大，产出的煤气一般可作为城市的主气源。

**2. 液化石油气气源设施**

液化石油气气源包括液化石油气储存站、储配站、灌瓶站、气化站和混气站等。其中液化石油气储存站、储配站和灌瓶站又可统称为液化石油气供应基地，液化石油气储存站是液化石油气储存基地，其主要功能是储存液化石油气，并将其输给灌瓶站、气化站和混气站。液化石油气灌瓶站是液化石油气液瓶基地，主要功能是进行液化石油气灌瓶作业，并将其送至瓶装供应站或用户，同时也灌装汽车槽车，并将其送至气化站和混气站。液化石油气储配站是兼具储存站和灌瓶站功能的设施。液化石油气气化站是指采用自然或强制气化方法，使液化石油气转变为气态供出的设施。混气站是指生产液化石油气混合气的设施。

**3. 天然气气源设施**

天然气的生产和储存设施大都远离城市，天然气对城市的供应一般是通过长输管线实现的。天然气长输管线的终点配气站称为城市接收门站，是城市天然气输配管网的气源站，其任务是接收长输管线输送的天然气，在站内进行净化、调压、计量后，进入城市燃气输配管网。在城市近郊，天然气的储存基地有储存、净化和调压等功能，也可视为城市气源。

#### （二）城市燃气气源工程规划

**1. 气源种类的选择原则**

（1）应遵照国家能源政策和燃气发展方针，因地制宜，根据本地区燃料资源的情况，选择技术上可靠、经济上合理的气源。

（2）应根据城市的地质、水文、气象等自然条件和水、电、热的供给情况，选择合适的气源。

（3）应合理利用现有气源，做到物尽其用，发挥原有气源的最大作用，并争取利用各工矿企业的余气。

（4）应根据城市的规模和负荷的分布情况，合理确定气源的数量和主次分布，保证供气的可靠性。

（5）在城市选择多种气源联合供气时，应考虑各种燃气间的互换性，或确定合理的混配燃气方案。

2. 气源规模的确定

1）煤气制气厂规模

在国内大多数城市中，煤气制气厂是城市的主气源。由于燃气的需用量是不均匀的而煤气制气厂的生产又要有一定的稳定性和连续性，因此必须确定一个合理的生产规模保证煤气生产和使用的基本平衡。炼焦制气厂、直立炉制气厂等规模较大的煤气厂，生产调节能力较差，规模宜按一般月平均日的燃气负荷确定。

2）液化石油气气源规模

液化石油气气源包括储配站、储存站、灌瓶站、气化站和混气站等。其规模主要指站内液化石油气储存容量。液化石油气气化站和混气站，当其直接由液化石油气生产厂供气时，其贮罐设计容量应根据供气规模、运输方式和运距等因素确定；由液化石油气供应基地供气时，其贮罐设计容量可按计算月平均日用气量的 2~3 倍计算。

3. 气源设施布局要求

1）煤气制气厂布局要求

（1）厂址选择应合乎城市总体发展的需要，不影响城市近远期的建设。现有气源厂，若对城市长期发展有较大影响，应考虑远期迁址或并入新厂的可能性。

（2）厂址应具有方便、经济的交通运输条件，与铁路、公路干线或码头的连接尽量短捷。

（3）厂址应具有满足生产、生活和发展所必需的水源和电源。如条件允许，厂址应尽量靠近水源、电源。一般气源厂属于一级负荷，应由两个独立电源供电，采用双回线路。大型煤气厂宜采用双回的专用线路。

（4）厂址宜靠近与之生产关系密切的工厂，并为运输、公用设施、三废处理等方面的协作创造有利条件。

（5）厂址应符合现行的环境保护的有关法规和《工业企业设计卫生标准》。厂址附近应具备处理和综合利用厂区排放"三废"的地带或区域。应对投产后对于环境造成的影响作出预评价。

（6）厂址应有良好的工程地质条件和较低的地下水位。地基承载力一般不宜低于 $10t/m^2$，地下水位宜在建筑物基础底面以下。

（7）厂址不应设在受洪水、内涝威胁的地带。气源厂的防洪标准应视其规模等条件综合分析确定。位于平原地区的气源厂，当场地标高不能满足防洪，须修筑防洪堤坝时，应进行充分的技术经济论证。

(8) 厂址必须具有避开高压输电线路的安全空隙间隔地带，并应取得当地消防及电业部门的同意。

(9) 在机场、电台、通信设施、名胜古迹和风景区等附近选厂时，应考虑机场净空区、电台和通信设施防护区、名胜古迹等无污染间隔区等的特殊要求。并取得有关部门的同意。

(10) 气源厂应根据城市发展规划预留发展用地。分期建设的气源厂，不仅要留有主体工程发展用地，还要留有相应的辅助工程发展用地。

(11) 在下述地段不宜选择厂址：

有滑坡、溶洞、泥石流等直接危害地段，较厚的Ⅲ级自重湿陷性黄土、新近堆积黄土、Ⅰ级膨胀土等工程地质恶劣地区。发震断层和基本烈度高于9度的地震区。纵、横坡度均较大，且宽度小于100m的低洼沟谷内。具有开采价值的矿区及其影响范围内。不能确保安全的水库下游及山洪、内涝威胁严重的地段。具有爆炸危险的范围内。国家规定的历史文物、生物自然保护区和风景游览地区。邻近工厂散发有害气体，危害严重而尚无有效防治措施的地段。对机场、电台等使用有影响的地区。

2) 液化石油气供应基地布局要求

(1) 液化石油气储配站属于甲类火灾危险性企业。站址应选在城市边缘，与服务站之间的平均距离不宜超过10km。

(2) 站址应选择在所在地区全年最小频率风向的上风侧。

(3) 与相邻建筑物应遵守有关规范所规定的安全防火距离。

(4) 站址应是地势平坦、开阔、不易积存液化石油气的地段，并避开地震带、地基沉陷和雷击等地区。不应选在受洪水威胁的地方。

(5) 具有良好的市政设施条件，运输方便。

(6) 远离名胜古迹、游览地区和油库、桥梁、铁路枢纽站、飞机场、导航站等重要设施。

(7) 在罐区一侧应尽量留有扩建的余地。

3) 液化石油气气化站与混气站布局要求

(1) 液化石油气气化站与混气站的站址应靠近负荷区。作为机动气源的混气站可与气源厂、城市煤气储配站合设。

(2) 站址应与站外建筑物保持规范所规定的防火间距。

(3) 站址应处在地势平坦、开阔、不易积存液化石油气的地段。同时应避开地震带、地基沉陷、废弃矿井和雷区等地区。

### 三、城市燃气输配气设施布局要求

(一) 城市燃气输配气系统规划

城市燃气输配系统是从气源到用户间一系列输送、分配、储存设施和管网的总称。在这个系统中，输配设施主要有储配站、调压站和液化石油气瓶装供应站等，输配管网按压力不同分为高压管网、中压管网和低压管网。进行城市燃气输配管网规划，就是要确定输配设施的规模、位置和用地，选择输配管网的形制，布局输配管网，并估算输配管网的管径。

1. 燃气（气态燃气）储配站布局要求

燃气（气态燃气）储配站主要有三个功能，一是储存必要的燃气量，以调峰；二是可使多种燃气进行混合，达到适合的热值等燃气质量指标；三是将燃气加压，以保证输配管网内适当的压力。

城市储气量的确定与城市民用气量与工业用气量的比例有密切关系。储气量占计算月平均日供气量的比例称为储气系数。

对于供气规模较小的城市，燃气储配站一般设一座即可，并可与气源厂合设，对于供气规模较大，供气范围较广的城市，应根据需要设两座或两座以上的储配站。厂外储配站的位置一般设在城市与气源厂相对的一侧，即常称的对置储配站。在用气高峰时，实现多气源向城市供气方面保持管网压力的均衡，缩小气源点的供气半径，减小管网管径，另一方面也保证了供气的可靠性。

除上述储配站布局要点外，储配站站址选择还应符合防火规范的要求，并有较好的交通、供电、供水和供热条件。

2. 调压站布局要求

调压站的作用是：将输气管网的压力调节到下一级管网或用户所需的压力；保持调节后的管网压力的稳定；调压站还装有计量装置，兼有计量作用。燃气调压站占地面积较小，满足调压器放置的要求即可，有时，调压器也可以直接布置在室外或设于建筑物墙壁上。

（1）调压站供气半径以 0.5km 为宜，当用户分布较散或供气区域狭长时，可考虑适当加大供气半径。

（2）调压站应尽量布置在负荷中心。

（3）调压站应避开人流量大的地区，并尽量减少对景观环境的影响。

（4）调压站布局时应保证必要的防护距离，具体数据见国家和部门相关规范。

3. 液化石油气瓶装供应站布局要求

瓶装供应站主要为居民用户和小型公建服务，供气规模以 5000~7000 户为宜，一般不超过 10000 户。当供应站较多时，几个供应站中可设一管理所。瓶装供应站的站址选择有以下要点：

（1）瓶装供应站的站址应选择在供应区域的中心，以便于居民换气。供应半径一般不宜超过 0.5~1.0km。

（2）有便于运瓶汽车出入的道路。

（3）瓶装供应站的瓶库与站外建、构筑物的防火间距不应小于专业部门的规定。

液化石油气瓶装供应站的用地面积一般在 $500~600m^2$，而管理所（中心站）面积略大，约为 $600~700m^2$。

(二) 城市燃气管网规划

1. 城市燃气输配管网的形制

城市燃气输配管网按布局方式分,有环状管网系统和枝状管网系统。环状管网系统中输气干管布局为环状,保证对各区域实行双向供气,系统可靠性较高;枝状管网系统输气干管为枝状,可靠性较低。通往用户的配气管一般为枝状管网。

城市燃气输配管网可以根据整个系统中管网不同压力级制的数量来进行分类,可分为一级管网系统、二级管网系统、三级管网系统和混合管网系统等四类,每一类管网形制都有其优点和缺点,适用于不同类型的城市或地区。

采用一个压力等级进行输送配气的燃气管网系统称为一级系统,分为低压一级系统和中压一级系统,适用于用气量小的新城;采用两个压力等级进行输气配气的燃气管网系统称为二级系统,分为中压A、低压二级系统和中压B、低压二级系统,大中城市均可采用;采用三个压力等级进行输气配气的称为三级系统,适用于特大城市;同时存在上述系统两种以上的称为混合系统,可广泛适用。

2. 城市燃气输配管网形制的选择

各种管网系统均有其优缺点,某一系统的优点在一定条件下成立,而在另外一些条件下可能不成立。例如中压一级系统,其基建投资明显低于二、三级系统,但在北方高寒地区输送湿煤气,采用箱式调压器(目前国内用户表前调压器尚在试验中)供气时,调压器设在地上需防冻,设在地下得做井。由于调压箱数量大,设井的费用高,且易积水,调压器损坏漏气必然严重。综合这些因素,如果设备质量不佳,安装水平不高,一级系统方案可能不宜采用。在选择输配管网的形制时,主要考虑两方面的因素。一方面是管网形制本身的优缺点,包括以下几点:

1) 供气的可靠性。取决于管网系统的干线布局,环状管网的可靠性大于枝状管网。

2) 供气的安全性。管网的压力高低影响到管网的安全性,尤其是庭院管网的压力不宜过高。

3) 供气的适用性。主要由用户至调压器之间管道的长度决定,用户至调压设备远近不同会导致用户压力的不同,中压一级管网的供气能够保证大多数用户压力相同,有较好的供气适用性。

4) 供气的经济性。取决于管网长度、管径大小、管材费用、寿命以及管网的维护管理费用。除考虑管网自身条件外,还应考虑城市的综合条件,主要有以下几点:

(1) 气源的类型。对天然气气源和加压气化气源,可以采用中压A或中压B一级管网系统,以节省投资。对人工常压制气气源,尽可能采用中压B一级或中、低压二级管网系统。

(2) 城市的规模。对于大城市应采用较高的输气压力,当采用一、二级混合管网系统时,输气压力一般不应低于0.1MPa,对于中小城市可采用一、二级混合系统,其输气压力可以低些。

(3) 市政道路条件。街道宽阔、新居住区较多的地区,可选用一级管网系统。

（4）城市自然条件。对于南方河流水域很多的城市，一级系统的穿跨越工程量将比二级系统多，如何选用，应进行技术经济比较后确定。

（5）城市近远期发展的要求。当城市发展规模较大时，对于新发展地区应选用一级管网系统，采用较高的设计压力。近期工程的管网系统，可以降低压力运行，远期负荷提高时，可将运行压力提高，即可满足需要。

3. 城市燃气输配管网的布置

布置各种级别的城市燃气管网，应遵循的一般原则是：

1）应结合城市总体规划和有关专业规划进行。在调查了解城市各种地下设施的现状和规划基础上，才能布置燃气管网。

2）管网规划布线应按城市规划布局进行，贯彻远、近结合，以近期为主的方针。规划布线时，应提出分期建设的安排，以便于设计阶段开展工作。

3）应尽量靠近用户，以保证用最短的线路长度，达到同样的供气效果。

4）应减少穿、跨越河流、水域、铁路等工程，以减少投资。

5）一般各级管网应沿路布置。

6）燃气管网应避免与高压电缆相邻平行敷设，否则，会导致感应电场对管道会造成严重腐蚀。

7）对各级管网应按如下原则布线：

（1）高压、中压A管网的功能在于输气，由于其工作压力高，危险性大，布线时应确保长期安全运行，为保证应有的安全距离，高压、中压A管网宜布置在城市的边缘或规划道路上，高压管网应避开居民点。对高压、中压A管道直接供气的大用户，应尽量缩短用户支管的长度。连接气源厂（或配气站）与城市环网的枝状支管，一般应考虑双线，可近期敷设一条，远期再敷设一条。长输高压管线一般不得连接用气量很小的用户。

（2）中压管网是城区内的输气干线，网路较密。为避免施工安装和检修过程中影响交通，一般宜将中压管道敷设在市内非繁华的干道上。应尽量靠近调压站，以减少调压站支管长度，提高供气可靠性。连接气源厂（或配气站）与城市环网的支管宜采用双线布置。中压环线的边长一般为2~3km。

（3）低压管网是城市的配气管网，基本上遍布城市的大街小巷。布置低压管网时，主要考虑网路的密度。低压燃气干管的网格边长以300m左右为宜，具体情况应根据用户分布状况而定。

## 第四节　城市供热工程系统规划

一、城市供热标准与负荷确定

（一）城市集中供热负荷的类型与特征

1. 城市热负荷种类

城市集中供热负荷可以根据用途、性质、用热时间和规律进行分类。

（1）根据热能的最终用途，热负荷可以分为室温调节（采暖、通风和供冷）、生活热水、生产用热等三大类。在计算与预测热负荷时，一般按这种分类法分类计算与预测。

（2）根据热负荷性质可分为民用热负荷和工业热负荷两大类。民用热负荷主要指居住和公共建筑的室温调节和生活热水负荷。工业热负荷主要包括生产负荷和厂区建筑的室温调节负荷，同时也要将职工上班的生活热水（主要用于淋浴）负荷计算在内。一个城市中，民用热负荷与工业热负荷的比例不同是决定不同的供热方案的重要依据。

（3）各种热负荷可按其用热时间和用热规律分为两大类：季节性热负荷与全年性热负荷。采暖、供冷、通风的热负荷是季节性热负荷。生活热水负荷和生产热负荷属于全年性热负荷，生产热负荷主要与生产性质、生产规模、生产工艺、用热设备数量等有关，生活热水负荷主要由使用人数和用热状况（如同时率等）决定，而与室外气象条件关系不大。

在上述三种分类方法中，第一种方法主要用于预测计算，另两种分类方法主要用于供热方案选择比较。

**2. 城市供热对象的选择**

对于各类热用户，城市供热系统从技术和经济角度来说，不能做到全面供应，必须合理选择供热对象，保证供热系统建设和运行的合理和经济。用户首先应是那些分散用热的规模较小的热用户，如居民家庭、中小型公共建筑和小型企业。大型公共建筑或大中型企业的燃烧设备、环保设备一般比较先进，余热资源较丰富，而用热条件比较复杂，因此，在供热规模有限的情况下，对于用户用热规模应以"先小后大"为供应原则，才能发挥城市集中供热系统的最大效益。

由于供热系统的服务半径较小，若热用户空间分布上较集中，就有利于热网布置，减少投资和运营成本。所以，应选择布局较集中的热用户作为供热对象，"先集中后分散"以达到系统在经济方面的合理性。

（二）城市热负荷预测与计算

城市热负荷预测与计算方法：

在预测与计算城市热负荷时，根据热负荷种类的不同和基础资料的条件，一般有两种方法，即计算法与概算指标法。

1）计算法。当建筑物的结构形式、尺寸和位置等资料为已知时，热负荷可以根据采暖、通风设计数据来确定，这种方法比较精确，可用于计算或预测较小范围内有确定资料地区的热负荷。

2）概算指标法。在估算城市总热负荷和预测地区没有详细准确资料时，可采用概算指标法来估算供热系统热负荷。在规划中最常采用的就是这种方法。

对于工业生产热负荷，在规划中估测的难度很大时，一般可根据工业门类，采用一些经验数据进行预测。

3) 热负荷计算的步骤

(1) 收集热负荷现状资料。热负荷现状资料既是计算的依据，又可作为预测取值的参考。

(2) 分析热负荷的种类与特点。对采暖、通风、生活热水、生产工艺等各类用热来说，需采用不同方法、不同指标进行预测和计算，另外，热负荷的一些特点也会对计算结果产生较大影响。因此，必须对热负荷进行充分准确的分析，然后才能进行计算与预测。

(3) 进行各类热负荷预测与计算。在对热负荷现状进行参考，分析掌握热负荷的种类与特点后，采用各种公式，对各类热负荷进行预测与计算。

(4) 预测与计算供热总负荷。地区的供热总负荷是布局供热设施和进行管网计算的依据。在各类热负荷计算与预测结果得出后，经校核后相加，同时考虑一些其他变数，最后计算出供热总负荷。

对于民用热负荷，还可采用更为简便的综合热指标进行概算，表6-7显示了民用建筑供热面积指标概算值。在概算值中，已包括了热网损失在内（约5%）。

对于居住区来说，包括住宅与公建在内，采暖综合热指标建议取值为 $60 \sim 67 W/m^2$。当需要计算较大供热范围的民用总热负荷，又缺乏建筑物分类建筑面积的详细资料时，可根据当地有关资料及规划情况进行估算，以各类建筑面积比例和分类指标加权平均得出综合热指标。

**单位建筑面积热负荷指标** 表6-7

| 建筑物类型 | 单位面积热指标（W/m²） | 建筑物类型 | 单位面积热指标（W/m²） |
| --- | --- | --- | --- |
| 住宅 | 58~64 | 商店 | 64~87 |
| 办公楼、学校 | 58~81 | 单层住宅 | 81~105 |
| 医院、幼儿园 | 64~81 | 食堂、餐厅 | 116~140 |
| 旅馆 | 58~70 | 影剧院 | 93~116 |
| 图书馆 | 47~76 | 礼堂、体育馆 | 116~163 |

二、城市供热热源工程规划

（一）城市集中供热热源的种类与布局要求

1. 城市集中供热热源的种类

当前，城市采用的城市集中供热系统热源主要有热电厂、锅炉房、低温核能供热堆、热泵、工业余热、地热和垃圾焚化厂。其中热电厂（包括核能热电厂）和锅炉房是使用最为广泛的热源。在一些发达国家的城市，采用低温核能供热堆和垃圾焚化厂作为热源的较多，这样对城市环境保护较为有利。热泵一般用于区域供热。在有条件的地区，利用工业余热和地热作为集中供热热源是节约能源和保护环境的好方式。

在采用多种热源联合供热的系统中，可将热源分为基本热源、峰荷热源和备用热源几类。基本热源是指在整个供热期间满功率运行时间最长的热源，上述几种热源都可作为基本热源。峰荷热源是指基本热源的产热能力不能满足实际热负荷的要求时，投入运行以弥补差额的热源，锅炉房和热泵可作为峰荷热源。备用热源是在检修或事故工况下投入运行的热源，同样一般采用锅炉房和热泵作为备用热源。

在城市集中供热规划中，选择和布局基本热源是规划的主要任务，同时需要指定峰荷热源与备用热源。

2. 城市集中供热热源的布局要求

1）热电厂布局要求

（1）热电厂的厂址应符合城市总体规划的要求，并应征得规划部门和电力、环保、水利和消防部门的同意。

（2）热电厂应尽量靠近用热规模大的热用户。

（3）热电厂要有方便的水陆交通条件。大中型燃煤热电厂每年要消耗几十万吨或更多煤炭，为了保证燃料供应，铁路专用线是必不可少的，但应尽量缩短铁路专用线的长度。

（4）热电厂要有良好的供水条件。对于抽气式热电厂来说，供水条件对厂址选择往往有决定性影响。

（5）热电厂要有妥善解决排灰的条件。

（6）热电厂要有方便的出线条件。大型热电厂一般都有十几回输电线路和多条大口径的供热干管引出，需留出足够的出线走廊宽度。

（7）热电厂要有一定的防护距离。热电厂运行时，将排出飞灰、二氧化硫、过氧化氢等有害物质。为了减轻热电厂对城市人口稠密区环境的影响，厂址距人口稠密区的距离应符合环保部门的有关规定和要求。同时，为了减少热电厂对厂区附近居民区的影响，厂区附近应留出一定宽度的卫生防护带。

（8）热电厂的厂址应尽量占用荒地、次地和低产田，不占或少占良田。

（9）热电厂的厂址应避开滑坡、溶洞、坍方、断裂带淤泥等不良地质的地段。

（10）选择厂址时，应同时考虑职工居住和上下班等因素。

2）锅炉房布局要求

热电厂作为集中供热系统热源时，投资较大，对城市环境影响也较大，对水源、运输条件和用地条件要求高，相比之下，锅炉房作为热源显得较为灵活，适用面较广。

（1）靠近热负荷比较集中的地区。

（2）便于引出管道，并使室外管道的布置在技术、经济上合理。

（3）便于燃料贮运和灰渣排除，并使人流和煤、灰车流分开。

（4）有利于自然通风与采光。

（5）位于地质条件较好的地区。

（6）有利于减少烟尘和有害气体对居住区和主要环境保护区的影响。全年运行的锅炉房宜位于居住区和主要环境保护区的全年最小频率风向的上风侧；季节性运行的锅炉房宜位于该季节盛行风向的下风侧。

（7）有利于凝结水的回收。

（8）锅炉房位置应根据远期规划在扩建端留有余地。

3. 工业余热与地热资源利用

（1）在工业生产中，常常有相当数量的热能被当做废热抛弃，这些热能可作为另一个生产过程的热源，我们称这种热资源为余热。在冶金、化工、机械制造、轻工、建筑材料等工业部门都有大量的余热资源，在这些工厂附近地区应尽量利用工业余热进行一定范围的集中供热。

（2）地球是一个巨大的实心椭圆球体，地热能是地球中的天然热能。地层上层的平均温度梯度每加深1km为25℃。在某些异常的区域，可以确定为地热钻井区的地方，温度梯度大大超过25℃。这类异常区约占全球陆地总面积的10%。据估计，在地壳表面3km内可利用热能约为$2\times10^{20}$cal，这是一个极大的热源。在一些有地热资源的地区，可以考虑以地下热水为热源，进行集中供热。

（二）城市热源的选择与规模确定

1. 城市热源种类的选择

城市集中供热方式多种多样，究竟采用热电厂、区域锅炉房，或是某些工厂余热和其他热源进行城市集中供热，应根据城市具体情况，进行全面技术经济比较后确定。

1）热电厂的适用性与经济性

热电厂实行热电联产，有效提高了能源利用率，节约燃料，产热规模大，可向大面积区域和用热大户进行供热，这是热电厂的特点。在有一定的常年工业热负荷而电力供应又紧张的地区，应建设热电厂。在主要供热对象是民用建筑采暖和生活用热水时，地区的气象条件，即采暖期的长短对热电厂的经济效益有很大影响。在气候冷、采暖期长的地区，热电联产运行时间长，节能效果明显。相反，在采暖期短的地区，热电厂的节能效果就不明显。当然，有些地区已开始尝试"冷、暖、气三联供"系统的建设，在夏季时对一些用户进行供冷，延长热电联产时间，提高了热电厂效率。在这种情况下，采用热电厂作为城市主要热源也是合理的。

2）区域锅炉房的适用性与经济性

区域锅炉房是作为某一区域供热热源的锅炉房。与一般工业与民用锅炉房相比，它的供热面积大，供热对象多，锅炉火力大，热效率较高，机械化程度也较高。与热电厂相比，区域锅炉房在节能效果上有所不及，但区域锅炉房建设费用少，建设周期短，能较快收到节能和减轻污染的效果。区域锅炉房供热范围可大可小。较大规模的区域锅炉房在条件成熟时，可纳入热电厂供热系统作为尖峰锅炉房运行。区域锅炉房所具有的建设与运行上的灵活性，除了可作为中、小城市的供热生热源外，还可在大中城市内作为区域主热源或过渡性主热源。

2. 城市热源规模的确定

(1) 按供暖室外设计温度计算出来的热指标称为最大小时热指标。用最大小时热指标乘以平均负荷系数，得到了平均热指标。以平均热指标计算出来的热负荷，即为供暖平均负荷，主热源的规模应能基本满足供暖平均负荷的需要。而超出这一负荷的热负荷，则为高峰负荷，需要以辅助热源来满足。

(2) 热化系数是指热电联产的最大供热能力占供热区域最大热负荷的份额。在选择热电厂供热能力时，应根据热化系数来确定。针对不同的主要供热对象，热电厂应选定不同的热化系数。一般说来，以工业热负荷为主的系统，热化系数宜取 0.8～0.85。以采暖热负荷为主的系统，热化系数宜取 0.52～0.6。工业和采暖负荷大致相当的系统，热化系数取 0.65～0.75。即稳定的常年负荷越大，热化系数越高，反之，则热化系数越低。

(3) 热电厂供热能力的确定应遵循"热电联产，以热定电"的基本原则，结合本地区供电状况和热负荷的需要，选定不同的热化系数，从而确定热电厂的供热能力。区域锅炉房的供热能力，可按其所供区域的供暖平均负荷、生产热负荷及生活热水热负荷等负荷之和确定。

三、城市供热管网布局要求

供热管网主要由热源至热力站（在三联供系统中是冷暖站）和热力站（制冷站）至用户之间的管道、管道附件和管道支座组成。管网系统要保证可靠地供给各类用户具有正常压力、温度和足够数量的供热和供冷介质（蒸汽、热水或冷水），满足用户的需要。

(一) 城市供热管网的形制

1. 供热管网的分类

(1) 根据热源与管网之间的关系，热网可分为区域式和统一式两类。区域式网络仅与一个热源相连，并只服务于此热源所及的区域。统一式网络与所有热源相连，可从任一热源得到供应，网络也允许所有热源共同工作。相比之下，统一式热网的可靠性较高，但系统较复杂。

(2) 根据输送介质的不同，热网可分为蒸汽管网、热水管网和混合式管网三种。蒸汽管网中的热介质为蒸汽，热水管网中的热介质为热水，混合式管网中输送的介质既有蒸汽也有热水。同样管径的情况下，蒸汽管道所输送的热量大，热水管道小，但蒸汽管道比热水管道更易损坏。一般情况下，从热源到热力站（或冷暖站）的管网更多采用蒸汽管网，而在热力站向民用建筑供暖的管网中，更多采用的是热水管网。因为热水供暖的卫生条件好，且安全，而蒸汽管网温度高，不宜直接用于室内采暖。在室内供冷时，管网热介质一般采用的是冷水。

(3) 按平面布置类型分，供热管网可分为枝状管网和环状管网两种。枝状管网结构简单，运行管理较方便。干管管径随距离增加而减少，造价也较低。但其可靠性较环状管网为低，一旦发生事故，会造成一定范围内供热中断。环状管网的可靠性较高，但系统复杂，造价高，不易管理。因此，在合理设计、妥善安装和正确操作维修的前提下，热网一般采用枝状布置方式，较少采用环状布置方式。

（4）根据用户对介质的使用情况，供热管网可分为开式和闭式两种。开式管网中，热用户可以使用供热介质，如蒸汽和热水，系统必须不断补充热介质。在闭式管网中热介质只在系统内循环运行，不供给用户，系统只需补充运行过程中泄漏损耗的少量介质。

（5）根据一条管路上敷设的管道数，分为单管制、双管制和多管制。单管制的热网一条管路上只有一根输送热介质的管道，没有供介质回流的管道，只能输送一种工况的热介质，用于用户对介质用量稳定的开式热网中。双管制热网在一条管路上有一根介质输送管和一根回流管，较多用于闭式热网。而对于用户种类多，对介质施用工况要求复杂的热网，一般采用多管制，即在一条管路上有多根输送介质的管道和回流管，以输送不同性质、不同工况的热介质。

**2. 供热管网的形制选择**

从热源到热力点（或制冷站）间的管网，称之为一级管网，而从热力点（或制冷站）至用户间的管网，称为二级管网。一般说来，对于一级管网，往往采用闭式、双管或多管制的蒸汽管网，而对于二级管网，则要根据用户的要求确定。

（1）热水热力网宜采用闭式双管制。

（2）以热电厂为热源的热水热力网，同时有生产工艺、采暖、通风、空调、生活热水多种热负荷，在生产工艺热负荷与采暖热负荷所先供热介质参数相差较大，或季节性热负荷占总热负荷比例较大，且技术经济合理时，可采用闭式多管制。

（3）热水热力网具有水处理费用较低的补给水源和与生活热水热负荷相适应的廉价低位能热源时，可采用开式热力网。

（4）蒸汽热力网的蒸汽管道，宜采用单管制。当各用户所需蒸汽多数相差较大，或季节性热负荷占总热负荷比例较大，或用户按规划分期建设时，可采用双管制或多管制。

**（二）城市供热管网的布置**

**1. 供热管网的平面布置**

（1）主干管应该靠近大型用户和热负荷集中的地区，避免长距离穿越没有热负荷的地段。

（2）供热管道要尽量避开主要交通干道和繁华的街道，以免给施工和运行管理带来困难。

（3）供热管道通常敷设在道路的一边，或者是敷设在人行道下面，尽量少敷设横穿街道的引入管，应尽可能使相邻的建筑物的供热管道相互连接。对于有很厚的混凝土层的现代新式路面，应采用在街坊内敷设管线的方法。

（4）供热管道穿越河流或大型渠道时，可随桥架设或单独设置管桥，也可采用虹吸管由河底（或渠底）通过。

（5）和其他管线并行敷设或交叉时，为了保证各种管道均能方便地敷设、运行和维修，热网和其他管线之间应有必要的距离。

**2. 供热管网的竖向布置**

（1）一般地沟管线敷设深度最好浅一些，减少土方工程量。为了避免地沟盖受汽车等动荷重的直接压力，地沟的埋深自地面到沟盖顶面不少0.5m，特殊情况下，如地下水位高或其他地下管线相交情况极其复杂时，允许采用较小的埋设深度，但不少于0.3m。

（2）热力管道埋设在绿化地带时，埋深应大于0.3m。热力管道土建结构顶面至铁路路轨底间最小净距应大于1.0m；与电车路基底为0.75m；与公路路面基础为0.7m。跨越有永久路面的公路时，热力管道应敷设在通行或半运行的地沟中。

（3）热力管道与其他地下设备相交叉时，应在不同的水平面上互相通过。

（4）在地上热力管道与街道或铁路交叉时，管道与地面之间应保留足够的距离，此距离根据不同运输类型所带高度尺寸来确定。

（5）地下敷设时必须注意地下水，沟底的标高应高于近30年来最高地下水位0.2m。

（6）热力管道和电缆之间的最小净距0.5m，如电缆地带的土壤受热的附加温度在任何季节都不大于10℃，而且热力管道有专门的保温层，那么可减小此净距。

（7）横过河流时目前广泛采用悬吊式人行桥梁和河底管沟方式。

（三）城市供热管网的敷设方式

供热管网的敷设方式有架空敷设和地下敷设两类。

（1）架空敷设是将供热管道设在地面上的独立支架或带纵梁的桥架以及建筑物的墙壁上。架空敷设不受地下水位的影响，运行时维修检查方便。同时，只有支承结构基础的土方工程，施工土方量小。因此，它是一种比较经济的敷设方式。其缺点是占地面积较大，管道热损失大，在某些场合不够美观。

架空敷设方式一般适用于地下水位较高，年降雨量较大，地质上为湿陷性黄土或腐蚀性土壤，或地下敷设时需进行大量土石方工程的地区。在市区范围内，架空敷设多用于工厂区内部或对市容要求不高的地段。在厂区内，架空管道应尽量利用建筑物的外墙或其他永久性的构筑物。在地震活动区，采用独立支架或地沟敷设方式比较可靠。

（2）在城市中，由于市容或其他地面的要求不能采用架空敷设时，或在厂区内架空敷设困难时，就需要采用地下敷设。

地下敷设分为有沟和无沟两种敷设方式。有沟敷设又分为通行地沟、半通行地沟和不通行地沟三种。地沟的主要作用是保护管道不受外力和水的侵袭，保护管道的保温结构，并使管道能自由地热胀冷缩。

为了防止地面水、地下水侵入地沟后破坏管道的保温结构和腐蚀管道，地沟的结构均应尽量严密，不漏水。一般情况下，地沟的沟底将设于当地近30年来最高地下水位以上。如果地下水位高于沟底，则必须采取排水、防水，或局部降低水位的措施。较为常用的防水措施是在地沟外壁敷以防水层。同时，沟底应有不小于0.002的坡度，以便将地沟中的水集中在检查井的集水坑内，用泵或自流排入附近的下水道。局部降低地下水位的方法是在地沟底部铺上一层粗糙的砂砾，在沟底下200~250cm处敷设一根或两根直径为100~150mm的排水管，管上应有许多小孔。为了清洗和检查排水管，每50~70m需设置一个检查井。

## 第五节　城市能源系统发展概况与动态

### 一、城市能源发展概况

（一）我国城市能源使用概况

能源与国民经济密切相关。当前在我国突出的关系全局的主要能源问题有如下几方面。

1. 能源结构

我国是世界上以煤炭为主的少数国家之一，远远偏离当前世界能源消费以油气燃料为主的基本趋势和特征。21世纪初，我国一次能源的消费构成为：煤炭占73.5%，原油占18.6%，天然气占2.2%和水电占5.7%。煤炭高效、洁净利用的难度远比油、气燃料大得多。而且我国大量的煤炭是直接燃烧使用，用于工业锅炉、窑炉、炊事和采暖的煤炭占47.3%，用于发电或热电联产的煤炭只有38.1%，而美国为89.5%。

2. 能源效率

能源效率是指终端用户使用能源得到的有效能源量与消耗的能源量之比。我国能源从开采、加工与转换、贮运以及终端利用的能源系统总效率很低，不到10%，只有欧洲地区的一半。通常能源效率是指后三个环节的效率，约为30%，比世界先进水平低约10个百分点。我国能源利用率低的主要原因除了产业结构方面的问题以外，是由于能源科技和管理水平落后，还因终端能源以煤为主、油、气与电的比重较小的不合理消费结构所致。节能旨在减少能源的损失和浪费，以使能源资源得到更有效的利用，与能源效率问题紧密相关。我国能源效率很低，故能源系统的各个环节都有很大的节约能源的潜力。

3. 能源环境

除了煤炭开采运输所造成的污染以外，我国能源环境问题的核心是大量直接燃煤造成的城市大气污染和农村过度消耗生物质能引起的生态破坏，还有日益严重的车辆尾气的污染。

我国是世界上最大的煤炭生产国和消费国。燃煤释放的 $SO_2$，占全国排放总量的90%，$CO_2$ 占45%，$NO_2$ 占60%，烟尘占70%。我国酸雨区由南向北迅速扩大，已超过国土面积的40%。我国每年酸雨造成的损失超过1100亿元。温室气体 $CO_2$ 排放的潜在影响是21世纪能源领域面临挑战的关键因素。我国农村人口多、能源短缺，且沿用传统落后的用能方式，带来了一系列生态环境问题：生物质能过度消耗，森林植被不断减少，水土流失和沙漠化严重，耕地有机质含量下降等。

4. 能源安全

能源安全是指能源可靠供应的保障。首先是石油、天然气供应问题，油、气是当今世界主要的一次能源，也是涉及国家安全的重要战略物质。1973年石油危机的冲击，造成那些主要靠中东进口石油的国家经济混乱和社会动荡的局面，给人们留下深刻的印象。现在许多国家都十分重视建立能源（石油）保障体系，重点是战略石油储备。预计2010~2020年后世界石油产量将逐步下降，而消费仍将不断增加，可能开始出现供不应求的局面，世界油气资源的争夺将加剧。我国石油、天然气资源相对少，人均石油探明剩余可采储量仅为世界平均值的 1/10。从 1993 年起，我国已成为石油净进口国，随着石油供需缺口逐年加大，不断增加石油进口将是大势所趋。但大量从国外进口石油，有可能引起国际石油市场震荡和油价攀升，油源和运输通道也易受到别国控制。

大量研究和历史经验表明，解决上述能源问题的根本途径是依靠科学技术进步，因此与其相关的科学问题是我国国民经济发展的重大需求和能源科学技术发展的战略重点。

### 二、城市供电、燃气、供热的负荷关联性

在高效节能环保的理念背景和市场化的环境中，传统的城市能源消费方式逐步呈现多样性，这在能源消费负荷方面体现为一定的关联性，这一系列的关联性基于能源设施的使用，以民用负荷为主，具体体现在以下几方面：

（1）相比较传统的燃气和热介质而言，电能源具有明显的高效环保、使用安全方便的性能，使得电能源对能源消费的市场占据份额越来越大。以饮食烹饪为例，传统的消费以燃气为主要能源，但近年来各种电炊具的出现使得电能在这一相关行业的消费越来越大，这在负荷变化中体现为电负荷的增加和燃气负荷的减少。以民用供热为例，传统的集中供热方式需要热介质，如热水和蒸汽，但空调等电热设备的出现使得热负荷明显减少而电负荷相应增加，这在大城市地区尤为明显。同时，在民用热消费中还广泛存在燃气产热的现象，这在城市家庭沐浴用水和未实行集中供热的地区尤为明显。

（2）热电气负荷的关联对规划中负荷预测的传统方式提出了改进的要求，这体现在各类负荷的人均单位标准需要根据市场和经济社会发展的情况作出更加准确的制定。但由于民用能源市场的复杂性，为相关标准的准确制定带来了很大难度，这在宏观规划层面尤其难以准确把握。目前，各专业部门对相关指标的研究正在进行中。

### 三、城市能源系统设施与技术发展动态

#### （一）世界能源系统发展趋势

目前全世界都在推动第二代能源系统的建设，积极试点，认真进行立法准备，抓紧开发配套相关设备。第二代能源系统具有六个主要特征：一是燃料的多元化；二是设备的小型、微型化；三是热电冷联产化；四是网络化；五是智能化控制和信息化管理；六是高标准的环保水平。

#### （二）燃料多元化

燃料多元化就是利用一切可以利用的能源资源，天然气、煤层气、矿井瓦斯、垃圾填埋产生的可燃气体、沼气、生物质热解气化气等，凡是可以利用的资源，都加以利用，与传统的煤、油燃料一起构成多元化的城市燃料结构，在保证供应的前提下减少环境污染，提高能源的利用效率。

#### （三）热电冷联产技术

热电冷联产化是将原来采暖、电力、制冷和卫生热水等系统优化整合为一个新的、

统一的能源系统，将资源利用效率提高到80%~90%，同时减少了各能源系统综合投资和运行管理的代价。热、电、冷联产是在热、电联产的基础上发展起来的。热电联产能够有效地节约能源、改善环境质量、缓解电力紧张、提高供热质量，有利于灰渣的综合利用等经济效益已被越来越多的人所认识。热、电、冷联产则在夏季热电厂供热负荷的低谷区，增加供气量，提高热电厂的热负荷率，增加热电厂的经济效益。在用户则可以选用溴化锂制冷机实现集中制冷，可以大量减少空调用电量，缓解城市供电紧张局面。

（四）网络化技术

网络化是将各个相近的小型能源系统之间的电能、热能进行连接，互相保障、互相支援、互相调剂、互相平衡。

因特网将每个能源装置的自动控制计算机连接，实现智能化的指挥调度，根据整体的电力需求和燃料变化进行优化调节。并进一步与每一个智能电器连接，彻底平衡用电、用热和燃料的峰谷变化问题。

（五）智能化能源技术

1. 配电智能化技术

配电智能化技术是以遥测、遥控、遥调技术为基础的变配电系统智能化技术的通称。应用于电气开关、断路器及配电设备，使之具备控制、测量、工作状态远传、保护参数远方设定、事故故障的判定、保护及记录等功能，可结合信息网络技术、无线传输技术、载波技术等实现远方集中监控、调度和分层分级管理，取代配电系统场站管所的人工值班、查抄仪表、故障的即时判断、切除和记录等人工工作，使电力变配电系统的可靠性、安全性、快速性、实时性得到质的改变。

2. 燃气智能化技术

燃气智能化技术主要应用于燃气输配及维护管理、燃气应用、燃气控制检测、燃气自动化控制、报警系统、供气集中监控等。

3. 热网智能化技术

热网智能化技术主要用于热网调控和智能计量。主要监控对象包括热网管道、泵站、锅炉房等监测点的温度、流量、压力等物理量的数据一次网温度、一次网压力、一次网流量、二次网温度、二次网压力、二次网流量等数据；电机的运转状态；泵站锅炉房的各种数据实时监测，对泵站、锅炉房的阀门电机等设备进行远程监控等。

4. 住宅区远程计量系统

远程计量系统是与住户密切相关的一个智能化系统。远传系统一般分为四个部分：前端采集装置、数据采集处理装置、传输线路、中心控制平台。从传输上可分为总线传输和电力载波两种。其主要功能包括：在管理中心的计算机系统中可以建立用户有关资料；准确可靠地采集电表、水表、煤气表的数据，并传送给管理中心的计算机；具有实时抄表功能，抄表的时间可以任意改变；具有断线报警的功能，并记录断线时间；具有电表、水表、煤气表故障自动诊断功能，并能及时将用户表所发生的故障传送给管理中心的计算机，对用户表异常情况进行报警；具有便携式终端抄表功能；对抄表数据进行分析管理；实现自动化收费管理等。

2002年起，上海市自来水、煤气和电力三家联手，率先在浦东地区的30多家现代化智能住宅小区进行"三表合一"的抄表服务，三表读数每月会自动传到收费部门。到目前为止，全市已有60多个住宅小区用上了国内领先的380V电力线载波三表远程自动抄表系统。

（六）小型化趋势

能源设施小型化是新技术革命的趋势。

设备的小型、微型化就是根据用户的实际需求和燃料资源配置，设置能源装置。微燃机、燃料电池、燃气外燃机、各种小型循环流化床锅炉等先进设备的陆续投产与应用，小型燃气轮机、燃气内燃机、小型水电站等传统工艺设备的不断改进，以及陆续跟进的风力发电、地热发电等技术，使人类完全有可能"按需设厂"，省去长途输电设施、多层变电和电网建设、集中供暖和管道系统，以及家庭制冷空调的投资。

小型、微型能源设施的环保标准高，小燃机和微燃机的氮氧化物的排放分别为$25\times10^{-6}$和$9\times10^{-6}$，燃料电池为0。由于小型、微型化，可以与农业大棚结合，将二氧化碳的利用变为可能，真正实现零排放。

21世纪，将有可能出现由无数小型、微型热电冷系统组成的自下而上的能源系统，在网络的连接下，从根本上改变传统的由大型火电厂、高压输电线路和多层电压网络系统，以及各种供热采暖锅炉共同组成的城市传统能源体系。人类将从工业时代的"规模效益"，转向信息时代以效益定规模的生产方式。

（七）清洁化、环保化趋势

随着经济的快速发展和人口的不断增长，能源需求也将不断增加，能源供需缺口日益扩大，中国的经济发展模式必须由粗放经营逐步转向集约经营，走资源节约型道路。如果目前的能源生产和消费方式保持不变，中国未来的能源需求无论从资金、资源、运输还是环境方面都无法承受。改变能源生产与消费方式，开发利用对环境危害较小甚至无害的清洁能源，是中国可持续发展战略的重要组成部分。

我国的清洁能源发展战略，主要体现在以下方面。

1. 加强规划和管理，引导能源的开发利用向清洁能源的方向发展

能源的开发利用规划应综合考虑其经济效益和环境效益。需要加强能源管理，改善能源供应和布局，提高清洁能源和高质量能源的比例。

2. 积极推广低污染的煤炭开采技术和洁净煤技术

在今后相当长一段时间内，以煤为主的能源结构仍将不会有大的变化。这就需要我们必须在煤炭的开采、运输和使用上尽可能减少对环境不利的影响。一是在煤炭开采过程中改进采煤的工艺，二是推广应用高效清洁的燃煤技术。同时建立清洁煤技术信息系统，为清洁煤技术的推广应用提供数据支持和决策依据。开展煤渣、粉煤灰的资源化利用技术的研究，并完善和制定有关政策，促进其市场开拓。

### 3. 积极开发新能源与可再生能源

中国在开发可再生能源方面的主要目标是，到 2020 年可再生能源在中国能源结构中的比例争取达到 16%，水电总装机达到 3 亿 kW，风电装机目标 3000 万 kW，生物质发电达到 3000 万 kW，沼气年利用量达到 443 亿 $m^3$，太阳能发电装机 180 万 kW，太阳能热水器总集热面积达到 3 亿 $m^2$，燃料乙醇的年生产能力达到 1000 万 t，生物柴油的年生产能力达到 200 万 t。要实现这些目标，须采取适当的财政鼓励措施和市场经济手段，国家必须增加在开发可再生能源方面的投入，地方政府和用户也应积极参与。

### 4. 开发利用节能技术

节约能源，特别是节约清洁能源，是中国国民经济发展的一项长远战略方针，不仅对保障清洁能源的供给，推进技术进步和提高经济效益有直接影响，而且是减少污染和保护环境，实现可持续发展的重要手段。

首先是加强节能管理，建立和健全节能管理程序和审批制度及相应的政策法规。对能源生产、运输、加工和利用的全过程进行节能管理。通过技术进步，提高能源利用效率，降低单位产值能耗。其次是针对一些重点环节，开发利用节能技术，如对电站锅炉、工业锅炉和工业窑炉进行节能技术改造，提高终端用能设施的能源利用效率。对发电厂进行老厂、老机组改造，此外还要加强电网建设，改造城市电网，减少输电损失等。

## 第六节 城市能源系统规划实例简介

### 一、城市总体规划层面的规划实例

某城市规划远期人口 30 万人，建设用地总量控制在 33 $km^2$ 左右。

（一）供电工程规划（图 6-5）

该城市现有 110kV 变电站一座，35kV 公用变电站 2 座。

经对城区现状用电分析，并参照相等城市规划负荷预测，本次负荷预测采用负荷密度法，即最大供电负荷 = ∑（单位用地负荷指标 × 单位用地面积）× 同时率，其中单位用地负荷考虑工业仓储用电、生活用电、市政用电、道路广场用电、绿化用电。负荷指标计算如表 6-8 所示。

负荷指标计算 表 6-8

| 分项 | 负荷指标（kW/$hm^2$） | 面积（$hm^2$） | 供电负荷（MW） |
|---|---|---|---|
| 1. 工业用电 | 200 | 435.0 | 87.0 |
| 2. 市政、生活用电 | 180 | 1302.4 | 234.4 |
| 3. 道路交通、广场、仓储用电 | 5 | 758.8 | 3.8 |
| 4. 绿地用电 | 2 | 485.2 | 1.0 |
| 合计 | | | 284.2 |

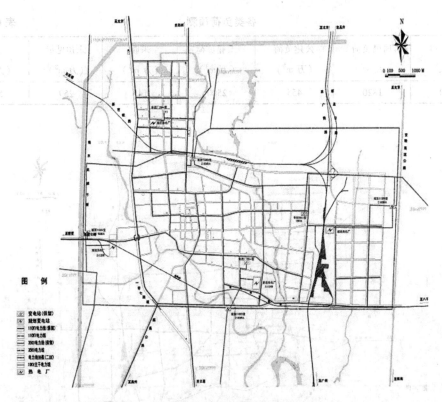

图6-5 总体规划层面的供电工程规划

同时率取0.65,则计算最大供电负荷为185MW。

为提高城市供电能力,根据负荷预测,结合城市用地布局,同时考虑周边农村用电,对110kV变电站规划新建与现状扩容相结合。同时结合城市建设改造城区10kV及35kV电网,其中10kV线路利用开关形成城区10kV环网,以提高城区内的供电保障率,在建成区内的主要商贸、金融、行政办公和居住区内通过的10kV线路宜采用电缆沟方式敷设。

(二)燃气工程规划(图6-6)

城市现状以液化石油气为主要气源;规划实行多种气源并举的方针,以天然气为主导气源,液化石油气为辅助气源。根据城市性质,确定燃气负荷以居民和工业负荷为主。实行近、远期相结合,统筹规划、分步实施的原则。

城市现状无管道煤气,液化气消耗水平为每户每月一瓶13kg石油气,折合成耗热指标为2010MJ/(人·年),考虑到现仍在使用电和煤作辅助能源,故实际消耗水平还需高一些。规划参照邻近大城市居民耗热定额,远期按2721MJ/(人·年)计算。气化率水平90%。工业用气主要以大中型工业企业为主,规划适当考虑小型采暖和空调的天然气用气量,并按居民用气量的8%,年工作日150d计算。未预见量包括漏损等一些不可预见因素,按总气量的5%考虑。各类负荷预测如表6-9所示。

各类负荷预测  表6-9

| 服务人口<br>(万人) | 居民负荷<br>(万 m³) | 公建负荷<br>(万 m³) | 工业负荷<br>(万 m³) | 采暖<br>(万 m³) | 未预见量<br>(万 m³) | 合计<br>(万 m³) |
| --- | --- | --- | --- | --- | --- | --- |
| 27.0 | 1820 | 455 | 2500 | 145 | 259 | 5179 |

**图6-6 总体规划层面的燃气工程规划**

根据上述负荷预测,远期供气规模为:5200万 m³/年。

为实现城市燃气使用的有效衔接,规划近期初期仍以液化气供应为主,后期结合"西气东输"工程,积极引入天然气。规划一座门站,供气规模14万 m³/d。根据规划用地规模,管网采用中压A一级系统,天然气通过门站经输配干管送至小区,在小区用户处设箱式调压器调压后进户。为平衡日高峰用气,规划在门站配建一座储配站,配备两台2000m³的高压球罐。

(三) 供热工程规划 (图6-7)

该市现有热电厂、火电厂各一个,分东区、西区。供热能力180t/h。

规划将现状火电厂改为热电厂,今后以供热为主,以热定电。根据城市组团分布,采取分片供热,除现状热电厂和火电厂东西两热源点外,规划在城市东、西各建一区域锅炉房。

规划西部地区设计供热能力120t/h。中部地区设计供热能力为160t/h。北部地区设计供热能力为75t/h。东部地区设计供热能力为75t/h。

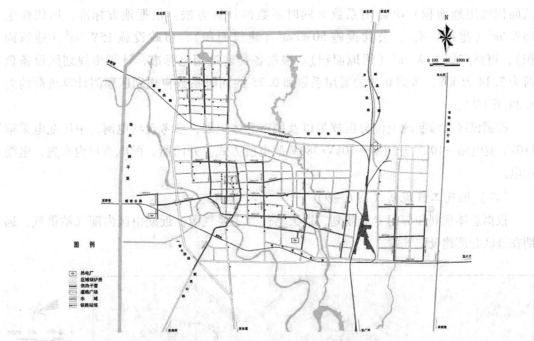

图6-7 总体规划层面的供热工程规划

## 二、城市详细规划层面的规划实例

某地区位于城市新区中心区的南部,规划人口为1.45万,规划区总面积1.63km²。

### (一)供电工程规划(图6-8)

详细规划层面的用电负荷计算采用:计算负荷 = ∑(各类建筑用电标准×各类建

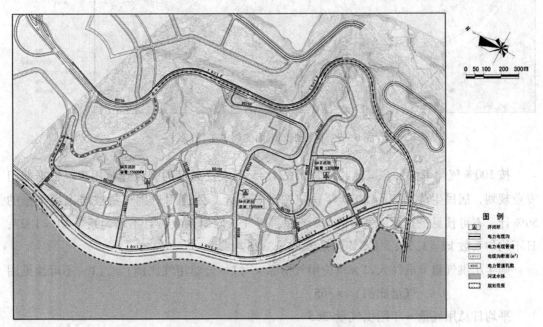

图6-8 详细规划层面的供电工程规划

筑面积或用地面积）×需用系数×同时系数的计算方法。根据地方标准，居住住宅 25W/m² （建筑面积），公共设施 50W/m² （建筑面积），市政设施 15W/m² （建筑面积），道路广场 10W/m² （用地面积）。根据各类建筑用电标准，计算出规划区设备负荷为 7.14 万 kW，考虑 0.8 的需用系数和 0.75 的同时系数，规划区预测计算负荷约为 4.28 万 kVA。

根据该区已编制的上位分区规划以及城市总体规划，参考现状电网，中压配电采取 110kV 变电站—10kV 开闭所—10kV/380V 配电所方式。开闭所、配电所户内布置，电缆送电。

（二）燃气工程规划（图 6-9）

根据总体规划和部门专业规划，以天然气为主要气源。近期由区内配气站供气，远期在该区北部建设配气站。

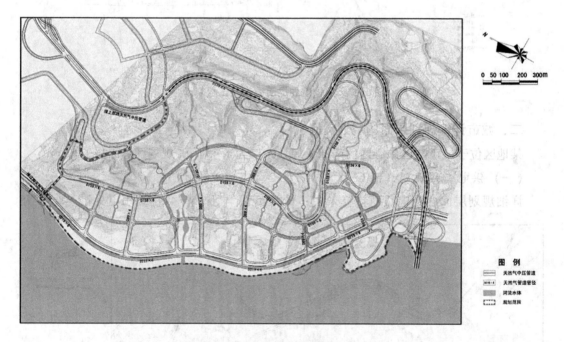

图 6-9 详细规划层面的燃气工程规划

按 100% 气化率供气，该区共约有居民 1.45 万人及大量的公共建筑用户。根据部门专业规划，居民生活用气量 2020 年每户按 1.8m³ 计。公建用户用气量按居民用气量的 50% 计。不可预见量按总用气量的 5% 考虑。用气不均匀系数：月不均匀系数 $k_1 = 1.27$；日不均匀系数 $k_2 = 1.35$；时不均匀系数 $k_3 = 3.25$。

则年用供气量 = 居住人口 × 单位用气指标 × （1 + 公建用气比例）/（1 - 不可预见用气量比例）×365

平均日总用气量 = 年用供气量/365

高峰小时用气量 =（年用供气量/365/24）×$K1 \times K2 \times K3$

则规划区的平均日总用气量为12868$m^3$/d，其中居民用户年平均日用气量为8170$m^3$/d。高峰小时用气量为2988$m^3$/h。年用供气总量为$4.7 \times 10^6 Nm^3$。

规划设置天然气储配站一座，天燃气由门站经高压管线送入储配气站。根据城市规模，城市燃气管网采用中压一级管网系统，民用气采用楼栋箱式调压器，经调压箱调压至用户。

# 第七章

## 城市通信系统规划

### 第一节 城市通信系统的构成

一、城市通信系统构成

城市通信系统是城市之间各个传输交换系统设施组成的总体,主要由城市邮政系统、城市电信系统、城市广播和电视系统四个系统构成。

(一) 城市邮政系统

城市邮政设施通常包括邮政局所、邮政通信枢纽、报刊门市部、售邮门市部、邮亭等。邮政局所经营邮件传递、报刊发行、电报及邮政储蓄等业务。邮政通信枢纽起收发、分拣各种邮件之作用。邮政工程具有快速、安全传递城市各类邮件、报刊及电报等功能。

(二) 城市电信系统

城市电信系统从通信方式上分有线电话和无线电通信两部分。无线电通信有微波通信、移动电话、无线寻呼等。电信工程有电信局(所、站)工程和电信网工程等,电信局(所、站)工程有长途电话局、市话局(含各级交换中心、汇接局、端局等)、微波站、移动电话基站、无线寻呼台以及无线电收发讯台等设施。电信局(所、站)具有各种电信量的收发、交换、中继等功能。电信网工程设施包括电信光缆、电信电缆、光接点、电话接线箱等设施,具有传送电信信息流的功能。

(三) 城市广播系统

城市广播系统有无线电广播和有线广播等两种发播方式。广播工程包括广播台站工程和广播线路工程等。广播台站工程有无线广播电台、有线广播电台、广播节目制作中心等设施。广播线路工程主要有有线广播的光缆、电缆以及光电缆管道等。广播台站工程的功能是制作播放广播节目。广播线路工程设施的功能是传递广播信息给听众。

### （四）城市电视系统

城市电视系统有无线电视和有线电视（含闭路电视）等两种发播方式。城市电视系统有电视台（站）工程和线路工程等设施。电视台（站）工程有无线电视台、电视节目制作中心、电视转播台、电视差转台以及有线电视台等设施。线路工程主要有有线电视及闭路电视的光缆、电缆管道、光接点等设施。电视台（站）工程的功能是制作、发射电视节目内容，以及转播、接力上级与其他电视台的电视节目。电视线路工程的功能是将有线电视台（站）的电视信号传送给观众的电视接收器。

一般情况下，城市有线电视台往往与无线电视台设置在一起，以便经济、高效地利用电视制作资源。有些城市将广播电台、电视台和节目制作中心设置在一起，建成广播电视中心，共同制作节目内容，共享信息系统。

## 第二节 城市邮政系统规划

### 一、城市邮政需求量预测

#### （一）城市邮政通信总量预测

城市邮政通信总量是以货币形式表现一个城市的邮政企业在全程全网生产过程中产品量的总和，是反映邮政通信企业生产劳动成果的综合指标。

预测的方法有定性分析法（如专家判断法）和定量计算法，其中线性模型、指数平滑模型、幂函数模型、灰色系统理论数学模型和弹性系数法、层次分析法、多元逐步回归法等在邮政方面得到广泛应用。

邮政企业产品其他指标的预测可以采用业务量预测的同样方法单独进行。也可以将业务量及其预测结果作为自变量，其他指标作为因变量，两者回归计算。

#### （二）城市邮政业务收入预测

邮政业务收入是邮政部门为用户传递信息、提供服务，按照规定的邮政资费标准，在受理各项业务时向用户收取的货币收入，也称资费（或营业）收入。邮政业务收入以一个城市的邮政通信企业为单位进行统计。

邮政业务收入的影响因素有两个：业务量的发展变化和邮政资费的调整。内含的因素是由于非基本资费和递进邮资制等原因造成的每年各类邮件平均价格并不相同。

邮政业务收入的预测方法可采用以邮政各类业务量及其预测结果为基础作为自变量，以邮政各类业务收入作为因变量，两者回归计算之。然后对邮政各类业务收入进行汇总（合计），便是该城市邮政通信企业的邮政业务收入。

另一种方法是对邮政各类业务的平均价格进行预测，再乘以各类业务的预测结果，其乘积便是邮政各类业务的收入，汇总起来便是邮政业务的收入了。

在邮政资费不做调整的一个较长时期里，可以对邮政业务收入的整体作变量预测。这种方法使用的前提是邮政各类业务的发展不能跳跃式地发展，更不能起伏不定陡然变化。邮政各类业务的结构变化，会增加预测的不准确性。

## 二、城市邮政局所规划

### (一) 城市邮政局所规划主要内容

城市邮政局所的合理布局是方便群众用邮，便于邮件的收集发运和及时投递的前提条件。邮政局所规划的主要内容有：

(1) 确定近、远期城市邮政局所数量、规模。

(2) 划分邮政局所的等级和确定各级邮政局所的数量。

(3) 确定各级邮政局所的面积标准。

(4) 进行各级邮政局所的布局。

### (二) 城市邮政支局所布局原则

(1) 邮政支局所应设在邮政业务量较为集中，方便于人民群众交寄或窗口领取邮件的地方，如闹市区、商业区、居民聚集区、企业工矿区、党政军机关行政区、大专院校。除此以外，邮政所还可设在人民群众公共活动的场所如车站、机场、港口、宾馆、文化游览胜地等。

(2) 邮政支局所的地址面临主要街道、交通便利的位置。这样，邮运和投递车辆易于出入，能保障邮件的及时传递和邮件交接的安全性。

(3) 邮政支局所选址既要照顾到布局的均衡，又要有利于投递工作的组织和管理。投递区的合理划分，投递道段的科学组划，是支局所规划中重点解决的问题。

### (三) 邮政局所设置及服务范围

#### 1. 邮政支局设置

城市邮政支局的规划方法有经验比拟法、平均计算法、业务密度分析法等定量方法，在郊区农村则采用"标准—需要"的定性方法。

(1) 经验比拟法是一种定量与定性相结合的分析方法。在对某个城市未来的人口、面积、经济和邮政业务等因素作出发展预测后，与现实中相近的规模和发展水平的地市进行类比，并将该城市邮政支局所的数量和布局作为参照。

(2) 平均计算法是一种对城市邮政支局所宏观控制总数的数学模型（表7-1）。

**城市邮政支局所平均服务半径计算数学模型**　　　　　表7-1

| 城市级别 | 数学模型 |
| --- | --- |
| 省会城市 | $R = 1.8966 \times (\sigma \cdot \rho)^{-0.34}$ |
| 一类地市级城市（东部、中部） | $R = 2.0874 \times (\sigma \cdot \rho)^{-0.31}$ |
| 二类地市级城市（西部） | $R = 1.6955 \times (\sigma \cdot \rho)^{-0.29}$ |

式中　$\sigma$——城市人口密度（万人/km$^2$）；

　　　$\rho$——城市社会人均邮政业务总量（元/人）；

　　　$R$——城市邮政支局所平均服务半径（km）。

各等级城市邮政支局设置标准如表7-2~表7-4所示。

省会级城市邮政支局所设置标准  表7-2

| 邮政业务总量密度（万元/km²） | <0.1 | 0.10~0.50 | 0.50~2.50 | 2.50~6.50 | 6.50~12.5 | 12.5~18.5 | 18.5~28.5 | >28.5 |
|---|---|---|---|---|---|---|---|---|
| 局所平均服务半径（km） | 4.15 | 4.15~2.40 | 2.40~1.39 | 1.39~1.00 | 1.00~0.80 | 0.80~0.70 | 0.70~0.60 | 0.60 |

一类地市级城市邮政支局所设置标准  表7-3

| 邮政业务总量密度（万元/km²） | <0.08 | 0.08~0.30 | 0.40~0.90 | 0.90~3.00 | 3.00~10.0 | 10.0~23.0 | 23.0~33.0 | >33.0 |
|---|---|---|---|---|---|---|---|---|
| 局所平均服务半径（km） | 4.59 | 4.59~3.03 | 3.03~2.16 | 2.16~1.48 | 1.48~1.02 | 1.02~0.79 | 0.79~0.70 | 0.70 |

二类地市级城市邮政支局所设置标准  表7-4

| 邮政业务总量密度（万元/km²） | <0.03 | 0.03~0.10 | 0.10~0.40 | 0.40~1.60 | 1.60~6.10 | 6.10~13.10 | 13.10~20.6 | >20.6 |
|---|---|---|---|---|---|---|---|---|
| 局所平均服务半径（km） | 4.70 | 4.70~3.31 | 3.31~2.21 | 2.21~1.48 | 1.48~1.00 | 1.00~0.80 | 0.80~0.70 | 0.70 |

（3）业务密度分析法，邮政支局的投递功能相对于营业功能来说显得尤为重要，它的服务区域要广泛得多，涉及的外界条件也较复杂，因此邮政支局服务范围（投递区）是从投递功能角度确定的。

2. 邮政所设置

邮政所的设置主要是为了方便广大人民群众能够就近用邮。邮政局文件规定，以不同的人口密度制定相应的服务半径标准来确定邮政所的多少及分布（表7-5）。

城市邮政所设置标准  表7-5

| 人口密度（万人/km²） | 0.5~1.0 | 1.0~1.5 | 1.5~2.0 | 2.0~2.5 | >2.5 |
|---|---|---|---|---|---|
| 服务半径（km） | 0.81~1.0 | 0.71~0.8 | 0.61~0.7 | 0.51~0.6 | 0.5 |

由于城市的结构（如城区、郊区、开发区、旧城区、新市区等）不同，人口密度自然不同，由此可选择不同的服务半径，计算出大小不一的邮政所的服务面积。邮政所归属邮政支局管辖，在已确定的邮政支局的范围内，即可计算出邮政所的数量了。

（四）邮政局所规模与布置

1. 规模

根据原邮电部标准《城市邮电支局所工程设计暂行技术规定》（YDJ 61—1990），对城市邮政支局所按不同等级规定了建筑面积的范围（表7-6）。

邮政支局所建筑面积标准　　　　　　　表 7-6

| 项　目 | 一等局（m²） | 二等局（m²） | 三等局（m²） |
|---|---|---|---|
| 邮政部分生产面积 | 1041~1181 | 936 | 739 |
| 电信部分生产面积 | 398 | 270 | 178 |
| 生产辅助用房面积 | 653 | 520 | 409 |
| 生活辅助用房面积 | 319 | 243 | 183 |
| 合　计 | 2411~2551 | 1969 | 1509 |

2. 布置

邮政支局所应精心设计、合理布局，充分考虑用户方便、邮件安全，便利工作人员内部处理的原则，并符合国家职业安全与卫生方面的有关法规。支局总平面的建筑密度宜为40%~50%，除生产和辅助用房外，还应有邮件及集装箱装卸台和邮车回车场地。

（五）邮件处理中心及邮政枢纽的设置要求

邮件处理中心也可称为邮件分拣封发中心，是邮区中心局专门进行邮件内部处理的生产单位。其特征是生产规模大、业务量集中，内部作业程序化，使用的设备多，并有先进的监控管理系统，是邮政机械化、自动化水平最高的部门。邮件处理中心应具有以下功能：

（1）按照规定的邮件分发关系、直封标准、经转办法及邮件流向、封发频次的时限要求，合理确定作业组织。担负着划定范围内各局进、出、转口邮件的分拣、封发和经转任务，起到邮件的集散作用。

（2）在邮政通信网的不同层次上，具有接受、处理干线邮路总包和向干线邮路发运总包的功能，同时担负着不同范围内的总包经转工作。

邮政通信枢纽简称邮政枢纽，是在20世纪70年代末、80年代初我国邮政为解决邮政生产场地紧张、推行机械化作业采取的重要措施，同样是专门为邮件集中处理建设的生产楼，它担负着各类邮件分拣、封发、经转和发运的任务。

三、其他邮政设施布置

邮政通信网是邮政支局所及其他设施和各级邮件处理中心通过邮路相互连接所组成的传递邮件的网络系统。邮政支局所是基本服务网点，其他邮政设施是邮政支局所有功能的补充和延伸，是邮政通信网必不可少的物质基础，它们都受到《中华人民共和国邮政法》的保护。

（一）报刊集邮门市部设置

（1）报刊门市部是邮政部门报刊发行的主渠道，是邮政部门对外办理报刊订阅和零售服务的专业机构，侧重于宣传、代销和零售。报刊门市部的设置数量应取决于该城市的文化氛围和购买力。依照相关规范进行设置，报刊门市部的功能包括出售报纸、杂志、邮票、信封、信纸、图书、报刊收订等。

（2）集邮门市部是邮政部门专对集邮者销售各种已发行的邮票及各种集邮品的服务机构。既担负新邮票的发售工作，又负有参与邮票市场、经营集邮商品的职责。集邮门市部视社会需求而设立，需求量大的城市可建设集邮交易市场。除此而外邮政支局内可以设立集邮专柜作为补充。

（二）报刊亭、邮亭设置

（1）报刊亭是邮政部门依法在城市适当地点设置的专门出售报刊的简易设施，是报刊零售网的重要组成部分，报刊发行业务中的方式之一。依照《邮亭、报刊亭、报刊门市部工程设计规范》（YD 2013—94），报刊亭的功能包括出售报纸、杂志、邮票、信封、信纸等。

（2）邮亭是邮政部门在繁华地段定点设置办理邮政业务的简易设施，大都为流动的过往用户提供方便的服务。依照相关规范，邮亭的功能包括出售邮票、信封、信纸、收寄信件等。

（三）信筒、信报箱设置

（1）信筒、信报箱是邮政部门设在邮政支局所门前或交通要道、较大单位、车站、机场、码头等公共场所，供用户就近投递平信的邮政专用设施，是邮政局所营业窗口收寄平信业务功能的另一种灵活形式。

（2）信报箱群（间）的设置应以方便群众使用，减少丢失邮件为宗旨，适用于城镇新建住宅小区、住宅楼房及旧居改造小区邮政设施建设。居民住宅楼房都必须在每幢楼的单元门地面一层楼梯口的适当位置，设与该单元住户数目相对应的信报箱或信报间，有嵌入式、挂式等几种。有条件的每300~600户可集中设立信报箱群或信报箱亭。信报箱亭的建筑面积应考虑服务户数、信报箱体的尺寸排列方式、投递员操作面积、用户使用面积、通道面积，当有人值守兼办简单邮政业务时尚需考虑其工作面积。按照《住宅区信报箱群（间）工程设计规范》（YD/T 2009—1993），信报箱亭的使用面积根据信报箱的格口数（即住户数）来确定。

## 第三节　城市电信系统规划

一、城市固定电话需求量及普及率预测

固定电话需求量的预测是电话网路、局所建设和设备容量规划的基础。电话需求量由电话用户、电话设备容量组成，电话行业的电话业务预测包括了用户和话务预测，二者之间略有区别。前者使用于规划阶段，后者使用于实施阶段，二者之间的共同点是对电话使用用户都要进行预测。电话用户的单耗指标与当时当地的国民经济发展有密切关系，而电话主线普及率则是反映社会经济在发展阶段中某一时期的水平，这两个方面有一定的内在联系。

根据国情状况由工业和信息化部统一提出的电话普及率（泛指主线或号线普及率、话机普及率），是通信行业发展电话的行业指标，也是各城市电话发展的基本要求。根据实际需要预测而得的电话普及率，是各城市固定电话发展的规划目标。

（一）相关回归模型方法

经济发展是影响我国通信市场的最主要的因素。建立经济发展指标和市话业务发展的相关模型，可以对未来时期的通信市场进行预测。

以人均 GDP 指标反映各地经济发展综合水平，以固定电话普及率反映各地区通信市场发展水平，建立人均 GDP 和电话普及率相关模型。人均 GDP 和电话普及率取同一时期各省（市、自治区）的统计数据。用这一模型表示处于不同经济发展水平下的相应电话普及率水平，对城市未来通信市场需求可以达到预测的作用。

（二）应用原 CCITT（国际电报电话咨询委员会）推荐的经验公式预测

原 CCITT 在 1955 年、1960 年、1965 年、1978 年，分别根据这一时期世界各国人均 GDP 和电话普及率的相关关系总结了四个经验公式，可对城市电话发展进行预测。

由于这四个公式计算的电信发展条件不同，实际上在应用同一组经济数据进行电话普及率的测量时，所得到的结果也不同，甚至是差别较大，应根据我国在整个社会信息化进程中电话所起作用等因素对公式进行选择应用和对计算结果进行分析。

（三）固定电话增长率预测法

根据城市及区域电信发展目标、城市经济发展特点等，确定电话总量的增长率，最后得到电话普及率等发展目标。

## 二、城市电信局、所及设施规划

（一）电信局所规划

1. 电信局分类

电信局一般分为综合电信枢纽局、一般电信局、综合电信局等。

（1）综合电信枢纽局一般安装长途干线传输设备，设有光缆传输机房、微波通信机房、长途（含国际）交换机房、长途网管中心、长途计费中心等。

（2）一般电信局安装本地普通传输设备、电话交换端局、移动电话基站设备、数据通信及多媒体通信的节点设备或接入设备。

（3）综合电信局除具有一般电信局的功能外，还要重点考虑安装本地重要的传输设备、电话汇接设备、移动电话交换设备、数据及多媒体通信设备等。通常设有本地传输机房、本地交换机房、数据通信机房、本地网管中心（也可与长途网管中心合设在电信枢纽楼内）、本地电话计费中心等，或设有这些设备的一种（或几种）。

有些城市根据电信网的规模可将电信枢纽局与综合电信局合设。

## 2. 电信局设置

按电信网本地网的划分方案,电信局设置要综合考虑本地网中心城市的规模和本地网的人口、电信业务的发展规模等因素。

### 1) 电信枢纽局设置

电信枢纽局的设置数量一般特大城市 3~4 个,较大的省会城市设 2~3 个,其他一般的城市设一个,个别较大的城市根据需要可设两个。

### 2) 综合电信局设置

综合电信局的设置数量一般特大城市 12~20 个,其他可根据本地网人口及城市规模设置,一般 2~10 个,不超过 12 个(表 7-7)。

**综合电信局设置** 表 7-7

| 综合电信局数量(个) | 城市人口(万人) | 综合电信局数量(个) | 城市人口(万人) |
| --- | --- | --- | --- |
| 8~20 | 500 以上 | 2~4 | 100~200 |
| 4~8 | 200~500 | 2 | 100 以下 |

### 3) 一般电信局设置

规划一般电信局数量可按如下方法测算,由如下公式表示。

$$一般电信局数量 = \text{INT}\left[0.4 \div a \times 城市人口(百万) + 0.5\right]$$

式中 $a$ 取 3~10,对于较大的城市,$a$ 的取值应大些。

一般电信局的设置数量以城市性质和人口密度为依据。主要考虑电话交换局的容量、网络安全的因素。新建电话交换局一般考虑设计容量在 15 万门/局,特殊情况不超过 25 万门。一般电信局有条件时与综合电信局合并,多数情况要单独考虑规划建设。

一般电信局的设置数量还要考虑电信接入网的引入、模块局的设置及历史原因小容量的交换局的使用和构造。设置原则为最远用户距离控制在 2.5~3.5km。一般电信局的密度为约 8~10km² 一个。

## (二) 城市电话网络组织结构及组网方案

本地电话网是由同一长途编号区内的若干端局和汇接局及其局间的中继线路网、用户线路网组成的电话网。根据国民经济的发展以及特性业务特点,城市的市区与郊区、县城关镇与农村,可组成一个本地电话网。

城市电信网络应包括在城市范围内的所有电信网络线路,也就是应该包含所有的电信业务网路所依托的线路传输网络。

城市电话网是本地电话网的主要组成部分,在本地电话网中,按城市的行政地位、经济发展速度及人口的差别,交换设备容量、网路规模和组网方案也有较大的差别。

每个本地电话网中有一个中心城市,该城市的网络结构构成了本地电话网的核心,其他城市（包括县城）由于交换局较少，网络结构简单，按基干电路的标准开设电路。需要说明的是，这些交换局一般与设在中心城市的本地汇接交换局分别按75%的话务量开设电路。

本地电话网中心城市电话交换网的基本结构有：网状网、分区汇接、全覆盖等。按照本地电话网的城市结构、交换机总容量及分布，组织对应的网路结构及组网方案。

1. 网状网

网状网结构的特点是把整个城市电话网中所有端局个个相连，各端局间均按基干电路标准设置电路，其网路结构如图7-1所示。以这种方式组织的交换网，端局到端局可不需转接，两个端局间的用户通话所经的路由只有一种，即用户—发话端局—受话端局—用户。

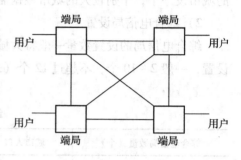

图7-1 网状网结构

以网状网方式组织的交换网，各端局间均设有基干电路，每个端局都有多个出局方向，虽然程控交换机不受出入局方向数量的限制，然而太多的出局方向给网路的管理和电路的调整带来一定的困难。网状网的交换网结构一般适用于网路规模较小，且交换局数目不多的情况。

2. 分区汇接

分区汇接的交换网结构是把本地电话网划分成若干汇接区，在每个汇接区内选择话务密度较大的一个点或两个点作为汇接局。根据汇接区内设置汇接局数目的不同，分区汇接有两种方式，一种是分区单汇接，另一种是分区双汇接。

分区单汇接（图7-2），是比较传统的分区汇接方式。它的基本结构是在每一汇接区设一个汇接局，汇接局与端局形成二级结构，汇接局之间结构简单，但是网路的安全可靠性较差。当汇接局发生故障时，接到汇接局的几个方向的电路都将中断，即汇接区内所有端局的电路都将中断，使全网受到较大影响。随着电话网网路规模的不断扩大，网路的安全可靠性显得越来越重要，目前我国在确定电话网网路结构和网路组织的过程中，除个别条件不具备的地区暂时保留这种结构外，规划中一般都采用双汇接的方案。

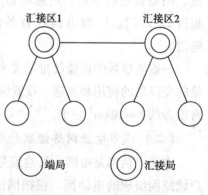

图7-2 分区单汇接结构

分区双汇接结构（图7-3）中。在每个汇接区设两个汇接局，所有的汇接局间形成一个点点相连的网状网结构。同区的两个汇接局地位平等，平均分担话务负荷，当采用纯汇接局方案时，汇接局间话务量不允许迂回。采用这种网路结构，其汇接方式与分区单汇接局相同，可以是来话汇接、去话汇接或来、去话汇接。与分区单汇接不同的是每个端局到汇接局之间的汇接话务量一分为二，由两个汇接局承担。由于汇接局之间不允许同级迂回，故同区的两个汇接局间无需相连。以这种方式组织的交换网，当汇接区内一个汇接局出现故障时，该汇接区仍能保证50%的汇接话务量正常疏通。在传输容量许可的情况下，端局与汇接局之间按照实际需要电路的50%以上配备（目前常用的方案是分别按75%配备电路），可以使网路的安全可靠性更高。因此，分区

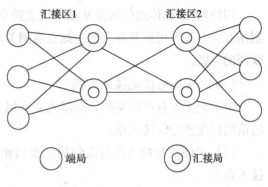

图7-3 分区双汇接结构

双汇接局比分区单汇接局的交换网的安全可靠性提高了许多。这对于现代通信网对高可靠性的要求是非常有利的。分区双汇接局的交换网结构比较适用于网路规模大，局所数目多的本地电话网。

3. 全覆盖

全覆盖的交换网结构是在本地电话网中设立若干汇接局，汇接局相互地位平等，均匀分担话务负荷，汇接局间不允许迂回（图7-4）。综合汇接局（带有用户）应以网状网相连。由于汇接局之间不允许同级迂回，故纯汇接局之间不必做到个个相连。这种网路结构各端局至所有汇接局间均为基干电路，随机选择路由。当两端局间话务量达到一定数量时，可以建立直达电路群。全覆盖的交换网结构端局之间最多经一次汇接，其汇接方式只能选择一种，即来去话汇接。

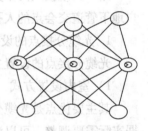

图7-4 全覆盖结构

全覆盖方式的交换网结构比较适用于中等网路规模、地理位置集中的本地电话网。汇接局的数目可根据网路整体规模来确定。从网路的安全可靠性来讲，汇接局越多，网路的安全可靠性越高，网路的生存能力越强；从费用来讲，汇接局越多，基干电路越多，网路投资也越大。因此，在确定局所数目时，要同时考虑交换设备的处理能力和网路投资及全网安全可靠性等多方面的因素。当网路规模比较大，局所数目比较多时，交换网结构采用全覆盖方式，其直达电路数将会比分区汇接增加许多，造成全网费用大量增加。根据我国的实际情况，较小的省会城市和中等规模的城市管辖的县较少，构成中等规模的本地电话网时，可采用全覆盖方式的交换网结构。由于全覆盖的交换网结构网路结构简单，从网路发展的角度来看，是一种比较理想、使用较多的交换网结构。

（三）因特网/多媒体通信网站点设置

因特网/多媒体通信站点主要包括路由器、拨号服务器等设备，重要的站点还要承担多种网络互联任务。

电信运营企业一般在每个城市（本地网的中心城市）设立因特网/多媒体通信主站点。在城市的本地电信网优化后的电话端局设立因特网/多媒体通信网的接入站点。

因特网/多媒体通信网主站点应设立独立的信息导航服务器、信箱服务器、信息开发制作服务器等专用服务器。在主站点靠网关实现中国宽带互联网（CHINANET）与国际互联网的互联。

### （四）城市电信光接点布局

电信光接点有三种类型：光缆入交换局接入点；光缆传输中继、转接、交叉连接点；电信用户业务光缆接入点。

（1）光缆入局接入点与电信局站布局相同，一般要求同一局站要有两个或多个入局接入点。

（2）光缆传输中继、转接、交叉连接点受光纤通信中继距离的因素制约，一般与电信局站布局同址，不再单独建传输站。

（3）电信用户业务光缆接入点有两种类型：用户光缆接入网中光缆分支节点和光纤用户接入单元（ONU）。

用户光缆接入网中光缆分支节点是用户主干光缆和配线光缆的连接点，一般选在用户地下管道交会点的人孔处。

1. 光缆分接点的设置方式

光缆分接点的设置主要有室内设置方式和室外设置方式。

1）室内设置方式

其主要优点是光缆分接点设置在房间内，对分接设备本身无特别的要求，容量可根据实际需要调整，可以满足近中远期用户大量发展的要求。

2）室外设置方式

室外设置方式又可分为人孔内设置方式和人孔外设置方式。

（1）人孔内设置方式

光缆分接设备安装在人孔内，该设备类似于光缆分支套管，可以分出少量光纤的光缆，设备分为固定密封式与可重复开启式。该方式投资相对较少，但由于光缆分支容量有限，灵活性较差，难以满足用户发展的要求。

（2）人孔外设置方式

该方式类似于目前的铜缆用户电缆交接箱方式，在人孔附近选择合适的位置安装光缆分接设备，主干光缆在光缆分接点完成与配线光缆的接续。安装的光缆分接设备应有良好的隔热防潮性能，以保证光纤接点能长期稳定、可靠地工作。该方式灵活性较大，适应性较强，能够适应用户发展的需要，用户越多，该方式的优点越突出。

在光纤接入网建设中，应充分利用以上各方式的优点，视实际情况综合应用。

2. 光纤用户接入单元（ONU）的设置

根据电信业务预测和 ONU 的设备能力，按光纤到大楼（FTTB）、光纤到小区（FTTC）和光纤到路边（FTTZ）、光纤到办公室（FTTO）和光纤到家庭（FTTH）的发展策略，确定 ONU 的布局。

（1）光纤到大楼的规划：对于通信业务量大、对各种通信业务都有需求的商业用户

（综合写字楼、金融大厦、证券中心、商贸大楼、星级宾馆、大公司总部等）、科研机构、大学校园和政府机关等，采用光纤到大楼方式将 ONU 设置到大楼（院）内（用户在 100 户以上）。

（2）光纤到小区和光纤到路边的规划：近期将光纤引入到用户线不足的小区，设置光纤接入设备，为新增用户提供业务接入。中远期适当时机，割接替换原有铜线。对于小型商业用户和住宅混合区，且专线方式（此概念相对于拨号方式）数据用户较多的小区，将光纤引入到小区或路边，并设置光纤接入设备。

（3）光纤到小区和光纤到路边的 ONU 布局规划：一个光接点原则上覆盖范围为 500m，如果用户比较分散，最大限制在 800~1000m；一般每个光接点用户数量按约 1000 个（含普通电话用户、速率在 64kb/s 以下的各种窄带数据用户）进行规划，在用户最密集地区限制在 2000 户，用户稀少地区限制在 100 户以上。

（4）对于住户超过 100 户的居民住宅楼，当楼间距离 200m 以内时，考虑共用一个光接点，当间距超过 300m 时应分设光接点。

### 3. 光缆分接点设置原则

（1）在用户密度大，电信业务变化不确定的区域和光纤到大楼用户聚集的位置，采用室内设置的方式，光缆全部进入交接间或通过人孔分支方式将部分光缆引入交接间，交接间如采用人孔分支方式，此交接点可利用的芯数受分支出光纤芯数限制。

（2）在用户密度较大但发展较稳定的区域，采用室外设置光缆交接箱方式，光缆全部进入交接箱或通过人孔分支方式将部分光缆引入交接箱，引入光缆可全部断开，也可部分断开部分直通。

（3）在用户密度小、发展稳定的区域，可采用人孔内光缆分支的方式，分支光纤直接进入 ONU 的光纤配线模块。

（4）各种方式在一条光缆中，根据所经用户分布情况综合采用，以达到既能节省投资又能满足用户的发展需求。大型的交接间和交接箱的设置应和用户密度的分布相一致，并尽量保持均匀分布。

（5）光缆分接点的数量应根据主干光缆长度、所覆盖规划小区和重点用户、大用户的数量、整个环路的衰减要求确定。

（6）如采用室内设置方式和室外交接箱的方式，应参考城市规划和市政建设等规划，选择较为稳定的位置设置交接箱和建设交接间，尽量减少小区建设和道路改造对光缆分接点设置的影响。设置分支器件的人孔应保持干燥、常年无水。

光接点设置应尽量考虑与现有市话线路连接的方便，尽量定位在市话交接箱处考虑和电信设施合设。

（7）在光纤接入网建设中，为适合各种业务的发展需求和光纤接入网组网要求，根据各分接点所服务区域业务发展趋势，在各分接点选择，各分接点分配相同序号的光纤和各分接点分配不同序号的光纤两种方式混合的分配光纤方式。

### 三、城市电信网络线路规划

（一）城市电信网络种类

1. 传输制式分类

电信传输网络按传输制式手段可分为无线传输网络、有线传输网络。无线传输网络又可分为卫星传送网、模拟微波网、数字微波网和移动通信网；有线传输网可分为电缆、光缆、架空明线三种。

2. 网络位置分类

电信传输网络又可根据在电信网络中的位置分为长途干线（省际干线网、省内干线网），中继传输网和用户接入网。

中继传输网和用户线路网是城市电信网络的主要组成部分。

中继传输网是指电信网络节点间的线路。本地电话网中端局至汇接局，汇接局之间和端局之间的线路都称为局间中继线路；长途交换局与汇接局或端局之间的线路称长市中继线路；端局或汇接局至用户交换机中继的线路称用户中继线路；端局或汇接局与移动汇接局、交换局、关口局之间的线路和端局或汇接局到数据局、多媒体局、无线寻呼等特服间的线路都属中继传输网范畴。

（1）中继传输网的规划要根据本地电话网、本地移动通信网、数据通信网的网络优化结果，再根据本地中继传输网现状进行网络优化和测算，得出规模容量再确定传输手段、制式、系统配置和设备。

中继光缆传输网网络结构以 SDH（Synchronous Digital Hierarchy，同步数字体系）环网为主，根据业务发展和资金情况也可以采用线形结构。

（2）用户线路网是电信网节点到用户的线路部分，包括电话用户接入网和宽带多媒体业务接入网，也就是用户线路的宽带有 3.4kHz 的模拟线路及 2.4kb/s、9.6kb/s、14.4kb/s、33.6kb/s、56kb/s 及 64kb/s 和 $n \times 64kb/s$ 的多种宽带的传输设备。

为了普及电话业务采用设置远端模块的办法，使光缆线路尽量靠近用户。在城市中的数据应用大户，宽带需求大，需要建设宽带接入网。采用光缆到大楼、光缆到路边的方案，而对广大农村采用光缆到乡镇、光缆到行政村。

"用户线路网"为一个交换区内所有用户线路的总称。由主干电缆、配线电缆、用户引入线以及管道和干线交换设备、分线设备、各种传输设备和用户终端设备组成。主干电缆有一部分被光缆和光节点设备取代。

主干电缆满足年限 3~5 年为宜，配线电缆以按基本饱和的需求来确定为宜，对于待建、规划的配线区域可采用预留线对和缓建配线方式。

（二）城市电信管道网规划

电信管道是结合电信网的远期发展规划要求而建设的。在电信网中设置了地下管道，按照用户发展的需要随时穿放电缆，从而提高线路网的建设及维护工作效率，确保通信效率的安全可靠性。

电信管道一经建成，就成为永久性的固定设施，为此，设计工作对网路的发展必须全面考虑，使其分步发展，逐步延伸，彼此连接成稳定的电信管道网。当网络中的某一路由容量趋于饱和的极限，可能导致拥塞时，在邻近的路由中，应能够提供有效的支援。

电信管道是城市各种地下管道的重要组成部分。它既与城市中其他公用设施的布局有着密切的关系，又要考虑与其他管线的综合布置。在施工过程中，对城市的地上、地下建筑物以及城市交通带来很大的不便，因而管道的发展必须与城市建设部门及城市的相关单位协作配合。通信部门必须根据本部门业务发展的要求，编制电信管道的长远规划，纳入城市建设计划，从而能够在城市道路、桥梁及其他公用事业建设过程中及时配合施工。反之，在城市道路、桥梁等建成后，再行铺设电信管道，往往是十分被动的。

管道路由选择的一般原则可归纳为：

(1) 符合地下管道长远规划，并考虑充分利用已有的管道设备；

(2) 选在电话线路较集中的街道，适应电缆发展的要求；

(3) 尽量不在沿交换区域界限、铁道、河流等地域铺设管道；

(4) 选择供线最短，尚未铺设高级路面的通路建设管道；

(5) 选择地上及地下障碍最少、施工方便的道路（例如：没有沼泽、水田、盐渍土壤和没有流沙或滑坡可能的道路）建设管道；

(6) 尽可能避免在有化学腐蚀或电气干扰严重的地带铺设管道，必要时应采取防腐措施；

(7) 避免在路面狭窄的道路中建管道；

(8) 在交通繁忙的街道铺设管道时应考虑在施工过程中，有临时疏通行人及车辆的可能。

一般情况下，在现有城市主干道路中建设电信管道，总可能要碰到这样或那样的情况，故在路由择定过程中，应深入做好技术经济比较工作。

电信管道是为穿放电缆和光缆而设的，应当服从市内光缆、长途光缆和市话电缆的布放需要。为此，电信管道网规划是依据中继线路网和用户线路网结构，拟定所要布放的电缆和光缆的数量，还要满足专用网光缆和电缆的布放需要。电信管道网规划首先表现为管道网的地域分布，其次是依据汇集到路由上的管道需要数量，电信管道网一经决定和实施，反过来又指导光缆和电缆系统设计。

(三) 城市电信网络线路路由规划与敷设要求

(1) 城市电信网络线路路由规划主要依据是，经济合理与网路安全的统一。中小城市近期规划方案可采用线形、星形和树形结构，有条件时尽可能采用环形拓扑结构。省会城市和大中城市根据具体情况，采用以自愈环形网为主、环形和线形相结合的拓扑结构。中远期尽可能组成环形网。

(2) 电信管道网的路由规划是以用户接入网的电缆、光缆为主规划出来的，其网络结构和路由与用户光缆、馈线电缆基本上是一致的，局间中继光缆、长途传输光缆和贯穿本地电话网的其他光缆、电缆也要同时考虑。电信管道在交换区内呈分路辐射状，在交换局之间呈网状，应该在城市主要街道和郊区干道上布放电信管道。

(3) 电信管道以电话局为中心，一般按直角相交的四个方向出线，每个方向的主轴管道与分支管道之间呈张口分路系统，即距离近的分支短，距离远的分支长的系统。主要干线一条马路设置一趟分支管道，为了用户光缆和局间光缆的布放，管道可采用布放两个电信管道的方式，以保证网络安全。

(4) 电信线路路由应根据电信管道路由按距离最短来布放，要把所有的光节接点连通，并按照组网要求，组成环网或树形网。根据电信管道规划要求应一步到位，一般满足20年以上的需要。

城市新建交通干线、高速路和立交桥应同步进行电信管道建设，以利于市政管理和节约投资。

(四) 城市电信管道和通信线路的防护要求

(1) 电缆进线室的建筑结构应具有良好的防水性能，不应渗漏水。为防止局前人孔和进局管道中的积水进入电缆进线室，进局管道口的所有空闲管孔和已穿放电缆、光缆的管孔应采取有效的堵塞措施，尤其是加放光缆纸管的光缆穿放管孔。为便于排水，在电缆进线室内进局管道口附近的适当位置设置挡水墙或积水罐，电缆进线室应有抽、排水用的设施。

(2) 电缆进线室应具有防火、防水性能，采用防火铁门，门向外开，宽度不少于100cm。

(3) 密闭外护套的市话电缆（石油膏填充除外）应采用充气维护装置，设立气压监测系统，以防水和水汽对通信线路的影响。

(4) 架空电缆线路不宜与电力线路合杆架设，在不可避免时，允许和10kV以下的电力线路合杆架设，但必须采取相应的架设防护措施。

(5) 用户线路不应与电力线和广播架空明线线路合杆架设。

(6) 架空光缆线路设备应根据有关的架设规定进行可靠的保护，以免遭受雷击，高压线的高电压、强电流的电气危害，以及机械损伤。

(7) 为保证交接箱的安全，下列场所不得设置交接箱：

①高压走廊和电磁干扰严重的地方；

②高温、腐蚀严重和易燃易爆工厂、仓库附近及其他严重影响交接箱安全的地方；

③易于淹没的陆地及其他不适宜安装交接箱的地方。

(8) 光缆线路应作好防强电影响的措施，尤其是有金属线对的光缆线路，要加强对强电影响的防护和防雷保护措施。

(9) 直埋光缆铺设在有白蚁滋生的地段应采用防蚁剂处理。在白蚁活动范围大的连续地段，经技术经济比较可行时，也可采用防蚁护层光缆，有鼠害的地区应采取防鼠措施。

（五）城市住宅楼内通信设施规划与建设

（1）城市规划区内新建的中高层、高层民用住宅楼在楼外预埋管道，高层住宅楼和标准较高的多层住宅楼，应配置电话暗配线系统。电话配线应通达每套住宅单元室内，并在楼内设置进线间和分线盒。地下管线出口应与公用通信管线相连接。

（2）城市住宅区内地下通信配线管道规划，应与城市街道电信管道和其他地下管线的规划相适应，必须与小区内通信、给水排水管、热力管、煤气管、电力电缆等市政设施同步建设。

（3）城市住宅区内地下通信配线管道规划，应与城市街道电信管道和各建筑物通信引入管道或引上管相衔接，其位置应选在建筑物和电话用户集中的地方。

（4）电信管道的管孔数，应按终期电缆条数和备用孔数确定，建筑物的通信引入管道，每处管孔数不宜少于2孔。

（5）城市住宅楼内的电话配线应安排一次配线到位，根据建筑物的功能确定其数量。

（6）每户按1~2对电话线或按用户要求设置，每250户住宅宜预留一部公用电话线，每600~1000户设置电缆交接间一处，每层设置一个分线盒，配线电缆应按终期需要确定，主干电缆宜分期敷设。

四、数据通信与计算机网络系统

数据业务是与计算机的发展密切结合的一种通信业务，发展很快，目前国内外已建立起许多专用数据网。这些网大都租用公用通信网的电路，少数由专用部门自建电路。在公用网中的数据业务一部分利用电话网传输，另一部分在公用分组数据交换网中传输。从传输速率来看，低、中速数据多在电话网中传输，高速数据多在数字信道或分组网中传输。除以上数据业务外，近年来还开放了可视图文业务，使用这种业务的用户可利用设在家中的数据终端向集中设置的数据库检索需要的情报信息。近30年来，随着计算机与通信技术的发展和结合，数据通信作为一种新的通信业务发展迅猛，数据通信网或计算机网已成为发展最迅速、应用最广泛的电信领域之一。

（一）数据通信的概念

数据通信通常是指计算机与计算机或计算机与终端之间利用通信线路进行信息传输和交换的通信方式，包括数据的传输和数据在传输前后的处理。数据通信是继电报、电话通信之后发展起来的一种新的通信形式，并随着信息处理技术的发展而迅速发展，是计算机与通信技术紧密结合的产物。数据用户通过数据通信可使用远地计算机，计算机间可通过数据通信进行远距离实时数据采集或对某一系统进行远距离实时控制。数据通信不仅在科技、商贸、金融、交通、社会生活等领域起着越来越重要的作用，也是作战指挥、地面防空、战略预警、航天测控、后勤保障、教育训练等军事领域中必不可少的重要通信方式。

（二）数据通信与计算机通信的关系

计算机通信是指计算机与计算机之间或计算机与终端设备之间为共享硬件、软件和数据资源而协同工作，以实现数据信息传递的通信方式，严格地说，计算机通信与数据通信是有区别的。数据通信着重研究数据信息的可靠和有效传输，计算机通信除了完成数据传输以外，还要在数据传输的每一阶段分析所传数据信息的含义，并作出相应的处理。可以说，计算机通信的主要目的是为了实现资源共享，数据通信的主要任务则是为了数据信息的传递。因此，数据通信是计算机通信的基础，数据通信网可看成是计算机网络的一个组成部分。然而，随着技术的发展，数据通信与计算机通信的界限已越来越模糊，两者的功能也相互渗透而难以严格区分。因此，在不引起误解的情况下，人们有时将计算机通信和数据通信、计算机网络和数据网络相互混用。不过在大多数情况下，数据通信网是指计算机网络中的通信子网，即是指由通信部门负责建设的公共数据通信网。

（三）计算机网络的概念

计算机网络的精确定义目前尚未统一。通常，将分布在不同地理位置的具有独立功能的计算机、终端及其附属设备用通信设备和通信线路相互连接起来，再配以相应的网络软件以实现计算机资源共享的系统称为计算机网络。也有资料将计算机网络简洁定义为"互联起来的独立自主的计算机的集合"。这里"互联"是指互相连接的两台计算机能够相互交换信息。强调计算机的"独立"功能或"独立自主"特性，是为了将计算机网络与主机加多台设备构成的主从式系统相区别。由一台计算机带多台终端和打印机构成的系统常称为多用户系统，由一台主控机加多台从属机构的系统称为多机系统，多用户系统和多机系统均不是计算机网络。

（四）计算机网络的构成要素

计算机网络，主要应包括以下几个组成部分：

（1）网络应用系统。网络应用系统是根据应用要求而开发的基于网络环境的应用系统。

（2）网络通信系统。网络通信系统是由用作信息交换的节点计算机 NC（或 ARPA 网中的 IMP）和通信线路组成的独立的通信系统，负责承担全网的数据传输、转接、加工和交换等通信处理工作。

（3）网络操作系统。网络操作系统是在计算机操作系统的基础上，加上具有实现网络访问功能的模块和有关数据通信协议所组成。它负责对网络资源进行有效管理，提供基本的网络服务、网络操作界面、网络安全性和可靠性措施等，是实现用户透明性访问网络必不可少的人—机（网络）接口。

（五）计算机网络的分类

计算机网络的类型很多，从不同的角度出发，有不同的分类方法。

如果按网络中是否有交换设备，可以将其分为交换型网络和广播型网络。按网络的拓扑结构通常可将计算机网络分为集中式网络、分散式网络和分布式网络等三种。按网络的覆盖范围可将网络分为局域网、城域网和广域网等三种类型。按使用网络的用户进行分类，可将网络分为公用网和专用网。

（六）计算机网络的特点

根据计算机网络的定义、基本构成要素以及计算机通信的内涵，将计算机网络的主要特点概括如下。

1. 共享性

计算机网络以硬件、软件、数据等资源的共享为目的。

2. 可分性

计算机网络在逻辑上通常分为资源子网和通信子网。

3. 协同性

计算机网络必须按照严格的网络协议才能和谐地工作。

4. 可靠性

计算机网络对信息传输的准确性和可靠性要求高。

5. 开放性

计算机网络对遵守同一网络协议的终端具有良好的开放性。

## 第四节 城市广播电视系统规划

一、城市广播、电视设施布局要求

（一）广播、电视中心建设标准

广播、电视中心是指自制节目、自办节目、播出节目，并具有录播、直播、微波及卫星传送和接收等功能或部分功能的广播电视台。

1. 省级电视中心建设标准

省级电视中心按规模分为Ⅰ、Ⅱ等两类，其建设标准如表7-8所示。

2. 省辖市级广播、电视中心建设标准

省辖市级广播、电视中心规模分为Ⅰ、Ⅱ等两类，其建设标准如表7-9所示。

省级电视中心建设规模分类　　　　　　表7-8

| 项目 | | Ⅰ类 | Ⅱ类 |
|---|---|---|---|
| 播出节目量（h/d） | 一套综合节目 | 4~5 | 8~10 |
| | 一套教育节目 | 3~4 | 6~8 |
| 自制节目量（h/d） | 自制综合节目 | 1 | 2 |
| | 自制教育节目 | 1~2 | 3~4 |
| 建筑面积（m²） | | 14000 | 19000 |
| 占地面积（m²） | | 3~4 | 4~5 |

省辖市级广播、电视中心建设规模分类　　　　表7-9

| 项目 | | Ⅰ类 | Ⅱ类 |
|---|---|---|---|
| 广播（h/d） | 中波节目播出量 | ≥10 | ≥14 |
| | 调频节目播出量 | ≥5 | ≥8 |
| | 自制节目量 | ≥1 | ≥1.4 |
| 电视（h/d） | 综合节目播出量 | ≥2.5 | ≥3.5 |
| | 教育节目播出量 | ≥2.5 | ≥3 |
| | 自制综合节目量 | ≥0.4 | ≥0.75 |
| | 自制教育节目量 | | ≥0.75 |
| 建筑面积（m²） | | 6000 | 8000 |
| 占地面积（m²） | | 1.2~1.5 | 1.6~2 |

（二）电信局、台、站选址

新建的电信综合局、长途电信局、市内电话局、无线电发射台、接收台、长途干线、载波台、微波站、地球站等选址应遵循下列原则：

（1）局、台、站址应有安全的环境。应选在地形平坦、土质良好的地段。应避开断层、土坡边缘、故河道及容易产生砂土液化和有可能坍方、滑坡和有地下矿藏的地方。不应选择在易燃、易爆的建筑物和堆积场附近。不应选择在易受洪水淹灌的地区。若无法避开时可选在基地高程高于要求的设计标准洪水水位0.5m以上的地方。

（2）局、台、站址应有卫生条件较好的环境。不宜选择在生产过程中散发有害气体、较多烟雾、粉尘、有害物质的工业企业附近。

（3）局、台、站址应有较安静的环境。不宜选在城市广场、闹市地带、影剧院、汽车停车场或火车站，以及发生较大振动和较强噪声的工业企业附近。

（4）局、台、站址应考虑临近的高压电站、电气化铁道、广播电视、雷达、无线电发射台等干扰的影响。

（5）局、台、站址应满足安全、保密、人防、消防等要求。

（6）无线电台址中心距重要军事设施、机场、大型桥梁等的距离不得小于5km。天线场地边缘距主干铁路不得小于1km。

二、城市有线电视、广播线路规划

（一）有线电视、广播线路路由

（1）有线电视、广播线路应短直，少穿越道路，便于施工及维护。

（2）线路应避开易使线路损伤的场区，减少与其他管线等障碍物交叉跨越。

（3）线路应避开有线电视、有线广播系统无关的地区，以及规划未定的地域。

（二）有线电视、广播线路敷设方式

（1）有线电视、广播线路路由上有通信光缆，若技术经济条件许可，经与通信部门商议同意，可利用光缆的一部分作有线电视、有线广播线路。

（2）电视电缆、广播电缆线路路由上如有通信管道，可利用管道敷设电视电缆、广播电缆，但不宜和通信电缆共管孔敷设。

（3）电视电缆、广播电缆线路路由上如有电力、仪表管线等综合隧道，可利用隧道敷设电视电缆、广播电缆。

（4）电视电缆、广播电缆线路路由上有架空通信电缆的，可同杆架设。

（5）电视电缆、广播电缆线路沿线有建筑物可供使用的，可采用墙壁电缆。

（6）对电视电缆、广播线路有安全隐蔽要求时，可采用埋地电缆线路。

（7）电视电缆、广播电缆在易受外界损伤的路段，穿越障碍较多而不适合直线敷设的路段，宜采用穿管敷设。

（8）新建筑物内敷设电视电缆、广播线路时宜采用暗线方式。

### 三、城市有线电视广播系统

中国城市有线电视广播系统是信息化基础设施建设十分重要的组成部分。有线电视传输网被称为信息高速公路的最后一公里，1997年4月在深圳召开的全国信息化会议，明确了广播电视网、公用电信网和计算机网是国家信息网络的三大业务网。在这三大网中，广播电视网有其独特优势，覆盖面广，普及率高。

#### （一）有线电视系统的概念

有线电视广播系统是利用同轴电缆、光缆或微波等媒介进行传输，通过一定的分配或交换网络，为用户提供多套广播电视节目及各种信息服务的网络系统。

有线电视系统最早起源于共用天线电视（Community Antenna Television，简称CATV）系统，即多个用户共用一副天线接收电视节目，该天线要求有较好的性能和安装位置。共用天线电视系统可看做第一代有线电视系统。

第二代有线电视系统不仅能接收本地电视节目，而且能接收由微波网络和卫星传输的电视节目。第一、第二代有线电视系统大多采用同轴电缆传输信号，故又称电缆电视（Cable TV，也简称CATV）。

随着信息技术的发展，现代社会对信息网络的宽带性、交互性、智能化以及承载综合业务的能力等方面提出了新的要求，第三代有线电视系统应运而生。第三代有线电视系统已不再是一个单向的电视节目传输、分配系统，它使用光纤、同轴电缆混合模式（HFC）构成双向的传输分配网，为用户提供多媒体信息的传输和交换业务。第三代有线电视系统实际上是一个庞大的多媒体信息传输和交换网络，集广播电视、电话和计算机网络于一身，可完成电视及声音广播、视频点播、互联网接入、远程教育及远程医疗、电信、社区服务以及其他多种业务。

在我国，有线电视系统是电视广播最主要的覆盖手段之一。目前，我国的有线电视系统大多处于第二代水平。但近年来，随着社会需求的不断增长和科学技术的飞速发展，我国的有线电视系统正在逐步演变成具有综合信息传输交换能力，能够提供多功能服务的第三代有线电视系统,即宽带交互式多媒体网络。

（二）有线电视广播系统构成

图7-5是有线电视系统的构成原理框图。有线电视系统一般由五个部分组成,即信号源、前端、传输系统、用户分配网及终端。

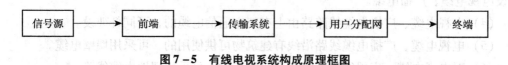

图7-5　有线电视系统构成原理框图

（1）信号源部分的作用是产生或接入系统所需的信号。信号源包括传统的广播电视节目,还包括多媒体信息、数据等。

（2）前端是有线电视系统的核心部分,它由位于信号源和传输系统之间的设备组合而成,其作用是对信号进行变换、交换、复用、调制、混合处理,并将各路处理过的信号转换成一路宽带复合信号送入传输系统。

（3）传输系统可以看做有线电视系统的躯干部分,其作用是延长距离、扩大系统覆盖范围。传输系统使用的传输媒介可以是射频同轴电缆、光缆、微波或它们的组合,目前使用最多的是光缆和同轴电缆的混合传输。

（4）用户分配网可以看做有线电视系统的肢体,其作用是连接各个终端。传统有线电视系统的分配网只能单向地将信号分送到各个用户,而现代有线电视系统还可以由用户向传输系统反向传送信息。用户分配网通常使用同轴电缆作为传输媒介。

（5）终端是连接到千家万户的用户端口。传统有线电视系统的终端直接与电视机相连,供用户收看模拟电视节目。现代有线电视系统的终端要通过机顶盒连接到电视机,以便收看到数字电视节目。另外,还可以通过电缆调制解调器（Cable Modem）与计算机连接,实现因特网接入、IP电话等信息查询和双向通信业务。

（三）我国有线电视广播系统的特点

有线电视网的最大特点和优点就在于光纤和电缆传输,带宽可达1GHz。这是传输多种媒体信息的关键之一,可传输高质量的数字电视、高保真的数字电话及高速率的数据。我国的有线电视网是在完全空白的基础上建立起来的,它起步较晚,但发展十分迅速。它有以下几个特点：

（1）网络频谱不断拓宽。从最早的全频道系统发展到邻频系统,提高了频谱利用效率。与之相对应的是传送电视频道容量的扩大,从300MHz系统的27套（PALD）制式,扩展到450MHz系统的46套,到550MHz系统的59套。

（2）网络结构多样化。除全同轴电缆网（即干线和分配网络均采用同轴电缆）仍在中小规模网络中采用外,光纤同轴电缆（HFC）网成为网络发展的主流。微波多频道多点分配系统（MMDS）也有了很大的发展。

（3）网络规模不断扩大,区域联网成为趋势。到2000年全国有线电视用户已达8000万户,全国最大（也是全世界最大）的上海有线电视网络用户数已超过200万,全乡

（镇）联网、全县联网、全地区（市）联网乃至于全省联网发展很快，全国联网正在筹划实施中。

（4）网络的多功能开发广受重视，网络由单向网向双向网发展。

## 第五节 城市无线通信设施与网络规划

一、移动电话网络规划

（一）移动通信网的技术发展

移动通信可以说从无线电通信发明之日起就产生了，现代移动通信的发展始于20世纪20年代。到20世纪70年代中期至80年代中期，移动通信开始蓬勃发展。蜂窝移动通信系统成为实用系统。蜂窝移动通信系统的实现依赖于多方面的技术进步：首先，这一阶段微电子技术的进步使移动通信设备小型化成为可能；其次，提出并形成了蜂窝小区的移动通信新体制，实现频率复用，大大提高了系统容量。此外，微处理器技术和计算机技术的迅速发展，为大型通信网的管理和控制提供了技术手段。

从80年代末期开始，数字移动通信得到了发展和广泛使用。以 AMPS 和 TACS 为代表的蜂窝系统是模拟系统，也是第一代移动通信系统。模拟蜂窝移动通信虽然获得了相当大的成功，但也暴露出许多不足，例如频谱利用率低、话音质量差、业务种类受限制、安全保密性能差等，最主要的问题是系统容量不能满足日益增长的用户需求。

解决模拟蜂窝移动通信系统问题的根本办法是采用新一代数字蜂窝移动通信系统，数字系统频谱利用率高，可大大提高系统容量，提供话音、数据多种业务，并与 ISDN 兼容。采用数字技术是第二代移动通信系统的主要特征。从70年代末开始研制到1998年，已经有三种数字蜂窝移动通信系统投入使用，分别是 GSM、DAPMS 和 PDC，这三种系统都采用时分多址（TDMA）技术。采用码分多址（CDMA）的数字蜂窝系统有更大的容量，并可实现越区软切换及有软容量等，越来越受到人们的重视。90年代中期窄带和宽带 CDMA 数字蜂窝系统就已开发成功。此外，在90年代末期，卫星移动通信系统也已投入使用。

当前移动通信正向第三代发展，第三代移动通信系统以全球通用、系统综合作为基本出发点，以图建立一个全球的移动综合业务数字网，提供与固定电信网业务兼容、质量相当的多种话音和非话音业务。移动通信发展的最终目标是实现"五个 W"，即任何人（whoever）在任何时间（whenever）和任何地点（wherever）与任何人（whoever）进行任何种类（whatever）的信息交换的个人通信。

我国的移动通信现在主要使用的是第二代数字蜂窝移动通信系统，并正开始向第三代移动通信系统过渡。

（二）无线网络规划设计的目标与内容

指导工程以最低的成本建造成符合近期和远期话务需求，具有一定服务等级的移动通信网络。具体地讲，就是要达到服务区内最大程度的时间、地点的无线覆盖，满足所要求的通信概率；在有限的带宽内通过频率复用提供尽可能大的系统容量；尽可能减少干扰，达到所要求的服务质量；在满足容量要求的前提下，尽量达到减少系统设备单元、降低成本等几个方面目标。

无线网络规划的内容包括确定规划区在规划期内所需的基站数量、位置、信道数及频率配置、基站的天线类型、高度和发射功率等参数，从而确定网络规划的前期目标。

（三）频率复用方式的确定

频率规划在网络规划中是一个技术性很强的环节。由于网络规模越来越大，而频率资源又是非常有限的，在现有频率资源的条件下，要兼顾容量和质量则存在较大的难度。在站址选择、容量配置时也要兼顾频率规划的可操作性。随着网内站点密集程度的增加，频率复用程度也逐步提高。在频率规划时，除了应遵循频率复用、避免同频邻频干扰等基本原则外，特别应根据网络的实际情况，尽可能合理配置相应的 MBCCH、SDCCH、TCH、AGCH 等信道数量，在功率控制、相邻小区定义、切换电子、IUO 等诸多参数方面提供一个符合本地实际的框架，以便今后的运行维护和网络优化工作的有效开展。

确定频率复用方式要考虑以下因素：

（1）可用的频段；

（2）可采用的技术，比如抗干扰技术；

（3）话务密度分布（地区类型）。

由于移动电话的话务量分布是极不均匀的，一般来说主要集中在城市的市中心区。郊县的话务量较低，所以采用的频率分组方式应该能满足高话务密度区的容量需求。

（四）基站数量的确定

基站数量的多少取决于网络容量和覆盖范围是否能满足用户的需求。在市区主要受制于容量，郊区和农村则主要是受覆盖需求的影响。

对于市区情况，根据规划区移动通信网目前允许使用的频宽和复用方式，可以得出一个基站能配置的最大载频数。每个载频有 8 个信道，减去控制信道数后，得出每个基站可配置的最大话音信道数。根据话音信道数和呼损率指标（一般高话务密度区取 2%，其余地区取 5%），查爱尔兰表，得出一个基站可提供的最大爱尔兰数。用爱尔兰数除以平均用户忙时话务量可得到一个基站可以满足的最大用户数。用分区用户预测出的市区用户数除以一个基站可以满足的最大用户数，即可得出满足市区用户容量需求所需的最小基站数。

对于郊区和农村情况，因为郊区和农村除了要满足用户的容量需求外，主要是要解决覆盖问题，所以在一般情况下，这些地区全都采用全向基站，主要是根据传播环境和覆盖要求确定基站数量。一般全向基站的覆盖半径取 8~9km，根据上述数值即可估算出覆盖一定区域所需的基站数。

（五）基站布局及站址选择

在无线网络的规划中，基站站址的选择一般需要满足以下要求：

（1）站址选择尽量以满足规则的蜂窝小区结构为目标，利用电子地图和市区图综合分析，在选取基站的过程中要求有备用站址，还要考虑网络的整体结构，还要从覆盖、抗干扰、话务均衡等方面出发进行筛选。同时还要将选取的基站限制在可允许的范围以供挑选，但一般站址选择范围应在蜂窝基站半径的1/4区域内。在建网初期建站较少时，一般应将站址选在用户最密集地区的中心。

（2）在不影响基站布局的情况下，尽量选择现有的电信楼、邮电局作为站址，使其机房、电源、铁塔等设施得以充分利用，降低建网成本。

（3）城市市区或郊区的海拔很高的山峰（与市区海拔高度相差200~300m以上）一般不考虑作为站址，一是为防止出现同频干扰，同时避免在本覆盖区内出现弱信号区；二是为了减少工程建设的难度，方便维护。

（4）新建基站应建在交通方便、市电可用、环境安全及少占良田的地方，同时也要避免建在大功率无线电发射台、雷达站或其他干扰源附近，干扰场强不应超过基站设备对无用辐射的屏蔽指标。

（5）新建基站应设在远离树林处，以避开树叶引起的接收信号的衰落。

（6）新建基站必须保证与基站控制器之间传输链路的良好连接，降低损耗。

（7）在山区、湖岸比较陡或密集的湖泊区，丘陵城市及有高层金属建筑的环境中选址时，要注意时间色散影响。将基站站址选择在离反射物尽可能近的地方，或当基站选在离反射物较远的位置时，将定向天线背向反射物。

（8）在市区楼群中选址时，可巧妙利用建筑物的高度，实现网络层次结构的划分。

（9）重要覆盖地区需要考虑基站的备份以及载频互助功能的实现。

（10）选定的站址要满足覆盖区域的覆盖要求。在覆盖区域非常复杂的情况下，可以设立模拟发射机进行现场测试，辅助站址选择。

## 二、微波通信设施布局要求

### （一）微波站址规划

（1）广播、电视微波站必须根据城市经济、政治、文化中心的分布，重要电视发射台（转播台）和人口密集区域的位置而确定，以达到最大的有效人口覆盖率。

（2）微波站应设在电视发射台（转播台）内，或人口密集的待建台地区，以保障主要发射台的信号源。

（3）选择地质条件较好、地势较高的稳固地形，作为站址。

（4）站址通信方向近处应较开阔、无阻挡，以及无反射电波的显著物体。

（5）站址能避免本系统干扰（如同波道、越站和汇接分支干扰）和外系统干扰（如雷达、地球站、有关广播电视频道和无线通信干扰）。

（6）在山区应避开风口和背阳的阴冷地点设站。

（7）偏僻地区的中间站，应考虑交通、供电、水源、通信和生活等基本条件。渺无人烟和自然环境特殊困难的地段，应设无人站。

## （二）微波线路路由规划

（1）根据线路用途、技术性能和经济要求，做多方案分析比较，选出效益高、可靠性好、投资少的 2~3 条路由，再作具体计算分析。

（2）微波路由走向应成折线形，各站路径夹角宜为钝角，以防同频越路干扰。

## （三）微波天线位置和高度

微波天线塔的位置和高度，必须满足线路设计参数对天线位置和高度的要求。在传输方向的近场区内，天线口面边的锥体张角约 20°，前方净空距离为天线口面直径 $D$ 的 10 倍范围内（图 7-6），应无树木、房舍和其他障碍物。

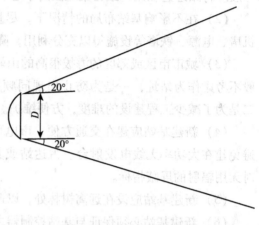

图 7-6 天线近场净空区

## （四）城市微波通道的选择和保护

选择城市微波通道是保护干线微波进城的重要措施。在城外最后一个微波中继站的微波天线和电信枢纽楼上微波天线之间的连接线称城市微波通道，不应有高楼和其他建筑物阻挡，保证微波干线的正常传输。传输规划部门在通道上应注明限高多少米。沿途单位在新建高层建筑时应征求规划部门和电信企业的同意，并协商解决。

## 第六节　城市通信系统的发展概况与动态

### 一、城市通信系统发展概况

（一）城市邮政系统发展概况

近几年来，国家大力提高邮政运输及邮件处理能力，在全国实行邮区中心局体制，逐步建立包括航空、铁路、公路等多种运输手段综合利用和快速高效的干线邮运网。到 2002 年，邮政系统继续推进网络结构调整，一、二级邮区中心局内部处理逐步向规范化过渡，初步形成自上而下管理层次清晰、业务功能规范、生产作业组织科学的网络体系。全国邮政局所、服务网点合计 7.6 万处，其中设在农村的局所 5.8 万处，提供邮政全功能服务的局所 3.61 万处，电子化局所 1.77 万处，邮政信筒信箱 21.8 万个，人均函件量达 8.3 件，局所平均服务人口达 1.7 万人，每百人报刊量为 13.9 份。初步建成的邮政综合计算机网，集数据、语音和图像传输功能于一体，为邮政利用信息技术大力改造传统业务和大规模发展物流等新型业务提供了先进的技术平台。邮政通信服务水平和服务质量得到进一步提高和改善。完成邮政固定资产投资 69.6 亿元，邮路总数 2.1 万条，其中航空邮路 1010 条、铁路邮路 164 条、汽车邮路 1.4 万条，邮路总长度达 308.1 万 km。农村投递路线总长度 351.1 万 km，城市投递段道 4.3 万条。同时中国邮政与世界所有国家和地区建立了通邮关系，与 150 个国家和地区建立了邮件总包直封关系；国际邮件互换局和交换站总数达到 53 个；与 185 个国家和地区开办了邮政汇兑业务；国际邮政速递业务可以通达 200 多个国家和地区；为满足市场需求，相继推出了一系列新型国际业务。

(二) 城市电信系统发展概况

从 20 世纪 80 年代开始，我国对外开放政策的实施，使我国电信业发生了质的飞跃。我国已基本建成以光缆为主体、以数字微波和卫星通信为辅助手段的大容量数字干线传输网。一个完整、统一、先进的国家公用通信网正在形成，通信基础设施在国家信息化建设中发挥了主导和骨干作用，适应了改革开放和现代化建设的需要。

到 2002 年，中国电信业实现了向世界第一大网的跨越，电话用户总数跃居世界第一位，达 4.21 亿户；互联网上网人数跃居世界第二位，达 5000 多万户。一个覆盖全国、连通世界、技术先进、业务多样化的现代通信网已基本形成；长途传输、本地交换、移动通信全部实现数字化，网络技术水平进入世界先进行列。通信业的竞争格局初步形成，发展模式逐步实现由垄断经营向竞争开放的转变，2002 年我国基础电信企业已有 6 家，增值电信企业达到 4400 多家，形成了不同规模、不同业务、不同所有制企业间的共同发展和相互竞争的格局。

在电信设施建设方面，到 2002 年，通信业光缆线路长度达 225 万 km。其中：长途光缆线路长度达 51 万 km，新增 10 万多 km；本地中继光缆线路长度达 128 万 km，接入网光缆线路长度达 46 万 km，共新增 32 万 km；数字微波线路长度达 19 万 km。长途电话交换机容量达 776 万路端；全年局用交换机容量（含接入网设备容量）2.85 亿门；移动电话交换机容量达 2.71 亿户；数据业务端口达 134 万；互联网服务器端口达 332 万。全行业固定电话普及率达 17.5 部/百人；主线普及率达 16.8 线/百人；移动电话普及率达 16.2 部/百人；已通电话的行政村比重达 85.3%；移动通信网、数据网及 IP 电话业务覆盖全国所有地（市）；与 120 多个国家和地区开通移动漫游业务；与我国开通电信业务的国家和地区达到 200 多个；业务种类也在不断增加。卫星通信作为重要的传输手段得到国家的重视，已经在广播电视、国际互联网、IP 电话等领域得到了广泛应用，还将在解决农村及边远地区通信等方面发挥巨大的作用。

(三) 城市广播电视系统发展概况

我国的电视广播技术起步较晚，最初是在不断学习、引进、消化、吸收国外先进技术的基础上发展起来的。我国选择了适合国情的 PAL 制式为彩色电视广播制式。随着科技的进步和社会的发展，我国广播电视系统经过近 50 年的发展已经取得了长足的进步。到 2002 年，全国共有广播电台 301 座，电视台 357 座，广播电视台 37 座，县级广播电视台（转播）1375 座；广播电视开播节目套数分别为 1882 套和 2080 套，平均每日播出广播节目 11378h，电视节目 22260h。广播发射台及转播台 761 座，电视发射台和转播台 53759 座；微波站 2531 座，微波线路 86044km；卫星地球站 34 座，卫星收转站 52 万座；使用 4 颗卫星 19 个转发器转播 126 套广播节目和 74 套电视节目。国家广播电视光缆干线网 3.8 万 km，省级干线网 10 万 km，地市、县分配网近 300 万 km，连通近一亿户家庭。

全国城乡有收音机 5 亿台, 电视机 3.7 亿台, 广播听众近 12.02 亿, 电视观众 12.17 亿。全国广播人口综合覆盖率达 93.21%, 电视人口综合覆盖率达 94.54%, 有线电视用户突破 9000 万户, 有线电视入户率达 27.3%。基本形成了无线、有线、卫星等多技术多层次混合覆盖的、现代化的、世界上覆盖人口最多的广播电视覆盖网。中国国际广播电台广播节目和中央电视台卫星传输信号都已基本实现全球覆盖, 海外听众来信数量突破百万大关。

有线电视由于其自身的优势和良好的发展前景已成为广播电视系统发展的重点。有线电视（CATV）是指以光缆、电缆为主要传输媒介传送的电视节目的信息系统。1994 年颁布的《有线电视管理规定》, 标志着中国有线电视进入了高速、规范、法制的管理轨道。到 2000 年我国有线电视网络用户已达 8000 万, 并以每年 500 万户的速度增长, 已完成国家级基础干线网一期工程 22950km, 实现全国有线电视网络联网, 成为世界第一大网。作为信息传递和交流重要渠道的有线电视网, 将在我国信息化建设中发挥重要作用。

随着科学技术和全球经济的发展, 信息化浪潮正席卷全球。我国也高度重视信息化的发展, 作为信息化发展基础的城市通信系统也应该跟上信息技术的发展, 尽量为我国信息化进程提供物质支持和有力保障。

## 二、城市电信系统发展动态

21 世纪人类将进入信息社会, 高度发达的信息社会要求高质量的信息服务, 要求通信网提供多种多样的通信服务, 且通过通信网传输、交换、处理的信息量将不断增大。现代通信网在这种需求的牵引下, 正加速采用现代通信技术、宽带传输媒介以及以计算机技术为基础的各种智能终端技术和数据库技术, 向数字化、综合化、宽带化、智能化和个人化方向发展。

### （一）数字化

通信技术的数字化是其他四个"化"的基础, 实现数字传输与数字交换的综合的通信网叫做综合数字网（IDN）。在 IDN 中, 交换局与交换局之间实现了数字化。由于数字交换、数字传输具有容量大、交换能力强、传输质量好、可靠性高等优点, 所以世界各国都在建设本国的综合数字网, 实现数字化是通信网发展的第一步。

### （二）综合化

通信网发展的第二步是组建窄带综合业务数字网（ISDN）和宽带综合业务数字网（B-ISDN）。综合业务数字网（ISDN）是在综合数字网（IDN）上发展起来的, ISDN 可将电话、电报、传真、数据、图像、电视广播等业务网路利用数字程控电话交换机和光纤传输系统连接起来, 实现信息收集、传递、处理和控制一体化, 提供传输速度更快、容量更大、质量更好的信息通道。

### （三）宽带化

为满足日益增长的高速数据传输、高速文件传送、电视会议、可视电话、宽带可视图文、高清晰度电视、多媒体通信等对宽带通信的业务需要，各国纷纷研究开发宽带综合业务数字网（B-ISDN）。B-ISDN 能够提供高于 PCM 一次群速率的传输信道，能够适应全部现有的和将来可能出现的业务，从速率最低的遥控遥测到高清晰度电视 HDTV，以同样的方式在网中传输和交换，共享网络资源。B-ISDN 被世界各国公认为通信网的发展方向，它最终将成为一种全球性的通信网络。

### （四）智能化

智能化是伴随着用户需求的日益增加而产生的。智能网是在现有交换与传输的基础网络结构上，为快速、方便、经济地提供电信新业务而设置的一种附加网络结构。建立智能网（IN）的基本思想是改变传统的网络结构，提供一种开放式的功能控制结构，使网络运营者和业务提供者自行开辟新业务，实现按每个用户的需要提供服务。智能网的概念自 20 世纪 80 年代提出以来，其技术的演进和标准化的实施使其迅速发展。国外电信网络广泛采用了智能网技术，以一种全新的方式完成电信业务的创建、维护和提供，取得了显著的经济效益。国内骨干网上的智能网完成了一期建设，已开始提供新业务。智能网提高了网络对业务的应变能力，是目前电信业务发展的方向。

### （五）个人化

个人通信是 21 世纪通信的主要目标，是 21 世纪全球通信发展的重点。个人通信被认为是一种理想的通信方式，其基本概念是实现在任何地点、在任何时间，向任何人、传送任何信息的理想通信，其基本特征是把信息传送到个人。实现个人通信的通信网就是个人通信网。现有的实际通信系统和网络，离实现理想的个人通信相差甚远。但某些系统的功能和服务方式已体现个人通信的最基本特征；把信息传送到个人，成为个人通信的早期系统。随着通信网络智能化的发展，通信终端技术、移动卫星通信技术的发展以及数字蜂窝移动通信技术、数字无绳通信技术的发展，预计不久的将来地区性的个人通信将投入商用，真正的个人通信网将在 21 世纪建成并在全球迅速发展。

## 三、城市有线电视广播系统发展动态

中国有线电视广播网是信息化基础设施建设十分重要的组成部分。在目前技术条件及有线电视网现状情况下其发展趋势主要有以下几点。

### （一）提高网络效率

目前我国有线电视台和网络系统数量很多，但各台网之间互相离散独立，整体效率不高。为此，应在全国范围内统一规划，统一标准，分级建设，采用高新技术，加速联网，以提高网络整体效率。

### （二）提高网络质量

我国的有线电视网是在完全空白的基础上建立发展起来的，由于规划管理不规范，网络建设质量也有天壤之别，网络可靠性也较电信网差许多。因此，要想在我国信息化建设中发挥巨大作用,加强网络质量建设,提高网络可靠性是有线电视网发展的关键。

（三）进一步提高网络普及率

有线电视网的独特优势就在于其覆盖面广,普及率高。我国当前有线电视用户已突破9000万户,有线电视入户率达27.3%,有线电视网络成为我国入户率最高的信息网络。继续扩大网络规模,提高网络普及率也是有线电视网发展的重要环节。

（四）宽带化和数字化

各种数字技术的发展使得信息的数字传输成为可能,也是将来信息传输的主导方式;而随着人们对信息服务要求的提高,大容量、高速度的宽带传输也成为信息传输的必然趋势。因此,采用高新技术实现网络的宽带化和数字化将是有线电视网未来的发展方向。

（五）业务多样化

有线电视的基本业务是广播式宣传业务。而随着信息化程度的不断提高,人们对信息服务的质量和种类也在不断增加,如计算机联网、电子邮件、数据通信和多媒体信息服务等。近几年来有线电视网络技术的发展和各种信息业务的开展也为多功能业务的全面铺开积累了经验。凭借大容量、双向宽频带和智能化的优势,有线电视网应不断开发新式功能业务,这是有线电视网络的潜力所在,也是国家信息化基础设施——信息高速公路的重要组成部分。

四、信息高速公路与三网合一

（一）信息高速公路

信息高速公路的概念是1992年2月美国总统发表的国情咨文中提出的,即计划用20年时间,耗资2000亿~4000亿美元,以建设美国国家信息基础结构（NII）,作为美国发展政策的重点和产业发展的基础。美国信息高速公路是在已具规模的有线电视网（家庭电视机通过率达98%）、电信网（电话普及率93%）、计算机网（联网率50%）的基础上提出的,构想以光纤干线为主、辅以微波和同轴电缆分配系统组建高速、宽带综合信息网络,最终过渡到光纤直接到户。我国自改革开放以来,经济增长举世瞩目,但与发达国家相比,信息基础仍较薄弱。为此,国家在"863"高技术计划中已开始研究我国信息高速公路,以不失时机地制定全国性规划。我国信息高速公路也建立在三大网络的基础之上,即广播电视网、公用电信网和计算机网。

信息高速公路是一个集通信网络、计算机、数据库以及日用电子产品于一体的电子信息网络。"信息高速公路"的正式名称是"国家信息基础设施"（NII）计划。它包括三个要点:

(1) 敷设覆盖特定地域的光纤网络。

(2) 用光纤网络连接所有通信系统、数据库、电信消费设施。

（3）让光纤网络能传输视频、声频、数字、图像等多媒体。

（二）三网合一

三网合一是指将信息基础设施的三大支撑网络公用电信网、有线电视网和计算机网相互渗透、相互融合，实现数字化革命，使声音、图像、视频影像等变为数字信号在计算机中加工、存储和在网络上传输。三网合一所拥有的优势是相当明显的，它将使网络资源的使用更高效、合理，从而实现网络资源最大程度的共享。随着科技的进步和管理水平的提高，三网合一必将成为信息基础设施发展的趋势。

### 五、小区智能化

（一）小区智能化的概念

智能建筑是人们在信息时代对办公条件和居住环境提出高要求的呼声下应运而生的。"智能化"于20世纪90年代初率先在写字楼实现后，1996年逐步扩展到住宅上。所谓的智能化住宅小区，是指通过综合配置住宅区内的各功能子系统，以综合布线为基础，以计算机网络为区内各种设备管理自动化的新型住宅小区。通常智能化大厦是"三A"系统，普遍认为智能化住宅小区也为"三A"系统，它们分别是：

（1）安全自动化（SAS-Safe Automation System）：包括室内防盗报警系统、消防报警系统、紧急求助系统、出入口控制系统、防盗对讲系统、煤气泄漏报警系统、室外闭路电视摄像监控系统、室外的巡更签到系统。

（2）通信自动化（CAS, Communication Automation System）：包括数字信息网络、语言与传真功能、有线电视、公用天线系统。

（3）管理自动化（MAS, Management Automation System）：包括水、电、煤气的远程抄表系统、停车场管理系统、供水、供电设备管理系统、公共信息显示系统。

（二）小区智能化系统的构成

通常小区智能化系统主要有以下几个部分的构成：

（1）安全自动化系统，以空间来分，可分为室内部分和室外部分。

（2）通信自动化系统，可利用电信网络或有线电视网络作为其传输网络。

（3）管理自动化系统，包括小区车辆出入管理系统，小区自动抄表系统和小区设备管理系统。

信息技术和数字技术的发展为家庭的网络化和智能化提供了可能，随着信息化程度的不断提高，智能化小区必将成为我国小区建设的一个发展方向。但目前我国小区智能化正处于初始阶段，缺乏国家统一的标准和规范；其次是小区智能化建设有赖于国民经济的发展和国民总体素质的提高，一旦这些系统完善，用户便能方便快捷使用，让人花钱心甘情愿，物有所值；另一方面要实现小区智能化，还要得到政府各部门的支持，制定统一规划和相关法规。由此可见，要真正实现小区智能化，在我国仍需相当漫长的过程。

## 第七节　城市通信系统规划实例

### 一、城市总体规划层面的规划实例

河南省某城市位于中原腹地，历史悠久，属河南省经济较发达地区。现状城市人口规模为15万人，预测2005年达到20万人，2020年达到30万人。城市人均建设用地指标2000年为104.3m$^2$，规划2005年人均用地为106m$^2$，用地规模21.2km$^2$，2020年为110m$^2$，建设用地总量控制在33km$^2$左右。

（一）通信工程规划（图7-7）

1. 城市通信现状及存在问题

城区内现有电信分局3处，交换机容量为5.1万门，实装电话35000部。市话普及率为40部/百人。目前城区部分主干电信电缆已采用地埋方式敷设。现有一座新的电信大楼在建。现拥有邮政局（所）6处。

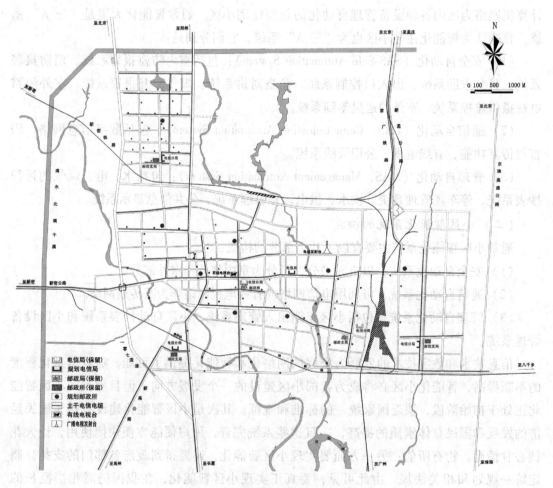

**图7-7　总体规划层面的通信工程规划**

随着城市的发展，现状设施已经无法满足人们对于通信服务的需求，需新增设施和对现有设施进行改造和扩容。

2. 城市通信设施规划

根据当地电信发展目标及经济发展特点，规划远期市话普及率达到60部/百人，人口30万，实装率取80%，则需交换机容量约22.5万门，同时考虑周边农话需求，城区交换机总容量远期为30万门。根据城市用地布局发展情况及容量预测，现有电信局在交换机容量和服务范围上已经无法满足要求，需新建3处电信分局，结合现有局所均匀分布在城区中，占地均为3000m$^2$，同时在主要居住区和行政办公、金融贸易区内设置一定数量的模块机房和宽带机房。在城区内部主要电信电缆均采用管道方式沿道路的西、北侧人行道下敷设。随着城市用地的扩大，为方便市民用邮，规划新建3处邮政支局，同时在主要居住区结合小区公建布置8处邮政所，在主要的居住区、教育区和行政办公区设置邮筒邮箱，另外在主要居住区和繁华路段设置一定数量的公用电话。

(二) 广播电视工程规划（图7-7）

(1) 城市广播电视现状及存在问题

城区内现有电视台、广播电台、有线电视台和有线广播台各一处，有线电视现有用户2万户，拥有主干光缆19.8km，能传输30套节目。电视台目前发射两套节目，覆盖半径20km。随着城区用地面积的扩大，现有设施无法覆盖全部范围，需新建广电发射设施适应规划需求。

(2) 城市广播电视设施规划

规划近期新建一处广播电视发射塔，占地4000m$^2$。同时结合城市建设，积极发展有线电视宽带网络，其主干线路与电信电缆同侧敷设。

二、城市详细规划层面的规划实例

重庆市某地区位于城市新区中心区的南部，定位为以商务办公、会展功能为主兼顾商业活动的经济核心区域。规划本区就业人口为5.5万，居住人口为1.45万。规划区总面积1.63km$^2$。

(一) 通信工程规划（图7-8）

1. 用户量预测

根据本地区电信发展现状及规划电信发展目标，参考北京及沿海发达地区的电信规划标准，制定本规划小区的规划指标。

普通住宅：1.5部/户，公共设施：200部/万m$^2$（建筑面积），中小学校：30部/万m$^2$（建筑面积）。

根据规划指标预测规划区市话需求量约为24300门。

2. 通信设施规划

根据上级规划，在规划区内设电信端局一处，占地0.62hm$^2$，规划容量90000门。

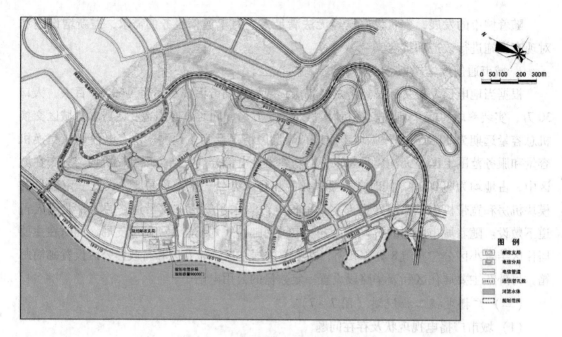

**图7-8 详细规划层面的通信工程规划**

对于高层住宅楼和高级写字楼首层、每500户左右的住宅群，规划在靠近路边的适当位置预留建筑面积为100m² 的电信用户设备接入用房，以适应电信技术的发展，满足光纤到小区、光纤到户的要求。

为满足本地区邮政服务要求，规划在规划区北边靠西地块设邮政支局一处，占地0.60hm²。

3. 电信管道规划

电信网管道规划按30年考虑，中心地区宜一次建成。规划电信网管道采用管 $\phi114$、$\phi36$PVC 管或水泥管块 $\phi100$ 管孔与 $\phi36$PVC 管。

主干管道网，电信4孔（每孔子管4孔，实际16孔），其他通信公司平均每家2孔（实际8孔），加上备用，其管孔一般在12~18孔。

规划区外围与城市相接的主干道（中部路、滨河路）设18孔管。

小区内道路由交接箱至大楼，一般敷设6孔114mm管道，最少支线管孔数不少于4孔。

电信管线敷设在道路的西侧、北侧人行道下。

# 第八章
## 城市防灾系统规划

### 第一节 城市防灾体系的构成

一、城市防灾体系构成

一个城市拥有较完善的防灾体系，就能有效地防抗各种灾害，减少灾害造成的损失。城市防灾体系分类如下。

（一）按防灾工程的组成分类

根据工程种类分成城市消防工程、城市防洪工程、城市抗震工程、城市人防工程和城市生命线系统；根据工程防灾的范围分为区域性防灾工程、城市防灾工程和单体设施防灾工程；也可根据工程的用途分为专门防灾工程和多用途防灾工程；根据工程时效分为永久性防灾工程和临时性防灾工程；还可以分成防灾工程设施和防灾工程处理措施等。

（二）按防灾机构组成分类

防灾机构可分为研究机构、指挥机构、专业防灾队伍、临时防灾救灾队伍、社会援助机构、保险机构和教育宣传机构等。研究机构对当地情况进行全面调查了解，根据专业知识进行监测、分析、研究和预报；指挥机构负责灾时的抗灾救灾指挥和平时防灾设施的建设；专业防灾队伍是经过训练、装备较好的抗救灾队伍。在重大灾情出现时，军队往往作为防灾队伍的主力；临时抗灾救灾队伍是在灾情发生时，由指挥机构组织或民间志愿人员组成的抗灾救灾队伍，辅助专业防灾队伍工作；社会援助机构和保险机构在灾时和灾后在经济上对防灾工作和受灾人员与单位给予支持，帮助恢复生产，重建家园。教育宣传机构是普及防灾减灾知识、提高公众防救灾意识的重要部门，对全社会具有长远意义。

（三）按工作时序分类

一般来说，城市防灾包括对灾害的监测、预报、防护、抗御、救援和恢复援建等六个方面,每个方面都由组织指挥机构负责指挥协调。它们之间有着时间上的顺序关系,也有着工作性质上的协作分工关系。从时间顺序来看,可以分为四个部分。

1. 灾前的防灾减灾工作

这部分工作包括了灾害区划、灾情预测、防灾教育、预案制定与防灾工程设施建设等内容。

2. 应急性防灾工作

在预知灾情即将发生或灾害即将影响城市时,城市必须采用必要的应急性防灾措施。例如成立临时防灾救灾指挥机构,进行灾害告警,疏散人员与物资,组织临时性救灾队伍等。

应急性防灾工作的顺利与否,取决于前期防灾工作准备的情况;同时,应急性防灾工作也影响着下一步抗灾救灾工作。应急措施得力,能有效防抗灾害,减少灾害损失。

3. 灾时的抗救工作

灾时的抗救工作,主要是抗御灾害和进行灾时救援,如防洪时的堵口排险,抗震时的废墟挖掘与人员救护等。所谓"养兵千日,用在一时",各种防灾设施、防灾队伍、防灾指挥机构等,都应在此时发挥作用,保护人民生命和财产安全。

4. 灾后工作

在主要灾害发生后,防灾工作并未完结,还应防止次生灾害的产生与发展,继续进行灾后救援工作,进行灾害损失评估与补偿,重建防灾设施和损毁的城市。灾后工作十分艰巨,意义也十分重大,实际上,灾后工作又将是下一次灾害前期防灾减灾工作的组成部分。

## 第二节 城市消防规划

城市的消防标准,主要体现在建、构筑物的防火设计上。国家在消防方面颁布的法律、法规、规范和标准已超过130余种,而各地根据自身情况也制定了一些地方性消防要求。在城市消防工作中,这些法律、规范、标准是重要的依据。与城市规划密切相关的有关规范有《建筑设计防火规范》、《高层民用建筑设计防火规范》、《消防站建筑设计标准》、《城镇消防站布局与技术装备标准》、《城市消防规划规范》、《消防法》等。以下简要介绍城市消防规划的主要内容及要求。

### 一、城市火灾风险评估

在分析城市火灾事故现状和发展趋势的基础上,对城市火灾风险作出综合评估。在城市规划的基础上,进行基于土地利用的火灾风险定性评估,划分火灾风险区划,用以城市用地消防分类。

## 二、城市消防安全布局

指符合城市公共消防安全需要的城市各类易燃、易爆、危险化学品场所和设施、消防隔离与避难疏散场地及通道、地下空间综合利用等的布局和消防保障措施。主要包括以下几方面的内容：

1. 易燃、易爆、危险化学品场所和设施布局的一般要求。
2. 建筑耐火等级低的危旧建筑密集区及消防安全环境差的其他地区（旧城棚户区、城中村等）应采取的消防安全措施和城市有关地区的建筑耐火等级要求。
3. 历史城区、历史地段、历史文化街区、文物保护单位等应采取的消防安全措施。
4. 城市地下空间及人防工程建设和综合利用的消防安全要求。
5. 结合城市道路、广场、运动场、绿地等各类公共开敞空间的规划建设，考虑到城市综合防灾减灾及消防安全的需要，规定城市防灾避难疏散场地的设置要求。

## 三、城市消防站及消防装备

### （一）城市消防站

**1. 城市消防站的位置**

（1）消防站应选择在本责任区的中心或靠近中心的地点。当消防站责任区的最远点发生火灾时，消防车可在接警5min后达责任区边缘。

（2）为了便于消防队接到报警后迅速出动，防止因道路狭窄、拐弯较多，而影响出车速度，甚至造成事故，消防站必须设置在交通方便，利于消防车迅速出发的地点，可考虑设置在主要街道的十字路口附近或主要街道的旁边。

（3）为了使消防车在接警出动和训练时不致影响医院、学校、托儿所、幼儿园等单位的治疗、休息、上课等正常活动，同时为了防止人流集中时影响消防车迅速、安全地出动，消防站的位置距上述单位建筑应保持足够的距离，一般应在50m以外。

（4）在生产、储存化学易燃易爆物品的建筑、装置、油罐区、可燃气体（如煤气、乙炔、氢气等）大型储罐区以及储量大的易燃材料（如芦苇、稻草等）堆场等处，消防站与上述建筑物、堆场、储罐区等应保持不小于200m以上的安全防火距离，且应设置在这些建筑物、储罐、堆场常年主导风向的上风向或侧风向。

（5）城市居住小区要按照公安部和前建设部颁布的《城镇消防站布局与技术装备标准》的规定，结合居住小区的工业、商业、人口密度、建筑现状以及道路、水源、地形等情况，合理地设置消防站（队）。有些城郊的居住小区，如离城市消防中队较远，且小区人口在15000人以上时，应设置一个消防站。

（6）沿海、沿内河港口的城市，应考虑水上消防站。

**2. 城市消防站布局**

（1）石油化工区、大型物资仓库区、商业中心区、高层建筑集中区、重点文物建筑集中区、首脑机关地区，砖木结构和木质结构，易燃建筑集中区以及人口密集、街道狭窄地区等，每个消防站的责任区面积一般不宜超过 4~5km²。

（2）丙类生产火灾危险性的工业企业区，科学研究单位集中区，大专院校集中区，高层建筑比较集中的地区等，每个消防站的责任区面积一般不宜超过 5~6km²。

（3）一、二级耐火等级建筑的居住区，丁、戊类生产火灾危险性的工业企业区，以及砖木结构建筑分散地区等，每个消防站的责任区面积不超过 6~7km²。

（4）在市区内如受地形限制，被河流或铁路干线分隔时，消防站责任区面积应当小一些，有的城市被河流分成几块，虽有桥梁连通，但因桥面窄，常常堵车，将会影响行车速度；再有，被山峦或其他障碍物堵隔，增大了行车距离。因此，消防站的责任区面积应适当缩小。

（5）风力、相对湿度对火灾发生率有较大影响。据测定，当风速在 5m/s 以上或相对湿度在 50% 左右，火灾发生的次数较多，火势蔓延较快，在经常刮风、干燥地区其责任区面积应适当缩小。

（6）物资集中、货运量大、火灾危险性大的沿海及内河城市，应规划建设水上消防站。水上消防队配备的消防艇吨位，应视需要而定，海港应大些，内河可小些。水上消防队（站）责任区面积可根据本地实际情况而定，一般以从接到报警起 10~15min 内到达责任区最远点并开始扑救。

（二）城市消防装备

按照《城市消防站建设标准（修订）》（建标〔2006〕42 号）的有关规定，参照现状以及各地的经济发展水平，选择各自合适的消防装备配置。

四、城市消防基础设施

城市消防基础设施包括消防给水、消防通信、消防车通道等。

（一）消防给水

1. 城市消防给水管网设计

（1）室外消防给水管网应布置成环状，但在建设初期或室外消防用水量不超过 1.5 L/s 时，可布置成枝状。

（2）环状管网的输水干管及向环状管网输水的输水管均不应少于两条，当其中一条发生故障时，其余的干管应仍能通过消防用水总量。

（3）室外消防给水管道的最小直径不应小于 100mm。最不利点消火栓压力不小 0.11MPa。流量不小于 10~15L/s。

（4）环状管道应用阀门分成若干独立段，每段内消火栓的数量不宜超过 5 个。

2. 室外消火栓布局

（1）室外消火栓应沿道路设置，道路宽度超过 60m 时，宜在道路两边设置消火栓，并靠近十字路口。消火栓距路边不应超过 2m，距房屋外墙不宜小于 5m。

（2）甲、乙、丙类液体储罐区和液化石油气储罐区的消火栓，应设在防火堤外。但距罐壁15m范围内的消火栓，不应计算在该罐可使用的数量内。

（3）室外消火栓的间距不应超过120m。

（4）室外消火栓的保护半径不应超过150m；在市政消火栓保护半径150m以内，如消火用量水不超过15L/s时，可不设室外消火栓。

（5）室外消火栓的数量应按室外消火用水量计算决定，每个室外消火栓的用水量应按照10~15L/s时计算。

（6）室外地上式消火栓应有一个直径为150mm或100mm和两个直径为65mm的栓口。

（7）室外地下式消火栓应有直径为100mm或65mm的栓口各一个，并有明显的标志。

3. 消防水源

（1）当城市给水管网不能满足消防水压水量要求时，可根据城市具体条件建设合用或单独的消防给水管道、消防水池、水井或加水点。

（2）大面积棚户区或建筑耐火等级低的建筑密集区，如无市政消火栓，无消防通道，可考虑修建100~200m³的消防水池。

（3）利用江河、湖泊、水塘等作为天然消防水源时，应修建消防车辆通道和必须的护坡、吸水坑、拦污设施。

（二）消防通信

1. 接警

当发生火灾时，通过有线或无线电话报警，消防指挥中心受理火警后，迅速调度实现接警、调度、通信、信息传送、消防出车、人员调动等程序自动化。

2. 119报警

各城市电话局、电话分局、建制镇、独立的厂区矿区至消防指挥中心、火警接警中队的119火灾报警电话专线不少于2对，满足同时发生两处火灾可能的需要。

3. 专线电话

消防指挥中心、火警接警中队与城市供水、供电、供气、急救、交通、环保、新闻等部门以及消防重点单位，应安装专门通信设备或专线电话，确保报警、灭火、救援工作顺利进行。

（三）消防车通道

（1）为保证消防车辆顺利通行，城市道路应考虑消防要求，其宽度不小于4m。

（2）根据消火栓保护半径150m的作用范围，消防道路平行间距应控制在160m以内。当建筑物沿街部分长度超过150m，或总长度超过200m时，应在建筑物适中位置设置穿越建筑物的消防通道。

（3）考虑到消防车的高度，消防通道上部应有4m以上的净高。

（4）占地面积超过3000m²的甲、乙、丙类厂房，占地面积超过1500m²的乙、丙类库房，大型公共建筑、大型堆场、储罐区、重要建筑物四周应设环形消防通道。

（5）消防通道转弯半径不小于9m，回车场面积通常取18m×18m。

## 第三节 城市防洪规划

### 一、城市防洪标准确定

防洪标准是指防洪对象应具备的防洪（或防潮）能力，一般用与可防御洪水（或潮位）相应的重现期或出现频率表示。根据防洪对象的不同，分为设计（正常运用）一级标准和设计、校核（非常运用）两级标准两种。

#### （一）设计标准

防洪工程设计是以洪峰流量和水位为依据的，而洪水的大小通常是以某一频率的洪水量来表示的。防洪工程的设计是工程性质、防洪范围及其重要性的要求，选定某一频率作为计算洪峰流量的设计标准。通常洪水的频率用重现期的倒数代替表示，重现期越大，设计标准就越高。

#### （二）校核标准

对于重要工程的规划设计，除正常运用的设计标准外，还应考虑校核标准，即在非正常运用情况下，洪水不会漫淹坝顶或堤顶或沟槽。校核标准可按表8-1采用。

**防洪校核标准** 表8-1

| 设计标准频率 | 校核标准频率 |
|---|---|
| 1%（百年一遇） | 0.2%~0.33%（300~500年一遇） |
| 2%（50年一遇） | 1%（百年一遇） |
| 5%~10%（10~20年一遇） | 2%~4%（25~50年一遇） |

当防护对象为城镇时，应按《防洪标准》（GB 50201—1994）以及《城市防洪工程设计规范》中的有关规定确定其防洪标准。城镇根据其社会经济地位的重要性和人口数量划分四等（表8-2）。

**城市等级分类** 表8-2

| 城市等别 | 分等标准 | |
|---|---|---|
| | 重要程度 | 城市人口（万人） |
| 一 | 特别重要城镇 | ≥150 |
| 二 | 重要城镇 | 50~150 |
| 三 | 中等城镇 | 20~50 |
| 四 | 一般城镇 | ≤20 |

注：1. 城镇人口是指市区和近郊区非农业人口。
　　2. 城镇是指国家按行政建制设立的直辖市、市镇。

对于情况特殊的城镇,经上级主管部门批准,防洪标准可以适当提高或降低;当城镇分区设防时,可根据各防护区的重要性选用不同的防洪标准;沿国际河流的城镇,防洪标准应当专门研究确定;临时性建设物的防洪标准可适当降低,以重现期在5~20年范围内分析确定(表8-3)。

城市防洪标准　　　　　　　　　　　　　　表8-3

| 城市等别 | 防洪标准(重现期:年) | | |
|---|---|---|---|
| | 河(江)洪、海潮 | 山洪 | 泥石流 |
| 一 | ≥120 | 50~100 | >100 |
| 二 | 100~200 | 20~50 | 50~100 |
| 三 | 50~100 | 10~20 | 20~50 |
| 四 | 20~50 | 5~10 | 20 |

注:1. 标准上下限的选用应考虑受灾后造成的影响、经济损失、抢险难易以及投资的可能性等因素。
　　2. 海潮系指设计高潮位。
　　3. 当城镇地势平坦,排泄洪水有困难时,山洪和泥石流防洪标准可适当降低。

防洪建筑物级别,根据城市等别及其在工程中的作用和重要性分为四级,可按表8-4确定。

防洪建筑物级别表　　　　　　　　　　　　表8-4

| 城市等别 | 永久性建筑物级别 | | 临时性建筑物级别 |
|---|---|---|---|
| | 主要建筑物 | 次要建筑物 | |
| 一 | 1 | 3 | 4 |
| 二 | 2 | 3 | 4 |
| 三 | 3 | 4 | 4 |
| 四 | 4 | 4 | 4 |

注:1. 主要建筑物系指失事后使城镇遭受严重灾害并造成重大经济损失的建筑物,例如堤防、防洪闸等。
　　2. 次要建筑物是指失事后不致造成城镇灾害或者造成经济损失不大的建筑物,例如丁坝、护坡、谷坊。
　　3. 临时性建筑物是指防洪工程施工期间使用的建筑物,例如施工围堰等。

## 二、城市防洪工程设施布局要求

(一) 防洪(潮)堤

1. 防洪(潮)堤可采用土堤、土石混合堤或石堤

堤型选择应根据当地土、石料的质量、数量、分布范围、运输条件、场地等因素综合考虑,经技术经济比较后确定。

当有足够筑堤土料时,应优先采用均质土堤。土堤填土应注意压实,使填土具有足够的抗剪强度和较小的压缩性,不产生大量不均匀变形,满足渗流控制要求,黏性土压

实度应不低于 0.93~0.96，无黏性土压实后的相对密度应不低于 0.70~0.75。土料不足时，也可采用土石混合堤。

土堤和土石混合堤，堤顶宽度应满足堤身稳定和防洪抢险的要求，但不宜小于 4m，堤顶兼作城市道路，其宽度应按城市公路标准确定。

2. 堤线布局

（1）应与防洪工程总体布置密切结合，并与城市规划协调一致，同时还应考虑与涵闸、道路、码头、交叉构筑物、沿河道路、滨河公园、环境美化以及排涝泵站等构筑物配合修建。

（2）尽量利用原有的防洪设施。

（3）要因势利导，使水畅通，不宜硬性改变自然情况下的水流流向，堤线走向要求与汛期洪水流向大致相同，同时又要兼顾中水位的流向。

（4）要注意堤线通过岸坡的稳定性。防止水流对岸边的淘刷，危及堤身的稳定。堤线与岸边要有一定距离，如果岸边冲刷严重，则要采取护岸措施，如果由于堤身重量引起岸坡不够稳定，堤线应向后移，加大岸边与堤身距离。应尽可能走高埠老地，使堤身较低、堤基稳定，以利堤防安全。

（5）河道弯曲段，要采取较大弯曲径，避免急转弯和折线。

（6）上下游要统筹兼顾，避免束窄河道。

（二）防洪闸的类别和布置

1. 防洪闸的分类

在城市防洪和防潮工程中经常遇到以下三种防洪闸。

1）防潮闸

在感潮河段，为防止由于潮水顶托，使河道泄洪能力受阻，而危及城市安全，所以在河口附近或支流上修建防潮闸，以提高河流的泄洪能力。汛后还可以利用防潮闸拦蓄淡水，以灌溉，利于通航。

2）分洪闸

当洪水超过河道安全泄量时，为确保下游城市安全，采取分洪与滞洪措施。为了控制量的分配，在分洪道域滞洪区的进口修建分洪闸。

3）泄洪闸

在河流支流或滞洪区下游穿越防洪堤，为了挡住外部洪水，防止淹没，并及时排泄内涝，须在防洪堤上修建泄洪闸。

2. 防洪闸的闸址选择

防洪闸的闸址，由于其作用和性质不同，要求也不尽相同。一般应考虑下列因素：

（1）应符合整个防洪工程规划的要求。

（2）根据其功能和运用要求，综合考虑地形、地质、水流、泥沙、潮汐、航运、交通、施工和管理等因素，经技术经济比较确定。

（3）应选择在水流流态平顺，河床、岸坡稳定的河段。泄洪闸宜选在河段顺直或截弯取直的地点；分洪闸应选在被保护城市上游，河岸基本稳定的弯道凹岸顶点稍偏下游处或直段，闸孔轴线与河道水流方向的引水角不宜太大；挡潮闸宜选在海岸稳定地区，以接近海口为宜，并应减少强风强潮影响，上游宜有冲淤水源。

（4）应尽可能选择在地基土质密实、均匀、压缩性小、承载力较大和抗渗稳定性好的天然地基，应避免采用人工处理地基。

（5）交通方便，有足够开阔的场地。

（6）防潮闸应结合有无航运要求，距海口引河长短选择适当闸址，并应尽量避免强风、强潮影响。引河短，闸前淤积量小；引河长，纳潮量大，便于航运，但淤积量大，应根据具体情况比较确定。

（7）要有良好的进水（或出水）条件，以减少分洪闸（或泄洪闸）对江河的淤积或冲刷影响。因此，闸址应选在河流的凹岸、弯道顶点以下为好。

（8）分洪闸闸址应尽量靠近城市及滞洪区，以充分发挥对城市河段的分洪作用，并减少分洪道的工程量。

（9）泄洪闸的闸址选择，要注意泄洪时对附近现有水工构筑物安全和运用的影响。

（10）水流态复杂的大型防洪闸闸址选择，应有水工模型试验验证。

（三）排洪渠道和截洪沟

1. 排洪明渠

1）渠线走向

（1）从排洪安全角度，应选择分散排放渠线。

（2）尽可能利用天然沟道，如天然沟不顺直，或因城市规划要求必须将天然沟道部分或全部改道时，则应保证水流顺畅。

（3）渠线走向应选在地形较平缓，地质稳定地带，并要求渠线短；最好将水导致城市下游，以减少河水顶托；尽量避免穿越铁路和公路，以减少交叉构筑物；尽量减少弯道，要注意应少占耕地或不占耕地，少拆或不拆房屋。

2）进出口布置

（1）进口布置要创造良好的导流条件，一般布置成喇叭口形。

（2）出口布置要使水流均匀平缓扩散，防止冲刷。

（3）当排洪明渠不穿越防洪堤，直接排入河道时，出口宜逐渐加宽成喇叭口形状，喇叭口可做成弧形、八字形。

（4）排洪明渠穿越防洪堤时，应在出口设置涵闸。

（5）出口高差大于1m时，应设置跌水。

2. 排洪暗渠

我国不少城市地处半山区或丘陵区，山洪天然冲沟往往通过市区，给市容、环境卫生和交通运输带来一系列问题，使道路的立面规划和横断设计受到限制，因此要采用部分暗渠或全部暗渠。

排洪暗渠布置要求，除满足排洪明渠布置要求外，还要注意以下事项：

(1) 要特别注意与城市道路规划相结合。

(2) 在水土流失严重地区，在进口前可设置沉砂池，以减少渠内淤积。

(3) 对地形高差较大的城市，可根据山洪排入水体的情况，分高低区排泄，高区可采用压力暗渠。

(4) 暗渠内流速以不小于0.7m/s为宜。

在进口处要设置安全防护设施，以免泄洪时发生人身事故。但不宜设格栅，以免杂物堵塞格栅造成洪水漫溢。

3. 截洪沟

截洪沟是拦截山坡上的径流，使之倒排入山洪沟或排洪渠内，以防止山坡径流到处漫流，冲蚀山坡，造成危害，如图8-1所示。

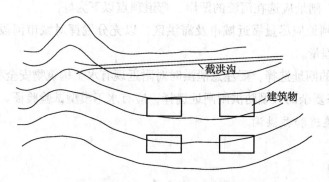

**图8-1 截洪沟平面图**

1) 截洪沟布置

(1) 设置截洪沟的条件

建筑物后面山坡长度小于100m时，可方便市区或厂区雨水排出。

建筑物在切坡下时，切坡顶部应设置截洪沟，以防止雨水长期冲蚀而发生坍塌或滑坡，如图8-2所示。

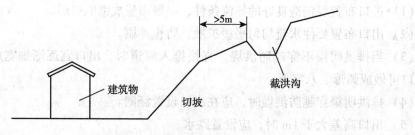

**图8-2 切坡上截洪沟**

(2) 截洪沟布置基本原则

必须密切结合城市规划或厂区规划。

应根据山坡径流、坡度、土质及排出口位置等因素综合考虑。

因地制宜，因势利导，就近排放。

截洪沟走向宜沿等高线布置，选择出坡缓、土质较好的坡段。

截洪沟以分散排放为宜，线路过长、负荷长，易发生事故。

(3) 构造要求

截洪沟起点沟深应满足构造要求，不宜小于0.3m，沟底宽应满足要求，不宜小于0.4m。

为保证截洪沟排水安全，应在设计水位以上加安全超高，一般不小于0.2m。

截洪沟弯曲段，当有护砌时，中心线半径一般不小于沟内水面宽度的2.5倍；当无护砌时，用5倍。

截洪沟沟边距切坡顶边的距离应不小于5m。

截洪沟外边坡为填土时，边坡顶部宽度不宜小于0.5m。

截洪沟内水流流速超过土质容许流速时，应采取护砌措施。

截洪沟排出口应设计成喇叭口形，使水流顺畅流出。

(四) 排涝泵站

排涝泵站是以提水为取水方式的水利工程。排涝泵站的规划，必须根据经济建设的方针、政策，结合本地区的自然条件和社会经济情况，制定出不同的规划方案，通过技术经济比较和论证，选出方针、政策、技术上现实可行、经济上合理的最优方案。

排涝标准通常以涝区发生一定频率或重现期的暴雨不成灾为标准，一般情况下的排涝标准不应高于当地的防洪标准。

1. 排水站的规划

平原和圩垸低洼地区，暴雨季节，外洪内涝，排水困难，必须依靠抽水排涝。对于地下水位较高，需要防渍或治碱的地区，也需要抽排地下水，控制地下水位，保障农业生产发展。因此，排水站的任务包括排涝、排渍和排碱等方面。

2. 排水区的划分和排水站布局

根据排水地区的面积和地形等自然条件，贯彻高低水分流，主客水分流，自排与抽排结合，排蓄与排灌兼顾的原则，划分排水区域，使泵站布局合理，从而达到机容量少、投资省、设备利用率高的要求。以下介绍几种排水区域划分与排水泵站布局形式。

1) 一级排水

地形高差不大的地区，在排水出路集中时，可采用一级排水。即在区内低洼处建站，控制全区涝水，集中外排。

如排水区面积较大时，应结合地形和排水出路等条件，适当分区，进行分区一级排水，若地形高差较大，如圩区毗邻丘陵，高处排水下泄时，易加剧内涝灾害。这种情况下，可在适当高程处，沿等高线挖沟截流（称为高排沟），涝水经沟端高排闸，排入承泄区，实现高水高排的原则。区内低洼处另建排水泵站和低排闸，涝水经低排沟集中后，由排水泵站（或低排闸）外泄。

2）分级排水

对于面积大，地形高差也大，区内有湖泊等蓄涝容积、地形较复杂的排水区，可采用分区分级的排水方式。根据自然地形条件，将全区分成若干分区，分区内地形高差较小。然后各分区根据具体条件建闸或站进行自排或抽排。沿承泄区的各分区，其中高排区为自排区，设排水闸自排，低排区为抽排区，需建外排站（又称一级站）进行抽排。同时利用湖泊滞涝，在滨湖各低洼地区分区后建内排站（又称二级站），将涝水抽排入湖暂蓄，等外排站抢排各低排区的涝水后，再将湖内涝水经排水沟送至外排站排出，腾空内湖蓄水容积，以供下次滞涝用。由于排湖时间不受作物耐淹时间限制，就可以延长全区一次暴雨后的总排水时间，从而削减排水站的设计流量，减少总装机容量，节省投资。

3. 站址选择

从治涝规划要求出发，在选择排水站的站址时，主要应考虑：

（1）站址应选在排水区内接近承泄区的地势较低处，与自然汇流相适应，以利于汇集涝水，迅速排除，并可减少挖渠土方工程，少占耕地。分区排水的排水站站址，选择时应兼顾本区和相邻排水区控制涝水的要求，进行综合考虑。

（2）站址应选在外河水位低地段，并且要求该处外河河床稳定，以便降低排水扬程，节约能源。

（3）站址位置应充分考虑自排与抽排相结合的可能性。

（4）站址应选在外河河道顺宜（或在凹岸地段）、地质条件较好的地区，避开废河、深沟等淤积地层段。

（5）交通方便，靠近居民点。

（6）电力排水站的站址要接近电源。

## 第四节 城市抗震防灾规划

一、城市抗震防灾规划内容

城市抗震防灾规划应包括下列内容：

（1）总体抗震要求：

①城市总体布局中的减灾策略和对策；

②抗震防灾标准和防御目标；

③城市抗震设施建设、基础设施配套等抗震防灾规划要求与技术指标。

（2）城市用地抗震适宜性划分，城市规划建设用地选择与相应的城市建设抗震防灾要求和对策。

（3）重要建筑、超限建筑、新建工程建设、基础设施规划布局、建设与改造，建筑密集或高易损性城区改造，火灾、爆炸等次生灾害源，避震疏散场所及疏散通道的建设与改造等抗震防灾要求和措施。

(4) 规划实施和保障。

## 二、城市抗震设防标准确定

### (一) 城市抗震设防标准

城市抗震标准是通过国家颁布的法规、规定,结合当地的实际情况权衡确定的设防标准,也是房屋(构筑物)、铁路、公路、港工、水工、管道等工程的抗震设计标准及鉴定加固标准。

基本烈度是指一个地区在今后一定时期内,在一般场地条件下可能遭遇的最大地震烈度,亦即已经颁布实施的《中国地震动参数区划图》(GB 18306—2001)中规定的烈度;设防烈度是指按国家规定的批准权限审定的,作为一个地区抗震设防依据的烈度。一般情况下,以基本烈度作为该地区的设防烈度。工程抗震设计时,一般均按本地区设防烈度计算(特殊要求例外)。抗震措施应根据建筑物重要性分别按设防烈度或提高(降低)1度采取。

1. 基础标准

《中国地震动参数区划图》(GB 18306—2001),是工程抗震设计的基本依据。使用时,应严格按说明书,并遵照使用规定执行。

2. 通用标准

包括(建筑及)生命线工程抗震设计、抗震鉴定标准。抗震设计标准适用于新建、扩建工程;抗震鉴定标准适用于现有建筑物抗震鉴定和加固设计。

1) 建筑抗震标准

《建筑抗震设计规范》(GB 50011—2001)经 1993 年局部修订,适用于抗震设防烈度为 6~9 度地区的建筑抗震设计。抗震设防基本原则是"小震不坏、中震可修、大震不倒"。即当建筑物遇到小于所在地区基本烈度的常遇地震时,建筑一般不需修理;当遇到所在地区基本烈度的地震时,结构有破坏,但可修复使用;当遇到大于所在地区基本烈度的罕见地震时,结构不至于倒塌。

2) 生命线工程抗震标准主要有以下几个方面的规范和标准

《铁路工程抗震设计规范》(GB 50111—2006)。
《公路桥梁抗震设计细则》(JTG/T B02—01—2008)。
《水运工程水工建筑物抗震设计规范》(JTJ 201—87)。
《水工建筑物抗震设计规范》(DL 5073—2000)。
《室外给水排水和煤气热力工程抗震设计规范》(TJ 32—78)。
《室外给水排水工程设施抗震鉴定标准》(GBJ 43—1982)。
《室外煤气热力工程设施抗震鉴定标准》(GBJ 44—1982)等。

3. 专用标准

工程抗震的专用标准是根据工程(或地区)特点,在通用标准的基础上所作的具体化或补充规定,包括对某些结构的抗震要求和措施所作的专门规定。如:《电力设施抗震设计标准》、《铁路工程抗震设计规范》以及一些地方性抗震标准等。

(二) 城市抗震设防区划

1996年1月11日，建设部下发《抗震设防区划编制工作的暂行规定》（试行）的通知，暂行规定指出：

(1) 城市抗震设防区划由城市抗震主管部门组织编制。

(2) 应根据城市总体布局以及地震地质、工程地质、水文地质、地形地貌、土质和土层分布、工程建设现状与发展趋势、历史地震影响，对编制范围内设计地震动和场地地震效应进行综合评价和分区。

(3) 根据城市规模，城市抗震设防区划分为甲、乙、丙三种模式，其基本要求、主要内容、编制途径、成果表述不同。

省会城市、100万人口以上城市按甲类模式；50万以上100万以下人口的城市、国家重点抗震城市按乙类模式；其他城市按丙类模式编制。

(4) 土地利用规划应包括以下内容：

甲类模式应包括土地利用分区，及各类建筑在不同分区中与设计地震动相配套的设计原则、一般规定和构造要求；乙类模式应包括土地利用分区及各类建筑在分区中与现行抗震设计规范相对应的基本要求和构造措施；丙类模式应包括场地抗震有利、不利或危险地段的划分及土地利用建议。

应注意的是，此项工作应与1998年3月1日起施行的《中华人民共和国防震减灾法》相协调。

### 三、城市抗震防灾基本体系

一般的城市抗震防灾体系包括防震、抗震、避震、救灾和综合管理五个方面：

1. 防震。包括两个方面的内容，一是在城市规划用地布局阶段和建设工程选址阶段，通过合理的城市布局来减小地震对城市的不利影响；二是努力做好地震预报工作，通过预报提前进行准备，降低地震来临时对人员的直接伤害。

2. 抗震。主要是通过对老旧建筑的抗震加固和新建建构筑物的抗震设防，使城市各类建构筑物达到合理的抗震能力，能够抵御设定烈度地震产生的破坏作用。

3. 避震。通过建设容量足够且安全可靠的避难场所以及可以及时、安全到达相应避难场所的通道，减少地震可能造成的直接或间接人员伤亡。

4. 救灾。通过建立安全的救援通道，医疗设施、消防设施、供水供电设施和足够的物资储备，使震后救援能够及时开展和有效运行，减少次生灾害的发生。

5. 综合管理。集成基础信息管理、抗震常规事务管理、应急、决策与指挥系统，提高基础信息的使用效率，提高居民整体防震抗灾素质，提高应急决策和指挥能力，从而提高城市整体抗震防灾能力。

## 四、城市用地抗震防灾规划

通过基础资料收集，现场钻孔试验等方法，对城市抗震性能进行评价，主要包括：城市用地抗震、防灾类型分区、地震破坏及不利地形影响估计，抗震适宜性评价。将城市用地分为适宜、较适宜、有条件适宜和不适宜四类。并分别制定规划建设要求。

## 五、城市建筑抗震防灾规划

在进行此项工作时，应结合建筑调查统计资料进行抗震性能评价，并在此基础上结合城区建设和改造规划，在抗震性能评价的基础上，对重要建筑和超限建筑抗震防灾。新建工程抗震防灾，建筑密集成高易损性城区抗震改造及其他相关问题提出抗震防灾要求和措施。

## 六、城市基础设施抗震防灾规划

1）广播、电视和邮电通信建筑

（1）广播、电视和邮电通信建筑，应根据其在整个信息网络中的地位和保证信息网络通畅的作用划分抗震设防类别，其配套的供电、供水的建筑抗震设防等级，应与主体建筑的抗震设防类别相同。当供电、供水的建筑为单独建筑时，可划分为乙类建筑。

（2）广播、电视建筑抗震设防类别，应符合表8-5的规定。

**广播、电视建筑抗震设防类别**　　　　　　　　　　　　　　　　表8-5

| 类别 | 建筑名称 |
|---|---|
| 甲类 | 中央级、省级的电视调频广播发射塔建筑 |
| 乙类 | 中央级广播发射台、节目传送台、广播中心、电视中心省级广播中心、电视中心、电视发射台及200kW以上广播发射台 |

（3）邮电通信建筑抗震设防类别，应符合表8-6的规定。

**邮电通信建筑抗震设防类别**　　　　　　　　　　　　　　　　表8-6

| 类别 | 建筑名称 |
|---|---|
| 甲类 | 国际电信楼、国际海缆登陆站、国际卫星地球站、中央级的电信枢纽（含卫星地球站） |
| 乙类 | 大区中心和省中心长途电信枢纽、邮政枢纽、海缆登陆局、重要市话局（汇接局、承担重要通信任务和终局容量超过5万门的局）、卫星地球站、地区中心长途电信枢纽楼的主机房和天线支承物等 |

2）交通运输建筑

交通运输系统生产建筑应根据交通运输线路中的地位，和对抢险救灾、恢复生产所起的作用划分抗震设防类别。

（1）铁路系统的建筑抗震设防类别属乙类，包括Ⅰ、Ⅱ级干线枢纽及相应的工矿企业铁路枢纽的行车调度、运转、通信、信号、供电、供水建筑，大型站候车室。

（2）公路系统的建筑抗震设防类别属乙类，包括高速公路、一级公路、一级汽车客运站等的监控室。

（3）水运建筑抗震设防类别属乙类，包括50万人口以上城市的水运通信、导航等重要设施的建筑和国家重要客运站，海难救助打捞等部门的重要建筑。

（4）空运建筑抗震设防类别属乙类，国际或国内主要干线机场中的航空站楼、航管楼、大型机库、通信及供电、供热、供水、供气的建筑。

3）医疗、城市动力系统、消防建筑的抗震设防类别（表8-7）。

**医疗建筑抗震设防类别**　　　　　表8-7

| 类别 | 建筑名称 |
| --- | --- |
| 甲类 | 三级特等医院的住院部、医技楼、门诊部 |
| 乙类 | 大中城市的三级医院住院部、医技楼、门诊部；县及县级市的二级医院的住院部、医技楼、门诊部；县级以上急救中心的指挥、通信、运输系统的重要建筑；县级以上的独立采、供血机构的建筑；50万人口以上城市的动力系统建筑；消防车库等 |

4）给水、排水和燃气、热力工程系统的建、构筑物

对室外给水、排水和燃气、热力工程系统中的下列建、构筑物（修复困难或导致严重次生灾害的建、构筑物），宜按本地区抗震设防烈度提高1度采取抗震措施（不作提高1度抗震计算），当抗震设防烈度为9度时，可适当加强抗震措施。

（1）给水工程中的取水构筑物和输水管道、水质净化处理厂内的主要水处理构筑物和变电站、配水井、送水泵房、氯库等。

（2）排水工程中的道路立交处的雨水泵房、污水处理厂内的主要水处理构筑物和变电站、进水泵房、沼气发电站等。

（3）燃气工程厂站中的贮气罐、变配电室、泵房、贮瓶库、压缩间、超高压至高压调压间等。

（4）热力工程主干线中继泵站内的主厂房、变配电室等。

室外给水、排水和燃气、热力工程中的房屋建筑的抗震设计应按现行的《建筑抗震设计规范》（GB 50011—2001）执行；水工构筑物应按现行的《水工建筑物抗震设计规范》（DL 5073—2000）执行；其他构筑物的抗震设计，应按现行的《构筑物抗震设计规范》（GB 50191—1993）执行。

### 七、避震疏散场所规划

从城市规划角度，学校操场、公园、广场、绿地等均可作为临时避震场所。除满足其自身基本功能的需要和有关法律规范要求外，在抗震防灾减灾方面，这些设施布局与选址方面、用地指标方面、道路布局方面有许多规定与要求。

## 第五节 城市人防与地下空间规划

### 一、城市人防工程内容

#### （一）各类城市人防标准

根据城市的战略与经济地位、规模等因素，我国的城市一般分为战时坚守城市、一类设防城市与二类设防城市等几类。各类城市防空标准的差异在于战时敌方可能的投弹量（核弹）的不同，其中战时坚守城市是指城市具有非常重要的战略与政治经济地位，在战时为敌方攻击的首选目标，并且可能的投弹量最大，其防空标准最高，相应的防空设施的总体规模最大，防护等级也最高；一类设防城市的战略、政治、经济地位相对重要，在战时同样为敌方攻击的首选目标，但可能的投弹量次于战时坚守城市，这类城市大多为省会城市或大城市；二类设防城市的可能投弹量较少，相应的防护标准也最低。

#### （二）城市人防体系构成与规定

城市防空设施是城市基础设施中城市防灾系统的重要组成部分，其主要功能在于战时保存力量，维持城市战时功能的运转；战后迅速恢复城市功能，并将战争的损失减小到最低程度。根据现代战争的特点以及城市的防护目标，城市中的防空设施可以分为以下几类。

1. 城市防空指挥系统

城市防空指挥系统是城市防空系统的核心机构，在城市防空系统中防护等级最高，一般由防空警报系统和指挥所构成。城市中的防空警报系统由指挥机构统一布置，并以同时开启时音响效果能够覆盖整个城市的防护区域为原则。

指挥所按等级分为市级指挥所、区级指挥所及街道指挥所，可按行政区划规划布置。其中规模与防护等级以市级指挥所最高，区级指挥所次之，街道指挥所最低。

一般市级指挥所的面积按 $8m^2/$人规划建设，指挥人员为 250 人左右；区级指挥所按 $9m^2/$人规划建设，指挥人员为 100 左右，各行政区设置一个；街道级指挥所按 $10m^2/$人规划建设，指挥人员为 50 人左右，各街道及重要城镇规划配置。

各类指挥所除配备有与其服务范围相适应的通信系统外，还应按规模配备一定数量的机动车辆，为了便于战时核污染情况下的隔绝指挥，各级指挥所均应按规模配备储存相应的生活必需品，如国外高等级的指挥所在与外界隔绝的情况下，其物资储备可以供 15～30d 使用，低等级的也不少于 7d。

## 2. 专业队工程

专业队主要负责城市战时的救援与抢险，包括社会治安维持专业队、工程抢险专业队、化学救援与抢险专业队、医疗救护专业队、交通运输专业队、机械修理专业队等。按级别分为市级指挥所直属各专业队、城市防护区域中的各行政区区级指挥所直属各专业队。专业队工程的规模，除能满足专业人员的掩蔽需求外，还应有足够的面积存储各种专业器材。工程的规模，按战时扩编和承担的任务，以及服务的有效范围配置，对于医疗救护工程应分为救护站、急救医院、中心医院三级，并结合城市医疗体系的建设统一规划建设，其规模可参考表 8-8。

城市救护设施设置                                表 8-8

| 项目 | 救护站 | 急救医院 | 中心医院 |
| --- | --- | --- | --- |
| 建筑面积（$m^2$） | 200~400 | 800~1000 | 1500~2000 |
| 每昼夜通过伤员数量（人次） | 200~400 | 600~1000 | 400~600 |
| 病床数（张） | 5~10 | 50~100 | 100~200 |
| 手术台数（人） | 1~2 | 3~4 | 4~6 |
| 救护人员（人） | 20~30 | 30~50 | 80~100 |
| 伤员周转周期（d） | 1 | 7 | 14 |

## 3. 生活保障系统

生活保障包括食品库、粮油库、水库、能源库以及危险品仓库等，一般统一规划、统一建设。其规模可按战时人均消耗粮食 0.5kg/（d·人），以及留城人口的总数和预计坚守天数进行计算和配置。

## 4. 人员掩蔽所

人员掩蔽所在城市的防空体系中总体规模最大，是各国城市防空体系建设和完善的重点。

防空规划中人员掩蔽所的服务人口，为战时城市的留城人口减去各专业队人数、仓储设施管理人员以及指挥所内的指挥员等的人数。

我国一般按人均掩蔽面积 1.56$m^2$/人进行人员掩蔽所的规划建设，同时由服务人口和人均单位掩蔽面积，即可计算出城市防空体系中的人员掩蔽所的总规模。

## 二、城市人防工程布局要求

### （一）防空指挥设施布局

在城市的防护区域内，防空指挥设施按行政级别分为市级、区级及街道指挥所，在功能上防空指挥所应与城市的防灾救灾指挥中心相结合，在形态布局上，各级指挥所首先应规划建设在其所属的防护区域内。同时如果防护区域内有山体，则可以布置在山体内，以利用岩石的自然防护层提高工程的防护等级和隐蔽性，并降低工程造价。

## （二）人员掩蔽设施布局

人员掩蔽设施在城市的防空体系中，总体规模最大，其布局通常有以下四种配置模型：

（1）与城市平时人口密度成正比配置模型。
（2）与留城人口密度成正比配置模型。
（3）均匀配置模型。
（4）相对分散—集中配置模型。

## （三）生活保障布局

城市防空体系中的生活保障包括食品库、粮油库、水库、能源库以及危险品仓库等，各种设施的规模应能满足战时留城人口预计坚守天数的消耗需求。在规划布局上，为提高城市平时的安全度，危险品仓库的建设应与城市的城区保持一定的安全距离。由于食品库、粮油库、水库等设施功能比较单一，按照平战功能相结合的规划原则，这些设施以城市平时建设和发展的需求为主来规划布局、进行建设，能够取得较好的经济与社会效益。

## （四）救护设施布局

战时城市的防空救护设施可以分为救护站、地下医院、地下中心医院、医疗抢险专业队等，分别负责救护不同伤情伤员的抢救与运输。由于医疗器械使用与维护的特殊性，通常防空救护设施大多结合各级地面医院来规划布局、建设（如利用医院医疗大楼的地下室等），使之既能作为医院的组成部分在平时得到利用，又可以在战时及时顺利地投入使用。

## （五）生命线系统设施布局（交通、给水、供电、通信、燃气等）

为维护城市战时功能的运转，城市的生命线系统设施应有必要的防护能力，至少在遭到空袭后能够迅速修复并很快恢复供应能力。为此，城市的防空体系中，应包含城市的生命线系统，一般除保证各种供给管线（如给水、供电、通信、燃气等）有必要的防护能力外，对于各种供给源（如水源、发电站、通信枢纽等）也要有在战时能正常运转的独立的供应系统，这些设施的规模应以城市的防空需求为基础，其规划布局通常结合城市建设与城市发展的需要统一规划、统一建设。理论研究和国内外城市建设的实践都证明，共同作为一种现代化、集约化的管线建设方式，不但在平时可以减少道路的开挖，提高城市的交通效率，而且在战时可以提高城市的抗空袭能力，同时对于地震等其他灾害的防御也有非常有效的防护能力。

战时城市的交通运输由人防疏散干道和人防干道来承担。人防疏散干道主要承担战前城市人口的疏散和战时各种专业队的抢险救援，规划布局通常与城市的主干道相结合，被确定为战时人防疏散干道的城市主干道，其沿街建筑物的高度不应超过 $L/2$（$L$ 为路幅，单位 m）；人防干道连接城市中各主要的人员掩蔽设施以及城市其他的防空设施，是城市防空有机体系中的主动脉，为使其在城市平时的建设与发展过程中发挥巨大的作用，一般与城市的快速轨道交通线结合建设。

### 三、城市地下空间开发利用

(一) 城市地下设施种类

城市基础设施大多利用地下空间来建设，并且基础设施的建设促进了城市地下空间开发利用水平的不断提高，以及城市地下设施种类的不断扩大，根据功能城市中的地下设施分为以下几类。

1. 城市地下交通设施

国内外城市建设的实践证明，伴随城市化水平的不断提高和城市规模的日益扩大，开发利用地下空间，建设城市地下交通设施是完善城市交通功能、解决城市交通问题最为有效的途径之一。城市地下交通设施主要包括城市地下快速轨道交通系统、地下停车设施、人行地下过街道、车行地下立交、机动车隧道等设施。

2. 地下市政设施

城市中的地下市政设施包括各种供给与排放管线、地下电力、信息管线、雨水（污水）泵站、地下污水（垃圾）处理设施、地下变电站、地下水库、地下油库、抽水蓄能电站等，这些设施既是城市基础设施的重要组成部分，又是城市地下空间开发利用的主要内容，一般占据城市地下空间的最浅层。在建设可持续发展城市的过程中，各种市政设施地下化的比例越来越高，并且越来越多地采用共同沟这种现代化、集约化的方式来统一建设各种市政管线。

3. 地下公共服务设施

地下公共服务设施是为城市居民提供公共服务，满足基本需求的设施。包括地下商业、娱乐、休闲等。其中，地下商业设施是对城市商业设施的完善和补充，随着城市规模的扩大和集约化程度的提高，地下商业设施的规模也将不断扩大。一般地下商业设施的规划和建设结合地铁车站、人行地下过街道等易吸引人流的设施建设，较易取得良好的经济效益。

4. 城市防空设施

除指挥所等战时功能比较特殊的防空设施外，城市中的其他防空设施必须按平战功能相结合的原则规划建设，其平时功能既可以是城市地下交通设施、地下市政设施、地下商业设施、地下医院，也可以是建筑物地下室等。

5. 其他设施

城市发展的需求和科学技术水平的提高，使地下图书馆、地下展览馆、地下教室等地下空间开发利用的新功能类型不断出现，但这些设施的规划与建设必须以一定的经济发展水平和科学技术发展水平为基础。

(二) 城市地下空间与人防的"平战结合"

地下空间是一种宝贵的城市空间资源，发达国家城市建设的经验表明，通过地下空间的开发利用，可以解决城市发展过程中的诸多问题和不平衡，是城市可持续发展中的重要领域，如可以缓解城市的交通压力、增加城市的绿地面积等，同时地下空间的开发利用对于城市防灾具有尤为重要的作用。如每一延米长的城市地铁，约可提供 200～250$m^3$ 的地下空间，若按每人 7.7$m^3$ 计，则可供 26～33 人作防灾空间之用；共同沟作为一种现代化的城市基础设施，平时既可以减少道路的反复开挖，美化城市景观，战时或地震发生时，则可以提高城市生命线系统的抗灾能力，灾后迅速恢复城市功能，减轻灾害的损失。近年来，日本等国家，为了抵御城市洪水的袭击，规划建设了城市中的地下河川系统，以在城市暴雨时临时蓄积城市雨水，避免了因雨水管容量不足而引起城市洪水，在城市发展过程中已发挥了非常显著的作用。

1. 防空设施与地下公共设施的相互关系

平战功能相结合是我国人民防空工程及城市地下空间开发利用规划与建设的重要指导思想。一般而言，对于大多数地下公共设施的规划与建设均应考虑平战功能的相结合，即这些设施在平时是城市公共空间的有机组成部分，在战时可以作为防空设施直接投入使用，为了方便平时的使用，通常采用临战转换的措施，在战前将一些影响平时使用的防护器械如防护门、密闭门等设施加以安装，并对不利防护的构筑物，如天窗等加以封堵，以达到防护的要求。

地下公共设施在经过改造后可以作为防空工程体系的有机组成部分，在战时加以利用。

2. 防空设施的利用范围和使用程度

我国的人民防空工程建设，从过去的自我封闭到逐步开放，并且渐渐走上了平战功能相结合的有序轨道，实践证明，城市中的防空设施只有坚持平战功能相结合，才具有持续发展的生命力。

作为城市基础设施有机系统中最为特殊的组成部分，城市防空体系的平战功能相结合也受到一定的限制。一般而言，除指挥所等少数极为特殊的功能设施外，绝大多数的防空设施在平时都可以作为城市基础设施或者城市其他设施加以利用，如近年来在我国建设完成的平时为地下商业街、战时为人员掩蔽所或者物资库，平时为地下车库、战时为专业队工程或者人员掩蔽所、物资库，平时为用于调峰、备用的地下水库、战时为生命线保障设施等一大批平战功能相结合的防空设施。这些设施在城市的建设与发展过程中都发挥了巨大的作用，取得了良好的社会、环境、经济及战备效益，同时平战功能相结合的良性循环也极大地促进了城市防空工程的建设以及城市防空体系的发展和完善。对于防空指挥所，也逐步从过去的只服务于战时，转移到了平战功能的相结合，但由于其使用功能的特殊性，平时功能局限于与城市的防灾救灾指挥中心的相结合，利用其完善的设备和器材用于城市平时的防灾救灾和应急抢险指挥，拓宽了城市防空设施平战功能相结合的领域和思路。

3. 防空设施与地下工程设施的接口

防空工程在战时不但要具备抵挡核武器冲击波的能力，而且要具备抵挡化学、生物武器袭击的能力，为此在防空工程的口部必须安装防护门、防护密闭门、密闭门等防护设施，在工程内也要设置滤毒通风设备，这些设备在平时几乎不使用，并且也将在一定程度上影响平时的使用和功能的发挥，对此可采取平战功能转换的技术措施，即对临战前安装需要较长时间的设备在平时就安装到位，而对一些安装时间短、不利平时使用的设备，可采取设备到位但不安装和埋设预埋件的方法来进行临战转换。

在城市地下空间开发利用的过程中，为增加地下工程平时使用的舒适性和便利性，可以采取开采光窗、设置下沉式广场等措施，而这些设施不利于战时防护。因此，对于一些为方便平时使用而不利战时防空的构筑物（如天窗、采光窗等），临战前必须有相应的平战转换措施。

## 第六节　城市生命线系统综合防灾措施

### 一、城市生命线系统的概念

城市生命线系统包括维持城市生存功能系统和对国计民生有重大影响的基础设施：

(1) 交通工程，如铁路、公路、港口、机场；

(2) 通信工程，如广播、电视、电信、邮政；

(3) 供电工程，如变电站、电力枢纽、电厂；

(4) 供水工程，如水源库、自来水厂、供水管网；

(5) 供气和供油工程，如天然气和煤气管网、储气罐、煤气厂、输油管道；

(6) 卫生工程，如污水处理系统、排水管道、环卫设施、医疗救护系统；

(7) 消防工程等。

这些生命线工程必须具备足够的抗震能力、灵活的反应能力和快速的恢复能力，它们均有自身的规划布局原则，但由于它们与城市防灾关系密切，应特别强调其防灾要求，使之具有比普通建、构筑物要高的防灾能力。

在以上各章节中，我们已经提到过许多工程管线设施的布局要求、防护要求。对于城市生命线系统，一般都应具有较普通建、构筑物高的防灾能力。

### 二、提高生命线系统防灾性能的措施

#### （一）设施的高标准设防

一般情况下，城市生命线系统都采用较高的标准进行设防，比如：广播电视和邮电通信建筑一般为甲类或乙类抗震设防建筑，交通运输建筑、能源建筑为乙类建筑；高速公路和一级公路路基按百年一遇洪水设防，城市重要的市话局和电信枢纽的防洪标准为百年一遇，大型火电厂的设防标准为百年一遇或超百年一遇。

由上可知，各项规范中关于城市生命线系统的设防标准普遍高于一般建筑。城市规划设计也要充分考虑这些设施较高的设防要求，将其布局在较为安全的地带。

## （二）设施的地下化

城市生命线系统的地下化被证明是一种行之有效的防灾手段。城市生命线系统地下化之后，可以不受地面火灾和强风的影响，减少灾时受损程度，减轻地震的作用，并为城市提供部分避灾空间。但是，城市地下生命线系统也有其自身的防灾要求，比较棘手的有防洪、防火问题；另外，由于地下敷设管网与建设设施的成本较高，一些城市在短期内难以做到完全地下化。

## （三）设施节点的防灾处理

城市生命线系统的一些节点，如交通线的桥梁、隧道、管线的接口，都必须进行重点防灾处理。高速公路和一级公路的特大型桥梁的防洪标准应达到300年一遇；震区预应力混凝土给水排水管道应采用柔性接口；燃气、供热设施的管道出、入口均应设置阀门，以便在灾情发生时及时切断气源和热源；各种控制室和主要信号室的防灾标准又要比一般设施高。

## （四）提高设施的备用率

要保证城市生命线系统在设施部分损毁时仍保持一定的服务能力，就必须保证有充足的备用设施在灾害发生后投入系统运作，以维持城市最低需求。这种设施的备用率应高于非生命线系统的故障备用率，具体备用水平应根据系统情况、城市灾情预测和经济水平来决定。

## （五）城市医疗系统防灾

城市急救中心、救护中心、血库、防疫站和各类医院是城市综合救护系统的重要组成部分，具有灾时急救、灾后防疫等重要功能。城市规划必须合理布置这些救护设施，要避免将这些设施布置在地质不稳定地区、洪水淹没区、易燃易爆设施与化学工业及危险品仓储区附近，以保证救护设施的合理分布与最佳服务范围及其自身安全；同时，还要加强对这些设施平时的救护能力和自身防灾能力的监测，尤其要维护与加强这些设施在灾时的急救能力，并从人员、设备、体制上给予保证。

## （六）城市综合防灾管理信息系统

城市综合防灾管理信息系统是一个空间信息和非空间信息相结合的集成系统。它应具备数据采集处理、模拟仿真、动态预测、规划管理、决策支持、模式识别、图像处理和图形输出等功能。其设计目标是为了最大限度地防灾减灾。其典型的系统组成是数据库和管理系统、模型库及其管理系统、制图方法库、数理模型库、城市灾害地理编码体系、市民避难系统。

## 第七节 城市防灾发展概况与动态

### 一、我国城市防灾发展概况

#### （一）消防发展概况

20世纪以来，我国针对国内高层建筑的发展状况，确定了以"高层建筑的火灾预防与控制技术"为"八五"期间消防科技的重点主攻方向。并针对地下建筑和大空间建筑的火灾预防与扑救技术,开展了多层次、多学科交叉的联合攻关研究,在探索地下建筑与大空间建筑的火灾规律、开发高新技术的火灾探测报警、自动灭火、防排烟设备和消防部队灭火救援装备等方面,取得了一批重要科研成果。

同时,我国的消防工程技术产品生产行业发展良好,消防产品的性能和质量不断提高。基本上改变了过去我国消防产品主要依靠进口的落后局面。

消防工程技术与产品的标准化方面,目前已制定各类消防国家标准和行业标准200多项;消防工程技术规范的体系越来越完善,建立了一套比较完整的消防产品质量监督管理制度。

总之,我国消防科技已逐步形成了基础研究、应用研究和开发研究相配合的多层次的综合研究体系,各项科研与技术工作正朝着一个新的高度和新的目标迈进。

(二) 防洪发展概况

近50年来,我国为防御洪水灾害,保障社会经济发展付出了巨大的努力:修筑堤防20余万公里,建成水库8万余座,沿江河两岸设置了近百处蓄滞洪区,特别是1998年以来国家投入了大量资金用于防洪工程建设,江河防洪能力显著提高,目前大江大河已初步建成了可防御常遇洪水的防洪工程体系。

但我国现状防洪能力仍然较低,一是大江大河的防洪标准低,防洪保护区普遍为20~50年一遇的标准,除几座大城市外,许多中小城市的防洪标准只有10年一遇,堤、坝等防洪工程的病险隐患较多,防洪抢险的压力较大。二是我国在防洪管理方面对非工程防洪措施的应用还不够系统和成熟,相应的法律规范不健全。三是我国洪涝灾害所造成的经济损失相对较大,近10年来年平均损失占全国GDP的2.2%左右。这些情况有待改善。

(三) 抗震发展概况

地震是一种常见的自然灾害,我国地处世界两大地震带之间,是一个多地震的国家。2006年我国境内共发生5级以上地震34次(我国大陆地区发生14次,海域和台湾地区发生20次),7级以上地震1次,6~7级地震4次,5~6级地震29次,最大地震为2006年12月26日发生在南海海域的7.2级地震。大陆地区最大地震为5.6级,共发生3次,分别为4月14日青海治多与西藏班戈间5.6级、4月20日西藏班戈5.6级和7月19日青海玉树5.6级地震。目前我国的建筑物设计原则是"小震不坏,中震可修,大震不倒"。地震烈度在6度以上(含6度)的城镇都要求编制抗震防灾规划。

(四) 城市地下空间开发利用概况

我国的城市地下空间利用,开始于20世纪60年代的人民防空工程建设,经过几十年的努力,已取得显著成效,对城市居民的安全起到重要的保障作用。在平战结合方针的指导下,大量人防工程发挥着战备、社会和经济的综合效益,成为城市地下空间利用的重要组成部分。但是从总体上看,由于功能相对单一、数量相对较少,人防工程建设只能看做是城市地下空间开发利用的初级阶段。

20世纪80年代中期以来，在我国的一些大城市修建了地下铁道，一些城市建设了规模超过10000m²的大型地下综合体，地下空间开发规模扩大，开发速度加快，开始从孤立的单体建设转变为城市建设和改造的组成部分，城市交通的改造成为地下空间开发利用的主要动因，地下空间内部环境和安全的标准有所提高，地下空间利用的综合形象有所改善，这些情况都表明，我国的城市地下空间利用已开始成为城市建设和改造的有机组成部分，进入了适度发展的新阶段。

## 二、国外防灾研究动态

### （一）日本防灾概况

#### 1. 防灾经费预算

日本自战后，由于社会经济状况急速变迁，而有导致灾害更容易发生及灾情更加扩大的趋势，故日本政府对于防灾工作一向极为重视，1961年完成灾害对策基本法，次年成立中央防灾会议，负责国家级防灾基本计划之订定及相关重要事项之审议，并以国土厅防灾局为其幕僚单位，承办执行与协调等业务。各级地方政府亦皆成立防灾会议及专责机构，办理防灾业务，各依其所在处之天然及人文特性研拟防灾计划。防灾计划之拟定须对于地文、地质、水文等天然环境特性暨人口、建筑物、维生线、防洪设施等人为环境之性质及分布等数据予以建文件。再依当地可能产生的灾害，给予不同境况之灾害模拟，评估可能受灾地点及其受灾的程度，进而据以研拟避难及救灾之计划及土地利用规划。由于这样的做法，日本对于防灾科技研究之推动、灾害预防措施之加强、国土保安之促进、灾害紧急应变对策之拟定、灾后重建之加速等都有显著的成效。为配合这些工作，日本中央政府各部会都宽列防灾方面的经费。每年花费于防灾方面之经费约在3兆~4兆日元之间。

#### 2. 防灾科技研究经费

日本政府每年花费于防灾科技研究上之金额达378亿~479亿日元之间，约合新台币95亿~120亿元。在中央政府各部会当中，科学技术厅经费最多，约占70%，其次则是文部省、建设省、劳动省及气象厅等。以人文及地理条件作比较，我国防灾科技研究经费应与日本的十分之一金额相当。但此数远高于目前我国在防灾科技研究上所投入之经费。由此可见，我国在这方面亟待加强。

#### 3. 防灾科技研究事项

日本中央政府各部会所进行之防灾科技研究课题，涵盖震灾、风灾、水灾、火山灾害、雪灾、火灾、危险物品灾害等之防治，另外也包括基础性的地震相关之调查研究、火山爆发预测研究、各种灾害发生机制及防灾对策研究、结构物安全性研究等。以下进一步列出各个研究要项。

一般灾害共通事项研究：包括港湾、海岸、铁路、机场、船舶、砂防、农作物、森林灾害等之防治技术、地球观测调查技术、通信技术、消防技术之开发等。

震灾对策研究：包括地震相关调查研究、海底、地震监测技术、地震潜势评估、地震观测设施、地壳变动数据库、桥梁耐震设计施工、都市防震策略、维生线防震、交通设施防震、防震据点安全性等。

风水灾害对策研究、火山灾害对策研究、雪害对策研究、火灾对策研究和危险物灾害对策研究。

其他灾害对策研究，包括地球温室效应、气候变迁、热带森林变迁、坡地灾害、渔船灾害、地盘下陷、核灾变等。

以上所列各项研究，除由政府各部会推动外，公设财团法人亦普遍为其掌管业务范围内之防灾相关事项编列预算进行科技研究。这些都是非常值得我国推动跨部会防灾科技研究效法的地方。

（二）美国防灾概况

1. 防灾策略

在美国，天然灾害防治的工作也一直深受各界重视，因此政府各部门先后订定许多方案及措施，如洪水保险、灾害应变、地震灾害防治、飓风防治等国家级计划，期以减少天然灾害带来的冲击。

在1989～1994年期间，美国发生了一连串的天然灾害，其中影响范围较大、冲击程度较深而由美国总统宣布为重大灾难者计有281件，联邦政府共花费300多亿美元救助受灾者及重建灾区。因此，美国联邦政府乃重新检讨其防灾策略，认为在观念上应有以下的改变：①事前的预防重于灾害应变；②建立灾后迅速复原的能力应受重视；③减灾工作应从整体角度进行，不可单一逐件处理；④灾害预警报系统必须提供足够的时间才能发挥抗灾能力。

今后美国的天然灾害防治工作，除了各部门本身特有的个别任务外，均将在《国家防灾策略》及《国家天气服务系统现代化计划》架构上进行，其主要项目包括：①发展危险度评估计划，并定期公布灾情及其趋势；②发展整合性的减灾信息网，实时提供所需的灾害相关信息；③加强推动大型国家级防灾科技计划，如地震灾害防治、太空天气、天气研究等计划。另外，为配合防灾工作技术水准的提升，美国政府亦提出"国家级天然灾害防治研究纲领"，作为联邦政府推动防灾科技研究之依据。

2. 目标与重点

美国是一个幅员广大，人口、地理及气象条件有大区域性变化的国家，其防灾业务分别由联邦政府、各州政府、各地方政府、各地营利及非营利的民间机构和团体，以至国民个人等负责与参与，其中联邦紧急事务管理总署（FEMA）担负领导和协调全国性防灾事务的职责。最近几年FEMA为了更有效地发挥防灾减灾功能而订定目标与重点，有颇多值得我国参考借鉴之处，特予简介如下。

1）目标

美国防灾策略有两项明确目标：

大幅度提高民众对自然灾害风险的意识，从而提升民众对营造更安全的生活与工作社区的诉求。

大量减少因天然灾害所造成的人员伤亡、经济损失以及对自然和文化资源的破坏。

上述两项目标含有两点新颖之处，其一为由政府主动提高民众的防灾意识，从而激起防灾和减灾的诉求；其二是将防灾的目标由传统的减少人员伤亡及财产损失扩大到减轻经济损失（包括直接的和间接的），乃至于减少对自然及文化资源的破坏。后者其实是把防灾工作视为国家永续发展的一环。

2）重点

为达到上述目标，美国防灾策略锁定以下五个重点：

（1）天然灾害潜势辨认与风险评估：对威胁全国各个社区的天然灾害进行全面性的灾害潜势辨认与风险评估，作为防灾和减灾工作的基本依据。

（2）应用研究与科技转移：鼓励应用研究以发展最新防灾科技，并促进将这些科技转移到各级政府、民间各界及国民个人等使用者手上。

（3）大众防灾意识、训练与教育：创造具有广泛基础的大众对天然灾害风险的认识与了解，从而导致大众对防灾行动的支持。同时制作防灾训练和教育课程，以支持学校和社区之防灾行动。

（4）诱因分析和资源导向：提供能够促进防灾活动的有利诱因，同时把资源投向政府及民间各界以支持各项防灾工作。

（5）领导和协调：负起领导及协调角色，以整合联邦各部会的防灾政策和行政措施，各级政府之间，以及政府与民间机构之间的防灾活动。

3. 研究纲领

天然灾害防治研究纲领系由美国国家科学技术委员会天然灾害防治小组所拟订，这份文件所揭示的目标为：探索开发为建立具有消减天然灾害冲击而能永续发展的社会所必备之灾害相关知识、防灾技术能力及社会基础结构，其所关注者不仅是在减少个别灾害事件所引起的生命财产损失，更重要的是如何让受到冲击的社区能够迅速地恢复其活力，并仍可拥有合适的生活及工作环境。因此，所推动的研究发展工作重点如下：

（1）灾害基本性质：气象及天气与灾害之间的因果关系，地壳压力的累积及释出与地震的相关性，岩浆中气体的逸出与火山爆发的时间及其威力等之相关性，生态系统变迁与天然灾害的基本关系，太阳扰动对地球及其环境的影响，暨太阳扰动对通信、飞航、交通运输、电力系统之影响。

（2）灾害对人类及社会的冲击：天然灾害与人类行为、健康及相互沟通之关系，个人及群体对灾害可能产生的反应，可激励安全防灾行为的措施，生活环境系统的灾后复原能力，可减少灾害对农林牧业产生冲击的经营管理技术，精准的灾害损失经济分析、灾害防治损益评估、土地管理、生物控制之方法，政府机关、私人企业及民间组织在防灾体系中的角色定位、制度上的有利环境及限制条件。

（3）数据管理的改善：便于获取灾害实况、预警报及灾害防治信息之立即传输系统，易于运用灾害防治信息的专家系统。

(4) 灾害危险度评估能力的提升：提高可供评估灾害事件造成的损失及对社会、经济、环境、政治等可能产生冲击的能力，发展灾害防治政策方案的评选工具，发展可供危险度量化评估及灾害模拟的地域性灾害基本数据库。

综上所述，美国天然灾害防治工作基本理念为：

(1) 软件重于硬件——健全的防灾警觉及充分的防灾意识，胜于防灾硬件设施。

(2) 平时重于灾时——平时有充分准备，使具抗灾韧性，并能在灾后迅速恢复，免得临时忙乱失效。

(3) 地方重于中央——灾害来临时，地方首当其冲，地方政府必须确实执行防灾措施，才能发挥最大成效。这些基本理念很值得我国参考。

### 三、国内防灾研究动态

#### （一）我国城市综合防灾管理评价体系研究

长期以来，我国城市防灾管理受到行政管理的局限，逐步形成目前这种以单项灾害管理为主要形式的格局，而城市综合防灾管理体系尚未建立起来。这种缺乏整体性和系统性的防灾管理体制，使我国有关城市防灾体系的研究也偏重于单项防灾评价研究。这些研究涉及城市的洪水、地质、气象等多项灾害，虽然对相应灾种的防灾工作具有一定的指导意义，但其中的大部分研究仅停留在对特定城市的某些单项事实的个别描述上，缺乏量化分析的基础。此外，这些研究，也由于过多地注重单项灾害自身，而缺乏系统性、综合性，极少考虑其与城市经济社会环境及整体防灾减灾系统的相互影响、相互反馈的关系，因此很难反映城市防灾管理的全貌。

20世纪80年代末期，我国减轻城市灾害系统工程的研究工作逐步展开，一些综合性的防灾评价研究应运而生。但是，这些研究多数都是以灾害损失评估为主要的研究对象。至于综合考虑防灾措施、手段等管理因素的评价研究，目前还不多见。

目前已有学者对城市综合防灾管理评价体系进行深入的研究，以城市防灾管理为评价对象，它是在对相关指标集进行定量分析的基础上，根据一定的评价模型，对城市防灾管理体系进行的综合评价。

#### （二）消防科学研究发展

作为一门新兴的学科，消防工程的研究领域正在不断拓展，研究成果不断增加。

(1) "消防安全工程学"的研究将不断深入，并推动建筑防火设计观念的更新。

(2) 计算机火灾模化技术的开发与应用将得到飞速发展，为人们认识火灾规律提供新的方法，为建筑防火设计、消防安全评估和火灾调查等工作提供新的科学手段。

(3) 火灾自动探测报警技术和自动灭火技术领域将更加注重基础理论和工程应用的研究，并将随着相关科技领域的发展而开发出更多新产品。

(4) 新型灭火剂和阻燃剂的开发与应用将取得突破。随着破坏臭氧层的哈龙灭火剂逐渐被淘汰，国外兴起了哈龙替代灭火剂的研究开发热潮，投入大量人力物力开发新型气体灭火剂以替代哈龙。

（5）消防队伍装备更加专业化、系列化和智能化。目前，各国消防部门所面临的共同难题为：各种复杂的火灾和特种灾害条件下的救援行动、特大恶性火灾的扑救、化学灾害事故的处置、恐怖破坏活动现场的救援与处置等。为了满足消防队伍的需要，各国消防装备的研究开发机构和厂家正在努力开发专业化的各种灭火救援和特种灾害处置装备，并使之系列化。同时，随着自动控制和人工智能技术的发展，消防装备的智能化程度也越来越高。各种智能化的灭火救援装备和消防机器人将成为21世纪消防装备的主流之一。

（6）消防管理技术走向信息化和网络化。计算机信息和网络技术在消防管理工作中的应用领域十分广阔，包括防火监督管理、通信调度指挥、消防训练与培训、灭火救援辅助决策、火灾统计、消防安全知识普及教育、消防队伍的后勤管理、人事管理以及日常办公自动化等。消防管理技术的信息化和网络化已成为各国消防部门所共同关注的热点，国际互联网上的消防资源迅速增加。信息化和网络化的管理模式与资源共享是消防管理技术的必然发展趋势。

（三）水利行业防灾减灾决策支持系统平台建设

我国水利信息化工作"七五"期间起步，"九五"期间启动金水工程，取得的成绩主要有：全国水利系统初步实现了从水情雨情信息的采集、传输、接收、处理、监视到联机洪水预报；在全国范围内开始建设"国家水文数据库"并取得了部分成果；水利部门办公自动化的水平也在逐步提高，开始实行远程文件传输、公文管理和档案联机管理；一些水利部门建立了网站并进入了互联网络；建成了联结全国流域机构和各省（市、区）的水情计算机广域网，并相继进行了一些流域和地方的防洪减灾、水资源管理的决策支持系统的研究开发工作。但数字化、网络化技术应用不够，开发应用水平较差，低水平重复开发和重复建设问题仍很突出，条块分割现象依然存在。

目前，欧盟几国和美国正在联合开发的集成的河流洪水管理空间决策支持系统（AN-FAS）集数据库、数学模型、GIS和遥感等技术，结构包括空间数据库管理、模拟模型、灾情评估、决策规划以及系统用户界面等模块，试图建成一个空间分布式的长期洪水风险管理决策支持系统。尽管国外在水资源管理方面有了一些建模软件，如DHI的MIKE系列软件，但尚无一个商用的水利防灾减灾决策支持系统平台软件。

随着科技的发展，水利行业的防灾减灾决策支持系统应逐步建设成为：一是以水资源的实时监测为基础。监测的内容既包括水量和水质等水资源信息，也包括水资源配置有关的用水信息。二是以地理信息系统（GIS）为框架。该系统除了采集水资源信息外，还广泛采集流域或地区内的气象、墒情等自然信息，水利工程等基础设施信息，经济与社会发展的基本信息以及需水部门的需水信息，既包括标量性的信息数据，也包括矢量性的信息数据，同时还需要进行图形叠加等复杂数据的处理。三是以数学模型和决策系统为支撑。数学模型和决策调度系统是水资源实时监控系统的指挥中枢。四是以高新技术为手段。水资源实时监控系统的运行包括监测采集数据、处理数据、决策反馈、自动控制等环节。对高新技术的应用体现在每个环节上。有关的高新技术包括监测技术、通信、网络、数字化、遥感、地理信息系统（GIS）、全球定位系统（GPS）、计算机辅助决策支持系统、人工智能、远程控制等先进技术。

水利防灾减灾决策支持系统平台能进行大面积监测，实现灾害信息的接收、处理、分析和发布全过程的自动化，赢得防灾减灾的时间，使防灾减灾上的投入与灾害造成的损失总和最小，使灾害造成的直接经济损失和人员伤亡降到最低的限度。

目前，水利部正在加强和国内外的信息技术交流和合作，积极引进先进的信息采集技术、网络技术、决策支持技术、3S技术等，发挥各方优势，高起点地建立若干示范工程，避免目前存在的低水平重复开发，促进水利信息化的跨越式发展。本项目系统就是在这样的宏观背景下，以市场为导向，研制出的既适应当前技术发展趋势又满足水利事业需要的软件系统平台，因此，具有广阔的市场前景。

通过联机检索，即使在发达国家也未发现多个水库的联合防洪调度，更谈不上将气象、水库群、河道和行蓄洪区有机集成的联合防洪调度系统。因此，水利防灾减灾决策支持系统平台独特的性能优势及价格优势使其具有较大的出口可能性。

（四）《全国地质灾害防治规划》编制

为了实现2004~2020年全国地质灾害防治目标，经中国地质环境监测院一年的努力，《全国地质灾害防治规划》（2004~2020年）已完成。2004年4月29日，《规划》通过了国土资源部组织的专家评审。《规划》明确了2004~2020年我国地质灾害防治的总体目标，划分了地质灾害易发区和重点防治区，提出了实施地质灾害防灾减灾工程的内容和保障措施。

《规划》要求，2004~2010年，在完成全国陆地700个县（市）地质灾害调查与区划的基础上，全面完成主要地质灾害易发区、重要经济区、主要城市、国家重大工程建设区的地质灾害调查，并完成我国重要经济区的地质灾害风险区划；地质灾害群测群防监测网络基本覆盖全国，在三峡库区、长江三角洲地区、环渤海地区建成地质灾害专业监测网，在重点防治区实现地质灾害的有效监测预报；建成国家、省（区、市）、市三级地质灾害应急反应系统和全国地质灾害信息系统；完成三峡库区重大地质灾害隐患点的治理和危及城镇公共安全重大地质灾害隐患点的治理；完成全国160万人受地质灾害隐患点威胁的搬迁避让工程。到2010年，全国大部分重点地质灾害防治区初步建成防灾减灾体系，使地质灾害造成的人员伤亡减少20%，因地质灾害造成的经济损失占国民生产总值的比例降低20%。

2011~2020年，开展第三轮全国地质灾害调查，完成覆盖全国的地质灾害风险区划，全面掌握我国陆地和近海地质灾害的分布与危害程度；建立全国相对完善的地质灾害监测网络和地质灾害应急反应系统；完成遭受地质灾害威胁的零散居民点的搬迁避让工程和乡镇以上城镇、居民集中点、铁路和重要交通干线地质灾害隐患点的治理工程；建立相对完善的地质灾害防治法律法规体系和监督管理体系，并使人为引发的地质灾害得到根本控制。到2020年，在全国重点地质灾害防治区建成完整的防灾减灾体系，使地质灾害造成的人员伤亡减少50%，因地质灾害造成的经济损失占国民生产总值的比例降低50%。

《规划》还依据调查划分了地质灾害易发区、地质灾害防治分区和地质灾害重点防治区，规划了2004~2020年地质灾害调查评价、地质灾害监测预警体系、地质灾害防治等16项防灾减灾工程；提出了健全法规制度、建立目标责任制、完善地方防治体系、依靠科技进步、加大经费投入和加强宣传教育等保障措施。

(五) 防灾减灾应急指挥中心的智能化系统建设

随着城市的快速发展，灾害事故影响的全面性和综合性的特点越来越明显，因此城市的防灾减灾工作不仅关系到人民群众的生命财产安全，也关系到改善投资环境，这引起了各级政府的高度重视。将防汛、防火、抗震救灾、核化事故救援、重大交通事故救援的工作综合在一个机构进行应急指挥，能有效地预防重大事故的发生，降低事故造成的损失。于是，如何建设防灾减灾应急指挥中心成为近期智能建筑工程界的一个热点话题。

上海民防大厦是一座以民防指挥、信息、通信和民防办公为主的综合性办公楼。民防大厦智能化系统的总体方案经大量的调研，明确了设计定位和指导思想，其智能化系统的功能需求能满足承担上海市抗灾救灾综合协调指挥的需要、21世纪办公的需要和面向社会、为公众服务的需要。

因此，上海民防大厦的智能化系统的建设除了符合智能化办公楼的基本要求外，更针对防灾减灾应急指挥中心的特殊要求，刻意地进行了大量的研究与探索。

大厦智能化系统以确保防灾减灾应急指挥中心特殊的功能需求为前提，其集成模式成为并行的2层结构：由指挥中心、信息中心的OA系统和CN系统的综合通信平台、民防通信、警报系统等组成综合业务信息管理自动化系统集成（MAS），由与楼宇管理相关的系统如：BA、FA、SA、PA等单独构成一基于物业管理的楼宇管理系统（BMS）集成模式。其中OA 5个子系统与CA 6个子系统由MAS协调管理，BA 5个子系统和物业管理网络由BMS管理。两者的数据库可以根据权限与需要互联。

目前，MAS系统集成相关的10个子系统已全部投入使用，保障了大厦的防灾减灾应急指挥中心专用办公的需要，BMS所属6个子系统已调试开通。

(六) 我国气象防灾减灾研究

我国的防灾减灾研究成果主要有：研究和开发了气象资料变分同化技术体系，大幅度增加了可用的气象信息；进一步提出中国内地强震短期前兆演化特征和一些具有区域特点的强地震短期阶段异常的特征、识别标志和预测方法；实现了海面风场和海浪模式的对接，按业务化的要求实现了风场模式和海浪模式的业务化试运行。

在气象数值预报研究方面取得重要进展，研究和开发了气象资料变分同化技术体系，该项技术能够将卫星、雷达等非常规资料进行同化处理，用于天气和气候模式的研究和业务预报，大幅度增加了可用的气象信息。自主开发了新的天气气候预报模式动力框架，首次在国内进行了静力与非静力平衡开关式置换的中尺度数值模式的设计与试验。研究开发了中尺度天气预报模式中的物理过程参数化方案，修正调整物理参数；包括辐射方案，积云对流参数化方案，云微物理方案，陆面过程和边界层过程方案等；并在中国区域试验各个物理方案。研究开发了天气数值预报前、后处理系统、基本数值预报综合图形图像系统。

强地震短期预测及救灾技术研究也取得新进展，总结了华北、西北、西南、华东南地区的具有区域特点的地震活动和前兆短期异常的演化特征和识别标志，进一步提出了中国内地强震短期前兆演化特征和一些具有区域特点的强地震短期阶段异常的特征、识别标志和预测方法；研究了几种适用于地震短期预测的数字化前兆观测资料的处理技术和分析方法。提出了优化地磁低点位移预测方法，提高了地点预报效能。利用 GIS 技术和各个学科强地震短期预测成果，编制了实用的地震短期预测软件，并进行推广。研制了 6 种新型地震前兆观测传感器和小型化、低功耗的地电场仪、磁通门磁力仪。研制了地震应急评估和指挥决策模型和软件及相关标准与规范，并应用于中国地震应急指挥技术系统；研制完成了球幕面光学探生仪、集成式光学探生仪、声波/振动探生仪和红外热像仪共三种四套地震灾害现场搜索样机。

在海洋环境预报方面，实现了海面风场和海浪模式的对接，按业务化的要求实现了风场模式和海浪模式的业务化试运行。风暴潮数值预报模式研制取得突破，建立了覆盖中国沿海的高分辨率风暴潮数值预报模式，并进行了 2003 年的业务化预报，初步建立了东南沿海风暴潮预报减灾辅助决策示范系统。表层海温数值预报模式和海温初值场同化技术研究已实现渤黄东海表层海温准业务化运行；完成周海冰预报模式研制，实现准业务化海冰数值预报。太平洋数值预测模式和统计预测模式已投入业务运行；基本搭建完成海洋环境预报业务化集成系统架构，部分子系统已投入业务化试运行。验证与完善了赤潮试预报和预报技术，发布赤潮卫星遥感预报 12 次、赤潮统计预报 53 次。

## 第八节 城市防灾规划实例

一、城市总体规划层面的规划实例

该城市位于中原腹地，历史悠久。现状城市人口规模为 15 万人，预测 2005 年达到 20 万人，2020 年达到 30 万人。城市人均建设用地指标 2000 年为 104.3$m^2$，规划 2005 年人均用地为 106$m^2$，用地规模 21.2$km^2$，2020 年为 110$m^2$，建设用地总量控制在 33$km^2$ 左右（图 8-3）。

（一）消防工程规划

1. 城市消防现状和存在问题

该市城区现有一个消防大队，占地面积 4.2 亩，消防车 4 台，为二级消防站。

存在的问题是：

（1）消防站数量不足，不能在规定时间内到达火警点。

（2）消防通信设备陈旧，老城区消防通道狭窄，消防车难以通行。

（3）旧城区建筑密集、耐火等级差，市政消火栓数量严重不足。

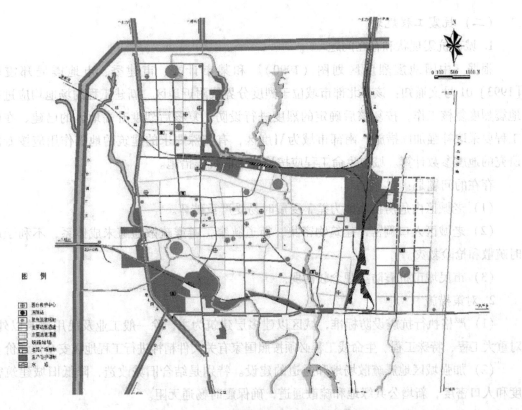

**图 8-3 总体规划层面的防灾工程规划**

（4）现有消防装备数量不足、性能差，只能应付一般火灾，而对现代高层建筑、地下工程、大型商场、宾馆、饭店等公众聚集场所和易燃易爆、有毒、有害火灾，只能望火兴叹。

2. 规划

本着"预防为主、防消结合、远近结合"的方针，以加强城市公共消防基础设施，提高火灾抵御能力为重点，统一规划消防站、消防给水、消防车通道、消防通信网。

（1）结合该市规划发展及用地布局，按消防服务半径 $4\sim7km^2$，整个规划区内规划 5 座标准型消防站。现状消防站为二级消防站，通信设备要更新，并在中心区以北的标准型消防站内设消防调度指挥中心。

（2）城市道路不大于 120m 间距设室外市政消火栓。道路红线宽度大于 60m 的干道应两边设消火栓。

（3）消防供水标准按同一时间火灾两次、一次灭火用水量 45L/s。火灾持续时间 2h 计。

（4）加强消防通道管理：保证消防车辆通行。

（5）完善三级无线通信网络，加强现代消防和警用系统的建设，实现报警、通信、调度指挥自动化。

### (二) 抗震工程规划

#### 1. 城市抗震现状和存在问题

根据《中国地震烈度区划图（1990）》和某市计委、市建委、市地震局郑震联〔1993〕01号文通知：该市北部市域位于烈度分界线附近地区。新建工程的场地均应进行地震烈度复核工作，按复核后确定的烈度进行设防。复核后烈度升高地区的已建、在建工程要采取补强加固措施。南部市域为Ⅵ度区，有特殊要求的建筑的地震作用应按专门研究的地震参数计算。城市生命工程应按Ⅶ度采取抗震措施。

存在的问题是：

（1）老城区内危房抗震能力差，受震时易受严重破坏。

（2）老城区人口稠密，建筑物密集，街道狭窄，避震疏散通道未成体系，不利于震时疏散和抢险救灾。

（3）市民城市抗震防灾观念较薄弱。

#### 2. 对策措施

（1）严格执行抗震设防标准，城区以建多层建筑为主，除一般工业及民用建筑以外，对重大工程、特殊工程、生命线工程必须按照国家有关文件精神进行工程地震安全性评价。

（2）加强城区地震疏散场地和通道的建设。特别是结合旧城改造，降低旧城建筑密度和人口密度，新增公共绿地和疏散通道，确保震时畅通无阻。

（3）加强市民抗震防灾科普知识教育，增强市民抗震防灾意识。

### （三）人防工程规划

#### 1. 规划

根据国家有关规定和《战术技术要求》，人员掩蔽工程按人口 $0.5m^2$／人计算，到2005年，城市人员掩蔽工事面积应为 10 万 $m^2$；到2020年城市人员掩蔽工事面积应为 15 万 $m^2$。

人防指挥通信、医疗救护、物资准备、防空专业队等工程应按《战术技术要求》规划。

#### 2. 综合开发

人防建设与城市建设相结合，既增强城市防空抗毁能力，又解决城市建设与发展过程中遇到的矛盾和困难，使城市功能日趋完善。结合的主要方向是：

（1）建地下停车场；

（2）修建地下过街道；

（3）修建地下街；

（4）结合民用建筑和居民小区建设修建平战两用、附建式防空地下室；

（5）修建平战两用的地下粮库、油库、药品库、冷藏库及地下电站。

## 二、城市详细规划层面的规划实例

某城市新中心区定位为集行政办公、商业金融、文化娱乐、居住于一体的综合功能

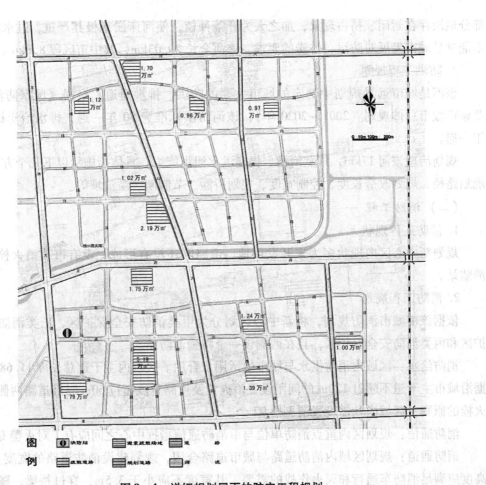

**图8-4 详细规划层面的防灾工程规划**

新区,承担集聚城市政治、经济、文化和社会活动并带动整个市区发展的核心区。规划本区就业人口为7万,居住人口为3.7万。规划区总面积594.55hm² (图8-4)。

(一)防洪工程规划

1. 防洪工程现状

1)规划新中心区内水文及水文地质

区域内地下水分布为浅层和中深层。浅层为中更新统地层上部壤中水,埋藏均在3.2~8.7m以下,50m以内。中深层水为砂层裂隙水,是埋藏在中、下更新统含水砂层裂隙中的承压水,埋深在70~220m之间,单位出水量0.73~5.35t/ (h·m)。

地下水流向自西北向东南,水力坡度小,径流条件差。区域内浅层水主要有降水补给,中深层由西北向东南地下水的基岩水倾泻。

本市地处倾斜平原西沿,位于地下水上游区域,地下水质属重碳酸盐型,矿化度低,化学污染不明显。

2)规划新中心区内河流现状

规划区域内仅有一条河流,位于规划区域中部,贯穿城市东西。市区段河道狭窄,部分地段存在封闭、挤占现象，加之人为开荒种植，使河床淤塞极其严重，过水断面小，不能满足城市发展对防洪、排涝的要求。该河全长 20.03km，其中市区段 8.8km。

2. 防洪工程规划

该河是城市远景规划中确定的城市主要的防洪、排洪通道，根据《国家防洪标准》及该市城市总体规划（2001~2020年），该河防洪标准为 50 年一遇，排水治涝标准为 5 年一遇。

规划治理该河 17km，拓宽河槽，提高洪水泄洪能力。具体措施从以下几个方面着手：规划路径、规划改造长度、控制宽度、规划桥涵、节制闸、溢流坝等。

（二）消防工程

1. 消防工程现状

规划新中心区内现状多为未开发用地，道路网还没有形成，没有市政消火栓和城市消防站。

2. 消防工程规划

依据该市城市消防规划，将新中心区划分为甲类消防安全保护区、乙类消防安全保护区和丙类消防安全保护区，且在西侧设一个特勤消防站。

消防给水：区域内消防供水与城市生活用水合用。区域内主干道总长度 11.68km，根据沿城市主干道不超过 120m 的间距设置消火栓及道路宽度超过 60m 时沿道路两侧设置消火栓的原则，区域内共需设置消火栓 97 个。

消防通信：规划区内重点消防单位与市消防通信指挥中心之间应有 1 对火警专线。

消防通道：规划区域内消防道路与城市道路合用，规划建设消防道路的宽度、位置、高度应满足消防车通行和灭火作战的需要，其宽度不应小于 3.5m，穿过桥梁、隧道、立体交叉等建筑物时，其净高不应小于 4m，高层建筑与大型公共建筑周围应设置环形消防通道。

新建的各种建筑物，应建造一、二级耐火等级的建筑，控制三级建筑，严格限制修建四级建筑。

（三）防震工程

1. 防震工程现状

1）城市地震历史记载情况

现有地震仪器确切记载的地震分别为：1.8 级以上 35 次，2 级 6 次，2~2.4 级 14 次，2.5~2.9 级 11 次，3~3.4 级 4 次。

2）规划新中心区内工程地质情况

从《中国地震动参数区划图》（GB 18306—2001）上看拟建新中心区的地震动峰值加速度为 0.05$g$（即：Ⅵ度区），且位于地震动参数分界线两侧各 8km 以内，并有活动性断裂横穿而过。

3）规划新中心区内现状建筑抗震能力

规划区域内基本以民房和六层以下楼房为主，其中县乡公路培训中心、机械电子工业学校等重点建筑工程是在《中国地震动参数区划图》(GB 18306—2001) 颁布实施以前建成的，基本上没有采取抗震设防措施，给工程留下隐患。

2. 防震工程规划

根据《中华人民共和国防震减灾法》、该市所在省份实施《中华人民共和国防震减灾法》办法、该市所在省份地震安全性评价管理办法和该市人民政府关于将建设工程抗震设防要求和地震安全性评价纳入基本建设管理程序的通知等有关法律、法规及文件规定，规划新中心区内新建、扩建、改建工程必须达到抗震设防要求：位于地震烈度（或地震动参数）分界线各 8km 区域范围的各类交通工程、能源工程、通信工程、生命线工程、特殊工程和高度十层及其以上或建设投资 1000 万元以上的各类建筑工程等不能简单地套用《中国地震动参数区划图》(GB 18306—2001) 中的参数，即不能按 6 度设防，必须按照有关规定进行地震安全性评价，并根据地震安全性评价结果确定的抗震设防标准进行抗震设防；其他一般工业及民用建筑工程按 6 度设防。

进行新中心区内主要抗震疏散通道规划和新中心区内避震疏散场地规划，不仅要满足规划区域内避震要求，还要满足周围部分区域的避震需要。

(四) 人防工程

1. 人防工程现状

规划新中心区内现状建筑多为六层以下，无人防设施。

2. 人防工程规划

依据《中华人民共和国人民防空法》、《中共中央、国务院、中央军委关于加强人民防空工作的决定》（中发【2001】9 号），该市为三类人防重点城市，拟建新中心区内新建的民用建筑（指除工业生产厂房及其配套设施以外的所有非生产性建筑）必须按照以下规定修建防空地下室：

(1) 新建 10 层（含）以上或者基础（含桩基）埋置深度超过 3m（含）以上的民用建筑，按不少于地面首层建筑面积修建 6 级以上防空地下室；

(2) 新建除一款规定和居民住宅以外的其他新建民用建筑，在 2000m² 以上的，按地面总建筑面积的 2% 修建 6 级以上防空地下室；

(3) 新建除一款规定以外的人防重点城市的新建（包括翻新）居民住宅楼，按地面首层建筑面积修建 6B 级防空地下室。

按上述规定新中心区应配套建设 6 级以上防空地下室约 8.64 万 m²、6B 级防空地下室约 35.96 万 m² 的民用建筑，防空地下室应与地面建筑同步规划、同步设计、同步建设。人防疏散道路规划为文明大道、淮河大道、洪河大道、开源大道、乐山大道，其沿街建筑物的高度不应超过 $L/2$（$L$ 为路幅宽度）。

(五) 生命线系统的防灾

城市生命线系统包括交通、能源、通信、给水排水等城市基础设施，是城市的"血液循环系统"和"免疫系统"，与城市防灾关系密切，规划建设时应提高其防灾能力：

(1) 设施都采用较高的标准进行设防，并采用地下化，避免地面火灾和强风的影响，减少战争时的受损程度,减轻地震的作用,并为城市提供部分避火空间。

(2) 设施节点都必须进行重点防灾处理。

(3) 必须保证有充足的备用设施,以保证城市生命线系统在灾区发生设施部分损坏时,仍能保持一定的服务能力,在灾害发生后投入系统运作,以期至少维持城市的最低需求。这种设施备用率应高于平时生命线系统的故障备用率。

### 三、城市防灾系统规划小结

(1) 城市防灾规划应从城市防灾现状出发,充分分析防灾现状所存在的问题;

(2) 结合城市已有各层面的规划对该规划区的要求;

(3) 规划区的防灾系统规划须根据国家相关规范以及已有各层面规划中确定的指标进行系统规划,以保证灾害发生时尽可能地减少人民生命财产的损失。

# 第九章
## 城市环境保护和环境卫生规划

### 第一节 城市环境保护规划的内容与要求

一、城市环境保护规划的基本原则

（一）城市环境保护规划的含义与意义

当前基于城市环境质量的调查与分析而制定了以保护人类生存环境、减少污染和节约资源为目标的规划体系。城市环境保护规划体现了我国环境保护的方针和政策，是进行城市环境综合整治的基础，是城市环境保护的依据，也是国民经济和社会发展规划体系重要的有机组成。城市环境保护规划的制定与实施，克服了以往城市发展的无序性、盲目性和随意性，为城市的健康发展确立了长远的环境质量目标。城市环境保护规划提出了控制水体、大气、固体废物和噪声污染的治理措施，倡导少废或无废的清洁生产工艺，所有这些必将促进城市生态环境的良性循环和人与自然的协调发展，为人类提供一个清静、清洁的生产和生活环境，并为实现人类社会的可持续发展提供保证。

（二）城市环境保护规划的指导思想和基本原则

1. 城市环境保护规划的指导思想

城市环境保护规划的指导思想是坚持经济建设、城市建设、环境建设同步规划、同步实施、同步发展，实现经济效益、社会效益、环境效益的统一。

2. 城市环境保护规划遵循的基本原则

（1）以城市经济发展策略为指导，在充分考虑城市经济承受能力的基础上制定规划期限内能够实现的环境质量远景目标；

（2）以城市生态学原理为指导，充分考虑人口、资源与环境的关系，保护生态平衡，促进城市生态系统的良性循环；

（3）依靠科学技术的发展，提高污染控制技术，改革落后生产方式和生产工艺，大力推广清洁生产，减少污染物排放量；

(4) 充分利用资源和能源,提高资源的综合利用率,推广废物资源化技术;

(5) 结合城市的具体特点,考虑远近结合,发挥固有优势,保护城市自然与人文景观;

(6) 加强管理,坚持"谁污染谁治理、谁开发谁保护"的原则,运用法律的、经济的和行政的手段保证城市环境保护规划的实施。

## 二、城市环境保护规划的内容

城市环境保护规划是一个复杂的系统工程,其涉及范围广,数据需求量大,要使用多种模型方法。通常,城市环境保护规划的内容可分为两大部分,即环境现状调查评价和环境质量预测及规划。

首先,在明确规划的对象、目的以及范围的前提下,进行环境现状调查和评价。即对所要规划地区的自然、社会、经济基本状况,土地利用、水资源供给、生态环境、居民生活状况,以及对大气、水、土壤、噪声和固废等环境质量状况进行详尽的调查,收集相关数据进行统计分析,并适当地作出相应的环境质量评价。

然后,在现状调查和评价的基础上,进行环境影响预测和规划。即根据现有状况和发展趋势对规划年限内的环境质量进行科学预测,根据环境功能状态确定城市功能分区及相应的环境目标,进行水资源合理利用和优化配置设计,对城市大气、水体、噪声等进行污染综合整治规划、制定固体废物和工业污染源管理控制规划,以及对城市的交通运输、能源供给、土地利用和绿地建设等进行科学的设计与规划。

如前所述,城市环境保护规划所涉及的内容广泛,它实际上是由诸多环境要素规划如水体、大气、固体废物和噪声等组合在一起的综合体。这些要素规划间相互联系、相互作用和影响,构成了一个有机的整体。一般来说,城市环境保护规划的编制过程可概括为:通过对拟规划城市的环境系统的现状调查与评价,确定该城市的主要环境问题和污染状态;通过对环境预测和环境功能区划等工作,确定该城市的环境规划目标以及污染物总量控制目标,并产生污染物的最大容许排放量和削减量;这也指导了城市环境污染综合整治规划和社会经济发展规划等的产生,一系列的规划势必影响到整个城市的环境质量、行业发展结构和投资状况;这使得从环境目标、投资能力等方面分别构成了系统的反馈环,促使规划制订者对已初步形成的规划内容进行修正调节,直到最终产生合理可行的城市环境保护规划。

## 三、城市水环境保护规划内容

水质保护规划的主要内容有以下几个方面。

### (一) 保护城市水源地,防止污染水源

水源地有江河、水库、湖泊、地下水等。要针对不同情况,提出不同的规划要求。对江河水源,主要是控制上游水源不被污染,如禁止在上游建设向水体排放污染物的工

厂和其他有污染的单位。对于湖泊、水库的水源保护，主要也是在其上游和周围禁止建设有污染的工厂和其他有污染的单位。比如为了保护北京密云水库的水质，不仅把那个区域规划为无污染的地区，而且对其上游的承德地区也作出了类似的规划。对地下水源的保护也是一样，要控制污染源。

### （二）控制用水量

对于水资源不丰富的城市，要合理选择工农业生产结构。要控制那些用水量大的工业和农业建设项目。对那些由于抽取地下水而发生地面下沉的城市和地区，还要在严禁继续开发地下水的同时，作出回注的规划。

### （三）规定工业循环用水指标

这是节约用水、防止污染的重要措施。要针对不同工业的不同情况，规定出在规划期内要达到的指标。

### （四）污水处理规划

包括建设生物塘、一二级污水处理场等工程。不能要求那些中小工厂都自行建设污水处理场，要建设区域的污水处理厂，把一定区域内工业和生活污水进行集中处理。

城市水环境污染物总量控制以 COD 为主要对象，同时也可根据城市的区域特征和水环境污染的特点增加一些典型的污染物。

（1）城市生活污水中 COD 排放及发展趋势分析。
（2）城市工业生产废水中主要污染物排放及发展趋势分析。
（3）城市宏观水环境污染控制。

针对现状水污染的主要问题，结合现状排放量及其发展趋势进行综合分析。

水环境规划的指标主要有：城市污水处理率，工业废水处理率，工业废水处理达标率，$BOD_5$，COD 等。

## 四、城市大气环境控制规划内容

这是控制大气污染最重要的一种规划。控制大气污染必须从实际情况出发，采取近期与长远相结合，治标与治本相结合的方针，逐步地控制污染和改善环境质量。

城市大气环境控制规划内容主要包括以下几个方面。

### （一）合理利用大气环境容量

（1）科学利用大气环境容量。根据大气自净规律（如稀释扩散、降水洗涤、氧化、还原等），定量（总量）、定点（地点）、定时（时间）地向大气排放污染物。
（2）结合工业调整布局，合理开放大气环境容量。

### （二）以集中控制为主，降低污染物排放量

所谓集中控制，就是从城市的整体着眼，采取宏观调控和综合防治措施。当前我国城市大气污染集中控制主要采取改变能源结构、集中供热和建立烟尘控制区等。

### （三）强化污染源治理，降低污染物的排放

我国能源结构目前以煤为主，短期内难以改变，可通过发展烟尘治理、二氧化硫治

理、氮氧化物治理以及其他有害气体治理技术，降低对大气环境的污染。

（四）发展植物净化

城市大气环境污染物总量控制以 $SO_2$ 和颗粒粉尘物为主要控制对象。个别城市根据自身特殊性增加一些典型污染物控制。

（1）燃料燃烧过程废气排放量发展趋势分析；

（2）工业生产工艺过程中废气 $SO_2$ 排放水平和发展趋势分析；

（3）宏观大气污染物控制分析。

大气环境功能区划主要以城市环境功能区划为依据，根据城市气象特征和国家大气环境质量的要求，将城市大气环境划分成不同的功能区域。大气环境功能区划如表 9-1 所示。

大气环境功能区划　　　　　　　　　表 9-1

| 功能区 | 范围 | 执行大气质量标准 |
| --- | --- | --- |
| 一类区 | 自然保护区，风景游览区，名胜，疗养区 | 一级 |
| 二类区 | 规划居民区，商业，交通，居民混合区，文化区，名胜古迹及广大农村 | 二级 |
| 三类区 | 工业区及城市交通枢纽、干线 | 三级 |
| 备注 | 凡位于二类区的工业企业，应执行二级标准，凡位于三类区内的非规划居民区可执行三级标准（应设置隔离带） | |

注：依据《环境空气功能区划分原则与技术方法》（HJ 14—1996）。

城市大气环境规划的指标主要有：总颗粒悬浮物、二氧化硫、烟尘控制区覆盖率、工艺尾气达标率、汽车尾气达标率等。

### 五、城市噪声控制规划内容

噪声污染是大中城镇普遍存在的环境问题，是居民反映最强烈的环境问题。

噪声控制规划的主要内容有以下几个方面。

（一）交通噪声的控制

交通噪声是城镇噪声的主要来源。控制这种噪声的规划，主要是从道路建设和法规管理两个方面采取措施，要规定出规划期内要达到的指标，对于敏感地区，如居民区、文教区、医院、疗养区、风景游览区更要规定出严格的要求。

（二）固定噪声源控制

固定噪声主要来源是工厂、商业、科研单位、机关、团体。对于有些噪声源，如工厂等，主要是调整布局，把那些布局在居民区、文教区、风景游览区有噪声的工厂迁走，对于一时难于搬迁的工厂，要提出控制要求，限期达到指标。

城市的声学环境要素是城市居民比较敏感的环境要素，但污染源一般影响范围较小。

城市声环境功能区划主要是根据环境功能区划的结果以及《声环境质量标准》(GB 3096—2008)适用区域的范围来划分。

环境噪声限值如表9-2所示。

环境噪声限值　　　　　　　　　　表9-2

| 声环境功能区类别 | | 范围 | 执行标准 dB (A) | |
| --- | --- | --- | --- | --- |
| | | | 白昼 | 夜间 |
| 0类 | | 特别需要安静的住宅区 | 50 | 40 |
| 1类 | | 纯居民区、科研设计、机关区、文化教育、医疗卫生等需要保持安静的区域 | 55 | 45 |
| 2类 | | 一般商业与居民混合区等需要维护安静的区域 | 60 | 50 |
| 3类 | | 工业、商业、少量交通与居民 | 65 | 55 |
| 4类 | 4a类 | 高速公路、一级公路、二级公路、城市快速路、城市主次干道、城市轨道交通、内河航道两侧 | 70 | 55 |
| | 4b类 | 铁路干线两侧 | 70 | 60 |

城市声环境规划的指标主要有：区域环境噪声、城市交通干线噪声等。

### 六、城市固体废弃物控制规划内容

在我国的固体废弃物中，城镇排放量占了很大比重。除矿山开发的尾矿外，主要都集中在大中城镇周围。固体废弃物综合利用率很低，只有19.3%，积存量已达53亿t，占地59万亩。2009年城镇生活垃圾每年约2.2亿t，清运量只有40%~50%，无害化处理率更低。固体废弃物对江河、土壤、大气造成了严重污染。

固体废弃物污染控制规划的指导思想是：要把固体废弃物作为宝贵资源，充分加以综合利用，实现化害为利、变废为宝的目标。规划内容主要有以下几个方面。

(一) 固体废弃物综合利用规划

对工业排放物，要作出就地回收、就地利用的规划要求，规定出综合利用指标；对于量大的废渣，要作出综合利用的全面规划。如利用粉煤灰、高炉渣、煤矸石等废弃物制砖、水泥、修路或制作其他建筑材料的规划，要规定出在规划期内的利用指标；对于工业和生活中的固体废弃物，如钢铁、塑料、纸张、纤维、玻璃等物品，要有收集、分类、处理利用的规划；对于生活有机物垃圾，要有收集和处理规划，如沤制农田肥料、能源回收等措施。对于难于利用的固体垃圾，要作出堆积或者填埋的规划。

(二) 固体废弃物总量控制

城市固体废物的宏观总量控制重点是冶炼废渣、粉煤灰、炉渣、煤矸石、化工废渣、尾矿放射性废渣和其他废渣。

城市固体废物控制规划的项目主要有：城市垃圾排放量，生活垃圾综合利用率的预测等，主要是对城市生活垃圾和工业固体废物的产生和发展趋势进行分析。

## 第二节 城市环境卫生规划的内容与要求

一、城市固体废弃物处理与设施布局要求

（一）城市固体废物的种类与特点

固体废弃物是指人们在开发建设、生产经营、日常生活活动中向环境中排放的固态和泥状的对持有者已没有利用价值的废弃物质。固体废弃物的分类方法很多，通常按来源可分为工业固体废物、农业固体废物、城市垃圾。工业废物就其来源有矿业、冶金、石化、电力、建材等废物；根据其毒性和有害程度又可分为危险废物和一般废物。农业废物主要指农业生产、畜禽饲养及农村居民生活等排出的废物，如农业塑料制品、植物秸秆、人和禽畜粪便等。城市垃圾指居民生活、商业活动、市政建设与维护、公共服务等过程产生的固体废物。在城市环境卫生工程系统规划中，最主要的是考虑城市垃圾的收集、清运、处理、处置和利用，同时也应对在城市中产生的工业固体废物的收运和处理提出规划要求，以减少对城市和环境的危害。在城市规划中所涉及的城市固体废物主要有城市生活垃圾、城市建筑垃圾、一般工业固体废物以及危险固体废物四类。

1. 城市生活垃圾

城市生活垃圾指人们生活活动中所产生的固体废物，主要有居民生活垃圾、商业垃圾和清扫垃圾，另外还有粪便和污水污泥。居民生活垃圾来源于居民日常生活，主要有炊厨废物、废纸制品、织物、废塑料制品、废金属制品、废玻璃陶瓷、废家用什具和废电器、煤灰渣、灰土等。商业垃圾来源于商业和公共服务行业，主要有废旧的包装材料、废弃的菜蔬瓜果和主副食品、灰土等。

清扫垃圾是城市公共场所，如街道、公园、体育场、绿化带、水面的清扫物及公共箱中的固体废弃物，主要有枝叶、果皮、包装制品及灰土。城市生活垃圾是城市固体废物的主要组成部分，其产量和成分随着城市燃料结构、居民消费习惯和消费结构、城市经济发展水平、季节与地域等不同而有变化。例如燃气化和集中供暖程度高的城市的生活垃圾产量比分散燃煤地区低得多。随着我国城市发展和居民生活水平提高，我国城市生活垃圾产量增长较快。从近年来我国城市生活垃圾的成分变化分析看，无机物减少，有机物增加，可燃物增多。城市生活垃圾中除了易腐烂的有机物和炉灰、灰土外，各种废品基本上可以回收利用。城市生活垃圾是城市环境卫生工程系统规划的主要对象。

2. 城市建筑垃圾

城市建筑垃圾指城市建设工地上拆建和新建过程中产生的固体废弃物，主要有砖瓦块、渣土、碎石、混凝土块、废管道等。近年来，随着我国城市建设量增大，建筑垃圾的产量也有较大增长。

3. 一般工业固体废物

一般工业固体废物指工业生产过程中和工业加工过程中产生的废渣、粉尘、碎屑、污泥等，主要有尾矿、煤矸石、粉煤灰、炉渣、冶炼废渣、化工废渣、食品工业废渣等。一般工业固体废物对环境产生的毒害比较小，基本上可以综合利用。

4. 危险固体废物

危险固体废物指具有腐蚀性、急性毒性、浸出毒性及反应性、传染性、放射性等一种或一种以上危害特性的固体废物，主要来源于冶炼、化工、制药等行业，以及医院、科研机构等。危险废物尽管只占工业固体废物的5%以下，但其危害性很大，在明确产生者作为治理污染的责任主体外，应有专门机构集中控制。

(二) 城市固体废物量预测

1. 城市生活垃圾产量

城市生活垃圾产量预测一般有人均指标法和增长率法，规划时可以用两种方法，结合历史数据进行校核。

1) 人均指标法

据统计，目前我国城市人均生活垃圾产量为0.6~1.2kg左右。这个值的变化幅度较大，主要受城市具体条件影响，比如基础设施齐备的大城市的产量低，而中、小城市的产量高；南方地区的产量比北方地区的低。比较于世界发达国家城市生活垃圾的产量情况，我国城市生活垃圾的规划人均指标以0.9~1.4kg为宜。由人均指标乘以规划人口数则可得到城市生活垃圾总量。

2) 增长率法

由递增系数，利用基准年数据算得规划年的城市生活垃圾总量，见下式：

$$W_t = W_0 (1+i)^t$$

式中 $W_t$——规划年城市生活垃圾产量；

$W_0$——现状年城市生活垃圾产量；

$i$——年增长率；

$t$——预测年限。

该种方法要求根据历史数据和城市发展的可能性，确定合理的增长率。它综合了人口增长、建成区的扩展、经济发展状况和煤气化进程等有关因素，但忽略了突变因素。根据发达国家的历史经验，城市生活垃圾产量增长到一定阶段后，增加幅度逐渐放慢，甚至趋于稳定。如从1980~1990年，欧美国家城市生活垃圾产量增长率基本在3%以下。所以规划时，应在不同时间段内，选用不同的增长率。

作为我国城市固体废物产生量最为集中的大、中型城市，其生活固体废物（垃圾）的产生源组成变化趋势如下：

(1) 居民区垃圾的组成比例略有下降，组成基本会稳定于60%左右；

(2) 街道与公共场所保洁垃圾的组成比例趋向于上升，可能会达到7%~8%的水平；

(3) 商业、服务业垃圾（包括餐饮垃圾）的组成比例会上升，可能会达到15%~20%的水平；

(4) 工业企业中一般垃圾的比例应趋于下降，至6%~9%的水平；

(5) 事业单位中一般垃圾（含机关、学校以及非生产性的企业等产生的一般垃圾）应有一定比例的上升，约为 3%~6%；

(6) 交通运输业的一般垃圾，也应有所上升，大致比例为 0.6%~1.0%。

2. 工业固体废物产量

工业固体废物的产量与城市的产业性质与产业结构、生产管理水平等有关系。其预测方法主要有以下几种。

1) 单位产品法

即根据各行业的统计数量，得出每单位原料或产品的产废量。规划时，若明确了工业性质和计划产量，则可预测出产生的工业固体废物。

2) 万元产值法

根据规划的工业产值乘以每万元的工业固体废物产生系数，则得出产量，参照我国部分城市的规划指标，可选用 0.04~0.1t/万元的指标。当然最好先根据历年数据进行推算。

3) 增长率法

根据历史数据和城市产业发展规划，确定了增长率后计算。从 1981~1995 年的数据看，全国工业固体废物的产量逐年增长，但趋于平缓，年增长率为 2%~5%。

(三) 城市生活垃圾收集与运输

城市生活垃圾的收集与运输是指生活垃圾产生以后，由容器将其收集起来，集中到收集站后，用清运车辆运至转运站或处理场。垃圾的收运是城市垃圾处理系统中的重要环节，影响着垃圾的处理方式，其过程复杂，耗资巨大，通常占整个处理系统费用的 60%~80%。垃圾的收集运输方式受到城市地理、气候、经济、建筑及居民的文明程度和生活习惯的影响，所以应结合城市的具体情况，选择节省投资、高效合理的方式，为后续处理创造有利条件。在城市垃圾的收运过程中，应尽可能封闭作业，以减少对环境的污染。建筑垃圾一般由建设单位自行运至处理场所或由环卫部门代运。工业固体废物由生产企业负责收运，并以厂际间的综合利用为主。所以本部分主要介绍城市生活垃圾的收集和运输。

1. 生活垃圾的收集

生活垃圾的收集是指将产生的垃圾用一定的设施和方法集中起来，以便于后续的运输和处理，各地情况不同，则垃圾的收集方法也有很多种，并且随着社会和技术进步，不断变化。

垃圾收集方法从源头上有混合收集和分类收集两种。混合收集是将产生的各种垃圾混在一起收集，这种方法简单、方便，对设施物运输的条件要求低，是我国各城市通常采用的方法。但从处理的角度讲，混合垃圾在处理前面经过分选，然后才能对有机物、无机物、可回收利用物质等进行不同的处理，所以混合收集不利于后期处理和资源的回收。由于混合收集的种种弊端，人们提倡从源头开始的分类收集，经过许多国家的实践和我国部分城市的试点，取得了良好的效果。分类收集与混合收集相比较给居民和环卫部门造成了一定的工作量，但若全社会共同配合，并不是困难的事。必须注意，分类收集应与垃圾的整个运输、处理和回收利用系统相一致。若在清运时无法分类清运，或没有建立分类回收利用系统，分类收集也就失去了意义。所以，规划必须从城市垃圾管理的整个系统选择收集方式。

垃圾的分类根据处理利用方式有多种，如分成 2 类：有机垃圾（厨房垃圾）——堆肥，无机垃圾（炉灰、灰土）——填埋；或可燃垃圾——焚烧，不可燃垃圾——填埋。分成 3 类：厨房垃圾——堆肥，灰土垃圾——填埋，纸（玻璃、金属）——回收；或可燃垃圾——焚烧，灰土垃圾——填埋，玻璃（或金属）——回收。分成 4 类：有机垃圾——焚烧或堆肥，灰土垃圾——填埋，纸（玻璃、金属）——资源回收，电池、灯管等有害垃圾——单独处理。有的还可以再分，如大件垃圾（家具、大型家电器等）。

除了按垃圾成分分类外，还可以按不同产生源区域分类。因为即使在源头的混合垃圾也因处在不同的产生源区域而显著区别。而不同产生源区域垃圾的区别直接影响到采用的处理方法，如饭店和高级住宅区的垃圾中可回收物是燃煤居住区的 3~5 倍，而商业区垃圾中可焚烧物是燃煤居住区的 3~4 倍。我国标准《城市垃圾产生源分类及垃圾排放》将垃圾产生源划分为 9 大区域，例如非燃煤居住区、燃煤居住区、商业区、事业区、医院等。

垃圾收集过程通常有以下几种方式。

1) 垃圾箱（桶）收集

这是最常用的方式。垃圾箱置于居住小区楼幢旁、街道、广场等范围内，用户自行就近向其中倾倒垃圾。在小区内的垃圾箱一般应置于垃圾间内。现在城市的垃圾箱一般是封闭的，并有一定规格，便于清运车辆机械作业。以前的垃圾台式收集方式因污染环境和不便操作，逐渐被淘汰。采用不同标志的垃圾箱可以实现垃圾的分类收集。

2) 垃圾管道收集

在多层或高层建筑物内设置垂直的管道，每层设倒口，底层垃圾间里设垃圾容器。这种方式不必使居民下楼倾倒垃圾，比较方便。但常因设计和管理上的问题，产生管道堵塞、臭气、蚊蝇滋生等现象。当然若设计合理和管理严格，还是有较好效果的。这是混合收集方式。不过，现在出现了一种在投入口就可以控制楼下不同接受容器的分类收集方式。

3) 袋装化上门收集

在垃圾箱收集方式中也有不少城市要求垃圾袋装化后才能进入垃圾箱。垃圾袋装可以避免清运过程中垃圾的散失，减少垃圾箱周围臭气和蚊蝇滋生。垃圾袋装化上门收集是指居民将装的垃圾放至固定地点（通常在单元入口旁，不必跑到较远的地方）。由环卫人员定时将垃圾取走，送至垃圾站或垃圾压缩站，压缩后，集装运走。这种方式近年来在我国城市大为推广，具有明显的效益。它减少了散装垃圾的污染和散失，基本上取消了居住小区内和街道上的垃圾箱，以及垃圾收集间，大大节省了用地面积（只需设数量很少的垃圾压缩站），并利于后续的运输。采用压缩集运的方式，提高了运输效率。该方式是定点、定时收集，需要居民和单位配合。若垃圾分类袋装，则需要分类收集运输。

4）厨房垃圾自行处理

厨房垃圾通常占居民日常生活垃圾的50%左右，成分主要是有机物。在一些国家和我国个别城市采用厨房垃圾粉碎机，把废蔬菜、果皮、食物残渣、动物内脏、蛋壳等破碎成较小的颗粒，冲入排水管，通过城市排水管道，进入污水处理厂。在能保证不堵塞管道和城市排水系统健全的情况下，这种方式还是有利的。一方面大大减少了垃圾的产量，另一方面便于其优质产品垃圾的分类回收，并且对于污水处理厂的二级生化处理也有利。也有的采用家用的微生物垃圾处理器，将厨房垃圾分解成低分子无害无机物，如水、二氧化碳等。厨房垃圾以外的其他生活垃圾则可采用上述三种方式收集。

5）垃圾气动系统收集

它利用压缩空气或真空作动力，通过敷设在住宅区和城市道路下的输送管道，把垃圾传送至集中点。这种方式主要用于高层公寓楼房和现代住宅密集区，具有自动化程度高、方便卫生的优点，大大节省了劳动力和运输费用，但一次性投资很高。目前在欧美和日本都有使用，长的达15km，短的只限于居住区，只有1~2km，我国目前还没有城市使用。垃圾输送管道通常埋设在城市道路下面，管径0.5m左右，可以设置不同的投入口，或按不同日期分类投放传送，如分为可燃垃圾和不可燃垃圾等。

2. 生活垃圾的运输

垃圾由家庭或其他产生地点进入垃圾收集设施（垃圾箱、垃圾桶、垃圾间、垃圾压缩站等），以后就需要清运了，这是指从各垃圾收集点站把垃圾装运到转运站、加工厂或处理（置）场的过程。垃圾的清运是环卫工作中耗资耗力最大的工作，所以规划时应考虑优化这一过程，最快、最经济、最卫生地将垃圾清运出去。

垃圾清运应实现机械化，例如专用车辆、船只等。所以规划时，应保证清运机械通达垃圾收集点。清运车辆有小型（0.5t左右）、中小型（2~3t）、大中型（4t）、大型（8t）等种类。各城市应根据具体情况选用。采用分类收集方式时，选用的车辆应有利于分类清运。我国城市垃圾管理要求日收日清，即每日收集一次。清运车辆的配置数量根据垃圾产量、车辆载重、收运次数、运输频率、车辆的完好率等确定。根据经验，一般大、中型（2t以上）环卫车辆可按每5000人一辆估算。

由于城市的扩展和环境保护要求的提高，垃圾处理厂距城市越来越远，为解决垃圾运输车辆不足、道路交通拥挤、贮运费用提高等问题，人们就在清运过程中设转运站。中转运输是指把从垃圾各收集点收运的垃圾，在转运站换成大型车辆或其他运输成本较低的运载工具，继续送往垃圾处理厂或处置场。垃圾转运站按功能可分为单一性和综合性转运站。单一性功能转运站只起到更换车型转运垃圾的作用。综合性转运站，可具备压缩打包、分选分类、破碎等一种或几种功能。我国一些城市的中转站的功能已由单一的散装转运向着压缩集装变化。通常生活垃圾压实后，体积可减少60%~70%，从而大大提高了运量，中转站的设置与否或设置位置的确定，应进行技术经济比较，从经济上讲，要保证中转运输费用小于直接运费，还要考虑交通条件、车辆设备配置等因素。

规划时，除了按要求布置收集点外，还应考虑便于清运，使清运路线合理，以有效地发挥人力、物力作用。路线设计问题是一个优化问题，即根据道路交通情况、垃圾产量、收集点分布、车辆情况、停车场位置等，考虑如何使收集车辆在收集区域内行程距离最小，主要应做到以下几点：

（1）收集路线的出发点尽可能接近停放车辆场。垃圾产量大和交通拥挤地区的收集点要在开始工作时清运，而离处置场或中转站近的收集点应最后收集。

（2）线路的开始与结束应邻近城市主要道路，便于出入，并尽可能利用地形和自然疆界作为线路疆界。

（3）在陡峭地区，应空车上坡，下坡收集，以利于节省燃料，减少车辆损耗。

（4）线路应使每日清运的垃圾量、运输路程、花费时间尽可能相同。

（四）城市固体废物处理和处置技术概述

1. 城市固体废弃物的危害

固体废弃物浓集了许多污染成分，含有有害微生物（如病毒、病菌、害虫）、无机污染物（如铅、汞、镉、铬等重金属离子）、有机污染物（如碳氢化合物、致癌有机物、各种耗氧有机物），以及其他放射性物质，产生色、臭的物质等。其中的有害成分会转入大气、水体、土壤，参与生态系统的物质循环，造成潜在的、长期的危害性。

固体废弃物对环境的危害主要表现在以下几方面。

1）侵占土地

固体废物如不加利用，需占地堆放，据估算，每堆积 $1 \times 10^4$ t 废渣须占地 1 亩。全国每年被垃圾所占用的土地面积达数万亩之多。许多城市市郊设置的垃圾堆场，侵占了大量农田。目前我国工业固体废物占地达 5.5 亿 $m^2$，占农田 4000 万 $m^2$。

2）污染土壤

废物堆置，容易使其中的有害组分污染土壤。固体废弃物能破坏土壤的正常功能，导致"渣化"。若土壤富集了有害物质，它们会通过食物链转移，影响人体健康。另外，土壤中堆积的固体废物中若含有致病微生物，各种病菌会通过直接或间接途径传染给人。

3）污染水体

固体废物引起水体污染的途径有：随天然降水径流进入河流、湖泊；或因较小颗粒随风飘迁，落入水体而污染地面水；固体废物的渗沥水渗入土壤，污染地下水；固体废物直接倾倒进河流、湖泊、海洋，造成污染。

4）污染大气

固体废物在收运堆放过程中，颗粒物随风扩散；固体废物的有机物质在堆放时会分解，放出有害气体；另外，固体废物在处理过程中，会产生有害气体和粉尘，而污染大气。

5）影响环境卫生

固体废物在城乡堆放，妨碍市容，又容易传染疾病。特别是生活垃圾易发酵腐化，产生恶臭，滋生蚊、蝇、鼠及其他害虫。

2. 城市固体废物处理和处置技术概况

固体废物处理是固体废物发生物理的、化学的或生物的变化过程，这是一个使固体废物减量化、无害化，加速废物在环境中的再循环，减轻或消除对环境污染的方法。固体废物处置是解决固体废物的最终归宿，使之在环境容量允许条件下，长期置于一定的自然环境中。这是实现固体废弃物无害化的方法。固体废物只是一定意义的废弃物，虽然已不再有原来的使用价值，但通过回收、加工等途径，可以获得新的使用价值，所以固体废物应看做二次资源。固体废物资源化是指从固体废物中回收有用物质和能源，以减少资源消耗，保护环境，这是利于城市可持续发展的，所以固体废物处理的总原则应先考虑减量化、资源化，减少资源消耗和加速资源循环，后考虑加速物质循环，而对最后可能要残留的物质，进行最终无害化处置。下面介绍固体废物处理和处置的基本方法，在进行下面的工作之前，固体废物通常要经过破碎、压实、分选等预处理。

1）自然堆存

指把垃圾倾卸在地面上或水体内，如弃置在荒地、洼地或海洋中，不加防护措施，使之自然腐化发酵。这种方式是城市发展初期通常用的方式，对环境污染极大，现在已被许多国家禁止，我国部分城市还在使用，不过这种方式对于不溶或极难溶，不飞散，不腐烂变质，不产生毒害，不散发臭气的粒状和块状废物，如废石、炉渣、尾矿、部分建筑垃圾等，还是可以使用的。

2）土地填埋

指将固体废物填入确定的谷地、平地或废砂坑等，然后用机械压实后覆土，使其发生物理、化学、生物等变化，分解有机物质，达到减容化和无害化的目的。土地填埋其实也是一种最终处置方法，主要分两类，即卫生土地填埋，主要用于生活垃圾；安全土地填埋，适于工业固体废物，特别是有害废物，它比卫生土地填埋建造要求更严格。固体废物被填埋后，经过生物分解，产生甲烷和二氧化碳等气体，并产生渗沥水，同时填埋的固体废物体积缩小而沉降，经多年沉降稳定后，填埋场可以再利用，用作绿化种植场地、游乐运动场地、建筑用地等。土地填埋适用于各种废物，如生活垃圾、粉尘、废渣、污泥、一般固化块等。土地填埋的优点是技术比较成熟、操作管理简单、处置量大、投资和运行费用低，还可以结合城市地形、地貌开发利用填埋场。其缺点是垃圾减容效果差，需占用大量土地；因较深的渗沥水易造成水体和环境污染，产生的沼气易爆炸或燃烧，所以选址受到地理和水文地质条件的限制。填埋处理是各国主要的垃圾处理方式，也是我国城市处理固体废弃物的主要途径和首选方法。因为我国作为发展中国家，经济实力弱，固体废物处理利用率低，垃圾无机成分高，所以土地填埋应是主要的处理技术。不过我国大部分填埋场标准不高，技术落后，对环境有较大污染，特别是工业固体废物和危险废物填埋场的情况更严重。近年来，我国已在填埋的相关技术方面取得明显进展，建设了一批容量大、水平高的卫生填埋场。

3) 堆肥

指在有控制的条件下，利用微生物将固体废物中的有机物质分解，使之转化成为稳定的腐残质的有机肥料，这一过程可以灭活垃圾中的病菌和寄生虫卵。堆肥化是一种无害化和资源化的过程。固体废物经过堆肥化，体积可缩减至原有体积的50%～70%。堆肥化可以处理生活垃圾、粪便、污水污泥、农林废物、食品加工废物等。堆肥化的优点是投资较低，无害化程度较高，产品可以用作肥料。不足之处是占地较大，卫生条件差，运行费用较高，在堆肥前需要分选掉不能分解的物质（如石块、金属、玻璃、塑料等）。我国厨余垃圾中可堆腐有机物含量较高，比较适于堆肥。但产生肥料肥效低、成本高、销路不畅，制约了推广，所以需要改进原料结构和工艺，降低成本。我国一些城市建立了具有一定能力的堆肥厂。国外堆肥化在各种处理方式中占较小的比例。

4) 焚烧

指通过高温燃烧，使可燃固体废物氧化分解，转换成惰性残渣，焚烧可以灭菌消毒，回收能量。焚烧可以达到减容化、无害化和资源化的目的。焚烧可以处理城市生活垃圾、工业固体废物、污泥、危险固体废物等。焚烧处理的优点是：能迅速而大幅度地减少容积，体积可减少85%～95%，质量减少70%～80%；可以有效地消除有害病菌和有害物质，但焚烧产生的废气处理不当，容易造成二次污染；对固体废物有一定的热值要求。近年来，我国垃圾成分中的可燃物比例不断增大，热值提高，部分地区已达到焚烧工艺的要求。我国已有个别城市建了或正在建设焚烧厂，随着城市实力的增强，焚烧将成为固体废物的一种主要处理方式。焚烧目前也是许多国家固体废物处理的重要方式。

5) 热解

在缺氧的情况下，固体废物的有机物受热分解，转化为液体燃料或气体燃料，并残留少量惰性固体。热解减容量达60%～80%，污染小，并能充分回收资源，适于城市生活垃圾、污泥、工业废物、人畜粪便等。但其处理量小，投资运行费用高，工程应用尚处在起步阶段。热解是一种有前途的固体废物处理方式。

3. 工业固体废物的处理与利用

1) 一般工业固体废物处理利用

工业固体废物种类繁多，应根据每一类的特点考虑处理方法，尽可能地综合利用，化废为宝。粉煤灰主要来源于燃煤电厂，可以用作配制粉煤灰水泥、混凝土、烧结砖、砌块等建材，筑路，回填，作化肥和改良土壤等。煤矸石是在采煤过程中排出的，可用于制备水泥、混凝土、砖、砌块、陶粒等建材，回填复垦，制备肥料等。钢铁废渣可返回烧结建筑和道路材料、回填材料，制作肥料，或回收、提炼金属。有色金属废渣可以作为二次资源，回收提炼金属。化工废渣无害部分可以制备建材，有毒害部分可以提取原料。工业固体废弃物具有巨大的资源潜力，应该作为二次资源综合利用。我国一些经济发达地区的综合利用率达到了80%以上，而有的地区只有20%以下。

2) 危险废物的处理处置

危险废弃物处理宜通过改变其物理、化学性质，达到减少或消除危险废弃物对环境的有害影响。常用的方式有减少体积（如沉淀、干燥、分离），有毒害成分固化（将其包溶在密实的惰性基质中，使之稳定），化学处理（利用化学反应，改变其化学性质），焚烧去毒，生物处理等。常用的处置手段有安全土地填埋、焚化、投海、地下或深井处置。我国目前的危险废物基本是暂时贮存，只有几个城市在建危险废弃物填埋场。另外有近10%左右的危险废物排到了环境中，对环境影响极大。我国要求对城市医院垃圾集中焚烧。

### 4. 固体废物最终处置

无论用什么办法处理固体废物，总有残留物质，所以固体废物最终处置的目的就是通过种种手段，使之与生物圈隔离，减少对环境的污染。通常用的方式有海洋倾倒、海洋焚烧、深井灌注、土地填埋、工程库贮存等。

其他的处理处置方法有用垃圾饲养蚯蚓，以垃圾作燃料等。表9-3列有各种固体废弃物处理方法的现状和发展趋势。

**固体废弃物处理方法的现状和发展趋势**　　　　　　表9-3

| 类别 | 中国现状 | 国际现状 | 国际发展趋势 |
| --- | --- | --- | --- |
| 城市垃圾 | 填坑、堆肥、无害化处理和制取沼气、回收废品 | 填地、卫生填地、焚化、堆肥、海洋投弃、回收利用 | 压缩和高压压缩成型、填地、堆肥、化学加工、回收利用 |
| 工矿废物 | 堆弃、填坑、综合利用、回收废品 | 填地、堆弃、焚化、综合利用 | 化学加工和回收利用、综合利用 |
| 拆房垃圾和市政垃圾 | 堆弃、填坑、露天焚烧 | 堆弃、露天焚烧 | 焚化、回收利用、综合利用 |
| 施工垃圾 | 堆弃、露天焚烧 | 堆弃、露天焚烧 | 焚化、化学加工、综合利用 |
| 污泥 | 堆肥、制取沼气 | 堆弃、堆肥 | 堆肥、化学加工、综合利用、焚化 |
| 农业废弃物 | 堆肥、制取沼气、回耕、农村燃耕、饲料和建筑材料、露天焚烧 | 回耕、焚化、堆弃、露天焚烧 | 堆肥、化学加工、综合利用 |
| 有害工业渣和放射性废物 | 堆弃、隔离堆存、焚烧、化学和物理固化回收利用 | 隔离堆存、焚化、土地还原、化学和物理固定，化学、物理及生物处理，综合利用 | 隔离堆存、焚化、化学固定、化学、物理、生物处理、综合利用 |

### 5. 城市生活垃圾处理方法选择

城市环境卫生工程系统规划应当有利地控制固体废物污染，达到减量化、无害化、资源化的目标。具体措施有：实行"从摇篮到坟墓"的全过程控制，即对废物的产生、收运、贮存、再利用、加工处理直至最终处置实行全过程管理；发展清洁生产，实行源头消减，如净菜进城、限制一次性产品使用、发展城市燃气化等；推行垃圾分类收集、发展废品回收；加强废物综合利用，开发二次资源。

城市生活垃圾的处理方法选择是规划中重点考虑的问题，它涉及处理场所的选址和布局，各城市的经济发展情况、垃圾性状、自然条件、传统习惯等不同，处理方法也不同。表9-4列有部分欧盟国家城市生活固体废物处理技术过程应用比例。而我国，目前填埋占70%，堆肥20%，焚烧及其他处理方法为10%。

**部分欧盟国家城市生活固体废物处理技术过程应用比例**　　　　　表9-4

| 国家 | 统计年份 | 应用比例（质量分数，%） | | | | | |
|---|---|---|---|---|---|---|---|
| | | 填埋 | 焚烧 | | 堆肥化 | 厌氧消化 | 资源化回收 | 其他 |
| | | | 能量回收 | 无能量回收 | | | | |
| 奥地利 | 1996年 | 20.4 | 13.3 | 0 | 22.9 | 0 | 29.7 | 13.7 |
| 比利时（法兰德斯） | 1998年 | 16.7 | 22.1 | 0 | 34.3 | 0 | 22.8 | 4.1 |
| 丹麦 | 1998年 | 5.3 | 54.5 | 0 | 29.6 | 0.4 | 10.4 | 0 |
| 芬兰 | 1997年 | 64.9 | 5.8 | 0 | 5.2 | 1.4 | 22.0 | 0.6 |
| 德国（巴登—符腾堡） | 1998年 | 30.2 | 12.3 | 0 | 17.9 | 0 | 37.1 | 2.6 |
| 法国 | 1998年 | 40.3 | 28.6 | 7.1 | 8.9 | 0.3 | 3.5 | 11.2 |
| 爱尔兰 | 1998年 | 90.3 | 0 | 0 | 0.5 | 0 | 9.3 | 0 |
| 意大利 | 1997年 | 68.4 | 5.7 | 0 | 11.4 | 0 | 8.1 | 6.4 |
| 荷兰 | 1998年 | 13.1 | 36.5 | 0 | 33.3 | 0 | 19.0 | 0 |
| 挪威 | 1997年 | 59.0 | 17.0 | 0 | 5.0 | 0 | 20.0 | 0 |
| 西班牙（加泰罗尼亚） | 1998年 | 73.4 | 20.7 | 0 | 1.3 | 0 | 4.6 | 0 |
| 英国 | 1998~1999年 | 86.2 | 5.7 | 0 | 3.0 | 0 | 5.1 | 0 |

注：引自 Crowe M, Nolan K, Collins C et al. Biodegradable Municipal Waste Management in Europe. Copenhagen: European Environment agency EEA (TopicReport: 15/2001), 2002.

选择城市生活垃圾的处理工艺要考虑多种因素：工艺技术可靠性；城市经济社会发展水平；垃圾的性质与成分；场地选择的难易程度；环境污染的危险性；资源化价值及某些特殊的制约因素等。通常一个城市的垃圾处理方式也不是单一的，而是一个综合系统。表9-5列有填埋、焚烧和堆肥三种处理方法的比较。

**三种垃圾处理方法比较**　　　　　表9-5

| 项目 | 方法 | | |
|---|---|---|---|
| | 填埋 | 焚烧 | 堆肥 |
| 技术可靠性 | 可靠 | 可靠 | 可靠，国内有一定经验 |
| 操作安全性 | 较大、注意防火 | 好 | 好 |
| 选址 | 较困难，要考虑地理条件，防止水体受污染，一般远离市区，运输距离大于20km | 易，可靠近市区建设，运输距离可小于10km | 较易，需避开住宅密集区，气味影响半径小于200m，运输距离10~20km |
| 占地面积 | 大 | 小 | 中等 |
| 适用条件 | 适用范围广，对垃圾成分无严格要求；但对无机物含量在于60%，填埋场征地容易（如丘陵、山区），地区水文条件好，气候干旱、少雨的条件尤为适用 | 要求垃圾热值大于4000kJ/kg；土地资源紧张，经济条件好 | 垃圾中生物可降解有机物含量大于40%，堆肥产品有较大市场（如邻近地区有大范围黏土地带、大面积果园、材场、苗圃等其他旱地作物） |

续表

| 项目 | 方法 | | |
|---|---|---|---|
| | 填埋 | 焚烧 | 堆肥 |
| 最终处置 | 无 | 残渣需作处置,占初始量的10%~20% | 非堆肥物需作处置,占初始量的25%~35% |
| 产品市场 | 有沼气回收的填埋场,沼气可作发电等利用 | 热能或电能易为社会使用 | 落实堆肥市场有一定困难,需采用多种措施 |
| 能源化意义 | 部分有 | 部分有 | 无 |
| 资源利用 | 恢复土地利用或再生土地资源 | 垃圾分选可回收部分物质 | 作农肥和回收部分物资 |
| 地面水污染 | 有可能,但可采取措施防止污染 | 残渣填埋时与填埋方法相仿 | 无 |
| 地下水污染 | 有可能需采取防渗保护,但仍有可能渗漏 | 无 | 可能性较小 |
| 大气污染 | 可用导气、覆盖等措施控制 | 烟气处理不当时大气有一定污染 | 有轻微气味 |
| 土壤污染 | 限于填埋区域 | 无 | 需控制堆肥有害物含量 |
| 管理水平 | 一般 | 较高 | 较高 |
| 投资运用费用 | 最低 | 最高 | 较高 |

(五)城市固体废物收运处理设施规划

通常把从整体上改善环境卫生和限制生活废弃物影响范围功能的容器、构筑物、建筑物称为环境卫生设施。进行环境卫生设施的布局,确定用地范围,划分收集区域是城市环境卫生工程系统规划的重要内容。本部分主要介绍涉及城市固体废物收集、运输、处理、处置等过程的环境卫生设施。

1. 废物箱

废物箱是设置在公共场合,供行人丢弃垃圾的容器,一般设置在城市街道两侧和路口、居住区或人流密集地区。废物箱应美观、卫生、耐用,并防雨、阻燃。废物箱设置间隔规定如下:商业大街设置间距50~100m,交通干道100~200m,一般道路200~400m,居住区内主要道路可按100m左右间隔设置。车站、码头、广场、体育场、影剧院、风景区等公共场所,应根据人流密度合理设置。

2. 垃圾管道

低层和多层住宅不宜设置垃圾管道,中高层和高层住宅可以设置垃圾管道。垃圾管道的有效断面不得小于$0.6m \times 0.6m$。每层应设倒垃圾小间。垃圾管道底层须设有专用垃圾间,垃圾间内应设排水沟,并应便于机械装运。

3. 垃圾容器和垃圾容器间

垃圾容器指储存垃圾的垃圾箱(桶)。垃圾容器间是指存放垃圾容器的构筑物,其可以独立设置,也可以依附于主体建筑物。供居民使用的生活垃圾容器,以及袋装垃圾收集堆放点的位置要固定,既应符合方便居民和不影响市容观瞻等要求,又要利于垃圾的分类收集和机械化清除。生活垃圾收集点的服务半径一般不应超过70m。在新建住宅区,未建垃圾管道的多层住宅，一般每四幢设一个垃圾收集点，并建造生活垃圾容器间，安置活动垃圾箱（桶）。生活垃圾容器间内应设通向污水管的排水沟，地面应易于清洗。

医疗废物及其他危险废物必须单独存放，不能混合于生活垃圾。

各类垃圾容器的容量按使用人口、垃圾日排出量和垃圾容器的容积计算。垃圾容器的总容纳量必须满足使用需要，避免垃圾溢出而影响环境。

1）垃圾容器日排垃圾量的计算

$$Q = RCA_1A_2$$

式中　$Q$——设置地区日排出垃圾的平均量；

　　　$R$——设置地区居住人口总量；

　　　$C$——测定日平均排出量；

　　　$A_1$——垃圾日排量不均匀系数，取 1.1~1.15；

　　　$A_2$——居住人口变动系数，取 1.02~1.05。

2）垃圾排出量折合排出体积计算

$$V_{平均} = QA_3/D$$
$$V_{max} = KV_{平均}$$

式中　$V_{平均}$——垃圾排出平均总体积；

　　　$A_3$——垃圾容量变动系数，取 1.1~1.25；

　　　$D$——垃圾平均密度，取 0.55t/m³；

　　　$K$——垃圾高峰排量变动系数，取 1.5~1.8；

　　　$V_{max}$——垃圾日排量最大体积。

3）收集点的垃圾容器设置数量计算

$$N_{平均} = V_{平均}A_4/BE$$
$$N_{max} = V_{max}A_4/BE$$

式中　$B$——垃圾容器利用系数，取 0.75~0.9；

　　　$E$——单只垃圾容器容积；

　　　$N_{平均}$——需要设置的垃圾容器数量；

　　　$N_{max}$——需要设置的垃圾容器最大数量；

　　　$A_4$——垃圾清除周期，每日清除 1 次时，取 1；每日清除 2 次时，取 0.5；每 2 日清除 1 次时，取 2，以此类推。

4. 垃圾压缩站

采用垃圾袋装，上门收集的城市，为减少垃圾容器和垃圾容器间的设置，集中设置具有压缩功能的垃圾收集点，称为垃圾压缩站。垃圾压缩站兼起收集点和转运站的功能。垃圾压缩将产生较大量的污水，站内必须设排水沟，与城市污水管道或化粪池相接。垃圾压缩站的服务半径不超过 800m。用地要求：1 箱站 6m×15m；二箱站中 10t 站 12m×15m，16t 站 12m×17m；3 箱站 17m×15m。垃圾压缩站四周距住宅至少 8~10m。压缩站应设在交通通畅的道路旁，便于车辆进出掉头。

## 5. 垃圾转运站

把用中、小型垃圾收集运输车分散收集到的垃圾集中起来，并借助于机械设备转载到有大型运输工具的中转设施，称为垃圾转运站。转运站的选址应可以靠近服务区域中心或垃圾产量最多的地方，周围交通应比较便利。在具有铁路及水运便利条件的地方，当运输垃圾产量较多时，周围交通应比较便利。在具有铁路及水运便利条件的地方，当运输距离较远时（如大于50km），宜设置铁路及水路运输垃圾转运站，转运站内必须设置装卸垃圾的专用站台或码头。

垃圾转运站的设置数量和规模取决于垃圾转运量、收集范围和收集车辆类型等。垃圾转运量，应根据服务区域内垃圾高产月份平均日产量的实际数据确定，无实际数据，按下式计算：

$$Q = \delta nq/1000$$

式中　$Q$——转运站的日转运量（t/d）；

$n$——服务区域的实际人数；

$q$——服务区域居民垃圾平均日产量[kg/（人·d）]，按当地实际资料采用，无当地实际资料时，垃圾人均日产量可采用1.0~1.2kg/（人·d），绿化率低的地方取高值，气化率高的地方取低值（气化率指城市居民使用燃料中燃气的使用百分率）；

$\delta$——垃圾产量变化系数。按当地实际资料采用，如无实际资料时，$\delta$值可取1.3~1.4。

小型转运站每2~3km²设置1座，用地面积不小于800m²，与周围建筑物间隔不小于5m；垃圾运输距离超过20km，需设大、中型转运站，用地面积根据日转运量定（表9-6）。

垃圾转运站的用地标准　　　　　　　表9-6

| 规模 | 转运量（t/d） | 用地面积（m²） | 相邻建筑间距（m） | 绿化隔离带宽度（m） |
|---|---|---|---|---|
| 小型 | ≤150 | ≤3000 | ≥10 | ≥5 |
| 中型 | 150~450 | 2500~10000 | ≥15 | ≥8 |
| 大型 | >450 | >8000 | ≥30 | ≥15 |

注：1. 表中转运量按每日工作一班制计算；
　　2. 依据《城镇环境卫生设施设置标准》（CJJ 27—2005）。

转运站的总平面布置应结合当地情况。经济合理，大、中型转运站应按区域布置，作业区宜布置在主导风向的下风向；站前布置应与城市干道及周围环境相协调；站内排水系统应采用分流制，污水不能排入城市污水管道，则应设污水处理装置，转运站内的绿化面积为10%~30%。大、中型转运站应配备一定数量的运输车辆。

为适应垃圾产量的变化和自然气候变化给垃圾日产、日清业务造成的影响，应设置具有生活垃圾固定应急收集、贮存、堆放和转运功能的应急生活垃圾堆积转运场。其位置可置于城市近郊，并按专业工作区域和垃圾流向设置。

6. 垃圾码头

垃圾码头设置要有供卸料、停泊、调档等使用的岸线，还应有陆上空地作为作业区，陆上面积用以安排车道、大型装卸机械、仓储管理等项目用地。陆上面积按岸线规定长度配置，每米岸线配备不少于 $40m^2$ 的陆上面积。有条件的码头，应预留改造集装箱专业码头的用地。码头应有防尘、防臭、防散落下河（海）的设施。

设置码头的岸线长度，应根据装卸量、装卸生产率、船只吨位、河道允许船只停泊档数确定。

7. 垃圾堆肥、焚烧处理厂

处理厂应设置在水陆交通方便的地方，可以靠近污水处理厂，便于综合处理污泥。在保证与建筑物有一定隔离的情况下，处理厂应尽量靠近服务中心。处理厂用地面积根据处理量、处理工艺确定，可参照表 9－7 确定。

**垃圾堆肥、焚烧处理厂用地指标**　　　　表 9－7

| 垃圾处理方式 | 用地指标（$m^2/t$） | 垃圾处理方式 | 用地指标（$m^2/t$） | 垃圾处理方式 | 用地指标（$m^2/t$） |
| --- | --- | --- | --- | --- | --- |
| 表态堆肥 | 250～330 | 动态堆肥 | 180～250 | 焚烧 | 90～120 |

8. 卫生填埋场（厂）

卫生填埋场的选址是环境卫生工程系统规划中的一项重要内容，它对城市布局、交通区位、项目的经济性等都有影响。场址选择应努力达到以下的目标：最大限度地减少对环境的影响；努力减少投资费用；尽量使建设项目的要求与场地特点相一致；尽量得到当地社区的支持与认可。

场址选择应考虑以下的因素。

1）垃圾的性质

依据垃圾的来源、种类、性质和数量确定可能的技术要求和场地规模。应有充分的填埋容量和较长的使用期，一般为 10 年以上，特殊情况不应低于 8 年。

2）地形条件

能充分利用天然洼地、沟壑、峡谷、废坑，便于施工；易于排水，避开易受洪水泛滥或受淹地区。

3）水文条件

离河岸有一定距离的平地或高地，避免洪水漫滩，距人畜供水点至少 800m。底层距地下水位至少 2m；厂址应远离地下水蓄水层、补给区；地下水应流向厂址方向；厂址周围地下水不宜作水源。

4）地质条件

基岩深度大于 9m，避开坍塌地带、断层区、地震区、矿藏区、灰岩坑及溶岩洞区。

5）土壤条件

土壤层较深，但避免淤泥区，容易取得覆盖土壤，土壤容易压实，防渗能力强。

6）气象条件

蒸发量大于降水量，暴风雨的发生率较低，具有较好的大气混合、扩散条件，避开高寒区。

7）交通条件

要方便、运距较短，且具有可以使用的全天候公路。

8）区位条件

远离居民密集地区，在夏季主导方向下方，距人畜居栖点 800m 以上。远离动植物保护区、公园、风景区、文物古迹区、军事区。

9）土地条件

容易征用土地和取得社会支持，并便于改造开发。

10）基础设施条件

场址处应有较好的供水、排水、供电、通信条件。填埋厂排水系统的汇水区要与相邻水系分开。

填埋场地的面积和容量与服务人口数量、垃圾的产量、废物填埋高度、垃圾与覆盖材料之比及填埋后的压实密度有关。

填埋场的平面布置除了主要生产区外，还应有辅助生产区：包括洗车台、停车场、油库、仓库、机修车间、调度室等；管理区：包括生产生活用房。

填埋场填埋完工后，至少 3 年内（即不稳定期）封场监测，不准使用。经鉴定达到安全期时方可使用，可用作绿化用地、造地种田、人造景园、堆肥场、无机类物资堆放场等。未经长期观测和环境专业鉴定之前，填埋场地绝对禁止作为工厂、住宅、公共服务、商业等建筑用地。

二、城市公共厕所与粪便处理设施布局要求

（一）公共厕所规划

公共厕所是城市公共建筑的一部分，是市民反映敏感的环境卫生设施，其数量的多少，布局的合理与否，建造标准的高低，直接反映了城市的现代化程度和环境卫生面貌。城市环境卫生工程系统规划应对公共厕所的布局、建设、管理提出要求，按照全面规划，合理布局，美化环境，方便使用，整洁卫生，有利排运的原则统筹规划。公共厕所的建设投资较高，占地面积也相当可观，所以如何既能满足城市居民和流动人口的需要，又能节省投资和用地是规划时应考虑的问题。

1. 公共厕所的布局要求

城市中下列范围应设置公共厕所：广场和主要交通干路两侧；车站、码头、展览馆等公共建筑附近；风景名胜古迹游览区、公园、市场、大型停车场、体育场（馆）附近及其他公共场所；新建住宅区及老居民区。

公共厕所的设置数量，可以参照如下要求：

（1）主要繁华街道公共厕所之间的距离宜为 300~500m，流动人口高度密集的街道宜小于 300m，一般街道公厕之间的距离以 800~1000m 为宜。居民区为 500~800m（宜建在本区商业网点附近）。

（2）旧区成片改造地区和新建小区，每平方公里不少于 3 座。

（3）城镇公共厕所一般按常住人口 2500~3000 人设置 1 座。

（4）街巷内建造的供设有卫生设施住宅的居民使用的厕所，按服务半径 70~100m 设置 1 座。

公共厕所建筑面积规划指标按如下要求确定：

（1）新住宅区内公共厕所：千人建筑面积指标为 $6~10m^2$。

（2）车站、码头、体育场（馆）等场所的公共厕所：千人（按一昼夜最高聚集人数计）建筑面积指标为 $15~25m^2$。

（3）居民稠密区（主要指旧城未改造区内）公共厕所：千人建筑面积指标为 $20~30m^2$。

（4）街道公共厕所：千人（按一昼夜流动人口计）建筑面积指标为 $5~10m^2$。

（5）城镇公共厕所建筑面积一般为 $30~50m^2$。

公共厕所的用地范围是距厕所外墙皮 3m 以内空地。如受条件限制，则可靠近其他房屋修建。有条件的地区应发展附建式公共厕所，其应结合主体建筑一并设计和建造。

公共厕所的粪便严禁直接排入雨水管、河道或水沟内。有污水管道的地区，应排入污水管道；没有污水管道的地区，应建化粪池或贮粪池等排放系统。采用合流制下水道而没有污水处理厂的地区，水冲式公共厕所的粪便、污水，应经化粪池后方可排入下水道。

（二）粪便处理规划

粪便也是城市中主要的固体废物，其量大面广，对城市环境影响很大。粪便的收集、清运、处理和处置是城市环境卫生工作的一项重要内容，应在城市环境卫生工程系统规划中给以明确反映。

1. 粪便收运

据统计和测算，城市居民每人每年平均排泄人粪 90kg 左右、人尿 700kg 左右。

城市粪便来源于公共厕所和居民住宅厕所。城市粪便主要有两种方式运出城市：一种是直接或间接（经过化粪池）排入城市污水管道、进入污水处理厂处理；另一种是由人工或机械清淘粪井和化粪池的粪便，再由粪车汇集到城市粪便收集站，最后运往粪便处理场或农用。目前我国城市污水管网和处理设施还不完善，第二种方式还将长期存在并发挥作用。目前，我国城市粪便收运机械化程度已超过 80%，主要机械是吸粪车。但在条件受到限制的地方，还采用人工淘粪的形式。随着城市规模的扩大和近郊农地的非农业化，粪便运距越来越远，还需设中转设施。

2. 粪便处理技术概述

粪便资源化，用其作为肥料和土壤调节剂具有悠久历史，但粪便中含有多种病源体，所以必须进行无害化处理。城市粪便的最终出路有两条：一条是经处理后排入水体；另一条是经无害化卫生处理后用于农业，作为农用肥料，进行污水灌溉和水生物养殖。

粪便排入水体前，可以并入城市污水处理厂处理，也可以建单一的粪便处理厂处理。粪便处理厂采用物理、生物、化学的处理方法，将粪便中的污染物质分离出来，或将其转化为无害的物质使粪便得到相对净化，达到水质标准要求。粪便处理方法的选择应考虑粪便的性质、数量以及排放水体的环境要求。通常的粪便处理工艺过程分3个阶段：首先是预处理，去除悬浮固体，主要构筑物有接受沉砂池、格栅、贮存调节池、浓缩池等；其次是主处理，使固体物变为易于分离的状态，同时使大部分有机物分解，主要构筑物为厌氧消化池，或好氧生物处理构筑物，或湿式氧化反应池；第三阶段是后处理，将上清液稀释至类似城市生活污水的水质，采用城市生活污水处理的常规方法进行处理。

粪便经过无害化处理后用于农业，可以化害为利，变废为宝，是我国现阶段粪便出路的最好的方式，但由于种种原因，粪便的农业利用已受到限制。加强粪便的无害化处理，拓宽有机肥运售渠道，还是很有前途的。粪便无害化卫生处理要求基本杀灭其中的病原体（病毒、细菌和寄生虫），完全杀灭苍蝇的幼虫，并能控制苍蝇繁殖，同时促使粪便中含氮有机物分解，防止肥效损失，从而使粪便达到无害化、稳定化。其基本方法有高温堆肥法、沼气发酵法、密封贮存池处理、三格化粪池处理等。

3. 城市粪便收运处理设施规划

1）化粪池

化粪池功能是去除生活污水中可沉淀和悬浮的污物（主要是粪便），并贮存和厌氧消化沉淀在池底的污泥。化粪池有圆形和矩形之分，实际使用以矩形为多，规定长、宽、深分别不得小于10m、0.75m和1.3m。化粪池多设在楼幢背侧靠卫生间的一边，公共厕所的化粪池也宜设在北面或人们不经常停留、活动之处。化粪池设置的位置应便于机械清掏。化粪池距地下水取水构筑物不得小于30m，化粪池壁距其他建筑物外墙不宜小于5m。在没有污水管道的地区，必须建化粪池。有污水管理的地区，是否建化粪池视当地情况而定。

2）贮粪池

贮粪池作为城市粪便的集中贮运点，具有初步的无害化功能。贮粪池一般建在郊区，周围应设绿化隔离。贮粪池封闭，并防止渗漏、防爆和沼气燃烧。贮粪池的数量、容量和分布，应根据粪便日储存量、储存周期和粪便利用等因素确定。

3）粪便码头

设置要求同垃圾码头。

4）粪便处理厂

粪便处理厂选址应考虑下列因素：位于城市水体下游和主导风向下侧；有良好的工

程地质条件；有良好的排水条件，便于粪便、污水、污泥的排放和利用；有便捷的交通运输条件和水、电、通信条件；不受洪水威胁；远离城市居住区和工业区，有一定的卫生防护距离；拆迁少，不占或少占良田，有远期扩展的可能。

粪便处理厂占地与处理量、工艺方法、使用年限等有关。部分处理工厂的用地指标如表9-8所示。厂区的绿化面积不小于30%。

**粪便处理厂部分工艺方法用地指标**　　　　　　　　　　表9-8

| 粪便处理方式 | 用地指标（m²/t） | 粪便处理方式 | 用地指标（m²/t） | 粪便处理方式 | 用地指标（m²/t） |
|---|---|---|---|---|---|
| 厌氧（高温） | 20 | 厌氧—好氧 | 12 | 稀释—好氧 | 25 |

### 三、城市环卫机构和工作场所布局要求

凡在城市或某一区域内负责环境卫生的行政管理和环境卫生专业业务管理和组织称为环境卫生机构。环境卫生基层机构一般是指按街道设置的环境卫生机构。

环境卫生基层机构为完成其承担的管理和业务职责需要的各种场所称为环境卫生基层机构的工作场所。

城市规划必须考虑环卫机构和工作场所的用地要求。

（一）环境卫生基层机构的用地

环境卫生基层机构的用地面积和建筑面积按管辖范围和居住人口确定。

环境卫生基层机构的用地指标按表9-9确定。

**环境卫生基层机构用地指标**　　　　　　　　　　表9-9

| 基层机构设置（个/万人） | 万人指标（m²/万人） | | |
|---|---|---|---|
| | 用地规模 | 建筑面积 | 修理工棚面积 |
| 1/1~5 | 310~470 | 160~240 | 120~170 |

注：1. 表中"万人指标"中的"万人"，系指居住地区的人口数量；
   2. 环境卫生基层机构应设有相应的生活设施。

（二）环境卫生车辆停车场、修造厂

市、区、镇环境卫生管理机构应根据需要建立环境卫生汽车停车场、修造厂。环境卫生汽车停车场和修造厂的规模由服务范围和停放车辆数量等因素确定。环境卫生汽车停车场用地可按每辆大型车辆和用地面积不少于200m²计算。环境卫生的车辆、机具、船舶等修造厂的用地，根据生产规模确定。

（三）环境卫生清扫、保洁人员作息场所

在露天、流动作业的环境卫生清扫、保洁人员工作区域内，必须设置工人作息场所，以供工人休息、更衣、淋浴和停放小型车辆、工具等。作息场所的面积和设置数量，一般以作业区域的大小和环境卫生工人的数量计算。计算指标按表9-10的规定。

**环境卫生清扫、保洁人员作息场所设置指标**　　　　　表 9-10

| 作息场所设置数<br>(个/万人) | 环境卫生清扫、保洁工人平均占有建筑面积<br>(m²/人) | 每处空地面积<br>(m²/人) |
|---|---|---|
| 1/0.8~1.2 | 3~4 | 20~30 |

注：表中"万人"，系指工作地区范围内的人口数量。

### (四) 水上环境卫生工作场所

水上环境卫生工作场所按生产、管理需要设置，应有水上岸线和陆上用地。水上专业运输应按港道或行政区域设船队，船队规模根据废弃物运输量等因素确定，每队使用岸线为 150~180m，陆上用地面积为 1000~1200m²，且内设生产和生活用房。

水上环境卫生管理机构应按航道分段设管理站。环境卫生水上管理站每处应有趸船、浮桥等。使用岸线每处为 120~150m，陆上用地面积不少于 1200m²。

### (五) 涉外环境卫生设施及环境卫生专用车辆通道布局

1. 涉外环境卫生设施布局要求

涉外环境卫生设施可参照手册的有关内容设置，并提高设施的建设标准，设置内容和标准应经环境卫生主管部门核准。其生活垃圾收集应容器化，并应分类存放，容器应封闭，严禁垃圾裸露。其他垃圾应在指定区域内堆放。

2. 环境卫生专用车辆通道布置

通往环境卫生设施的环境卫生专用车辆的通道，应满足环境卫生专用车辆进出通行和作业的需要。通往环境卫生设施的通道应按现行《城市道路设计规范》的有关规定设计。通往环境卫生设施的通道应满足下列要求：

(1) 新建小区和旧城区改造应满足 5t 载重车通行，设计车速不超过 15km/h；

(2) 旧城区至少满足 2t 载重车通行；

(3) 生活垃圾转运站的通道应满足 5~30t 载重车通行；

(4) 目前某些狭窄路段不符合上述规定的应逐步改造。各种环境卫生设施作业车辆吨位范围如表 9-11 所示。

**各种环境卫生设施作业车辆吨位范围**　　　　　表 9-11

| 设施名称 | 新建小区 (t) | 旧城区 (t) |
|---|---|---|
| 化粪池 | ≥5 | 2~5 |
| 垃圾容器设置点 | 2~5 | ≥2 |
| 垃圾转运站 | 5~30 | ≥5 |

通往环境卫生设施的通道的宽度不小于 4m。环境卫生车辆通往工作点倒车距离不大于 30m，作业点必须调头时，应有足够的回车余地，至少保证有 150m² 的空地面积。

## 四、城市保洁规划

### （一）城市道路保洁规划

为了维护城市道路和公共场所清洁，需要进行清扫和环境卫生保持工作。环境卫生工程系统规划应对保洁范围、保洁标准、清洁路线和时间、清扫方式等提出要求，指导环卫工作的开展。城市道路的清扫方式应向机械清扫和真空吸收的方向发展。

城市道路保洁的范围应为车行道、人行道、车行隧道、人行过街地下通道、地铁站、高架路、人行过街天桥、立交桥及其他设施等。

路面冲洗和洒水时需要专门的洒水车和马路冲洗车辆，它们由设于街道旁的供水器供水。供水器可利用现有消火栓或另设环境卫生专用供水器。供水器间隔根据道路宽度和专用车辆吨位确定，可参照表9-12确定。

供水器间隔  表9-12

| 道路级别 | 道路宽度（m） | 供水器间隔（m） | 道路级别 | 道路宽度（m） | 供水器间隔（m） |
| --- | --- | --- | --- | --- | --- |
| 快速干道 | 40~70 | 600~700 | 商业文化大街 | 20~40 | 700~1000 |
| 主干道 | 30~60 | 700~1000 | 支路 | 16~30 | 1200~1500 |

注：表中"供水器间隔"通用5t以上车辆。当车辆吨位小于5t时，间隔应适当缩短。

### （二）城市水面保洁规划

城市内部河湖水面或近江、近海水面通常是城市重要的景观点或景观轴，具有较强的观赏或娱乐功能。所以对城市内河湖水面保洁也是环卫工作的内容。水面保洁的工作量视水面漂浮物密度和水面重要程度而定，重要的观赏娱乐水面往往要一天打捞多次，才能保持水面清洁。打捞方式一般是人工与机械并重。较宽水面（10m以上）可采用机械清扫船，否则采用人工打捞船。应具备与水上垃圾收运船只配套的陆上垃圾车，用于转运水上垃圾。水域面积较大或河网密集的，应设水上环卫工作点。

### （三）车辆清洗站规划

机动车辆（客车、货车、特种车等）进入市区或在市区行驶时，必须保持外形完好、整洁。凡车身有污迹、有明显浮土，车底、车轮附有大量泥沙，影响市区环境卫生和市容观瞻的，必须对其清洗。通常在车辆进场的城区与郊区接壤处建造进城车辆清洗站。其选址要考虑道路和车流量情况，既能保证清洗车辆，又不至于影响交通。城市进城道路较多，应考虑分别设置。清洗站的规模与用地面积根据每小时车流量与清洗速度确定。清洗站内设自动清洗装置，洗涤水经沉淀、除油处理后就近排入城市污水管网。

## 第三节 城市环境保护与环境卫生发展动态

### 一、城市环境保护的发展动态

#### （一）国内城市环境保护动态

1. 清洁能源的开发

风是人类最早有意识利用的能源之一，由于风力发电具有环境保护的独特优势，随着发达国家对 $CO_2$ 减排义务的承诺，风力发电受到了众多国家的重视。

我国联网型风力发电在 20 世纪 80 年代初开始起步，起步虽较晚，但发展很快，到 2000 年底已经安装了 344MW。早在 1989 年广东省南澳岛就立足当地资源优势，着手建设风力发电场，先后从瑞典、丹麦、美国等国家引进风力发电机，使主岛风力发电机达 135 台，总装机容量达 53.540MW，年可发电 1.4 亿 $kW·h$，成为亚洲沿海最大的风力发电场和世界开发风能资源的重点示范区域。风力发电场分期投产 11 年来，累计发电近 3 亿 $kW·h$，创产值 1.9 亿元。

2001 年 5 月，北京市延庆县在康庄镇建一座风力发电厂，昔日的康庄镇大风口将要变成输送电力的聚宝盆。发电厂将建在康西草原及其周围地区，计划占地 30 亩，总装机 200MW，分三期完成，"十五"期间完成 100MW。电厂建成后可每年向电网输送电力 5 亿 $kW·h$，创产值 3 亿元。同时，电厂的 200 个发电风塔还将成为康西草原的一道独特景观。

2001 年 6 月，上海市电力公司在京与世界银行签署了项目协议，世界银行将提供 1300 万美元的贷款，项目总投资 1.92 亿元人民币。上海市电力公司将与国家电力公司、上海电力实业总公司一起共同建设上海风力发电项目。这是上海第一个风力发电示范项目，它将在上海电力发展史上实现风电"零"的突破。

当然我国发展风能也不是没有困难，风电项目建设的障碍主要是缺乏大规模的投资者、风资源的不确定性、前期测风工作不足以及如何促进风电机组的本地化生产等。虽然，还有这些技术、经济和政策问题需要解决，但相信伴随着加入 WTO 的契机，政府重视程度的不断加大和各项鼓励性政策的出台，有能力的国内外企业必将大举进军我国风能市场，我国的风能事业必将有一个美好的前途。

2. 城市环保产业的兴起

环保产业是一项新兴的"朝阳产业"，也是控制污染、改善环境必不可少的技术支撑和物质基础。环保产业分直接环保产业和间接环保产业两类。前者为环保设备与装备、环保技术开发等产业，后者为生产各种对环境有益产品的农业。发达国家城市的环保产业已与金融、电子等产业并驾齐驱，成为支柱产业。美国已形成 1300 亿美元以上的环保产业，规模超过了计算机、制药等重要行业；加拿大的环保产业已成为该国的第五大产业；日本的环保产业发展速度为各产业中的第二位。预测到 2020 年全球环保产业的总产值将达到 7500 亿元（直接环保产业）。

我国环保产业经过 20 多年的改革与发展，已成为产业领域的一个新的增长点。根据全国环保产业调查的情况来看，我国环保产业从业企事业单位总数已达 9090 个，员工 169.9 万，年产值为 521.7 亿元，占全国工业总产值的 1.6%。

我国《国家环境保护"十一五"规划》明确提出大力发展环保产业，使环保产业成为新的经济增长点。打破部门垄断和地区分割，建立正常的生产流通秩序，构筑面向市场的环保技术服务体系和公平有序的市场运行机制。通过环境标准、技术政策、示范工程和重点实用技术等引导环保产业发展。推进环保资质认可。建立和完善环保设施运营资质、环境监测仪器、机动车排放污染检测、环境工程设计等认证认可制度，以及基于第三方中介为主体的、与国际惯例接轨的 ISO14000 环境管理体系、环境保护产品、环境标志产品及环境技术认证制度。大力发展国内环保咨询服务业，培育环保技术服务市场，形成以市场为导向的环保技术推广转让机制。促进环保设施运营企业化、专业化和市场化。

加强环境保护关键技术和工艺设备的研究开发，加快发展环保产业。结合产业结构调整，鼓励大中型企业进入环保产业，建设环保产业园区和产业基地，加速关键环保设备的国产化，促进重大环保设备的成套化、系列化和标准化。重点发展污水处理成套设备、垃圾处理成套设备、工业有机废气净化设备、烟气脱硫成套设备、医疗废物及其他危险废物无害化处理设备、环境监测仪器。提高国产环保设备的技术水平和国际竞争能力。

(二) 国外环境保护发展动态

1. 环境保护发展与相应的管理制度的紧密结合

1971~1992 年，全世界用于交通部门的能源年平均增长 2.7%，比工业部门和其他能源使用部门增长得更快。这些能源消耗导致局域性和全球性的空气污染，并且带来了经济负担，尤其是本国能源资源贫乏的国家。

实际上，汽车所产生的空气污染量比任何其他单一的人类活动产生的空气污染量都多。全球因燃烧矿物燃料而产生的一氧化碳（CO）、碳氢化合物（HC）和氮氧化物（$NO_x$）的排放量，几乎 50% 来自于汽油机和柴油机。在城市的中心，特别是在拥挤的街道上，车辆交通是造成空气中 CO 含量的 90%~95%、$NO_x$ 和 HC 含量的 80%~90% 以及大部分的颗粒物的原因，成为人类健康和自然资源的最大威胁。

在发达国家的城市中，汽车排放成为空气质量的最大威胁。1998 年，美国的交通排放源是造成 78.6% 的 CO、53.3% 的 $NO_x$、43.5% 的挥发性有机化合物（VOCs）以及 25.4% 的颗粒物（PM10）的原因。

国际上发达国家对在用车有比较成熟的污染控制体系，其主要制度称为 I/M 制度，即在用车检查/维修制度。它通过定期监测的方式，及时发现排放状况不佳的车辆，使其有关部件得到清洗、更换或正确调整，从而恢复到正常工作状态。它的作用主要表现在两个方面：一是它可以识别出有系统故障从而导致排放超标的高排车，一般这样的车辆占机动车保有量的比例并不高，但是它对污染的贡献率却很大。大量研究表明，5% 的高排车的污染物占机动车排放总量的 25%，15% 的机动车占总排放的 43%，而 20% 的机动车引起的污染占机动车总排放的 60%，因此，识别出这些车辆就具有重大的意义。二是它可以确定机动车的故障根源，对车辆进行维修，并督促车主加强维护，从而使机动车在其整个生命周期中，控制排放技术能一直发挥效用。

目前美国、日本、欧洲众多发达国家已对轻型车建立定期的 I/M 制度，其中部分国家已将这一制度扩展到重型卡车和摩托车上。

2. 能源与其相关的环保技术发展

21 世纪的新能源和新技术发电以及与其相关的环境保护技术，已经成为能源界的新课题。为了解决能源和环保问题，世界各发达国家都出台了相应的政策和措施，以适应能源和环保技术的研究和开发。

日本政府曾经对环境保护问题提出了"三位一体"的基本方针，即环境保护（Environmental Protection）、经济成长（Economic Growth）、能源供给安全稳定（Energy Security），也被称为"3E 方针"。在《地球再生计划书》中，计划到 2100 年要将目前温室效应产生的二氧化碳气体削减 6%，并以此作为解决地球温暖化的措施。为了加速推动与能源、环保相关技术的开发研究，从 1993 年 12 月开始，日本实施了"新阳光计划"，在产业、学校和政府联合开发的体制下，有计划地推进太阳能、地热、氢能、超导技术，及 $CO_2$ 海洋贮存等新技术和节能技术。

荷兰在一次能源供给中，天然气所占的比例极高，所以就能够顺利通过燃料的选择来削减 $CO_2$ 的排放量，因而该国技术开发的重点措施也就放到了再生能源的利用和提高能源的效率上。

挪威及瑞典，其电力供应主要是水力发电（瑞典有一部分是核电），目前决定暂缓核电建设，相应增加部分燃气火力发电设备（打算从丹麦利用管道输送气体），并积极推进生物工程和风力发电等再生能源的利用。

二、城市环境卫生的发展动态

（一）国内城市环境卫生发展动态

1. 城市环境卫生管理信息化的发展

城市环境卫生管理涉及面广，包含内容多，其中不仅包含了非位置信息，也含有不少位置信息（如垃圾站点、公厕、果壳箱等）。充分、快速、实时地了解和掌握城市环卫管理的各属性信息，既是环卫部门有效管理的基础，也是决策部门正确制定城市环卫发展规划及相关政策的重要依据。

目前我国城镇环卫部门对于这些信息的管理，大都停留在卡片、图纸及表格等原始资料的人工管理阶段，存在着数据信息在存储、管理上人力、物力的浪费，分类、检索困难，定量、定位分析薄弱，正确性、实时性差。一些城市定位分析薄弱，正确性、实时性差。建立有一定通用性的城市环卫信息数据库管理系统，实现环卫信息数据的统一管理与共享，对提高信息应用水平和管理效率是十分必要的。一些城市建立了一定通用性的城市环卫信息数据库管理系统，实现环卫信息数据的统一管理与共享，提高信息应用水平和管理效率。

以常州市为例,常州市环卫管理信息数据库系统的内容主要有道路清扫保洁、公共厕所、环卫车辆、垃圾站点、清运处理及从业人员六个方面。具体数据库有道路清扫保洁数据库、公共厕所数据库、环卫车辆数据库、垃圾站点数据库、垃圾清运处理数据库、从业人员数据库、环卫地理信息图。在用户成功登录之后,系统维护菜单将被激活,用户即可对数据进行维护工作。如单击"道路保洁"下拉菜单,再点击"道路保洁"选项,就可对道路数据进行处理了。在此界面上可填入数据,并可实现数据查询、删除、修改、报表等功能。信息数据库系统的使用,使信息的定位、贮存、检索、查询和处理自动化,提高了常州市环境卫生信息管理的科学化水平。

2. 生态公厕的发展与应用

公共厕所是城市公共建筑的一部分,是市民反映敏感的环境卫生设施,其数量的多少,布局的合理与否,建造标准的高低,直接反映了城市的现代化程度和环境卫生面貌。

浙江金华市的生态公厕项目是金华市政府以生态的观点指导建设,吸取群众实践经验形成的生态建筑构思,首先在公厕上试点的。1990年着手试验,1991年7月首座生态公厕试点成功,到年底首批4座生态公厕试点全部建成。该项目于1992年9月通过浙江省科委科技成果鉴定。国家专利局于1994年4月正式授权该技术为发明专利。至2001年,金华市区已建成生态公厕65座,金华全市已建成生态公厕293座,全省36个设市城市和一些县、城镇都已推广生态公厕,全国20多个省、市采用该技术。

这种生态公厕采用沼气净化池替代普通化粪池,将粪便污水就地、分散、无害化处理,达到二级综合排放的标准;开展屋顶种植和蓄水养殖,有效地利用城市土地;利用沼气发酵液替代城市自来水浇灌种植物,从而节约用水;墙体引藤垂直绿化。它是一个绿体,是自身良性循环的建筑物。

金华市推广这种生态厕所后,减轻了城镇污水处理厂的负荷和压力,增加了绿化面积,改善了生态环境。但有的地方生态公厕的建设没有和城市建设同步发展,规划实施的问题没有很好地落实。生态公厕建成后,一些地方的沼气没有利用,没有种植和管好绿化,没有利用沼液肥去浇灌种植物,没有按生态公厕的要求去管理生态公厕,使得生态厕所的使用上出现了问题。由于沼气净化池本身的建造要求等问题,生态厕所是否值得推广还有待商榷,但积极进行环境卫生的新方法探索的思路是值得学习的。

3. 生活垃圾的分类收集

为了更好地解决我国城市生活垃圾问题,进一步贯彻实施《固体废物污染环境防治法》和《城市市容和环境卫生管理条例》等法律、法规,2000年,建设部选择一些条件相对成熟的城市,开展生活垃圾分类收集试点。这些城市是北京、上海、广州、深圳、杭州、南京、厦门、桂林。

(二) 国外城市环境卫生的发展

1. 城市垃圾的运输收集

在日本,生活垃圾以焚烧为主,目前绝大多数垃圾由收集车辆直接运输到焚烧厂。

大件垃圾采取收集和运输合一的方式，使用密封性良好的运输车，防止扬尘。由于日本居民生活水平较高，家用电器等大件垃圾更新换代较快，因此在垃圾收集时，专门考虑了对大件垃圾的收集，大件垃圾车配备有粉碎装置。

新加坡的生活垃圾收集也是采取政府部门收运与私人收运相结合的方法。垃圾收运车辆吨位从 1.5~20t 不等，以 7t、4t 和 1.5t 的后装压缩车居多，达到 80% 左右。

在美国的旧金山市，垃圾收集和运输容器以及车辆由私人公司、单位自行购置或向租赁公司进行租赁，自行保管。垃圾产生者与垃圾收集、运输者约定每周收运垃圾的时间和次数，并支付收集、运输费用。垃圾收运公司上门作业时，根据不同地方特点及垃圾性质，配备不同的车型，一般城区居民生活垃圾的收集、运输采用后装式和侧装式垃圾收集车，旅馆、饭店等垃圾产生量大和环境要求高的区域，使用大型、高档的前装式和拉臂式集装箱收集车。为了安全倾倒，集装箱收集车还配备了光电控制装置。

**2. 信息技术的应用**

地理信息系统（GIS，Geographic Information System），是国际上 20 世纪 60 年代发展起来的一门新兴技术。地理信息系统（GIS，Geographic Information System）、遥感（RS，Remote Sensing）、全球定位系统（GPS，Global Position System）并称 3S 技术。

目前，美国、加拿大、澳大利亚等国家的许多城市早已把利用 3S 技术开发的管理系统应用于城市规划、市政设施、环境卫生等方面的管理。一方面，公众可及时获取信息，方便参与管理和监督；另一方面，管理部门能及时得到来自公众的反馈，为民主化、公开化管理提供了全方位的技术保证。

环境卫生 GIS 系统就是把与城市环境卫生有关，且具有地理分析性质的设施，如垃圾收集点、公共厕所、粪池点、保洁路段等以图标方式标注在以道路为主的地形图上。各种不同的设施分层存储，可以分层调用，图形本身可放大缩小或局域开窗显示。

环境卫生 GIS 系统具有图、文双向查询功能，即从图形元素查询到相应的文字资料，或从文字型的关键字查到与设施相关的地理位置图。使用该系统时，可进行单点查询，即查询某一区域内某一设施，点中之后，系统即以放大方式显示以该设施为中心的周边地形图及路名，同时给出该设施的外貌照片及详细信息。作为 GIS 系统特有的方式，还可进行区域查询，比如用户可以在已显示某一区域所有设施点的地图上用矩形方式、半径图方式，甚至任意多边形方式，框出一个特定区域，对区域内的环卫设施进行查询，还可对某一街道内的环卫设施进行查询等。

## 第四节　城市环境保护与环境卫生规划实例

### 一、城市总体规划层面的规划实例

河南省某城市位于中原腹地，历史悠久，属河南省经济较发达地区。现状城市人口规模为 15 万人，预测 2005 年达到 20 万人，2020 年达到 30 万人。城市人均建设用地指标 2000 年为 104.3$m^2$，规划 2005 年人均用地为 106$m^2$，用地规模 21.2$km^2$，2020 年为

110m², 建设用地总量控制在 33km² 左右。

(一) 环境保护规划

1. 现状存在问题

(1) 城区功能分区不合理，工业、商业、居住混杂。

(2) 城市集中供热发展缓慢，城区小锅炉没有及时取缔。

(3) 医疗废物尚未加强集中处理。

(4) 城市西侧主要河流河水水质由于上游来水影响，时常反弹，没有根本好转，为Ⅴ类水质区。

(5) 城市污水处理率较低，仅为 14.5%，城市污水处理回用率为零。

2. 环境保护目标

(1) 重点控制保护区：中心区。以行政、居住、商业为主，要求达到大气环境质量一级标准，噪声等效声级值昼间不大于 55dB，夜间不大于 45dB。

(2) 一般环境保护区：城北以医药、轻工为主，规划要求达到大气质量二级标准，噪声等效声级值昼间不大于 60dB，夜间不大于 50dB。

(3) 污染控制区：城西、城东，以电力、污染较重工业为主，大气环境质量控制在二级，噪声等效声级值昼间不大于 60dB，夜间不大于 50dB。

(4) 水质目标：城市西侧主要河流地面水质从目前Ⅴ类提高到Ⅳ类水质，城市东侧河流严禁未达标准的工业废水和未经初处理的生活污水排入水体，使该河水水质在当地水库断面以上保持Ⅲ类水质区，当地水库断面以下达到或优于Ⅳ类水质区。

(5) 其他：城市气化率不小于 90%，工业固体处置利用率不小于 90%，危险废物集中处置率为 100%，城市生活污水集中处理率不小于 60%，城市生活污水回收率不小于 30%，饮用水源水质达标率为 100%，建成区绿化覆盖率不小于 40%，汽车尾气达标率不小于 80%，城市生活垃圾无害化处理率不小于 80%；加快自然保护区、生态示范区建设与保护工作，自然保护区覆盖率不小于 8%，"十五"期间建成国家环保模范城市。

3. 环境保护措施

由于地处中原腹地，城市市区燃煤小锅炉煤烟型污染问题突出，城市燃用煤炭时含硫量很多，不符合国家有关规定的标准。虽然很多企业建设了废气处理设施或其他减排措施，但环保设施有时仍不能正常运行，从而大大增加了空气中二氧化硫的浓度，使环境恶化。采取以下措施，逐步控制环境污染，改善城市环境。

(1) 调整产业结构，尽量控制发展耗能量大的企业，能转产的转产，不能转产的近期内应予以关停。

(2) 推行清洁生产工艺。企业应当优先采用能源利用效率高、污染物排放量少的清洁生产工艺，减少大气污染的产生，对严重污染大气环境的落后生产工艺及严重污染大气环境的落后设备以及国家明令重建设的项目实行淘汰制度。

(3) 大力发展集中供热，减轻工业燃煤的污染，淘汰市区和集中供热区内的燃煤锅炉及大灶，对于新建成的工业窑炉、新安装的锅炉，烟尘排放不得超过国家规定标准。

（4）应对居民炉灶，限期实现燃用固硫型煤或其他清洁燃料，逐步替代直接燃用原煤，积极推行清洁燃料，提高居民气化率。居民气化率近期达到80%，远期为100%。

（5）建立医疗废物、危险废物集中处理厂，提高医疗废弃物、危险废弃物的处理能力。

（6）结合国家南水北调中线工程，西气东输工程，进一步调整市区内能源结构，提高城市环境基础建设设施水平。

（7）提高城市绿化覆盖率，强化饮用水源保护区。

（二）环境卫生规划

1. 现状存在问题

（1）生活垃圾处理设施不配套，垃圾处理较简易。

（2）城区无粪便处理系统，直接排放污染水体。

（3）环卫设备及环卫设施不足。

2. 规划

城区规划保留现有垃圾卫生填埋处理厂，完善城区垃圾收运系统，生活居住区完善配套化粪池，大型公共设施和市场用地应配套相应的公共厕所，旱厕逐步改造为水冲式公厕，加强公厕管理，改善城市环境卫生。提高市区粪便吸运机械化程度和贮粪能力。

二、城市详细规划层面的环境卫生规划实例

四川省某城市江南新区属大巴山、秦岭山脉平行岭谷地貌，地形呈波浪带状，谷地系统发达，由滨江向纵深地段枝状延伸。滨水岸线地形复杂，富于变化。规划地段滨水岸线形成凸岸，具有视觉发散性和外向性。该新区定位为该城市的商贸会展区，以商务办公、会展功能为主兼顾商贸活动的经济核心区域。本规划区范围内就业人口约5万~6万人，规划区总面积1.63km²。

垃圾收集站按800m服务半径控制，规划区设有8处，与公厕配合设置用地，与其他用地有充分隔离。

公厕的服务半径为500m，规划区设有18处，其中7处与垃圾收集站配合设置。在人流集中地段可结合其他建筑加设附建式公厕。

# 第十章

## 城市工程管线综合规划

### 第一节 城市工程管线综合规划范畴

城市工程管线种类多而复杂，根据不同性能和用途、不同的输送方式、敷设形式、弯曲程度等有不同的分类。

#### 一、按性能和用途分类

（1）给水管道：包括工业给水、生活给水、消防给水等管道。

（2）排水沟道：包括工业污水（废水）、生活污水、雨水、降低地下水等管道和明沟。

（3）电力线路：包括高压输电、高低压配电、生产用电、电车用电等线路。

（4）电信线路：包括市内电话、长途电话、电报、有线广播、有线电视等线路。

（5）热力管道：包括蒸汽、热水等管道。

（6）可燃或助燃气体管道：包括煤气、乙炔、氧气等管道。

（7）空气管道：包括新鲜空气、压缩空气等管道。

（8）灰渣管道：包括排泥、排灰、排渣、排尾矿等管道。

（9）城市垃圾输运管道。

（10）液体燃料管道：包括石油、酒精等管道。

（11）工业生产专用管道：主要是工业生产上用的管道，如氯气管道，以及化工专用的管道等。

#### 二、按输送方式分类

（1）压力管线：指管道内流动介质由外部施加力使其流动的工程管线，通过一定的加压设备将流体介质由管道系统输送给终端用户。给水、煤气、灰渣管道一般为压力输送。

(2) 重力自流管：指管道内流动着的介质因重力作用沿其设置的方向流动的工程管线。这类管线有时还需要中途提升设备将流体介质引向终端。污水、雨水管道一般为重力自流输送。

### 三、按敷设方式分类

（1）架空线：指通过地面支撑设施在空中布线的工程管线，如架空电力线、架空电话线。

（2）地铺管线：指在地面铺设明沟或盖板明沟的工程管线，如雨水沟渠、地面各种轨道等。

（3）埋地管线：指在地面以下有一定覆土深度的工程管线，根据覆土深度不同，地下管线又可分为深埋和浅埋两类。划分深埋和浅埋主要决定于：一是有水的管道和含有水分的管道在寒冷的情况下是否怕冰冻；二是土壤冰冻的深度。所谓深埋，是指管道的覆土深度大于1.5m的情况，如我国北方的土壤冰冻线较深，给水、排水、煤气（煤气有湿煤气和干煤气，这里指的是含有水分的湿煤气）等管道属于深埋一类。由于土壤冰冻深度随着各地的气候不同而变化，如我国南方冬季土壤不冰冻，或者冰冻深度只有十几厘米，给水管道的最小覆土深度就可小于1.5m。因此，深埋和浅埋不能作为地下管线固定的分类方法。

### 四、按弯曲程度分类

（1）可弯曲管线：指通过某些加工措施易将其弯曲的工程管线。如电信电缆、电力电缆、自来水管道等。

（2）不易弯曲管线：指通过加工措施不易将其弯曲的工程管线或强行弯曲会损坏的工程管线。如电力管道、电信管道、污水管道等。

工程管线的分类方法很多，通常根据工程管线的不同用途和性能来划分。各种分类方法反映了管线的特征，是进行工程管线综合时，管线避让的依据之一。

城市工程管线综合规划设计中常见的工程管线主要有六种：给水管道、排水沟管、电力线路、电话线路、热力管道、燃气管道等。城市开发中常提到的"七通一平"中"七通"即指上述六种管道和道路贯通。"七通"的顺利实现，也正是城市工程管线综合规划工作的目标之一。

## 第二节 城市工程管线综合规划的原则与技术规定

### 一、城市工程管线综合规划原则

（一）城市工程管线综合布置原则

（1）城市各种管线的位置采用统一的城市坐标系统及标高系统，局部地区（如厂区、住宅小区）内部的管线定位也可以采用自己定出的坐标系统，但区界、管线进出口则应与城市主干管线的坐标一致。如存在几个坐标系统，必须加以换算，取得统一。

（2）管线综合布置应与总平面布置、竖向设计和绿化布置统一进行。应使管线之间、管线与建（构）筑物之间在平面上及竖向上相互协调，紧凑合理，有利市容。

（3）管线敷设方式应根据管线内介质的性质、地形、生产安全、交通运输、施工检修等因素，经技术经济比较后择优确定。

（4）管道内的介质具有毒性、可燃、易燃、易爆性质时，严禁穿越与其无关的建筑物、构筑物、生产装置及贮罐区。

（5）管线带的布置应与道路或建筑红线平行。同一管线不宜自道路一侧转到另一侧。

（6）必须在满足生产、安全、检修的条件下节约用地。当技术经济比较合理时，应共架、共沟布置。

（7）应减少管线与铁路、道路及其他干管的交叉。当管线与铁路或道路交叉时应为正交。在困难情况下，其交叉角不宜小于45°。

（8）在山区，管线敷设应充分利用地形，并应避免山洪、泥石流及其他不良地质的伤害。

（9）当规划区分期建设时，管线布置应全面规划，近期集中，近远期结合。近期管线穿越远期用地时，不得影响远期用地的使用。

（10）管线综合布置时，干管应布置在用户较多的一侧或管线分类布置在道路两侧。

（11）充分利用现状管线。改建、扩建工程中的管线综合布置，不应妨碍现有管线的正常使用。当管线间距不能满足规范规定时，在采取有效措施后，可适当减小。

（12）工程管线与建筑物、构筑物之间以及工程管线之间水平距离应符合规范规定。当受道路宽度、断面以及现状工程管线位置等因素限制难以满足要求时，可重新调整规划道路断面或宽度。在同一条城市干道上敷设同一类别管线较多时，宜采用专项管沟敷设，如规划建设某些类别工程管线统一敷设的综合管沟等。

在交通运输十分繁忙和管线设施繁多的快车道、主干道以及配合兴建地下铁道、立体交叉等工程地段、不允许随时挖掘路面的地段、广场或交叉口处，道路下需同时敷设两种以上管道以及多回路电力电缆的情况下，道路与铁路或河流的交叉处，开挖后难以修复的路面下以及某些特殊建筑物下，应将工程管线采用综合管沟集中敷设。

（13）敷设管道干线的综合管沟应在车行道下，其覆土深度必须根据道路施工和停车荷载的要求，综合管沟的结构强度以及当地的冰冻深度等确定。敷设支管的综合管沟，应在人行道下；其埋设深度可较浅。

（14）电信线路与供电线路通常不合杆架设。在特殊情况下，征得有关部门同意，采取相应措施后（如电信线路采用电缆或皮线等），可合杆架设。同一性质的线路应尽可能合杆，如高低压供电线等。高压输电线路与电信线路平行架设时，要考虑干扰的影响。

（15）综合布置管线时，管线之间或管线与建筑物、构筑物之间的水平距离，除了要满足技术、卫生、安全等要求外，还须符合国防的有关规定。

（二）城市地下工程管线避让原则
（1）压力管线让重力自流管线；
（2）可弯曲管线让不易弯曲管线；
（3）分支管线让主干管线；
（4）小管径管线让大管径管线。

（三）城市工程管线共沟敷设原则
（1）燃气管不应与电力、通信电缆和压力管道共沟。
（2）排水管道应布置在沟底。当沟内有腐蚀性介质管道时，排水管道应位于其上面。
（3）腐蚀性介质管道的标高应低于沟内其他管线。
（4）火灾危险性属于甲、乙、丙类的液体、液化石油气、可燃气体、毒性气体和液体以及腐蚀性介质管道，不应共沟敷设，并严禁与消防水管共沟敷设。
（5）凡有可能产生互相影响的管线，不应共沟敷设。

二、城市工程管线综合规划术语
（1）管线水平净距：指平行方向敷设的相邻两管线外壁之间的水平距离。
（2）管线垂直净距：指两条管线上下交叉敷设时，从上面管道外壁最低点到下面管道外壁最高点之间的垂直距离。
（3）管线埋设深度：指地面到管道底（内壁）的距离，即地面标高减去管底标高。
（4）管线覆土深度：指地面到管道顶（外壁）的距离，即地面标高减去管顶标高。
（5）同一类别管线：指相同专业，且具有同一使用功能的工程管线。
（6）不同类别管线：指具有不同使用功能的工程管线。
（7）专项管沟：指敷设同一类别工程管线的专用管沟。
（8）综合管沟：指不同类别工程管线的专用管沟。

三、城市工程管线综合规划技术规定
（1）地下工程管线最小水平净距（表10-1）；
（2）地下工程管线交叉时最小垂直净距（表10-2）；
（3）地下工程管线最小覆土深度（表10-3）；
（4）架空工程管线及与建筑物等的最小水平净距（表10-4）；
（5）架空工程管线交叉时的最小垂直净距（表10-5）。

# 第十章 城市工程管线综合规划

## 表 10-1  地下工程管线之间及其与建(构)筑物之间的最小水平净距表 (m)

| 序号 | 管线名称 | | 1 建筑物 | 2 给水管 d≤200(mm) | 2 给水管 d>200(mm) | 3 排水管 | 4 燃气管 低压 B | 4 燃气管 中压 B | 4 燃气管 中压 A | 4 燃气管 高压 B | 4 燃气管 高压 A | 5 热力管 直埋 | 5 热力管 地沟 | 6 电力电缆 直埋 | 6 电力电缆 缆沟 | 7 电信电缆 直埋 | 7 电信电缆 管道 | 8 乔木 | 9 灌木 | 10 通信、照明及小于10kV | 10 高压杆塔基础边 ≤35kV | 10 高压杆塔基础边 >35kV | 11 道路侧石边缘 | 12 铁路钢轨(或坡脚) |
|---|---|---|---|---|---|---|---|---|---|---|---|---|---|---|---|---|---|---|---|---|---|---|---|---|
| 1 | 建筑物 | | | 1.0 | 3.0 | 2.5 | 0.7 | 1.5 | 2.0 | 4.0 | 6.0 | 2.5 | 0.5 | 0.5 | 1.5 | 1.0 | 1.5 | 3.0 | 1.5 | 0.5 | 3.0 | 5.0 | | 6.0 |
| 2 | 给水管 | d≤200 | 1.0 | | | 1.0 | 0.5 | 0.5 | 0.5 | 1.0 | 1.5 | 1.5 | 1.5 | 0.5 | 0.5 | 1.0 | 1.0 | 1.5 | | 0.5 | 3.0 | 1.5 | 1.5 | 5.0 |
|   |     | d>200 | 3.0 | | | 1.5 | | | | | | | | | | | | | | | | | | | |
| 3 | 污水雨水排水管 | | 2.5 | 1.0 | 1.5 | | 1.0 | 1.2 | 1.5 | 2.0 | | 1.5 | 1.0 | 0.5 | 0.5 | 1.0 | 1.0 | 1.5 | | 0.5 | 1.5 | 1.5 | 1.5 | 5.0 |
| 4 | 燃气管 | 低压 p≤0.005MPa | 0.7 | 0.5 | | 1.0 | | | | | | 1.0 | 1.0 | 0.5 | 0.5 | 0.5 | 1.0 | 1.2 | 1.0 | 1.0 | 1.0 | 5.0 | 1.5 | 5.0 |
|   |     | 中压 B 0.005<p≤0.2MPa | 1.5 | | | 1.2 | | | | | | | | | | | | | | | | | | | |
|   |     | 中压 A 0.2<p≤0.4MPa | 2.0 | | | 1.5 | | | | | | D≤300mm 0.4 | D≤300mm 0.4 | | | | | | | | | | | | |
|   |     | 高压 B 0.4<p≤0.8MPa | 4.0 | | | 2.0 | | | | | | D>300mm 0.5 | D>300mm 0.5 | | | | | | | | | | | | |
|   |     | 高压 A 0.8<p≤1.6MPa | 6.0 | | | | | | | | | | | | | | | | | | | | | | |
| 5 | 热力管 | 直埋 | 2.5 | 1.5 | | 1.5 | 1.0 | 1.5 | 1.5 | 2.0 | 4.0 | | | 2.0 | 2.0 | 1.0 | 1.0 | 1.5 | 1.5 | 1.0 | 1.0 | 3.0 | | 1.5 | 3.0 |
|   |     | 地沟 | 0.5 | | | 0.5 | | | | | | | | | | | | | | | | | | | |
| 6 | 电力电缆 | 直埋 | | 0.5 | | 0.5 | 0.5 | 1.0 | 1.0 | 1.5 | 1.5 | 2.0 | 2.0 | | | 0.5 | 0.5 | 1.5 | 1.0 | 0.5 | 0.6 | 0.6 | 0.6 | 1.5 | 3.0 |
|   |     | 缆沟 | 1.0 | | | | | | | | | | | | | | | | | | | | | | | |
| 7 | 电信电缆 | 直埋 | 1.0 | 0.5 | | 1.0 | 0.5 | 1.0 | 1.0 | 1.0 | 1.5 | 1.0 | 1.0 | 0.5 | 0.5 | | | 1.5 | 1.0 | 0.5 | 0.6 | 0.6 | 0.6 | 1.5 | 2.0 |
|   |     | 管道 | 1.5 | | | | | | | | | | | | | | | | | | | | | | | |
| 8 | 乔木(中心) | | 3.0 | 1.5 | | 1.5 | | | 1.2 | | | 1.5 | 1.5 | 1.0 | 1.0 | 1.0 | 1.5 | | | | 1.5 | | | 0.5 | |
| 9 | 灌木 | | 1.5 | | | | | | 1.0 | | | 1.5 | 1.5 | 0.5 | 0.5 | 1.0 | 1.0 | | | | 1.5 | | | 0.5 | |
| 10 | 地上杆柱 | 通信、照明及小于10kV | | | | | | | 1.0 | | | 1.0 | 1.0 | 0.6 | 0.6 | 0.5 | 0.6 | | | | | | | 0.5 | |
|    |         | 高压铁塔基础边 ≤35kV | | 3.0 | | 1.5 | | | 5.0 | | | 3.0 | 3.0 | 0.6 | 0.6 | 0.5 | 0.6 | 1.5 | 1.5 | | | | | 0.5 | |
|    |         | >35kV | | | | | | | | | | | | | | | | | | | | | | | |
| 11 | 道路侧石边缘 | | 1.5 | 1.5 | | 1.5 | | | 1.5 | | 2.5 | 1.5 | 1.5 | 1.5 | 1.5 | 1.5 | 1.5 | 0.5 | 0.5 | 0.5 | 0.5 | | | | |
| 12 | 铁路钢轨(或坡脚) | | 6.0 | 5.0 | | 5.0 | | | 5.0 | | | 3.0 | 3.0 | 3.0 | 3.0 | 2.0 | 2.0 | | | | 3.0 | | 2.0 | | |

地下工程管线交叉时最小垂直净距　　　　　表 10 - 2

| 序号 | 安设在上面的管线名称 \ 净距(m) \ 埋设在下面的管线名称 | | 1 给水管线 | 2 排水管线 | 3 热力管线 | 4 燃气管线 | 5 电信管线 | | 6 电力管线 | |
|---|---|---|---|---|---|---|---|---|---|---|
| | | | | | | | 直埋 | 管块 | 直埋 | 管沟 |
| 1 | 给水管线 | | 0.15 | — | — | — | — | — | — | — |
| 2 | 排水管线 | | 0.40 | 0.15 | — | — | — | — | — | — |
| 3 | 热力管线 | | 0.15 | 0.15 | 0.15 | — | — | — | — | — |
| 4 | 燃气管线 | | 0.15 | 0.15 | 0.15 | 0.15 | — | — | — | — |
| 5 | 电信管线 | 直埋 | 0.50 | 0.50 | 0.15 | 0.50 | 0.25 | 0.25 | — | — |
| | | 管块 | 0.15 | 0.15 | 0.15 | 0.15 | 0.25 | 0.25 | — | — |
| 6 | 电力管线 | 直埋 | 0.15 | 0.50 | 0.50* | 0.50 | 0.50 | 0.50 | 0.50 | 0.50 |
| | | 管沟 | 0.15 | 0.50 | 0.50 | 0.15 | 0.50 | 0.50 | 0.50 | 0.50 |
| 7 | 沟渠（基础底） | | 0.50 | 0.50 | 0.50 | 0.50 | 0.50 | 0.50 | 0.50 | 0.50 |
| 8 | 涵洞（基础底） | | 0.15 | 0.15 | 0.15 | 0.15 | 0.20 | 0.25 | 0.50 | 0.50 |
| 9 | 电车（轨底） | | 1.00 | 1.00 | 1.00 | 1.00 | 1.00 | 1.00 | 1.00 | 1.00 |
| 10 | 铁路（轨底） | | 1.00 | 1.20 | 1.20 | 1.20 | 1.00 | 1.00 | 1.00 | 1.00 |

注：表中 0.50 * 表示电压等级不大于 35kV 时，电力管线与热力管线最小垂直净距为 0.5m，若不小于 35kV，则应为 1.00m。

地下工程管线最小覆土深度（m）　　　　　表 10 - 3

| 序号 | 管线名称 | | 最小覆土深度 | | 备 注 |
|---|---|---|---|---|---|
| | | | 人行道下 | 车行道下 | |
| 1 | 电力管线 | 直埋 | 0.50 | 0.70 | 10kV 以上电缆应不小于 1.0m |
| | | 管沟 | 0.40 | 0.50 | 敷设在不受荷载的空地下时，数据可适当减小 |
| 2 | 电信管线 | 直埋 | 0.70 | 0.80 | |
| | | 管块 | 0.40 | 0.70 | 敷设在不受荷载的空地下时，数据可适当减小 |
| 3 | 热力管线 | 直埋 | 0.50 | 0.70 | |
| | | 管沟 | 0.20 | 0.20 | |
| 4 | 燃气管线 | | 0.60 | 0.80 | 冰冻线以下 |
| 5 | 给水管线 | | 0.60 | 0.70 | 根据冰冻情况、外部荷载、管材强度等因素确定 |
| 6 | 雨水管线 | | 0.60 | 0.70 | 冰冻线以下 |
| 7 | 污水管线 | | 0.60 | 0.70 | |

架空工程管线之间及与建（构）筑物之间的最小水平净距表（m）　　表 10-4

| 名　称 | | 建筑物（凸出部分） | 道路（路基边石） | 铁路（轨道中心） | 通信管线 | 热力管线 |
|---|---|---|---|---|---|---|
| 电力 | 10kV 边导线 | 2.0 | 0.5 | 杆高加 3.0 | 2.0 | 2.0 |
| | 35kV 边导线 | 3.0 | 0.5 | 杆高加 3.0 | 4.0 | 4.0 |
| | 110kV 边导线 | 4.0 | 0.5 | 杆高加 3.0 | 4.0 | 4.0 |
| 电信杆线 | | 2.0 | 0.5 | 4/3 杆高 | — | 1.5 |
| 热力管线 | | 1.0 | 1.5 | 3.0 | 1.5 | — |

架空工程管线之间及其与建（构）筑物之间交叉时的最小垂直净距表（m）　　表 10-5

| 名　称 | | 建筑物（顶端） | 道路（路面） | 铁路（轨顶） | 电信管线 | | 热力管线 |
|---|---|---|---|---|---|---|---|
| | | | | | 电力线有防雷装置 | 电力线无防雷装置 | |
| 电力管线 | 10kV 以下 | 3.0 | 7.0 | 7.5 | 2.0 | 4.0 | 2.0* |
| | 35~110kV | 4.0 | 7.0 | 7.5 | 3.0 | 5.0 | 3.0* |
| 电信线 | | 1.5 | 4.5 | 7.0 | 0.6 | 0.6 | 1.0 |
| 热力管线 | | 0.6 | 4.5 | 6.0 | 1.0 | 1.0 | 0.25 |

注：表中 * 数值是指热力管道在电力管线下面通过时管线间的垂直净距。

## 第三节　城市工程管线综合规划的工作方法

### 一、城市工程管线综合总体规划的工作方法

城市工程管线综合总体规划（含分区规划）是城市总体规划的一门综合性专项规划。因此，应该与城市总体规划同步进行。城市工程管线综合总体规划工作步骤一般分三阶段：即基础资料收集；汇总综合，协调定案；编制规划成果。以下分阶段阐述。

（一）总体规划基础资料收集

收集基础资料是城市工程管线综合总体规划的基础工作之一，也是为工程管线综合详细规划深化的基础。收集资料要尽量详尽、准确。基础资料收集按专业进行，首先从城市规划管理和设计部门收集，然后到各专业工程管理和设计部门收集。在收集过程中，若出现以上两部门提供的同专业资料有差异，此时，应与这两个部门共同进行核准。确保技术资料的准确性。

（二）总体综合协调

城市工程管线综合总体规划的第二阶段工作，是对所收集的基础资料进行汇总综合，将各项内容汇总到管线综合平面图上，检查各工程管线规划自身是否有矛盾，提出综合总体协调方案，组织相关专业共同讨论，确定符合城市工程管线综合敷设规范，制定基

本满足各专业工程管线规划的管线综合总体规划方案。本阶段的工作按下列步骤进行。

1. 制作工程管线综合总体规划底图

制作底图是一项比较繁重的工作，规划人员对各种基础资料进行第一次筛选，有选择地摘录与工程管线综合有关的信息，要求既要全又要精。一张精炼的底图清晰明了地反映各专业工程管线系统及其相互间的关系，是管线综合协调的基础。因此，制作底图的工作应当精心、细致、耐心地进行。

2. 综合协调定案

通过制作底图的工作，工程管线在平面上相互的位置关系，例如管线和建筑物、构筑物、城市分区的关系一目了然。第二个步骤就是在工程管线综合原则的指导下，检查各工程管线规划自身是否符合规范，确定或完善综合方案。综合方案确定后，在底图上绘出，输出工程管线综合规划图。标注必要的数据，并附注扼要的说明。

解决工程管线平面上矛盾的同时，还要检查各管线在竖向上有无矛盾。根据收集的基础资料，绘制主要道路（指地下埋管的那些道路）的横断面布置图；然后将所有管线按水平位置间距的关系，寻找各自在横断面上的位置。根据管线综合有关规范、各专业工程管线的规范、当地有关规定，进行协调综合，提出管线在道路上的合理位置排列，组织有关专业工程部门进行协调磋商，完善和确定工程管线道路横断面的综合方案。

编制城市工程管线综合总体规划时，应结合道路的规划，尽可能使各种管线合理布置，不要把较多的管线过分集中到几条道路上。城市工程管线综合总体规划图，应包括工程管线道路横断面图。因为在道路平面中安排管线位置与道路横断面的布置有着密切的联系，有时会由于管线在道路横断面中配置不下，需要改变管线的平面布置，或者变动道路横断面形式，或者变动机动车道、非机动车道、分隔带、绿化带等的排列位置与宽度，乃至调整道路总宽度。

（三）编制城市工程管线综合总体规划成果

经过汇总协调与综合，确定了工程管线综合总体规划方案。第三阶段的工作是编制城市工程管线综合总体规划成果。

城市工程管线综合总体规划成果的主要内容有以下几个方面。

1. 总体规划平面图

图纸比例常采用1：10000～1：5000。比例尺的大小随城市规模的大小、管线的复杂程度等情况而有所改变，但应尽可能和城市总体规划图（相应的分区规划图）的比例尺一致。图中包括的主要内容有：

（1）自然地形、主要的地物、地貌以及表明地势的等高线；

（2）规划的工业、仓储、居住、公共设施等用地，以及道路网、铁路等；

（3）规划确定的各种工程管线和主要工程设施，以及防洪堤、防洪沟等设施；

（4）标明道路横断面所在的位置。

2. 工程管线道路标准横断面图

图纸比例通常采用1：200，图面内容主要包括：

（1）道路红线范围内的各组成部分在横断面上的位置及宽度，如机动车道、非机动车道、人行道、分隔带、绿化带等；

（2）规划确定的工程管线在道路中的位置；

（3）道路横断面的编号。

道路横断面的绘制方法比较简单，即根据该路中各管线布置和次序逐一配入城市总体规划（或分区规划）所确定的横断面，并标注必要的数据。但是，在配置管线位置时，树冠易与架空线路发生干扰，树根易与地下管线发生矛盾。这些问题一定要合理地加以解决。道路横断面的各种管线与建筑物的距离，应符合各有关单项设计规范的规定。

绘制城市工程管线综合总体规划图时，通常不把电力和电信架空线路绘入综合总体规划图（或综合平面图）中，而在道路横断面图中定出它们与建筑红线的距离，就可以控制它们的平面位置。把架空线路绘入综合规划图后，会使图面过于复杂。

工业区、厂区中的架空线路不一定架设在道路上面，尤其是高压电力线路架设以后再迁移就有一定困难，因此一般都将它们绘入工程管线综合规划平面图中（低压电力线路除外）。

**3. 总体规划说明书**

工程管线综合总体规划说明书的内容，包括对所有综合管线的说明，引用的资料和资料的准确程度的说明，管线综合规划的原则和依据，单项专业工程详细规划与设计应注意的问题等。

### 二、城市工程管线综合详细规划的工作方法

城市工程管线综合详细规划是城市详细规划中的一门专项规划，协调城市详细规划中各专业工程详细规划的管线布置，确定各种工程管线的平面位置和控制标高。通常，工程管线综合详细规划是在城市详细规划各专业工程详细规划的后阶段进行，并反馈给各专业工程，协调修正各专业工程详细规划。工程管线详细规划工作同样也分三阶段：即基础资料收集；汇总综合、协调定案；编制规划成果。

（一）详细规划的基础资料收集

城市工程管线综合详细规划在实际操作中常有两种情况：一种是在城市工程管线综合总体规划（或分区规划）完成的基础上，进行某一地域的工程管线综合详细规划；另一种是该城市尚未进行城市工程管线综合总体规划，直接进行某一地域的工程管线综合详细规划。前者收集基础资料，相对比较简单，工作量少，总体规划的成果可直接利用，只需要收集详细规划方面的资料。后者收集基础资料，不仅需要详细规划方面的资料，而且还要收集总体规划有关本地区的资料。

工程管线综合详细规划收集基础资料要有一定的针对性。工程管线综合详细规划的基础资料侧重于详细规划方面的资料，而以现状资料为辅。由于详细规划可能涉及众多单位，项目的委托单位也不相同，要搞清楚资料来源，有目的、有重点地收集资料可提高工作效率，少走弯路。工程管线综合详细规划和众多的规划设计参与单位有以下几种

合作关系：

（1）全参与：工程管线综合详细规划设计者参与该城市和该地区的总体规划、详细规划，并与专业工程管线规划设计人员共同编制工程管线综合详细规划，进行管线综合详细规划时，已经掌握大部分基础资料。

（2）半参与：工程管线综合详细规划设计者只参与城市详细规划，未参与城市总体规划和城市工程管线综合总体规划。详细规划的单项工程规划由各专业工程管线规划单位进行设计。在这种情况下，收集工程管线综合详细规划的基础资料由设计委托方与城市规划管理部门、专业工程规划设计单位联系，获取该部分资料。

（3）点参与：工程管线综合详细规划设计者只负责管线综合工作，城市总体规划、详细规划、专业工程均由其他单位进行。在这种情况下，工程管线综合详细规划的基础资料由委托方与各个设计单位联系获取。

（二）城市工程管线详细规划综合协调

工程管线综合详细规划的第二阶段工作是对基础资料进行归纳汇总，将各专业工程详细规划的初步设计成果按一定的排列次序汇总到管线综合平面图上。找出管线之间的矛盾，组织相关专业讨论调整方案，最后确定工程管线综合详细规划。第二阶段的工作可按以下步骤进行。

1. 准备底图

操作过程和工程管线综合总体规划的阶段相似，并且将图纸比例放大，深度加强。

2. 平面综合

通过前一步骤制作底图的工作，管线在平面上相互的位置关系，管线和建筑物、构筑物的关系一目了然。第二步骤就是在工程管线综合原则的指导下，检验各工程管线排列是否符合有关规范要求。发现问题，组织专业人员共同进行研究和处理，制订平面综合的方案，从平面和系统上调整各专业工程详细规划。

3. 竖向综合

前述步骤基本解决了管线自身及管线之间，管线和建筑物、构筑物之间平面上的矛盾后，本阶段是检查路段和道路交叉口工程管线在竖向上分布是否合理，管线交叉时垂直净距是否符合有关规范要求。若有矛盾，需制订竖向综合调整方案，经过与专业工程详细规划设计人员共同研究、协调，修改各专业工程详细规划，确定工程管线综合详细规划。

（1）路段检查主要在道路断面图上进行，逐条逐段地检核每条道路横断面中已经确定平面位置的各类管线有无垂直净距不足的问题。依据收集的基础资料，绘制各条道路横断面图，根据各工程规划初步设计成果的工程管线的截面尺寸、标高，检查两条管道的垂直净距是否符合规范，在埋深允许的范围内给予调整，从而调整各专业工程详细规划。

（2）道路交叉口是工程管线分布最复杂的地区，多个方向的工程管线在此交叉，同时交叉口将是工程管线的各种管井密集的地区。因此，交叉口的管线综合是工程管线综合详细规划的主要任务。有些工程管线埋深虽然相近,但在路段不易彼此干扰,而到了交叉口就容易产生矛盾,交叉口的工程管线综合是将规划区内所有道路(或主要道路)交叉口平面放大至一定比例(1∶1000~1∶500),按照工程管线综合的有关规范和当地关于工程管线净距的规定,调整部分工程管线的标高,使各条工程管线在交叉口能安全有序地敷设。

(三) 编制详细规划成果

城市工程管线综合详细规划成果以图纸为主,说明书为辅,主要内容如下。

1. 工程管线综合详细规划平面图

简称综合详细平面图。图纸比例通常采用1∶1000,图中内容和编制方法,基本上和综合总体规划图相同,而在内容的深度上有所差别。编制综合详细平面图时,需确定管线在平面上的具体位置,道路中心线交叉点、管线的起讫点、转折点以及工厂管线的进出口需注上坐标数据。

2. 管线交叉点标高图

此图的作用主要是检查和控制交叉管线的高程——竖向位置。图纸比例大小及管级的布置和综合详细平面图相同(在综合详细平面图上复制而成,但不绘地形,也可不注坐标),并在道路的每个交叉口编上号码,便于查对。

管线交叉点标高等表示方法有如图10-1、表10-6、表10-7所示的几种。

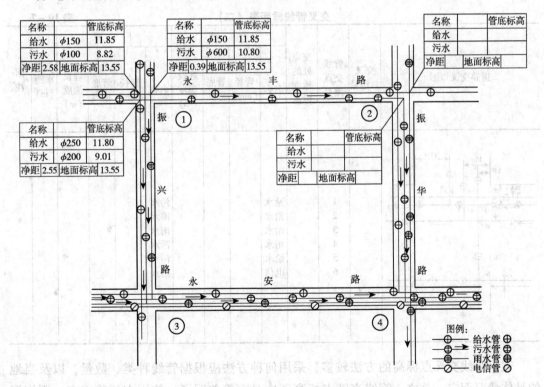

**图10-1 交叉管线垂距图**

**交叉管线垂距表（一）**　　　　　　　　　　　　　　表 10-6

| 道路交叉口图 | 交叉口编号 | 管线交点编号 | 交点处的地面标高 | 上面 | | | 下面 | | | 垂直净距(m) | 附注 |
|---|---|---|---|---|---|---|---|---|---|---|---|
| | | | | 名称 | 管径(mm) | 管底标高 | 埋设深度(m) | 名称 | 管径(mm) | 管底标高 | 埋设深度(m) | | |

| 道路交叉口图 | 交叉口编号 | 管线交点编号 | 交点处的地面标高 | 名称 | 管径(mm) | 管底标高 | 埋设深度(m) | 名称 | 管径(mm) | 管底标高 | 埋设深度(m) | 垂直净距(m) | 附注 |
|---|---|---|---|---|---|---|---|---|---|---|---|---|---|
| | 4 | 1 | | 给水 | | | | 污水 | | | | | |
| | | 2 | | 给水 | | | | 雨水 | | | | | |
| | | 3 | | 给水 | | | | 雨水 | | | | | |
| | | 4 | | 雨水 | | | | 污水 | | | | | |
| | | 5 | | 给水 | | | | 污水 | | | | | |
| | | 6 | | 雨水 | | | | 污水 | | | | | |
| | | 7 | | 电信 | | | | 给水 | | | | | |
| | | 8 | | 电信 | | | | 雨水 | | | | | |
| | 5 | 1 | | | | | | | | | | | |
| | | 2 | | | | | | | | | | | |

**交叉管线垂距表（二）**　　　　　　　　　　　　　　表 10-7

| 道路交叉口图 | 交叉口编号 | 管线交点编号 | 交点处的地面标高 | 上面 | | | | 下面 | | | | 垂直净距(m) | 附注 |
|---|---|---|---|---|---|---|---|---|---|---|---|---|---|
| | | | | 名称 | 管径(mm) | 管底标高 | 埋设深度(m) | 名称 | 管径(mm) | 管底标高 | 埋设深度(m) | | |
| | 3 | 1 | | 给水 | | | | 污水 | | | | | |
| | | 2 | | 给水 | | | | 雨水 | | | | | |
| | | 3 | | 给水 | | | | 雨水 | | | | | |
| | | 4 | | 雨水 | | | | 污水 | | | | | |
| | | 5 | | 给水 | | | | 污水 | | | | | |
| | | 6 | | 电信 | | | | 给水 | | | | | |

表示管线交叉点标高的方法较多，采用何种方法应根据管线种类、数量，以及当地的具体情况而定。总之，管线交叉点标高图应具有简单明了、使用方便等特点，不拘泥于某种表示方法，其内容可根据实际需要而有所增减（图 10-2）。

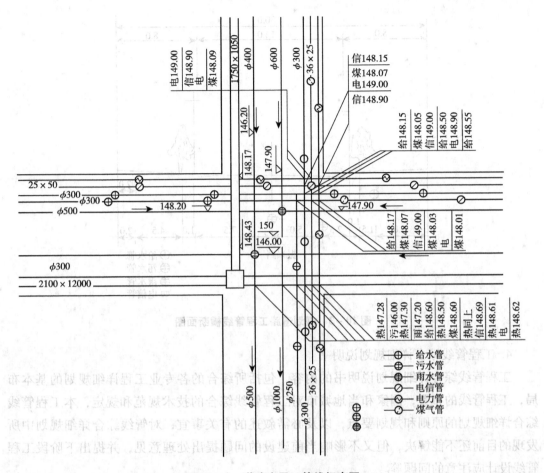

图 10-2 道路交叉口管线标高图

注：$\frac{150}{\triangledown}$ 路面高程：

信 42.5 电信管在上面，管外底高程为 42.5m；
煤 42.4 煤气管在下面，管上顶高程为 42.4m；
热力管道简称热；给水管道简称给；污水管道简称污；雨水管道简称雨；
电力管道简称电；电信管道简称信；煤气管道简称煤。

## 3. 修订道路标准横断面图

工程管线综合详细规划时，有时由于管线的增加或调整规划所作的布置，需根据综合详细平面图，对原来配置在道路横断面中的管线位置进行补充修订。道路标准横断面的数量较多，通常是分别绘制，汇订成册。

在现状道路下配置管线时，一般应尽可能保留原有的路面，但需根据管线拥挤程度、路面质量、管线施工时对交通的影响及近远期结合等情况作方案比较，而后确定各种管线的位置。同一道路的现状横断面和规划横断面均应在图中表示出来，表示的方法，或用不同的图例和文字注释绘在一个图中，或将二者分上下两行（或左右并列）绘制（图10-3）。

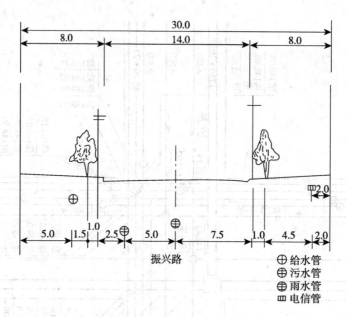

图 10-3　规划道路工程管线横断面图

4. 工程管线综合详细规划说明书

工程管线综合详细规划说明书的内容，包括所综合的各专业工程详细规划的基本布局，工程管线的布置，国家和当地城市对工程管线综合的技术规范和规定，本工程管线综合详细规划的原则和规划要点，以及必需叙述的有关事宜；对管线综合详细规划中所发现的目前还不能解决，但又不影响当前建设的问题提出处理意见，并提出下阶段工程管线设计应注意的问题等。

## 第四节　综合管沟

### 一、综合管沟发展状况

综合管沟是解决城市工程管线综合的较好方式之一，可以充分利用有限的地下空间。尤其运用在地下工程管线众多，道路拦截宽度受限制，工程管线检修频繁的地方。但因综合管沟造价高，有时可结合实际情况，与常规的地下敷设方式交替设置。

（一）综合管沟的概念

综合管沟，也称"共同沟"或"地下城市管道综合走廊"，即在城市地下建造一个隧道空间，将电力、通信、燃气、给水排水等各种管线集中布置于沟体内，设有专门的检修口、吊装口、监测系统、排水系统、通风系统和照明系统等，并为人员检修、维护、增容等工作预留操作和交通空间。

（二）综合管沟的优点

（1）减少挖掘道路频率与次数，降低对城市交通和居民生活的干扰。

（2）容易并能在必要时期收容物件，方便扩容。

（3）能在综合管沟内巡视、检查，容易维修管理。

（4）结构安全性高，有利于城市防灾。

（5）由于管线不接触土壤和地下水，避免酸碱物质的腐蚀，延长了使用寿命。

（6）对城市景观有利，它还为规划发展需要预留了宝贵的空间。

（三）综合管沟的发展简史

1. 国外

1833 年法国巴黎开始有系统规划排水网络的同时，就开始兴建综合管沟。1861 年，英国伦敦修造了宽 12ft、高 7.6ft 的综合管沟。1890 年，德国也开始在汉堡建造综合管沟。瑞典斯德哥尔摩市地下的综合管沟有 30km 长。俄罗斯的综合管沟也相当发达，莫斯科地下有 130km 长的综合管沟，除煤气管外，各种管线均有。1963 年，日本颁布了《共同沟实施法》，并在 1991 年成立了专门的共同沟管理部门，负责推动共同沟的建设工作。

2. 中国

1958 年，北京在天安门广场的地下铺设了一条长 1076m 的综合管沟。1977 年配合"毛主席纪念堂"施工，又铺设了一条长 500m 的综合管沟。1979 年大同市在九座新建的道路交叉口都铺设了综合管沟。1994 年底，上海浦东新区初步建成了国内第一条规模较大、距离较长的综合管沟，该综合管沟全长 11.125km。2000 年 12 月 19 日，杭州市开始着手研究用市场机制开发建设杭州城市地下管线综合管沟的可行性。2001 年，在济南市泉城路改建过程中，上马综合管沟工程。

（四）国外地下综合管沟建设的发展趋势

国外大城市在建设中已普遍运用地下管线共同沟、地下污水处理场、地下电厂、地下河流以及其他一些城市防灾设施，总趋势是将有碍城市景观与城市环境的各种城市基础设施全部地下化。

某些发达国家已实现了将市政设施的地下给水排水管网发展到地下大型供水系统、地下大型能源供应系统、地下大型排水及污水处理系统、地下生活垃圾的清除、处理和回收系统，与地下轨道交通和地下街、城相结合，构成一个完整的地下空间综合利用系统。

（五）综合管沟的三种类型

1. 干线综合管沟

特点：干线综合管沟一般设置于道路中央下方，负责向支线综合管沟提供配送服务，主要收容的管线为通信、有线电视、电力、燃气、自来水等，也有的干线综合管沟将雨、污水系统纳入。其特点为结构断面尺寸大、覆土深、系统稳定且输送量大，具有高度的安全性，维修及检测要求高。

2. 支线综合管沟

特点：支线综合管沟为干线综合管沟和终端用户之间相联系的通道，一般设于道路两旁的人行道下，主要收容的管线为通信、有线电视、电力、燃气、自来水等直接服务的管线，结构断面以矩形居多。其特点为有效断面较小，施工费用较少，系统稳定性和安全性较高。

3. 缆线综合管沟

特点：缆线综合管沟一般埋设在人行道下，其纳入的管线有电力、通信、有线电视等，管线直接供应各终端用户。其特点为空间断面较小，埋深浅，建设施工费用较少，不设有通风、监控等设备，在维护及管理上较为简单。

（六）法律规范

我国综合管沟真正实施的工程还不多，实践经验不足，故而在工作中出现种种矛盾与问题时，缺乏相应的法律规范作为依据。但是，近几年，我国沿海一些城市纷纷上马综合管沟工程，为更好地协调各部门开展工作，降低投资和减少资源浪费，立法迫在眉睫。而日本的共同沟建设比较发达，法律法规相对完善，对我国的共同沟建设有借鉴意义。

## 二、综合管沟规划实施实例

（一）浦东张扬路综合管沟工程

1994年底，在上海浦东新区初步建成了国内第一条规模较大、距离较长的综合管沟，为国内推行综合管沟的建设开了先河。

张扬路综合管沟位于浦东新区，全长11.125km。综合管沟埋设在张扬路两侧的人行道之下，沟体为钢筋混凝土结构，其横断面形状为矩形，由燃气室和电力室两部分组成。燃气室为单独一孔室，内敷设燃气管道，电力室则敷设8根3.5万V电力电缆，18孔通信电缆和给水管道。综合管沟还建造了相当齐全的安全配套设施，有排水系统、通风系统、照明系统、通信广播系统、闭路电视监视系统、火灾检测报警系统、可燃气体检测报警系统、氧气检测系统、中央计算机数据采集与显示系统。综合管沟控制中心能掌握沟内具体数据指标，控制各路系统的运转。

（二）安亭新镇综合管沟工程

安亭综合管沟结合安亭新镇总体规划，贯穿主要道路，形成"一环加一线"的"日"字形格局，服务安亭新镇一期2.5km$^2$范围，总长约6km。纬二路及其延伸段一条直线综合管沟长约2.3km，主要服务护城河内区域。环线道路共同沟长约3.7km，主要服务护城河外部分区域。综合管沟主体结构采用钢筋混凝土矩形框架结构形式，入沟管线主要为给水、电力、通信、广电及燃气管线等。

系统方案管线布置及主要工程内容如下：

（1）综合管沟容纳的管线：综合管沟建设在道路一侧人行道下。综合管沟内敷设的管线有给水管、优质水输配水管、电力电缆、通信电缆和有线电视电缆。燃气管以单独设置沟槽形式纳入综合管沟。

（2）综合管沟附属工程：综合管沟附属工程包括消防系统、排水系统、电气系统、信息检测与控制系统、通风系统、综合管沟出入口及进料口等。

（3）综合管沟中心控制室：为了便于今后综合管沟建成后的运行管理和监控，需建设综合管沟中心控制室，内设综合管沟运行管理机构及仪表监测和控制中心，对综合管沟的运行状况进行实时监测和控制。同时考虑建设一段可由中心控制室直达的参观段。

安亭综合管沟工程将与新镇居住区同步建设、同步竣工。它的建设将改变管线增容、扩容等对道路的影响，改善了整体环境，并将提高城镇市政基础设施建设的整体水平和科技含量，为探索新城镇市政配套建设的新形式积累有益的经验。

(三) 日本高崎综合管沟

1. 工程目的

缓和交通阻塞。因为免去了埋设水管、煤气管的道路施工，可以缓和交通阻塞，美化环境。

2. 收容管线（表10-8）

综合管沟使用者与收容管线　　　　　　　　　　　表10-8

| 使用者 | 专用物件 | |
|---|---|---|
| 日本电信电话（株） | 电话线 | 3条 |
| 东京电力（株） | 电力线<br>通信线 | 6~10条<br>8条 |
| 东京燃气（株） | 管（$DN150$、$200$） | 1条 |
| 东京通信联网 | 通信线 | 3条 |
| 高崎市水道局 | 下水道（$DN150$、$250$、$500$） | 1~2条 |
| 高崎市下水道局 | 雨水管（$DN300$） | 1条 |

3. 设施位置及断面形状

综合管沟（图10-4）设置在两侧的自行车道、人行道下面，这是因为此综合管沟是

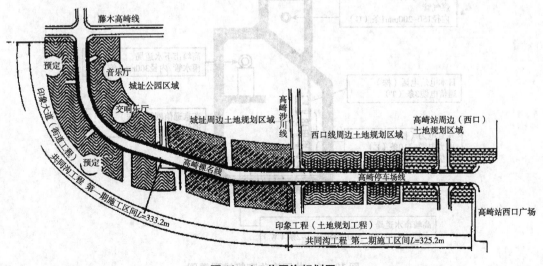

图10-4　共同沟规划区

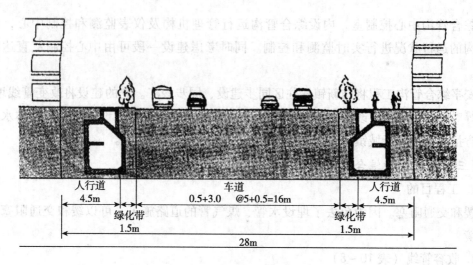

图 10-5 共同沟标准断面图

供给管综合管沟,考虑到能更方便地供给沿街住户。断面形状如图 10-5 所示。煤气管单独一室,从自行车道、人行道上进行维修。

4. 维修管理

针对综合管沟的维修管理,制定了《高崎站西线(第一期区域)共同沟管理规定》。根据此规定,综合管沟由道路管理者管理,占用管线由各使用者自行管理。道路管理者每年 4 月巡回检查一次,各占用者根据需要在各自管理区域进行巡回检查,共同使综合管沟保持良好工作状态(图 10-6、图 10-7)。

(四)断面示例(图 10-8、图 10-9)

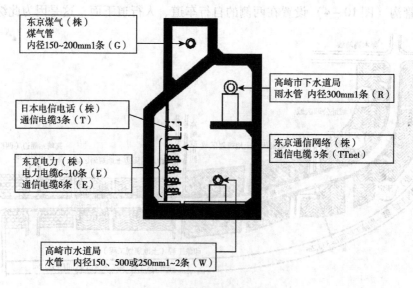

图 10-6 共同沟收容管线配置图

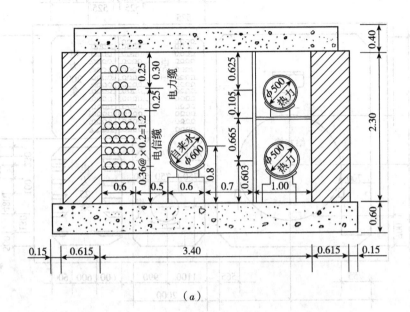

(a)

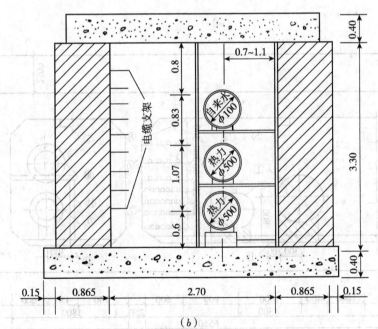

(b)

**图 10-7 综合管沟示意图（m）**

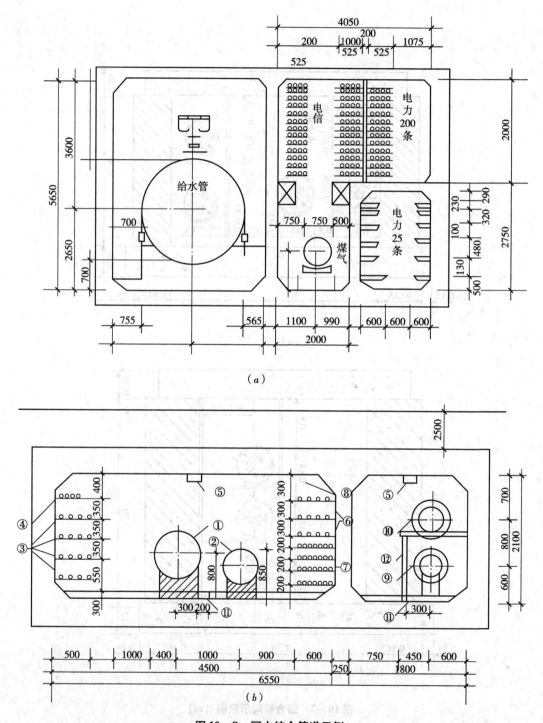

图 10-8 国内综合管道示例

①—给水输水管；②—污水管；③—电力电缆；④—公交动力线；⑤—路灯电缆；⑥—电信电缆；⑦—铁路特殊通信电缆；⑧—有线电视；⑨——期供热管；⑩—二期供热管；⑪—排水管；⑫—钢支架

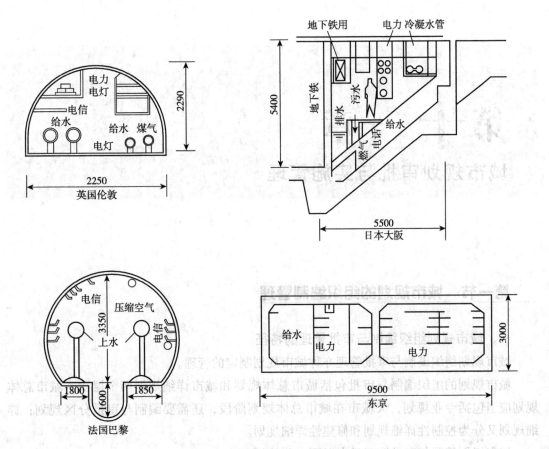

图 10-9 国外综合管道示例（mm）

# 第十一章

## 城市规划审批与实施管理

### 第一节 城市规划的组织编制管理

一、城市规划组织编制与审批管理的特征

城市规划组织编制与审批管理亦称城市规划制定的管理。

城市规划的组织编制与审批包括城市总体规划和城市详细规划两个层次。城市总体规划应当包括专业规划，大城市在城市总体规划阶段，还需要编制与审批分区规划；详细规划又分为控制性详细规划和修建性详细规划。

城市规划编制与审批管理具有以下一些特征。

（一）准立法行为

城市规划是规范城市发展和城市各项建设的，一经批准便具有法律效力，具有普遍的约束力，具有准立法的属性。理解城市规划编制与审批管理的准立法性目的，一是要维护城市规划的严肃性和相对稳定性；二是积极促进城市规划法制化。城市规划的编制必须向法制化方向推进。

（二）政府意志的体现

城市规划的制定是政府的职能。无论城市政府的组织编制还是审批，都是一种政府行为。这一审批程序也体现国家和城市政府对城市建设和发展的调控意图。

（三）有机的组织过程

城市规划的编制既要适应经济、社会发展的需要，又要适应经济、社会发展水平，必须符合党和政府的路线、方针、政策。

（四）动态的连续过程

城市规划一经批准必须保持相对稳定，任何单位和个人不得随意修改，方能发挥城市规划对城市发展和建设的指导作用。随着城市经济、社会的发展，经过一定时期之后，原有城市规划的某些内容已经不能适应城市发展的要求，则需要根据新的情况对原有城市规划进行调整，这种调整必须根据法定程序进行。

二、城市规划组织编制与审批管理的目的和任务

（1）促进经济、社会和环境协调发展，保障国家和政府城市规划、建设法律、法规和方针政策的落实。

（2）协调和解决城市规划编制过程中的重大矛盾。

（3）促进城市规划编制内容的科学化。

（4）推进城市规划组织编制和审批的民主化和法制化。

三、城市规划组织编制主体

城市规划组织编制主体是城市人民政府，这是因为城市规划特别是城市总体规划涉及城市建设和发展的大局，要通盘考虑城市的土地、人口、环境、工业、农业、科技、文教、商业、金融、交通、市政、能源、通信、防灾等方面的内容，必须站在城市发展整体利益和长远利益的立场上，统筹安排，综合部署。

（一）城镇体系规划组织编制主体

全国和省、自治区、直辖市的城镇体系规划分别由国务院建设主管部门和省、自治区、直辖市人民政府组织编制，用以指导城市总体规划的编制。直辖市域、其他市域和县域城镇体系规划，由直辖市、市、县或自治县、区或自治区人民政府结合政府总体规划组织编制。

（二）城市总体规划组织编制主体

直辖市和市城市总体规划由城市人民政府负责组织编制。县级以上人民政府所在地的总体规划，由县级人民政府负责组织编制。

（三）城市详细规划组织编制主体

控制性详细规划由城市人民政府建设主管部门（城乡规划主管部门）依据已批的城市总体规划或者城市分区总体规划组织编制。修建性详细规划可以由有关单位依据控制性详细规划及建设主管部门（城乡规划主管部门）提出的规划条件，委托城市规划编制单位编制。

四、城市规划编制的内容

（一）城镇体系规划的编制内容

城镇体系规划是国家和地方人民政府引导区域城市化与城市合理发展，协调和处理区域中各城市发展的矛盾和问题，合理配置区域空间资源，防止重复建设的手段和行动依据，对城市总体规划的编制具有重要的指导作用。城镇体系规划一般包括下列内容：

（1）提出市域城乡统筹的发展战略。其中位于人口、经济、建设高度聚集的城镇密

集地区的中心城市，应当根据需要，提出与相邻行政区域在空间发展布局、重大基础设施和公共服务设施建设、生态环境保护、城乡统筹发展等方面进行协调的建议。

（2）确定生态环境、土地和水资源、能源、自然和历史文化遗产等方面的保护与利用的综合目标和要求，提出空间管制原则和措施。

（3）预测市域总人口及城镇化水平，确定各城镇人口规模、职能分工、空间布局和建设标准。

（4）提出重点城镇的发展定位、用地规模和建设用地控制范围。

（5）确定市域交通发展策略；原则确定市域交通、通信、能源、供水、排水、防洪、垃圾处理等重大基础设施，重要社会服务设施，危险品生产储存设施的布局。

（6）根据城市建设、发展和资源管理的需要划定城市规划区。城市规划区的范围应当位于城市的行政管辖范围内。

（7）提出实施规划的措施和有关建议。

（二）城市总体规划纲要的编制内容

总体规划纲要是研究确定城市总体规划的重大原则，经过批准后作为编制城市总体规划的依据。它包括以下内容：

（1）市域城镇体系规划纲要，内容包括：提出市域城乡统筹发展战略；确定生态环境、土地和水资源、能源、自然和历史文化遗产保护等方面的综合目标和保护要求，提出空间管制原则；预测市域总人口及城镇化水平，确定各城镇人口规模、职能分工、空间布局方案和建设标准；原则确定市域交通发展策略。

（2）提出城市规划区范围。

（3）分析城市职能，提出城市性质和发展目标。

（4）提出禁建区、限建区、适建区范围。

（5）预测城市人口规模。

（6）研究中心城区空间增长边界，提出建设用地规模和建设用地范围。

（7）提出交通发展战略及主要对外交通设施布局原则。

（8）提出重大基础设施和公共服务设施的发展目标。

（9）提出建立综合防灾体系的原则和建设方针。

（三）城市总体规划的编制内容

城市总体规划的主要任务是，综合研究和确定城市性质、规模和空间发展形态，统筹安排城市各项建设用地，合理配置城市各项基础设施，处理好远期发展与近期建设的关系，指导城市合理发展。它包括以下内容：

1）中心城区规划应当包括下列内容：

（1）分析确定城市性质、职能和发展目标。

（2）预测城市人口规模。

（3）划定禁建区、限建区、适建区和已建区，并制定空间管制措施。

（4）确定村镇发展与控制的原则和措施；确定需要发展、限制发展和不再保留的村庄，提出村镇建设控制标准。

（5）安排建设用地、农业用地、生态用地和其他用地。

（6）研究中心城区空间增长边界，确定建设用地规模，划定建设用地范围。

（7）确定建设用地的空间布局，提出土地使用强度管制区划和相应的控制指标（建筑密度、建筑高度、容积率、人口容量等）。

（8）确定市级和区级中心的位置和规模，提出主要的公共服务设施的布局。

（9）确定交通发展战略和城市公共交通的总体布局，落实公交优先政策，确定主要对外交通设施和主要道路交通设施布局。

（10）确定绿地系统的发展目标及总体布局，划定各种功能绿地的保护范围（绿线），划定河湖水面的保护范围（蓝线），确定岸线使用原则。

（11）确定历史文化保护及地方传统特色保护的内容和要求，划定历史文化街区、历史建筑保护范围（紫线），确定各级文物保护单位的范围；研究确定特色风貌保护重点区域及保护措施。

（12）研究住房需求，确定住房政策、建设标准和居住用地布局；重点确定经济适用房、普通商品住房等满足中低收入人群住房需求的居住用地布局及标准。

（13）确定电信、供水、排水、供电、燃气、供热、环卫发展目标及重大设施总体布局。

（14）确定生态环境保护与建设目标，提出污染控制与治理措施。

（15）确定综合防灾与公共安全保障体系，提出防洪、消防、人防、抗震、地质灾害防护等规划原则和建设方针。

（16）划定旧区范围，确定旧区有机更新的原则和方法，提出改善旧区生产、生活环境的标准和要求。

（17）提出地下空间开发利用的原则和建设方针。

（18）确定空间发展时序，提出规划实施步骤、措施和政策建议。

2）城市总体规划的强制性内容包括：

（1）城市规划区范围。

（2）市域内应当控制开发的地域。包括：基本农田保护区，风景名胜区，湿地、水源保护区等生态敏感区，地下矿产资源分布地区。

（3）城市建设用地。包括：规划期限内城市建设用地的发展规模，土地使用强度管制区划和相应的控制指标（建设用地面积、容积率、人口容量等）；城市各类绿地的具体布局；城市地下空间开发布局。

（4）城市基础设施和公共服务设施。包括：城市干道系统网络、城市轨道交通网络、交通枢纽布局；城市水源地及其保护区范围和其他重大市政基础设施；文化、教育、卫生、体育等方面主要公共服务设施的布局。

（5）城市历史文化遗产保护。包括：历史文化保护的具体控制指标和规定；历史文化街区、历史建筑、重要地下文物埋藏区的具体位置和界线。

## （四）分区规划的编制内容

大、中城市，在总体规划的基础上，根据城市规划工作的需要，可以编制分区规划。分区规划的目的，主要是落实总体规划的要求，深化总体规划的内容，控制和确定不同地段的土地用途、范围和容量，协调各项基础设施和公共设施的建设，以便指导城市详细规划的编制。它包括以下内容：

（1）确定分区的空间布局、功能分区、土地使用性质和居住人口分布。

（2）确定绿地系统、河湖水面、供电高压线走廊、对外交通设施用地界线和风景名胜区、文物古迹、历史文化街区的保护范围，提出空间形态的保护要求。

（3）确定市、区、居住区级公共服务设施的分布、用地范围和控制原则。

（4）确定主要市政公用设施的位置、控制范围和工程干管的线路位置、管径，进行管线综合。

（5）确定城市干道的红线位置、断面、控制点坐标和标高，确定支路的走向、宽度，确定主要交叉口、广场、公交站场、交通枢纽等交通设施的位置和规模，确定轨道交通线路走向及控制范围，确定主要停车场规模与布局。

## （五）城市详细规划的编制内容

城市详细规划分为控制性详细规划和修建性详细规划。

### 1. 城市控制性详细规划的内容

控制性详细规划的组织编制是政府行为。编制控制性详细规划的目的是将城市总体规划（含分区规划）所确定的各项内容予以进一步地细化和深化，从而达到能指导城市规划实施管理的要求。主要内容包括：

1）控制性详细规划应当包括下列内容：

（1）确定规划范围内不同性质用地的界线，确定各类用地内适建、不适建或者有条件地允许建设的建筑类型。

（2）确定各地块建筑高度、建筑密度、容积率、绿地率等控制指标；确定公共设施配套要求、交通出入口方位、停车泊位、建筑后退红线距离等要求。

（3）提出各地块的建筑体量、体形、色彩等城市设计指导原则。

（4）根据交通需求分析，确定地块出入口位置、停车泊位、公共交通场站用地范围和站点位置、步行交通以及其他交通设施。规定各级道路的红线、断面、交叉口形式及渠化措施、控制点坐标和标高。

（5）根据规划建设容量，确定市政工程管线位置、管径和工程设施的用地界线，进行管线综合。确定地下空间开发利用的具体要求。

（6）制定相应的土地使用与建筑管理规定。

2）控制性详细规划确定的各地块的主要用途、建筑密度、建筑高度、容积率、绿地率、基础设施和公共服务设施配套规定应当作为强制性内容。

### 2. 修建性详细规划的内容

修建性详细规划是用以指导较大用地范围内开发建设的。它是在建设用地范围确定之后，经城市规划行政主管部门同意，由开发建设单位组织编制的。其主要内容有：

(1) 建设条件分析及综合技术经济论证。
(2) 建筑、道路和绿地等的空间布局和景观规划设计，布置总平面图。
(3) 对住宅、医院、学校和托幼等建筑进行日照分析。
(4) 根据交通影响分析，提出交通组织方案和设计。
(5) 市政工程管线规划设计和管线综合。
(6) 竖向规划设计。
(7) 估算工程量、拆迁量和总造价，分析投资效益。

## 五、城市规划编制的依据

城市规划编制的主要依据有以下几个方面。

### (一) 以上一层次依法批准的城市规划为编制依据

城市规划因其规划范围大小不同，其控制范围也是有区别的。一般来说，上一层次的规划范围大，下一层次的规划范围小。下一层次的规划必须以上一层次的规划控制要求作为规划编制的依据。否则，就会造成上下规划之间的脱节，最终是城市规划实施的失控。

以上一层次的城市规划为依据，具体来说，就是城市的总体规划必须以全国和所在省、自治区的区域城镇体系规划为依据；城市详细规划必须以所在城市的总体规划和分区规划为依据，其中修建性详细规划必须以控制性详细规划为依据。

以上一层次的城市规划为依据，前提是这项规划必须是依法批准并有效的，两者缺一不可。未经依法批准的规划没有法律效力，不能指导规划编制；因超过规划期限或因现实情况已经发生了变化，上一层次规划必须作调整的，也不能指导下一层次规划的编制。

### (二) 以城市规划和建设有关法律、法规和技术标准为编制依据

城市规划依法编制，就是以与城市规划有关的法律、法规、技术标准进行编制。就目前我国城市规划有关法律、法规情况来看，这些法律、法规主要有：《中华人民共和国城乡规划法》、《城市规划编制办法》及其实施细则、《城镇体系规划编制审批办法》，以及与城市规划有关的国家和部级标准和规范。如《城市用地分类与规划建设用地标准》、《城市居住区规划设计规范》、《城市道路交通规划设计规范》、《城市工程管线综合规划规范》，以及城市防洪、给水、电力等规划编制方面的规范。各省、自治区、直辖市颁布的地方性城市规划法规及其有关的城市规划编制技术规定，也是城市规划编制的依据。

### (三) 以党和国家的方针政策和城市政府及其城市规划行政主管部门的指导意见为编制依据

城市规划的编制是一项政策性很强的工作，一些重大规划问题必须以党和国家有关

方针政策为依据。就某一个城市而言，经城市政府批准的城市社会、经济发展的长远计划，已经充分体现政府对城市经济、社会发展的指导意见，应作为规划编制的依据。此外，上级人民政府对下级政府组织编制的规划提出指导性意见，上级政府的城市规划主管部门亦可根据城市规划编制情况的需要，对规划的边界条件、规划的内容深度、技术要求等提出具体的指导意见，这些都是规划编制的依据。

（四）以城市或地区的现状条件和自然、地理、历史特点为编制依据

城市规划编制的重点内容是，对城市规划区域内的各种物质要素进行统筹安排，使其保持合理的结构和布局，因此不能脱离该城市的自然、地理、历史特点等，应当对这些情况进行充分调查研究，综合分析。同时，一个城市不是孤立存在的，城市中的一个地区更不能孤立存在，城市和地区的周边条件对拟规划城市和地区会发生联系，产生影响，应作为编制规划的依据。

六、城市规划组织编制的程序和操作要求

城市规划组织编制的程序一般按以下几点进行：

（1）拟定编制计划；
（2）制定规划编制要求；
（3）确定编制单位；
（4）协调城市规划编制中的重大问题；
（5）评审规划中间成果；
（6）验收规划成果；
（7）申报规划成果。

## 第二节　城市规划审批管理

城市规划的审批管理，就是在城市规划编制完成后，城市规划组织编制单位按照法定程序向法定的规划审批机关提出规划报批申请，法定的审批机关按照法定的程序审核并批准城市规划的行政管理工作。编制完成的城市规划，只有按照法定程序报经批准之后，方才具有法定约束力。

一、城市规划审批的主体

根据《中华人民共和国城乡规划法》第二十一条的规定，我国城市规划的审批主体是国务院和省、自治区、直辖市和其他城市规划行政主管部门。按照法定的审批权限，城镇体系规划、城市总体规划和详细规划的审批主体如下。

（一）城镇体系规划的审批主体

（1）全国城镇体系规划，由国务院城乡规划主管部门报国务院审批。

（2）省域城镇体系规划，报国务院审批。

（3）市辖市域、其他市域、县域城镇体系规划，纳入城市和县级人民政府驻地镇的总体规划，按照总体规划审批权限审批。

（二）城市总体规划（含分区规划）的审批主体

（1）直辖市的城市总体规划由直辖市人民政府报国务院审批。省、自治区人民政府所在地的城市以及国务院确定的城市总体规划，由省、自治区人民政府审查同意后，报国务院审批。其他城市的总体规划，由城市人民政府报审、自治区人民政府审批。

（2）县人民政府所在地镇的总体规划，报上一级人民政府审批。其他镇的总体规划报上一级人民政府审批。

（3）城市人民政府审批城市分区规划。

（三）城市控制性详细规划的审批主体

城市人民政府城乡规划主管部门组织编制城市的控制性详细规划，报本级人民政府审批；镇人民政府组织编制镇的控制性详细规划，报上一级人民政府审批。

## 二、城市规划的审批依据

城市规划的审批依据是指，城市规划的审批机关在受理了城市规划的申报以后，如何把握有关法律、法规、上一层次城市规划对拟审批规划的控制要求，以及与周边地区的关系等。

## 三、城市规划的审批内容

规划的审批不同于其他设计的审批，既要注重对规划图纸的审核，更要注重对规划文本的审核；既要注重对规划定性内容的审核，也要注重对定量内容的审核。以下是规划审批时需要重点把握的内容，在审批过程中，针对不同类型、规模的规划，审批的要点和深度有所不同。

（一）城镇体系规划审批内容

主要把握以下内容：

（1）区域与城市的发展和开发建设条件。

（2）区域人口、城镇用地规模。

（3）城市化目标。

（4）城镇体系。

（5）空间布局。

（6）区域基础设施、社会设施。

（7）近期重点发展城镇的规划建议。

（8）实施规划的政策和措施。

（9）其他内容。

## （二）城市总体规划审批内容

重点审核以下方面的内容：

（1）性质。城市性质是指各城市在国家和区域经济和社会发展中所处的地位和所起的作用；是指城市在全国和区域城市网络中的分工和职能。

（2）发展目标。

（3）规模。

（4）空间布局和功能分区。

（5）交通。

（6）基础设施建设和环境保护。

（7）协调发展。总体规划编制是否做到统筹兼顾、综合部署；是否与国土规划、区域规划、江河流域规划、土地利用总体规划以及国防建设等相协调。

（8）规划的实施。总体规划实施的政策措施和技术规定是否明确；是否具有可操作性。

（9）其他内容。是否达到了建设制定的《城市规划编制办法》规定的基本要求；是否符合审批机关事先提出的指导意见等。

## （三）城市分区规划的审批内容

（1）分区的功能。

（2）分区的人口、建筑总量和基本分布。

（3）分区公共服务设施控制。

（4）分区的城市干道、绿地、对外交通设施、历史街区保护等控制。

（5）市政基础设施建设。

（6）其他内容。城市人民政府指导意见中的其他要求。

## （四）城市详细规划的审批内容

一般审核以下几方面的内容：

（1）规划用地性质。

（2）规划控制指标和控制要素。

（3）空间布局和环境保护。

（4）道路交通。

（5）市政基础设施建设。

（6）规划的实施。

（7）其他内容。如区别居住区、工业区、风景区和历史风貌地区详细规划的不同要求，还需要审核其他的有关内容，以及城市人民政府或城市规划行政主管部门指导意见中的其他要求等。

## 四、城市规划审批的程序及操作要求

### （一）城市总体规划城市详细规划审批程序及操作要求

在城市总体规划报送审批前，城市人民政府应当依法采取有效措施，充分征求社会公众的意见。

在城市详细规划的编制中，应当采取公示、征询等方式，充分听取规划涉及的单位、公众的意见。对有关意见采纳结果应当公布。

（二）城市控制性详细规划审批程序及操作要求

（1）编制城市规划，对涉及城市发展长期保障的资源利用和环境保护、区域协调发展、风景名胜资源管理、自然与文化遗产保护、公共安全和公众利益等方面的内容，应当确定为必须严格执行的强制性内容。

（2）城市总体规划包括市域城镇体系规划和中心城区规划。

编制城市总体规划，应当先组织编制总体规划纲要，研究确定总体规划中的重大问题，作为编制规划成果的依据。

（3）编制城市近期建设规划，应当依据已经依法批准的城市总体规划，明确近期内实施城市总体规划的重点和发展时序，确定城市近期发展方向、规模、空间布局、重要基础设施和公共服务设施选址安排，提出自然遗产与历史文化遗产的保护、城市生态环境建设与治理的措施。

（三）城市专业规划的审批程序和操作要求

城市的专业规划一般是纳入城市总体规划一并报批。确因特殊情况，也可以单独编制和报批（除单独编制的城市人防建设规划和国家级历史文化名城的保护规划外）。由于专业规划与城市总体规划关系密切，单独编制的专业规划一般由当地的城市规划行政主管部门会同专业主管部门，根据城市总体规划要求进行编制，报城市人民政府审批。

单独编制的城市人防建设规划，直辖市要报国家的人民防空委员会和住房和城乡建设部审批；一类人防重点城市中的省会城市，要经省、自治区人民政府和大军区人民防空委员会审查同意后，报国家人民防空委员会和住房和城乡建设部审批；一类人防重点城市中的非省会城市及二类人防重点城市需报省、自治区人民政府审批，并报国家人民防空委员会、住房和城乡建设部备案；三类人防重点城市报市人民政府审批，并报省、自治区人民防空办公室、建委（建设厅）备案。

单独编制的国家级历史文化名城的保护规划，如果是由国务院审批其总体规划的城市，报住房和城乡建设部、国家文物局审批；其他国家级历史文化名城的保护规划报省、自治区人民政府审批，并报住房和城乡建设部、国家文物局备案；省、自治区、直辖市级历史文化名城的保护规划由省、自治区、直辖市人民政府审批。

### 五、城市规划的修改

所谓城市规划的修改，是指城市人民政府根据城市经济建设和社会发展所产生的新情况和新问题，按照实际需要，对已经批准的城市规划所规定的空间布局和各项内容进行局部的或重大的变更。城市规划的修改，同样需要按照法定的审批程序进行报批。

（一）省域城镇体系规划、城市总体规划、镇总体规划的修改条件与程序

省域城镇体系规划、城市总体规划、镇总体规划的组织编制机关，应当组织有关部门和专家定期对规划实施情况进行评估，并采取论证会、听证会或者其他方式征求公众意见。组织编制机关应当向本级人民代表大会常务委员会、镇人民代表大会和原审批机关提出评估报告并附具征求意见的情况。

有下列情形之一的，组织编制机关方可按照规定的权限和程序修改省域城镇体系规划、城市总体规划、镇总体规划：

（1）上级人民政府制定的城乡规划发生变更，提出修改规划要求的；
（2）行政区划调整确需修改规划的；
（3）因国务院批准重大建设工程确需修改规划的；
（4）经评估确需修改规划的；
（5）城乡规划的审批机关认为应当修改规划的其他情形。

修改省域城镇体系规划、城市总体规划、镇总体规划前，组织编制机关应当对原规划的实施情况进行总结，并向原审批机关报告；修改涉及城市总体规划、镇总体规划强制性内容的，应当先向原审批机关提出专题报告，经同意后，方可编制修改方案。

（二）控制性详细规划的修改条件与程序

修改控制性详细规划的，组织编制机关应当对修改的必要性进行论证，征求规划地段内利害关系人的意见，并向原审批机关提出专题报告，经原审批机关同意后，方可编制修改方案。修改后的控制性详细规划，应当依照本法第十九条、第二十条规定的审批程序报批。控制性详细规划修改涉及城市总体规划、镇总体规划的强制性内容的，应当先修改总体规划。

## 第三节 城市规划设计单位资格管理

一、城市规划设计单位资格管理的概念和意义

城市规划设计单位资格管理是对城市规划设计单位的人员资格、结构和规划编制质量进行检验、考核，并依法确定其等级的行政管理。

城市规划编制是城市规划工作中的一个重要环节。城市规划编制水平的高低，直接影响到城市规划工作的优劣。规划编制水平的高低，与规划设计单位技术人员业务水平的高低、人员配备结构、内部管理等息息相关。

二、城市规划设计单位资格管理的主体

城市规划设计单位资格管理的主体是各级城市规划行政主管部门，即国务院城市规划行政主管部门和省、自治区、直辖市城市规划行政主管部门，实行两级管理。

国务院城市规划行政主管部门负责甲级城市规划设计单位的资格评定并颁证、乙级

城市规划设计单位的颁证,以及甲级单位的资格年检。

省、自治区、直辖市城市规划行政主管部门负责甲级城市规划设计单位的资格的初审和乙级城市规划设计单位的资格审核并向国务院规划行政主管部门申报;负责丙、丁级城市规划设计单位的资格评定并颁证;负责乙、丙和丁级的资质年检。

### 三、规划设计单位的资格管理的内容

#### (一)城市规划设计单位资格评定和年检

对于已具备城市规划设计资格的单位,由城市规划行政主管部门每3年进行一次资格年检工作,其年检的内容与资格审核的内容基本一致。

#### (二)规划设计市场的管理

其主要内容是:城市规划设计市场的准入、境外地区规划设计单位在我国承担规划设计任务的登记与管理、城市设计收费情况的检查、查处越级承担城市规划设计任务和无证设计的行为等。

#### (三)规划设计人员的管理

主要是对规划设计人员组织有关技术培训,如城市规划法律、法规和技术标准、规范等的培训,并进行相应的技术考核等。

### 四、城市规划设计单位资格评定和年检的基本程序和操作要求

#### (一)申请程序

规划设计单位根据资格分级标准及自身条件,向单位所在的省、直辖市、自治区级城市规划行政主管部门提交定级的申请文件或申请年检文件。

#### (二)审核程序

省、自治区、直辖市级城市规划行政主管部门收到申请文件以后,一是根据规定提出初步审核意见;二是组织专家对申请单位资格进行综合评估;三是根据评估意见,按照规定程序审批或报国家城市规划行政主管部门审批。

#### (三)颁发程序

国务院城市规划行政主管部门或省、自治区、直辖市城市规划行政主管部门,根据法定权限颁发住房和城乡建设部统一印制的城市规划设计资格证书。

## 第四节 城市规划实施管理原则

### 一、城市规划实施管理概念

城市规划实施管理,就是按照法定程序编制和批准的城市规划,依据国家和各级政府颁布的城市规划管理有关法规和具体规定,采用法制的、社会的、经济的、行政的和

科学的管理方法,对城市的各项用地和建设活动进行统一的安排和控制,引导和调节城市的各项建设事业有计划、有秩序地协调发展,保证城市规划实施。形象地讲,就是通过有效手段安排当前的各项建设活动,把城市规划设想落实在土地上,使其具体化并成为现实。

城市规划实施管理是依法行政的过程,通过行政管理手段,把城市政府制定的城市发展规划目标逐步地贯彻下去,把城市规划实施管理作为城市政府及其城市规划行政主管部门的重要职能,依法行使城市规划权和城市规划管理权。

城市规划实施管理,就是根据城市规划要求,通过一定的程序和手段,进行科学的、合理的规划决策,把规划蓝图落实在土地上,成为空间实体。城市规划实施管理的过程就是具体实施城市规划的过程。城市规划区内的各项建设用地和建设工程,必须符合城市规划要求,服从城市规划管理。

城市规划实施管理的过程,实际上就是根据城市规划要求,合理布局和安排各项当前建设的过程。这就需要综合运用法制的、社会的、经济的、行政的和科学的方法,妥善协调各个方面的关系,包括需要与可能、近期与远期、局部与整体、地上与地下、新区与旧区、保护与发展、生产与生态、主体与配套、内容与形式、继承与创新、重点与一般、条条与块块以及区域与城市、城市与乡村等。通过综合平衡、协调、控制,追求社会、经济、环境的综合效益,处理好有关方面的关系,使各项当前建设得以实现。

城市规划实施管理的具体对象主要是各项当前建设用地和建设工程。每一项用地和工程都要经过立项申报、规划审查、征询意见、协调平衡、审查批准、办理手续及批后管理等一系列的程序和具体运作,其关键的环节和重要标志是核发"一书两证",即建设项目选址意见书和建设用地规划许可证、建设工程规划许可证。城市规划实施管理就是面对着城市规划区内大量的建设用地和建设工程,按照有关法律法规和城市规划要求,进行一项接一项的具体操作。

城市规划的如愿实施,更需要严格执法、有序进行。城市规划实施管理就是采取有效制度和手段,营造一个高效、和谐、健康的正常工作环境,排除各方面的干扰,依法惩处各种违法行为,杜绝各种不正之风,维护好公共利益,使各项建设用地和建设工程能够依法按照城市规划要求得以落实和正常进行,树立城市规划的严肃性和权威性。

## 二、城市规划实施管理原则

城市规划实施管理是一项综合性、复杂性、系统性、实践性、科学性很强的技术行政管理工作,直接关系着城市规划目标能否顺利实施。为了把城市规划实施管理搞好,在城市规划实施管理中应当严格遵循下列基本原则。

(一)合法性原则

合法性原则是社会主义法制原则在城市规划行政管理中的体现和具体化。行政合法性原则的核心是依法行政,其主要内容,一是规划管理人员和管理对象都必须严格执行和遵守法律规范,在法定范围内依照规定办事;二是规划管理人员和管理对象都不能有不受行政法调节的特权，权利的享受、义务的免除都必须有明确的法律规范依据；三是城市规划实施管理行政行为必须有明确的法律规范依据。

对于城市规划区内的土地利用和各项建设活动，都要严格依照《城乡规划法》的有关规定进行规划管理，也就是要以经过批准的城市规划和有关的城市规划管理法规为依据，防止和抵制以言代法、以权代法的行为，对一切违背城市规划和有关城市规划管理法规的违法行为，都要依法追究当事人应负的法律责任。

（二）合理性原则

合理性原则的存在有其客观基础。由于现代国家行政管理活动呈现多样性和复杂性，特别是像城市规划实施这类行政管理工作，专业性、技术性很强，立法机关没有可能来制定详尽的、周密的法律规范。为了保证城市规划的实施，行政管理机关需要享有一定程度的自由裁量权，即根据具体情况，灵活应对复杂局面的行为选择权。此时，规划管理机关应在合法性原则的指导下，在法律规范规定的幅度内，运用自由裁量权，采取适当的措施或作出合适的行政决定。

行政合理性原则的具体要求是，行政行为在合法的范围内还必须合理。即行政行为要符合客观规律，要符合国家和人民的利益，要有充分的客观依据，要符合正义和公正。例如抢险工程可以先施工后补办相关许可证。

（三）程序化原则

要使城市规划实施管理遵循城市发展与规划建设的客观规律，就必须按照科学的审批管理程序来进行。也就是要求在城市规划区内的使用土地和各种建设活动，都必须依照《城乡规划法》的规定，经过申请、审查、征询有关部门意见和批报、核发有关法律性凭证及批后管理等必要的环节来进行，否则就是违法。这样就可以有效地防止审批工作中的随意性，切实制止各种不按科学程序进行审批的越权和滥用职权的行为发生。

（四）公开化原则

经过批准的城市规划要公布，一经公布，任何单位和个人都无权擅自改变，一切与城市规划有关的土地利用和建设活动都必须按照《城乡规划法》的规定进行。相应的还需要将城市规划管理审批程序、具体办法、工作制度、有关政策和审批结果以及审批工作人员的身份和责任公开，从而将城市规划实施管理工作过程置于社会监督之下，促使城市规划行政主管部门提高工作效率并公正执法，同时也可以使规划管理工作的行政监督检查与社会监督相结合，运用社会管理手段，更加有效地制约和避免各种违反城市规划实施的因素发生。

（五）加强批后管理的原则

要保证城市规划能够顺利实施，各级城市规划行政主管部门就必须将监督检查工作作为城市规划实施管理工作的一项重要内容抓紧、抓好。加强监督检查，一是要做好土地使用和建设活动的批后管理，促使正在进行中的各项建设严格遵守城市规划行政主管部门提出的规划要求；二是要做好经常性的日常监督检查工作，及时发现和严肃处理各类违反城市规划的违法活动；三是作好城市规划行政主管部门执法过程中的监督检查，及时发现并纠正偏差，严肃处理各种违法渎职行为，督促提高城市规划实施管理的质量水平。

## 第五节　城市规划实施管理机制

城市规划的实施需要一定的手段和作用力，在此称之为城市规划的实施机制。从国外城市规划实施的经验看，城市规划实施的机制有多方位、多层面、作用相互补充的特征。

### 一、城市规划行政管理机制

纵观世界各国，城市的规划、建设和管理都是城市政府的一项主要职能。在城市规划的实施中，行政机制具有最基本的作用。城市规划主要是政府行为，要很好地发挥规划实施的行政机制，规划行政机构就要获得充分的法律授权。只有在行政权限和行政程序有明确的授权，有国家强制力为后盾，公民、法人和社会团体支持和服从国家行政机关的管理等条件下，行政机制才能发挥作用，产生应有的效力。

### 二、城市规划财政支持机制

财政是关于利益分配和资源分配的行政权力和行为，在城市规划实施中有重要作用。政府可以按城市规划的要求，通过公共财政的预算拨款，直接投资兴建某些重要的城市设施，特别是城市重大基础工程设施和大型公共建筑设施，或者通过资助的方式促进公共工程建设。政府还可发行财政债券来筹集城市建设资金，加强城市建设，通过税收杠杆来促进和限制某些投资和建设活动，实现城市规划的目标。

### 三、城市规划法律保障机制

法律在促进城市规划实施过程中体现为：

（1）通过行政法律、法规为城市规划行政行为授权，并为行政行为提供实体性、程序性依据，从而为调节社会利益关系，维护经济、社会、环境的健全发展提供法定依据。在日本，城市规划在确定了公共设施的位置以后，所在地块的建设活动就会受到相应的限制，对规划管理机关和公众都具有相同的约束力。公共设施的实施机构被依法授予强制征地的权利，当设施所在地块的建造要求得不到土地业主同意时，可以要求实施机构征购所在地块。

（2）公民、法人和社会团体为了维护自己的合法权利，可以依据对城市规划行政机关作出的具体行政行为提出行政诉讼。

#### 四、城市规划社会监督机制

城市规划实施的社会监督机制是指公民、法人和社会团体参与城市规划的制定、监督城市规划的实施。在国外，城市规划行政的公众参与制度和规划复议制度为社会公众提供了了解情况、反映意见的正常渠道。公众参与是城市规划体现公众利益的重要环节，是监督城市规划实施的保证。20世纪60年代和70年代以后，公众参与陆续成为各国城市规划编制和实施的法定程序。各国的规划法中都有规划的编制、公布、审批及诉讼等程序中公众参与的相关条款：1968年日本的《城市规划法》新增了公众参与条款，1987年德国的《建设法典》，新加坡1962年颁布的《总体规划条例》和1981年颁布的《开发申请条例》，在这方面都有相应的规定。各国的公众参与过程不尽相同，但一般都分为信息公开、听取公众意见、仲裁处理、处理决定生效等几个环节。归纳起来，公众参与有三个要点：一是必须规范政府的规划信息发布方式；二是规范公众反映意见的方式和途径；三是规范对公众意见的处理方式。

## 第六节 建设项目规划许可制度管理

城市规划实施管理的基本制度是规划许可制度，即城市规划行政主管部门根据依法审批的城市规划和有关法律法规，通过核发建设项目选址意见书、建设用地规划许可证和建设工程规划许可证（通称"一书两证"），对各项建设用地和各项建设工程进行组织、控制、引导和协调，使其纳入城市规划的轨道。

#### 一、建设项目选址意见书

建设项目选址规划管理，顾名思义，就是城市规划行政主管部门根据城市规划及其有关法律、法规对建设项目地址进行确认或选择，保证各项建设按照城市规划安排，并核发建设项目选址意见书的行政管理工作。

建设项目选址规划管理的主要内容可以分为以下几个方面。

（一）建设用地选址

建设项目规划选址是一项十分重要而复杂的工作，在选址时必须根据实际情况考虑下列因素。

1. 建设项目的基本情况

主要是根据经批准的建设项目建议书，了解建设项目的名称、性质、规模，对市政基础设施的供水、能源的需求量，采取的运输方式和运输量，"三废"的排放方式和排放量等，以便掌握建设项目选址的要求。

2. 建设项目与城市规划布局的协调

建设项目的选址必须按照批准的城市规划进行。建设项目的性质大多数是比较单一的，但是，随着经济、社会的发展和科学技术的进步，出现了土地使用的多元化，也深化了土地使用的综合性和相容性。按照土地使用相符和相容的原则，安排建设项目的选址才能保证城市布局的合理。

3. 建设项目与城市交通、通信、能源、市政、防灾规划和用地现状条件的衔接与协调

建设项目一般都有一定的交通运输要求、能源供应要求和市政公用设施配套要求等。在选址时，要充分考虑拟使用土地是否具备这些条件，以及能否按规划配合建设的可能性，这是保证建设项目发挥效益的前提。没有这些条件的，则坚决不予安排选址。同时，建设项目的选址还要注意对城市交通和市政基础设施规划用地的保护。

4. 建设项目配套的生活设施与城市居住区及公共服务设施规划的衔接与协调

一般建设项目特别是大中型建设项目都有生活设施配套的要求，同时，征用农村土地、拆迁宅基地的建设项目还有被动迁的农民、居民的生活设施的安置问题。这些生活设施，不论是依托旧区还是另行安排，都有交通配合和公共生活设施的衔接与协调问题。建设项目选址时必须考虑周到，使之有利生产，方便生活。

5. 建设项目对于城市环境可能造成的污染或破坏，以及与城市环境保护规划和风景名胜、文物古迹保护规划、城市历史风貌区保护规划等协调

建设项目的选址不能造成对城市环境的污染和破坏，而要与城市环境保护规划相协调，保证城市稳定、均衡、持续的发展。生产或存储易燃、易爆、剧毒物的工厂、仓库等建设项目，以及严重影响环境卫生的建设项目，应当避开居民密集的城市市区，以免影响城市安全和损害居民健康。产生有毒、有害物质的建设项目应当避开城市的水源保护地、城市主导风向的上风以及文物古迹和风景名胜保护区。建设产生放射性危害的设施必须避开城市市区和其他居民密集区，并必须设置防护工程，妥善考虑事故处理和废弃物处理设施。

6. 交通和市政设施选址的特殊要求

港口设施的建设必须综合考虑城市岸线的合理分配和利用，保证留有足够的城市生活岸线。城市铁路货运干线、编组站、过境公路、机场、供电高压走廊及重要的军事设施应当避开居民密集的城市市区，以免割裂城市，妨碍城市的发展，造成城市有关功能的相互干扰。

7. 珍惜土地资源、节约使用城市土地

建设项目尽量不占、少占近郊的良田和菜地，尽可能挖掘现有的城市用地潜力，合理调整使用土地。

8. 综合有关管理部门对建设项目用地的意见和要求

根据建设项目的性质和规模以及所处区位，对涉及的环境保护、卫生防疫、消防、交通、绿化、河港、铁路、航空、气象、防汛、军事、国家安全、文物保护、建筑保护、农田水利等方面的管理要求，必须符合有关规定并征求有关管理部门的意见，作为建设项目选址的依据。

## （二）核定土地使用性质

土地使用性质的控制是保证城市规划布局合理的重要手段。为保证各类建设工程都能遵循土地使用性质相容性的原则进行安排，做到互不干扰，各得其所，原则上应按照批准的详细规划控制土地使用性质，选择建设项目的建设地址。尚无批准的详细规划可依，且详细规划来不及制定的特殊情况，城市规划行政主管部门应根据城市总体规划，充分研究建设项目对周围环境的影响和基础设施条件，核定土地使用性质应符合标准化、规范化的要求。必须严格执行《城市用地分类与规划建设用地标准》的有关规定。凡确定需要改变规划用地性质且对城市规划实施无碍的，应先作出调整规划，按规定程序报经批准后执行。

## （三）核定容积率

土地使用建筑容积率是保证城市土地合理利用的重要指标。容积率过低，会造成城市土地资源的浪费和经济效益的下降；容积率过高，又会带来市政公用基础设施负荷过重、交通负荷过高、环境质量下降等负面影响，进而影响建设项目效益的正常发挥，同时，城市的综合功能和集聚效应也会受到影响。

1. 建筑容积率的概念

建筑容积率是指建筑基地范围内地面以上建筑面积与建筑基地面积的比值。建筑容积率是控制城市土地使用强度的最重要的指标。

2. 建筑容积率对城市环境质量的影响

一是对自然环境的影响：建筑容积率过高，建筑体量过大，容易构成对周围建筑特别是北邻或下风向的建筑日照、通风和绿化自然条件的影响，这种影响产生的负面效应在居住区尤为明显。二是对人工环境的影响：在一定时期，地区供水、供电、通信、排水以及道路交通容量等市政公用基础设施供应能力和承受能力有一定的限度，如建筑容量过大，相应市政配套设施的需求量和交通发生量超过供应能力和承受能力，会造成需求与供应的失衡。在历史风貌保护区和风景名胜、文物古迹、建筑保护单位的周围，有一定的环境控制要求，建筑容积率过高引起的建筑过高、体量过大，会对地段环境造成破坏。

3. 建筑容积率核定应考虑的因素

1) 建设活动的经济性要求

不同区位的土地，经济价值存在着差异，一般市区高于郊区，市区的中心地区又高于一般地区。运用土地级差的原理，合理确定建筑容积率是城市规划经济性的体现。

2) 城市人工环境容量的制约

城市人工环境容量是指城市现状和规划建设的市政公用基础设施的供应能力、公共服务和其他配套设施的能力。从城市的发展角度来看，城市的人工环境容量在逐步扩大，但对城市最终建设总量必然有一定的制约。对单块基地或地区容积率的确定，应该充分考虑城市环境容量的可能性，综合考虑各项配套设施的情况，妥善处理好远期和近期、需要与可能的关系，在供需平衡的原则下，实行动态调整和总量控制。

3）城市总体规划的要求

城市规划的人口规模、用地规模、结构布局以及建筑层次分区等因素对容积率的确定有密切的关系。随着城市化和城市现代化的进展，城市的人口规模将不断增加，城市需要一定的空间来容纳人口。经济和社会活动的高度集约，建筑容量相应就要提高。同时，现代化的城市必须保证城市居民有一个清洁、安静、舒适的高质量的生活居住环境。所以，在现代城市中一般都有这样的特点，中央商务区的容积率较高，而居住区的容积率相对较低。

4）其他因素

城市建设与经济建设是分不开的，社会经济发展的一定阶段，建筑往往朝高大发展，以取得更大的经济效益，对于这种倾向应给予政策引导和控制。

此外，容积率的确定与现状城市容积率状况、建筑基地面积大小及居民的心理承受能力有密切的关系，例如在已经建成的庭园住宅街坊内，不应该插建高层建筑。建设基地面积过大或过小的，容积率也应该根据用地平衡的原则适量降低，保证必要的配套设施用地和良好的环境质量。容积率是一项综合性指标，除受上述诸因素影响外，还需要不断地研究和探索，以适应城市建设和经济发展的需要。关于容积率的核定，应根据批准的控制性详细规划对建筑地块的规定容积率。对环境质量和环境容量要求较高的居住建筑和大型公共设施等要严格控制。大专院校、中小学校、幼儿园、托儿所、医院等设施主要根据规范用地指标确定。

（四）核定建筑密度

建筑密度是指建筑物底层占地面积与建筑基地面积的比率（用百分比表示）。在建设项目选址规划管理中，核定建设项目的建筑密度，是为了保证建设项目建成后城市的空间环境质量，并保证建设项目能满足绿化、地面停车场地、消防车作业场地、人流集散空间和变电站、煤气调压站等配套设施用地的面积。

建筑密度指标和建筑物的性质有密切的关系。如居住建筑，为保证舒适的居住空间和良好的日照、通风、绿化等方面的要求，建筑密度一般较低；而办公、商业建筑等底层使用频率较高，为充分发挥土地的效益，争取较好的经济效益，建筑密度则相对较高。同时，建筑密度的核定，还必须考虑消防、卫生、绿化和配套设施等各方面的综合技术要求。对成片开发建设的地区应编制详细规划，重要地区应进行城市设计，并根据经批准的详细规划和城市设计所确定的建筑密度指标作为核定依据。

（五）土地使用其他规划设计要求

城市规划对建设项目选址的要求是多方面的，应根据批准的城市规划予以提出。建设项目选址规划管理、建设用地规划管理和建设工程规划管理是一个连续的过程。一般在建设项目选址规划管理阶段，一并将建设用地使用规划条件和建设工程（建筑、交通、市政）规划设计要求同时提出。在一般情况下，建设项目选址意见书不仅作为计划审批部门的依据，而且在可行性研究报告获得批准后，也作为建设单位委托设计的依据。一旦建设项目可行性研究报告经过批准，即可进行工程方案设计，以利于提高工作效率。

（六）建设项目选址意见书的核发

按照国家规定需要有关部门批准或者核准的建设项目，以划拨方式提供国有土地使用权的，建设单位在报送有关部门批准或者核准前，应当向城乡规划主管部门申请核发选址意见书。除此之外的建设项目不需要申请选址意见书。

## 二、建设用地规划许可证

建设用地规划许可证的规划管理，是建设项目选址规划管理的继续。它是城市规划行政主管部门根据城市规划及其有关法律、法规，确定建设用地面积和范围，提出土地使用规划要求，并核发建设用地规划许可证的行政管理工作。

建设用地规划管理和土地管理既有联系又有区别，其区别在于管理职责和内容建设用地规划管理负有实施城市规划的责任，它按照城市规划对建设工程使用土地进行选址，根据建设用地要求确定建设用地范围，协调有关矛盾，综合提出土地使用规划要求，保证城市各项建设用地按照城市规划实施。而土地管理是维护国家土地管理制度，调整土地使用关系，保护土地使用者的权益，节约、合理利用土地和保护耕地的责任。它负责土地的征用、划拨和出让；受理土地使用权的申报登记；进行土地清查、勘察、发放土地使用权证；制定土地使用费标准，向土地使用者收取土地使用费；调解土地使用纠纷；处理非法占用、出租和转让土地等。建设用地规划管理与土地管理的联系在于管理的过程，城市规划行政主管部门依法核发的建设用地规划许可证，是土地行政主管部门在城市规划区内审批土地的重要依据。在城市规划区内，未取得建设用地规划许可证而取得建设用地批准文件、占用土地的，批准文件无效，占用的土地由县级以上人民政府责令退回。因此，建设用地的规划管理和土地管理应该密切配合，而决不能对立起来和割裂开来，共同保证和促进城市规划的实施，加强城市的土地管理。

建设用地规划管理主要审核以下内容。

（一）控制土地使用性质和土地使用强度

土地使用强度是通过容积率和建筑密度两个指标来控制的。土地使用性质、容积率和建筑密度已在建设项目选址规划管理阶段核定，在建设用地规划管理阶段，是通过审核设计方案控制土地使用性质和土地使用强度的。

（二）确定建设用地范围

主要是通过审核建设工程设计总平面图确定建设用地范围，需要说明的是：

（1）对于土地使用权有偿出让的建设用地范围，应根据城市规划行政主管部门确认，并附有土地使用规划要求的土地使用权出让合同所确定的用地范围来确定。

（2）由于规划管理是一个连续的过程，为简化工作程序，提高工作效率，对于规模较小的单项建设工程，可以一并审定建筑设计方案，方便下一步核发建设工程规划许可证。

（3）确定建设用地范围时，要同时对建设工程如所涉及的临时用地范围和城市道路红线、河道蓝线范围内需要代办的用地范围一并确定。

（三）调整城市用地布局

我国的大多数城镇的旧区都存在着布局混乱、各类用地混杂相间、市政公用设施容量不足、城市道路狭窄弯曲、通行能力差等问题。这些问题的存在已经严重影响了城市功能的发挥。对一些矛盾突出，严重影响生产、生活的用地进行调整，可以促进经济的发展，改善城市的环境质量，节约城市的建设用地。调整城市中不合理的用地布局成为建设用地规划管理的重要内容。因此，规划管理行政主管部门要充分发挥控制、组织和协调作用，根据实事求是的原则，兼顾城市公共利益和相关单位的合法利益，积极开展城市旧区不合理用地的调整。对于范围较大的旧区改建，则需要编制地区详细规划并按法定程序批准后，方可组织用地的调整。

（四）核定土地使用其他规划管理要求

城市规划对土地使用的要求是多方面的。除土地使用性质和土地使用强度外，还应根据城市规划对建设用地核定其他规划管理要求，如建设用地内是否涉及规划道路，是否需要设置绿化隔离带等。另外，还需综合其他专业管理部门的要求一并提出。

（五）通过用地规划许可证的核发和领取

以划拨方式提供国有土地使用权的建设项目，经有关部门批准、核准、备案后，可向城市规划主管部核发建设用地规划许可证。以出让方式取得国有土地使用权的建设项目，由于建设用地条件与规划设计条件已经过规划和土地部门共同研究确定，因此，建设项目可依据与土地部门签订的土地合同直接向城乡规划主管部门领取建设用地规划许可证。

三、建筑工程规划许可证

建筑工程规划管理是城市规划行政主管部门根据城市规划及其有关法律、法规和技术规范，对各类建筑工程进行组织、控制、引导和协调，使其纳入城市规划的轨道，并核发建设工程规划许可证的行政管理。

根据建筑工程的特点，在规划管理工作中，对各项建筑工程应根据规划设计条件，并着重从以下几方面对其设计方案进行审核。

（一）建筑物使用性质的控制

建筑物使用性质与土地使用性质是有关联的。在建筑工程规划管理中，要对建筑物使用性质进行审核，保证建筑物使用性质符合土地使用性质相容的原则，保证城市规划布局的合理。

（二）建筑容积率的控制

建筑容积率审核是一项十分细致的工作，特别在市场经济条件下，由于经济利益的驱动，开发商盲目追求高容积率，甚至弄虚作假，应予严格审核。

（三）建筑密度的控制

建设密度影响城市空间环境质量和建设基地使用的合理安排，应在确保建设基地内绿地率、消防通道、停车、回车场地和建筑间距的前提下予以审定。

（四）建筑高度的控制

在已编制详细规划或城市设计的地区内进行建设的，建筑高度应按已批准的详细规划或城市设计的要求控制。在尚未编制详细规划或城市设计的城区，建筑高度的核定应充分考虑下列几个方面的制约因素：

（1）视觉环境因素对建筑高度的制约。一是沿城市道路两侧建造高度控制；二是文物保护或历史建筑保护单位周围地区的建筑高度控制。

（2）机场、电信等技术要求对建筑高度的制约。

（3）建筑高度控制是一项复杂的、综合的技术要求，制约因素很多，在审核建筑设计方案时，必须仔细、认真地考虑到各方面的要求，否则一时疏忽将会造成巨大的经济损失或引发侵权等纠纷。

（五）建筑间距的控制

建筑物之间因消防、卫生防疫、日照、交通、空间关系以及工程管线布置和施工安全等要求，必须控制一定的间距，确保城市的公共安全、公共卫生和公共交通。建筑间距受到以下几个方面的因素制约：

（1）日照影响的因素。

（2）消防安全的因素。

（3）卫生防疫的因素。

（4）施工安全的因素。

（5）空间关系的因素。

（六）建筑退让的控制

建筑退让是指建筑物、构筑物与相邻规划控制线之间的距离要求。如拟建建筑物后退道路红线、河道蓝线、铁路线、高压电线及建设基地界线的距离。建筑退让不仅是保证有关设施的正常运营，而且也是维护公共安全、公共卫生、公共交通和有关单位、个人的合法权益的重要方面。

（七）建设基地绿地率的控制

绿地率是指建筑基地内的绿地面积占基地总面积的比例。控制绿地率是改善城市生态环境，提高基地内环境质量的必要措施。绿地率除应符合规定要求外，对于地区开发建设基地和面积较大的单项建筑工程基地，还应按要求设置集中绿地。

（八）基地出入口、停车和交通组织的控制

建设基地出入口、停车和交通组织对城市交通影响很大。要根据不干扰城市交通的原则，确定建设基地机动车、非机动车出入口方位，以及人流、机动车、非机动车的交通组织方式，并按规定设置停车泊位。出入口应设置足够的临时停车场地。进出基地内地下停车场的车辆，不得利用城市道路回车。

（九）建设基地标高控制

建设基地标高，必须与相邻基地标高、城市道路标高相协调，符合详细规划要求。

尚未编制详细规划的地区，可参考该地区的城市排水设施情况和附近道路、附近基地的现状标高确定，应处理好与相邻地块之间的地面标高关系，不得妨碍相邻各方的排水。

（十）建筑环境的管理

城市设计是帮助规划管理对建筑环境进行审核的途径，特别是对于重要地区的建设，应按城市设计的要求，对建筑物高度、体量、造型、立面、色彩进行审核。基地内部空间环境亦应根据基地所处的区位，合理地设置广场、绿地、户外雕塑并同步实施。

（十一）各类公建用地指标和无障碍设施的控制

在地区开发建设的规划管理工作中，要根据批准的详细规划和有关规定，对中小学、幼托及商业服务设施的用地指标进行审核，并考虑居住区内的人口增长，留有公建和社区服务设施发展备用地，使其符合城市规划和有关规定，保证开发建设地区的公共服务设施使用和发展的要求，不允许房地产开发挤占居住区配套公建用地。

（十二）综合有关专业管理部门的核准意见

建筑工程建设涉及有关的专业管理部门较多，有的已在各城市制定的有关管理规定中明确需取得哪些相关部门的核准意见。在建筑工程管理阶段比较多的是需取得消防、抗震、民防、市政、园林绿化等部门的核准意见。

（十三）建设工程规划许可证的核发

申请办理建设工程规划许可证，应当提高使用土地的有关证明条件，建设工程设计方案等材料。对符合规划条件，并取得建筑工程管理相关部门的核准意见后，由城乡规划主管部门核发建设工程规划许可证。

四、市政管线工程规划管理

市政管线工程规划管理的对象是各类城市管线工程，根据其所输送的不同介质主要可分为：电力线、电信线、交通信号管、路灯管、给水管、中水管、燃气管、雨水管、污水管等及其他特殊管线（如轨道交通的电网、输油管、输气管、化工物料管等）。

根据市政管线工程的特点，要求管线工程规划管理主要控制市政管线工程的平面布置及其水平、竖向间距，并处理好与相关道路、建筑物、树木等的关系，主要有以下几个方面。

（一）管线的平面布置

所有管线的位置均应采取城市统一的坐标系统和高程系统，都应沿道路规划红线平行敷设，其规划位置相对固定，并具有独立的敷设宽度。

（二）管线的竖向布置

各种市政管线不应在垂直方向上重叠直埋敷设。

（三）管线敷设与行道树、绿化的关系

沿路架空线设置，应充分考虑行道树的生长与修剪需要，地下煤气管敷设要考虑煤气管损坏漏气对行道树的影响。

（四）管线敷设与市容景观的关系

各类电杆形式力求简洁，管线附属设施的安排应满足市容景观的要求；旧区架空管线应创造条件入地，同类架空管线尽可能合并设置，减少立杆数量。

（五）综合相关管理部门的意见

市政管线工程穿越市区道路、郊区公路、铁路、地下铁道、隧道、河道、桥梁、绿化地带、人防设施以及消防安全、净空控制等方面要求的，应征得有关管理部门同意。

（六）其他管理内容

例如雨、污水管排水口的位置、管线施工期间过渡使用的临时管线安排以及管线共同沟等，都需要城市规划行政主管部门协调、控制。

（七）管线综合

管线综合是指协调各类管线的空间位置。由于有多根管线同时建设，因此要综合平衡，使各种管线在规划管理的协调下得到统筹安排，各得其位，避免干扰。管线综合是对多条管线同步建设中协调工作的过程，一般需要编制管线综合规划，综合协调管线平面布置、间距和竖向间距以及管线与绿化、建筑物、道路等方面的关系。

**五、交通工程规划管理**

就一个城市来讲，交通分为市内交通、市域交通和对外交通，三者联系极为密切。交通工程的物质形态又有建筑物、构筑物和线路网络之别。前两者如车站、航站、港口、码头等属于建筑工程规划管理范围；后者如城市道路、公路、地下铁道等称为市政交通工程。

交通工程规划管理的对象主要是指城市道路、公路及其相关的工程设施，如桥梁、隧道、人行天桥等。交通工程规划管理的主要内容有以下几个方面。

（一）地面道路（公路）工程的规划控制

1. 道路走向及坐标的控制

道路的走向和坐标是通过道路规划红线来控制的。道路规划红线范围内的空间既是组织城市交通的基础，又是综合安排市政公用设施（如地上杆线、地下管线、街道绿化等）的基础。道路的走向能否得以准确有效地控制，首先取决于道路规划红线能否得到有效的控制。道路走向的规划控制，首先是要求按道路规划红线进行控制。

2. 道路横断面布置的控制

城市道路横断面主要包括机动车道、非机动车道、人行道及绿化带等。在核定道路横断面布置时，要把握道路系统规划所确定的道路性质、功能，考虑交通发展要求。在未按道路规划红线一次性建成时，要考虑近期道路横断面布置向远期道路横断布置的顺利过渡。

3. 城市道路标高的控制

城市道路的竖向标高应按照城市详细规划标高控制，适应临街建筑布置并便于沿路地区内地面水的排除。

#### 4. 道路交叉口的控制

道路交叉口形式的核定,一是城市规划明确设置立体交叉的,既要控制立体交叉用地范围,又要根据交通要求合理选择立体交叉形式;二是平面交叉路口要根据交通流量要求,渠化交叉口交通,即拓宽交叉口,增设左转或右转车道,合理确定拓宽段的长度。

#### 5. 道路附属设施的控制

道路桥梁的附属设施包括管理用房、收费口、广场、停车场、公交车站等,应根据城市规划和交通管理要求合理设置。

### (二) 高架交通工程的规划控制

无论是城市高架道路工程,还是城市高架轨道交通工程,都必须严格按照它们的系统规划和单项工程规划进行控制,其线路走向、控制点坐标等控制,应与其地面道路部分相一致。高架道路的上、下匝道的设置,要考虑与地面道路及横向道路的交通组织相协调。高架轨道交通工程的车站设置,要留出足够的停车场面积,方便乘客换乘。高架交通工程在城市中"横空出世",要考虑城市景观的要求。高架交通工程还应设置有效地防止噪声、废气的设施,以满足环境保护的要求。

### (三) 地下轨道交通工程的规划控制

地下轨道交通工程,也必须严格按照城市轨道交通系统规划及其单项工程规划进行控制。其线路走向除需满足轨道交通工程的相关技术规范要求外,尚应考虑保证其上部和两侧现有建筑物的结构安全。当地下轨道交通工程在城市道路下穿越时,应与相关城市道路工程相协调,并须满足市政管线工程敷设空间的需要。地铁车站工程的规划控制,必须严格按照车站地区的详细规划进行规划控制。地铁车站的建设应与详细规划中确定的地下人防设施、地区地下空间的综合开发工程同步实施。地铁车站附近的地面公交换乘站点、公共停车场等交通设施应与车站同步实施。与城市道路规划红线的控制一样,城市轨道交通系统规划确定的走向线路及其两侧的一定控制范围(包括车站控制范围),必须严格地进行规划控制,以保证今后工程的顺利实施。

### (四) 城市桥梁、隧道、立交桥等交通工程的规划控制

城市桥梁(跨越河道的桥梁、道路或铁路立交桥梁、隧道、人行天桥等)、隧道(含穿越河道、铁路、其他道路的隧道、人行地道等)的平面位置及形式是根据城市道路交通系统规划确定的,其断面的宽度及形式应与其衔接的城市道路相一致。桥梁下的净空应满足地区交通或通航等要求;隧道纵向标高的确定既要保证其上部河道、铁路、其他道路等设施的安全,又要考虑与其衔接的城市道路的标高。需要同时敷设市政管线的城市桥梁、隧道工程,尚应考虑市政管线敷设的特殊要求。城市各类桥梁结构选型及外观设计应充分注意城市景观的要求。

### (五) 其他

有些市政交通工程项目在施工期间,往往会影响一定范围城市交通的正常通行,因

此，在其工程规划管理中还需要考虑工程建设期间的临时交通设施建设和交通管理措施的安排，以保证城市交通的正常运行。

## 第七节 历史文化遗产保护规划管理

历史文化遗产是祖先留给我们的具有历史文化价值的遗存，是文明的载体，包括有形文化遗产和无形文化遗产。我国历史文化遗产保护经历了文物、历史文化名城、历史文化保护区等各层次不断扩展深化的过程，在非物质文化遗产的整理保护方面也取得了一定成果，逐步形成了较完整的保护体系（图11-1）。

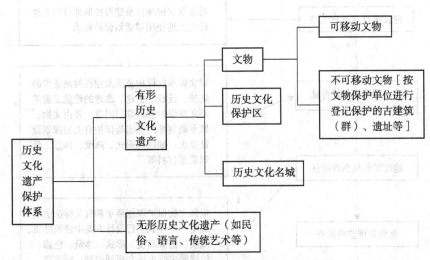

图11-1 中国历史文化遗产保护体系示意图

有形历史文化遗产中不可移动的古建筑（群）、遗址、历史文化街区、历史文化村镇和历史文化名城等和我们的城镇建设和管理密切相关，因而出现的问题也就特别多。这些年，随着城镇化和城市旧区更新改造进程的加快，城市发展建设与历史遗产保护的矛盾愈显突出。以下对有形历史文化遗产中三个层次的保护对象、保护管理机构的设置及主要管理内容作一个简要阐述。

### 一、文物

文物可分为可移动文物和不可移动文物。可移动文物由国家、地方两级的文物行政管理机构进行管理。不可移动文物在城镇中表现为不同等级的、具有一定空间范围的文物保护单位。目前我国对文物保护单位实行文物系统和建设规划系统的双项管理模式。文物保护单位的日常保护管理工作由文物行政管理机构负责。按照规定允许变动的文保单位的改建、扩建及变动主体承重结构的大修，文保单位的建设控制地带内的新建、改建和扩建，以及涉及文物保护单位的建设工程选址和设计，均须征得相应文物行政管理部门同意后报城市规划部门审批。

值得注意的是，除对文物建筑本身保护外，还必须对其周围的建设进行环境控制。在文物保护单位的法定保护范围内不得进行新建工程或擅自对其他建筑进行改建、扩建。在保护规划划定的建设控制地带内新建、改建和扩建的建筑物、构筑物，须在尺度、体量、高度、色彩、材质、比例、建筑符号等方面与保护建筑相协调，不得破坏原有环境风貌。

从图11-2中可以看出文物保护贯穿在建设项目选址、建设用地和建设工程规划管理之中，并不是一项独立的规划管理工作。

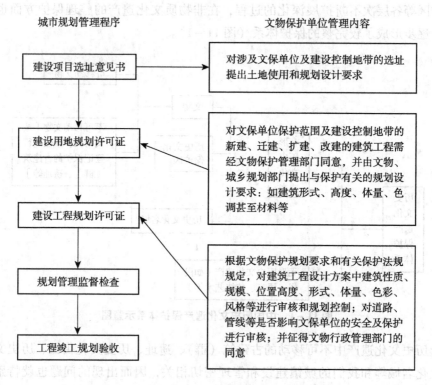

**图11-2 文物保护单位保护管理示意图**

## 二、历史文化保护区

历史文化保护区是指文物古迹比较集中或能较完整地体现出某历史时期传统风貌和民族特色的街区、建筑群、小镇、村落等。

历史文化保护区实行国家、地方两级管理。目前由住房和城乡建设部、国家文物局共同负责国家级历史文化保护区的管理、监督和指导工作；地方各级历史文化保护区的保护管理工作由地方文物行政管理部门、城建或规划部门共同承担。历史文化保护区在历史文化名城内的由历史文化名城保护管理机构承担这一职责。非名城区域内的历史文化保护区可设立专门的保护管理机构，该机构的职责与历史文化名城专门的保护管理机构的职责基本相同。

### 三、历史文化名城

根据《中华人民共和国文物保护法》的规定,历史文化名城是"保存文物特别丰富,具有重大历史价值和革命意义的城市"。历史文化名城亦实行国家及地方两级管理。住房与城乡建设部、国家文物局共同负责国家级历史文化名城的保护管理、监督及指导工作。地方一级的名城除地方城建或规划主管部门、地方文物行政管理部门共同承担这种方式外,可设立专门的名城保护机构,其职责主要包括:

(1) 宣传、执行国家、省、市有关名城保护的法律、法规和政策。
(2) 牵头组织文化、规划、园林等有关部门制定名城保护规划。
(3) 制定名城保护管理条例。
(4) 收集、建立名城保护的档案资料。
(5) 负责决策名城保护工作中的重大问题。
(6) 协调有关单位解决在名城保护中出现的问题。
(7) 依据保护管理条例查处违法行为。
(8) 负责名城保护专项资金的管理和调配使用。

## 第八节 城市规划实施行政检查

城市规划实施的批后管理,是城市规划行政主管部门的一项重要工作。为了实现城市规划管理的目标,依照城市规划法律、法规及批准的城市规划和规划许可,对城市的土地使用、各项建设活动、实施城市规划的情况,进行行政检查并查处违法用地和违法建设的行政执法工作。在监督检查中,对违法用地和违法建设的处理,又依法行使行政处罚和行政强制措施。城市规划实施的批后管理主要有三种行政行为:即行政检查、行政处罚和行政强制措施。

### 一、监督检查的概念与范围

#### (一)行政检查的概念

监督检查是指城市规划行政主管部门依法对建设单位或个人是否遵守城市规划行政法律规范或规划许可的事实,所作的强制性检查的具体行政行为。其主要特征包括:

(1) 监督检查是城市规划行政主管部门的具体行政行为,它以行政机关的名义进行。
(2) 监督检查是城市规划行政主管部门的单向强制性行为,不需要征得建设单位或个人的同意。行政主体在作监督检查时,应当出示执法证件,建设单位或个人有服从和协助的义务,否则必须承担相应的法律责任。
(3) 监督检查必须依法进行。由于监督检查涉及面广,对建设单位或个人权利的影响广泛且直接，因此，必须要有直接的法律依据，否则，建设单位或个人有拒绝检查的权利。

（二）监督检查的范围

根据城乡规划法的要求，监督检查的范围为城市规划区。在城市规划区范围内的城市土地使用情况、建设活动的全过程、违法用地和违法建设、建筑物和构筑物的使用性质、建设用地规划许可证和建设工程规划许可证的合法性等均属监督检查的任务。

建设工程规划批后行政检查的内容是根据城市规划实施要求，并按照建设过程的不同阶段来确定的，主要内容如下。

1. 道路规划红线定界

建设工程涉及道路规划红线的，才有这项工作内容。城市规划行政主管部门一般委托城市测绘部门道路红线界桩。检查人员在现场复验灰线前，应当先复验道路规划红线测定情况，发现有误差或者有疑问时，应当通知建设单位或者个人向城市规划管理部门申请复测。

2. 复验灰线

复验灰线主要针对建筑工程。检查建筑工程施工现场是否悬挂建设工程规划许可证，检查建筑工程总平面放样是否符合建设工程规划许可证核准的图纸。对市政管线或交通工程项目，应当检查管线或道路的中心线位置。

3. 建设工程竣工规划验收

分别对建筑工程、市政管线工程和交通工程进行验收：

（1）建设工程竣工规划验收，检查各项是否符合建设工程规划许可证及其核准图纸要求。

（2）市政管线工程竣工规划验收，检查中心线位置，测绘部门跟测落实情况。

（3）市政交通工程竣工规划验收，检查中心线位置；横断面布置，路面结构，路面标高及桥梁净空高度。

城市规划行政主管部门收到建设单位的竣工规划验收的申请后，监督检查人员安排时间赴现场验收。验收不合格的，提出整改意见，整改后再验收；验收合格的，报规划行政主管部门有关领导审批后，发给建设工程竣工规划验收合格证明。

监督检查情况和处理结果应当依法公开，供公众查阅和监督。

## 第九节　城市规划实施行政处罚措施

一、城市规划实施的行政处罚

（一）行政处罚的概念

行政处罚是指城市规划行政主管部门依照法定权限和程序，对违反城市规划及其法律规范和规划许可尚未构成犯罪的建设单位或个人制裁的具体行政行为。

### (二) 行政处罚的原则

行政处罚原则是指行政处罚法规定的设定和实施行政处罚时必须遵循的准则。它贯穿于行政处罚的全过程，对实施行政处罚提出了总体和普遍性的要求。同时，行政处罚原则也是对行政处罚行为具有普遍约束力的法律规范。行政处罚包括以下六项原则：

(1) 处罚法定原则；
(2) 处罚与教育相结合的原则；
(3) 公开、公正的原则；
(4) 违法行为与处罚相适应的原则；
(5) 处罚救济原则；
(6) 受处罚不免除民事责任的原则。

### (三) 查处违法用地或违法建设的操作要求

按照《中华人民共和国城乡规划法》的规定，违法用地、违法建设行政处罚的对象是建设单位或者个人。有些城市的城市规划法规也规定，同时对设计单位、施工单位实施行政处罚。城市规划行政主管部门应当严格遵循立案调查，查勘取证，作出行政处罚决定，送达当事人等法规规定的工作程序。

#### 1. 掌握信息

及时地掌握违法用地和违法建设活动的信息是处理违法建设的前提。其信息主要来自四个渠道：一是公民、法人和其他组织来信、来访的举报；二是违法建设的单位或者个人主动报告；三是城市规划行政主管部门在审核建设工程项目时发现；四是规划监督检查人员在对建设工程跟踪检查和日常巡视检查时发现。对违法建设信息应当及时登记，并指派专人负责处理违法建设案件。

#### 2. 准备资料

监督检查人员受理违法建设案件以后，应当首先弄清三个问题：一是违法用地或违法建设所在地的详细情况；二是违法用地或违法建设所在地的地形、地貌资料；三是查实城市规划行政主管部门是否核发规划许可证件，以及规划许可证件核准的图纸的内容，确认是无证建设（用地）还是越证建设（用地）。

#### 3. 现场查勘

规划管理监督检查人员通过现场查勘，获取充分的证据，当确认是违法用地或违法建设的，应当在现场口头通知建设单位或者个人以及施工单位立即停止施工，并告知听候处理。

#### 4. 草拟报告

监督检查人员在完成违法用地或违法建设现场查勘取证工作以后，应分别书面通知建设单位或个人、设计单位、施工单位到规划管理监督检查部门进行谈话，并制作谈话笔录，由监督检查人员、建设单位或者个人、设计单位、施工单位分别签名或者盖章。

5. 通知停工

对在建的违法建设工程，经主管领导批准，应当及时发出停工通知书。

6. 实施处罚

对应当给予行政处罚的建设单位或者个人、施工单位、设计单位，城市规划行政主管部门应当发给行政处罚决定书。对违法建设依法处理后，城市规划行政主管部门同意恢复施工的，应当及时发出恢复施工通知书，送达建设单位或者个人、施工单位。当被行政处罚的违法建设单位或者个人、设计单位、施工单位逾期未履行行政处罚决定，又未申请行政复议，也未向人民法院提出诉讼请求的，城市规划行政主管部门应当向人民法院提出诉讼外强制执行的请求，及时向人民法院递交申请执行书，其内容主要包括申请执行的请求事项和申请执行的理由。待人民法院审核同意后，积极主动配合人民法院强制执行。

## 二、城市规划实施的行政强制措施

某些城市的城市规划法规规定，对于严重妨碍公共安全、公共卫生和城市交通，或严重侵害相关单位或个人的合法权益的违法建设，在责令其自行拆除拒不执行时，可以报经城市人民政府批准后，由城市规划行政主管部门组织强行拆除。

### （一）行政强制性措施的概念

行政强制措施是指行政机关采用强制性手段，保障行政管理秩序、维护公共利益、迫使行政相对人履行法定义务的具体行政行为。

### （二）行政强制措施执行的原则和程序

行政强制执行是指行政机关为了实现行政管理目的，依法迫使逾期不履行行政执法义务的行政相对人履行义务或者达到履行状态的强制性具体行政行为。

行政强制措施的执行必须同时具备下述四个条件：一是被执行者负有行政法规定的义务；二是存在逾期不履行的事实；三是被执行人故意不履行；四是执行主体必须符合资格条件。行政强制执行除了应当遵循行政法上的合法性原则与合理性原则外，还应当遵循预先告诫、优选从轻、目的实现和有限执行等项原则。

行政强制执行的程序一般涉及三个阶段：一是行政机关作出行政强制执行的决定；二是行政机关再次督促行政相对人自觉履行义务，并告知其拒不履行义务将会产生的不利后果；三是经告诫，行政相对人仍然拒不履行义务的，则由行政机关实施强制执行。实施的步骤主要有：出示执行根据、表明执行身份、采取具体措施、制作执行记录、征收相应费用等。如果行政机关发现正在执行的根据可能违法或者不当、案外人对执行提出确有理由的异议、被执行人近期内确无履行能力等的，行政机关应当中止执行，当中止原因消失后，执行继续进行。

### （三）行政执法的改革

随着我国行政审批制度的改革，许多城市正在实施城市管理相对集中行使行政处罚权的试点工作。试点城市相应成立城市管理行政执法机构，集中行使城市规划、国土资源、园林绿化、市政、环境保护、市容环卫等城市规划建设管理方面的行政处罚权。城市管理行政处罚权相对集中后，可以解决城市管理执法体制不顺、职能交叉、多头执法、重复处罚等问题；其次可使行政机关的审批权与处罚权相分离，形成权利的制衡，从根本上遏制滥用权利、权钱交易等腐败现象；此外还可以简化执法环节，提高执法效率与执法效果，从而加强执法的严肃性与权威性。

# 第十二章

城市建设档案管理

## 第一节 城市建设档案概述

一、城市建设档案概念

（一）城市建设档案的概念

城市建设档案的概念随着城市建设档案工作的发展和人们对它认识的深化有一个不断演进的过程。从20世纪60年代到90年代初，我国城市建设档案学界关于城市建设档案概念的表述有很多，其中比较有代表性的有：1961年1月，国务院转发国家档案局《关于加强城市基本建设档案的意见》中指出："城市基本建设档案是城市建筑物、构筑物、地上和地下管线等各项基本建设的真实记录和实际反映。"1986年档案出版社出版的《城建档案管理概要》（刘巨普编著）对城市建设档案的表述为："城市建设档案属于科学技术档案的组成部分，是在城市行政辖区内进行城市建设的规划、设计、施工、管理和科学研究等活动中形成的应当归档保存的图纸、图表、文字材料、计算材料、模型、样品、照片、影片、录音、录像等技术文件材料的总称。"1997年建设部发布的《城市建设档案管理规定》指出："城建档案是指在城市规划、建设及其管理活动中直接形成的对国家和社会具有保存价值的文字、图表、声像等各种载体的文件材料。"

从上述定义的文字表述看，我国城市建设档案学界和档案学界对"城建档案"概念的认识大体上经历了"城市基本建设档案"与"城建档案"两个阶段。20世纪60年代初至80年代初基本上处于城市基本建设档案阶段，80年代以后则基本上形成了对城市建设档案的共识。这一定义概念范围的扩大，反映了人们对城市建设活动范围的深化和对在城市建设活动中形成的城市建设档案范围的认定。

基于上述认识，我们可以将城市建设档案的概念定义如下：城市建设档案是过去和现在的国家机构、社会组织和个人在进行城市建设的规划、设计、施工、管理和科研等活动中直接形成的具有保存价值的文字、图表、声像、模型实物等不同形式和载体的历史记录。

（二）城市建设档案的基本属性

（1）城市建设档案的形成者。包括国家机构（指政府机关、学校、国家企业、事业单位）、社会组织（指政治团体、社会团体、企业单位和其他各种社会团体）和个人（直接从事城市规划、设计、施工、管理和科研的国家工作人员、专业技术人员和职工）。

（2）城市建设档案的形成时限。包括现在的和过去的建设活动中形成的历史城市建设档案。这种认识有利于城建历史档案的收集和归档。

（3）城市建设档案的产生领域、范围和载体形式。城市建设档案是在规划、设计、施工、管理、科研等领域中产生的，并非只在施工过程中形成。城市建设档案的物质形式是多种多样的，有文字性材料，有图纸材料，有计算表格、有照片、录音、录像材料，也有模型等实物材料。

（4）城市建设档案是直接形成的历史记录，而非间接形成的或为参考目的收集来的城建图书、资料。

（5）城市建设档案是具有保存价值的那一部分城建活动记录，而非全部。不具备保存价值的那部分文件材料在办理完毕之后已失去现行和历史参考价值，从而不能转化为城市建设档案。

（三）城市建设档案的范围

城市建设档案的范围是由城市建设档案这个概念的外延所决定的。根据城市建设档案的定义，在城市建设活动中形成的各种专业档案都属城市建设档案。也就是说，在城市辖区范围内，也不管什么单位，不管这个单位的性质和级别如何，只要从事与城市建设有关的活动，其形成的档案原则上都属城市建设档案的范围。它主要包括以下几个方面。

1. 城市建设规划档案

（1）城市规划基础材料。包括城市历史沿革、经济、人口、资源、地形、地质、地震、土壤、植被、水文、气象、地名等方面的历史、现状、统计和勘测材料等。

（2）城市规划档案。包括总体规划（图纸、文本、说明书等）、详细规划（现状图、规划图、说明书等）、工程规划（工程现状总图、工程规划总图、说明书）、专业规划（给水、排水、供气、供热、供电、电信等专业规划图、说明书）、近期建设规划（五年建设、当年建设规划图、说明书）。

（3）国土规划方面的档案。包括国土研究、规划方案、规划调查的现状材料和科研分析材料等。

2. 城市建设工程档案

（1）工业建筑工程档案。包括工厂、矿山、动力厂（站）、工业输送管道等工程档案。

（2）民用建筑工程档案。包括办公楼、宾馆、体育馆、展览馆、图书馆、医院、影剧院、广播电视台、园林、住宅、学校、商业和服务业等工程档案。

（3）市政公用工程档案。包括给水、排水、煤气、热力、电力、电信工程档案等。

（4）交通运输工程档案。包括城市道路、公路、铁路、地下铁路、地下过街道、桥梁、车站、码头、港口、机场等工程档案。

（5）水利工程档案。包括河湖、水库、水渠、防洪工程等档案。

（6）城市战备工程档案。包括与城市建设有关的人防工程、军事地下管线和其他有关的隐蔽工程档案等。

以上工程档案的内容包括工程项目从决策、设计、施工到竣工验收整个过程中形成的档案。

3. 城市建设勘测档案

城市建设勘测档案是对城市范围内的地质、地物、地貌进行勘察测量中形成的档案材料，是进行城市规划、建设及其管理的重要依据。包括大地测量、航空测量形成的地形、水文地质等方面的档案。

4. 城市建设管理档案

（1）城市规划管理和房地产管理档案。包括建设用地划拨、征地，建筑工程设计、施工和发放许可证，违章建筑管理，房屋、土地产权产籍管理等方面的档案。

（2）环境保护和环境卫生管理档案。包括城市环境监测与质量评价，城市环境保护的规划、管理和科研，城市环境卫生的管理和科研方面的档案等。

（3）园林绿化和名胜古迹档案。包括公园、绿地及列为国家及省市重点保护范围的名胜古迹、风景区、古建筑、城市雕塑、纪念碑（馆）等的档案资料。

（4）市政公用设施管理方面的档案。

（5）城市建设科研档案。包括专题著作、城建各专业课题研究成果、专业论文等。

## 二、城市建设档案的特点与作用

### （一）城市建设档案的特点

城市建设档案是在建设和改造城市的大环境中形成的，城市建设的许多特点集中反映在城市建设档案中，主要有以下几个方面。

1. 综合性与整体性

（1）现代化城市是一个多功能、多层次、多种体系高度密集的建筑工程综合体。一个城市的空中、地面、地下各种建筑物、构筑物、管线、设施组成了相互联系的极为复杂的整体。

（2）城市建设是个庞大的系统工程，这一系统工程的完成，是依赖各专业应用各项技术的共同成果。这些专业和技术包括城市规划、城市勘测、城市建设管理、城市环境保护、城市园林绿化、城市综合开发等。因此，城市建设档案具有涉及面广、服务面宽、内容庞杂、综合性和整体性强的特点。它是各种有关城市规划、建设及其管理工作中形成的各种类别、诸多门类档案的集合体。

## 2. 成套性

在具体的工程项目和某些门类的城市建设档案中，强调完整和系统，使之保持成套性。成套性是衡量科技档案质量的重要指标，城市建设档案的成套性更有其特定的内涵。每项工程都有一定的建设程序，各个阶段都会产生反映工程工序的文件材料，只有完整、系统才能使档案正确反映物质对象的运动过程，从而科学地揭示事物的本来面貌。

## 3. 真实性

现代城市的立体化程度越来越高，向地下和空中迅速发展，地上建筑鳞次栉比，地下管线密如蛛网。对城市建设进行科学管理，主要靠真实、准确和完整的城市建设档案。因此，城市建设档案的现实性很强，与现实生活关系密切，而真实性则是其生命。要求在归档周期、管理方法、工作方式等方面都必须跟上城市建设高效率、高速度、快节奏的步伐。

## 4. 动态性

城市建设档案是城市建设活动的历史记录，反映城市建设各单项工程及整个城市建设的历史和现状。因而要随着城市建设和工程的管理、维修、改造，不断跟踪、修改、补充，使之及时准确地反映地上、地下建筑物和构筑物的内部结构和外部状态的变化。

## 5. 地方性

城市建设档案是在具体、特定城市建设活动中产生的。每个城市都有自己形成、发展和变化的漫长历程；每个城市又因为历史、经济、文化、自然资源、地理位置、经济发展水平等多种原因呈现出各自的特点，如综合性城市、民族地方城市、工业城市、商业城市、交通枢纽城市、特殊职能城市（旅游城市、经济特区）等，这就从根本上决定了该城市的建设活动中形成的城市建设档案必然具有浓郁的地方特色，而且每个城市在不同历史时期的城市建设档案也都有着各地方的历史"烙印"。有什么样的城市建设，就有什么样的城市建设档案。

## 6. 准确性

这是城市建设档案的重要特点，它包括两个方面：一是城市建设档案的可靠程度，二是城市建设档案的精度要求。城市建设档案的某些门类比如工程竣工档案，特别是隐蔽工程竣工档案中的各种数据必须精确，这种精确性是衡量档案内在质量的重要标准之一，也是城市建设档案能否发挥自身价值的重要条件和保证。

以上是城市建设档案的主要特点，对于城市建设档案中每一个具体的专业门类的档案来说，又都有各自的特点，需要作具体的分析。了解城市建设档案的特点，对于我们认识城市建设档案的形成规律、社会价值和管理方法，提高城市建设档案工作水平，具有重要作用。

### （二）城市建设档案的作用

城市建设档案是城市建设全过程的宏观与微观的真实记录，因此，城市建设档案是城市建设的信息源。城市建设档案的作用主要表现在以下几个方面：

（1）城市建设档案是城市规划、建设、管理的重要基础和依据。因为城市建设档案是城市建设历史与现状及全过程的记录，所以，要进行新的城市规划和建设，就必须以城市建设档案记载的信息作为规划与建设的基础材料，特别是城市建设档案中的勘测资料、规划资料都是进行新规划的重要前提。城市管理是在建成区的基础上进行管理的，因此，掌握城市情况，特别是掌握地下管线与隐蔽工程的情况是进行针对性管理，做好管理工作的基本前提。现代化的大城市，城市状况极其复杂，要综合解决诸如交通堵塞、基础设施改扩建、环境污染、能源紧张、通信滞后等问题不能凭经验、靠记忆，而必须认真依照城市建设档案提供的信息进行管理。

（2）城市建设档案是城市维修、改建、扩建的依据，利用城市建设档案是提高城市建设经济效益的最佳途径。利用城市建设档案进行工程的改、扩建与维修可减少盲目性，节约人力和财力，从而加快速度，赢得时间。我国许多城市在大规模的城市开发与基础设施建设中曾因不善于利用城市建设档案造成挖断电缆、中断通信以及给水排水管与煤气管被挖坏，此类事故屡屡不断，造成严重的经济损失和社会影响。相反，在使用了城市建设档案之后不但避免了破坏现象，而且加快了工程进度，提高了工程质量，效益从多方面体现出来。

（3）城市建设档案是解决房地产纠纷的重要法律凭证。建设管理中的征地批文、红线图、施工批文、建筑与开工许可证、房产证、房地产登记记录等文件是重要的法律性文件。可以为城市土地纠纷、房地产权纠纷、工程质量事故处理以及与此相关联的各类纠纷的解决提供法律凭证。

（4）城市建设档案是城市防灾、抗灾、减灾和灾后重建的重要依据。1976年的唐山大地震使城市变为废墟。为尽快恢复供水、供电和道路交通，城市建设档案部门及时为抢修工作提供了全市地形图、道路管网图等档案材料，使修复工作得以顺利进行，保证了灾后及时恢复城市功能和人民生活。城市建设档案在每一个城市必须有一个集中统一的管理场所，而且这个场所要求绝对安全，以便在发生严重灾害时，档案安全无恙，保证及时提供利用，这也是血的教训得出的历史经验。

（5）城市建设档案是城市建设技术与经验的重要储备形式。城市建设既形成高楼林立、道路纵横的城市硬成果，也形成城市建设档案这一软成果。不论城市如何变化、如何发展，城市建设档案都真实、准确地记录下这一具体过程的客观情况，因此，城市建设档案里包含了大量的城市建设技术成果，积累了大量的设计、施工、管理人员的智慧与方法，积累了丰富的城建、管理工作经验。而且这种积累完全是第一手的，没经过任何编辑加工的原始材料。城市建设档案的这一技术、经验储备形式的特点使城市建设档案成为了解城建历史过程，研究城建技术、编写城市建设史料的可以信赖的参考材料和依据材料。

城市建设档案的作用是多方面的，档案积累得愈完整，开发手段越先进，宣传与服务工作越主动，城市建设档案的作用就发挥得越好，人们对城市建设档案的认识与理解也越深。因此，搞好积累，做好开发，扩大宣传，主动参与是发挥城市建设档案作用的重要途径。

三、城市建设档案工作的性质和任务

（一）城市建设档案工作的性质

1. 城市建设档案工作是一项专业性的工作

城市建设档案工作的专业性，首先城市建设档案是城市建设多种专业活动的记录，是城建各专业活动特点的反映。城市建设档案工作者要了解和掌握这些专业活动的基本知识与专业技术，才能做好管理与服务工作。其次，城市建设档案工作本身是一项专门性的工作。它是遵循着城市建设档案的运动规律和科学原则、方法进行的。它有自己独特的科学体系和工作规律。

2. 城市建设档案工作是一项管理性的工作

城市建设档案工作是对城市建设档案的收集、保管、编目、检索、提供利用与信息开发工作，这些工作的性质是一种管理活动。另外，城市建设档案工作在一个城市或一个具体单位是和管理工作紧密相连的，只有把城市建设档案工作的基本要求纳入到管理工作制度中，落实到管理制度的执行中，才能建立起健全的城市建设档案工作。

3. 城市建设档案工作是一项服务性的工作

收集、管理城市建设档案的目的是为了使城市建设档案为城市建设时各项工作服务。这就决定了城市建设档案工作是一项服务性的工作。它为城市建设提供技术凭证、基础资料、历史及现状查询等，是城市建设和管理中不可缺少的一项工作。

4. 城市建设档案工作是一项社会性的工作

（1）城市建设档案的来源具有社会性。城市建设专业机构、社会组织、企业事业单位和公民都是城市建设档案的形成者。

（2）城市建设档案的服务对象具有社会性。城市建设档案不仅服务于城市建设活动，也服务于诸如展览、编史修志、文化教育等各项社会活动。城市建设档案不仅服务于机构、组织，也向公民个人开放，特别是随着改革开放的深化，城市建设档案的社会服务功能将越来越强。

（二）城市建设档案工作的任务

通常所说的城市建设档案工作，是指城市建设档案馆和城市建设档案室所从事的城市建设档案业务工作。是按照科学原则和方法要求管理档案，为城市建设各项工作服务。为做好档案的管理，还需要在城建文件材料的形成过程中对文件材料的形成、质量、积累进行监督，为管理工作打下基础。

具体任务可以概括为以下几项：

（1）监督、指导城市建设档案的形成与积累；

（2）进行城市建设档案法规、规范建设；

（3）接收移交进馆（室）的城市建设档案；

（4）对接收的城市建设档案进行整理、鉴定、保管、统计、编目；

（5）进行城市建设档案的保护、修复、复制以及现代化开发工作；
（6）进行城市建设档案信息的编研工作；
（7）开展城建声像档案工作；
（8）开展利用服务工作；
（9）城市建设档案宣传、教育与培训工作；
（10）城市建设档案学术研究工作。

## 第二节　城市规划与管理档案

### 一、城市规划档案

城市规划是城市各项建设工程设计和城市管理的依据。它通过对城市土地的利用和工程建设的实施，达到城市物质环境的协调发展，给人民现在及未来的生活和工作提供良好的条件，并能不断适应社会经济发展的需要。城市是一个由多种体系构成的综合性的大系统。合理安排城市的行政办公用地、工业生产用地、生活居住用地、市政建设用地、仓库储备用地、商业文教用地、园林绿化用地，综合布置城市地上、地下的各种工程管线，合理组织城市内外交通，建设一个健康、可持续发展的城市环境，这些都需要城市规划来综合解决。

城市规划档案包括城市总体规划档案、城市详细规划档案、城市规划基础资料。

（一）城市总体规划档案

城市总体规划是城市建设发展的总蓝图，是城市宏观管理的主要依据。它主要包括"城市的性质、发展目标和发展规模，城市主要建设标准和指标，城市建设用地布局、功能分区和各项建设的总体部署，城市综合交通体系，绿地景观系统，各项专业规划，近期建设规划"。

凡是在城市总体规划阶段产生的经济技术资料经过整理归档，都应作为城市规划档案保存。其主要内容包括：

（1）上级人民政府对城市总体规划的批复；
（2）城市人民政府向上级人民政府报送的总体规划文本、报告；
（3）总体规划批准后，市政府和市人民代表大会关于贯彻执行总体规划的决定或通告；
（4）总体规划方案评价、鉴定材料；
（5）总体规划报上级审批之前，同级人民代表大会的审议意见；
（6）市政府在总体规划从编制到上报审批之前形成了的系列主要材料；
（7）在总体规划编制之前及编制过程中，搜集和调查到的所有基础资料；
（8）总体规划说明书；
（9）总体规划产生的各种规划图、分析图、城市总体规划实施材料、城市总体规划历史方案材料、城市总体规划模型、照片、录音带、录像带、多媒体光盘等。

上述内容是大、中型城市总体规划档案包含的内容范围。对于小城市的总体规划，由于工程设施和工程项目内容比较简单，所以形成的档案资料也随之减少，有的材料可以合并或简化。

（二）城市详细规划档案

详细规划是在城市总体规划或者分区规划的基础上，对城市近期建设区域内各项建设作出的具体规划。它是总体规划的深化和具体化，着重解决局部地区当前建设的具体安排。也就是对近期规划所确定的区域内新建或改建的各项建设作出具体部署和安排，作为建筑设计的依据。

城市详细规划档案的范围主要包括：

（1）各项建设标准、定额、指标材料；
（2）报请审批规划的报告及批复文件；
（3）详细规划说明书；
（4）在详细规划编制过程中，搜集和调查到的小区现状基础资料、经济及工程现状资料等；
（5）对规划项目的评价、鉴定材料；
（6）详细规划的各种图纸，如现状图、总平面布置图、鸟瞰图、道路红线和竖向规划图、各项工程设施综合规划图、定线图、透视图等；
（7）详细规划的附件及模型、照片、录音带、录像带等。

（三）城市规划基础资料

为了使城市规划能够满足城市建设发展的需要，使规划内容具有较高的科学性和现实性，在编制规划之前要对城市或区域的自然、社会和现实条件等方面的资料进行收集、整理和综合分析，以便全面了解、掌握城市或区域的基本状况和发展条件，为规划编制提供科学的依据。

收集的资料范围包括：

（1）城市人口资料；
（2）城市历史资料，含城市的历史沿革、城址变迁、市区扩展等；
（3）附近地区资源资料，包括矿产、水资源、燃料动力资源、农副产品资源等的分布、数量、开采利用价值等；
（4）城市土地利用资料；
（5）工矿、企事业单位的现状及发展资料；
（6）对外交通运输方面的现状资料；
（7）市政公用设施现状资料；
（8）居住、文化福利建筑现状资料；
（9）各种比例的地形图；
（10）气象资料；
（11）水文资料；

(12) 地质和地震资料;
(13) 现有公共建筑资料;
(14) 城市园林绿化、风景名胜古迹资料;
(15) 城市环境及城市卫生资料;
(16) 郊区农业基本情况资料。

城市规划基础资料虽然不是城市规划的直接产物,但它是为了规划的需要而收集起来的,规划编制完毕后,这些资料也作为规划档案的组织部分和规划编制、实施过程中直接产生的文件材料一起归档保存。

## 二、城市规划管理档案

城市建设规划管理是为了保证城市规划的编制和实施所采取的行政、法律、经济手段的各种活动,就是对城市规划工作进行的行政管理和业务管理,它是城市管理的重要组成部分,也是城市规划工作的重要组成部分。其任务就是运用行政的、法律的、经济的管理手段,制定城市规划的方针政策、立法和计划,组织领导城市规划的编制、审批与实施,维护城市规划的法治和秩序,制止违章活动,保证城市规划有步骤、有秩序地实施,从而最大限度地提高城市的综合功能,使城市的综合效益得到充分的发挥。城市建设规划管理的具体内容主要有:建设项目的选址定点,下达建设用地范围和面积,建筑设计方案的审定和核发施工执照,确定城市管线工程走向、位置,核发施工执照等。

### (一) 建设用地管理

一个建设项目,不论它属于哪一级部门或私人所有,只要它在城市中建设,都要符合城市规划的原则要求。城市规划管理部门应按照批准的城市规划,负责组织建设用地的管理工作。建设用地管理包括新建项目和扩建项目的建设用地管理。它是按照城市规划的总体布局和功能分区要求控制城市规模,合理布局,有效利用土地的手段,也是实施规划的关键。建设用地管理主要是:建设用地的选址,核定用地面积和下达用地指标,批准和办理用地手续。就土地权属变化而言,又有征用、租用、划拨、兑换、收回土地等形式。

建设用地档案管理方面有:建设用地申请报告,计划部门批准的基建计划、任务书或下达的工程项目计划指标,建设用地审查记录或承办单,建设用地选址定点材料,建设用地许可证(或执照、批复文件),征用土地协议书,建设用地地形图(1:1000,1:2000),建设用地红线图(1:1000,1:2000)。

### (二) 建筑工程管理

在城市规划区内兴建的各类建筑工程,都要以城市规划为依据,实行统一管理。其任务主要是:审核工程的总平面图和单项工程的平面布置、立面造型、竖向标高、出入口方向、外部装饰等;审定工程建设用地位置;签发建筑工程许可证;对违章建筑进行管理。

建筑工程管理方面的档案有：基建计划，建设地点的定点申请报告、批复文件，土地证件，开工报告，总平面图（含现状图），建筑设计平、立、剖面图，动迁安置协议书或保证书，设计说明书，工业建筑和特殊建设项目有关专业管理部门的批复，大型工业、民用建筑工程的透视图或模型，规划设计方案审定材料，建筑工程审查记录，建筑工程执照以及房屋建筑现状图、城市各类房屋建筑规划图、高层建筑分布图、房屋建筑工程统计资料和有关的史料、照片、录音带、录像带等。

（三）城市市政设施及管线工程规划管理

市政基础设施工程是现代化城市设施的重要组成部分，是城市的"神经"和"脉络"。市政基础设施工程分为：道路、桥梁及隧涵工程；供水与排水工程；电力与电信工程；供气与供热工程等部分。市政基础设施的档案包括：工程建设单位在工程前期、竣工阶段形成的主要文件材料；施工单位在工程前期、竣工阶段形成的综合性文字材料；施工单位在工程施工阶段形成的主要技术文件材料。

随着城市现代化程度的提高，城市管线工程数量不仅不断增加，长度增长，而且各种管线之间及管网与其他建筑之间的矛盾也越来越突出。因此合理安排好各种管线的建设，已成为科学管理城市的重要环节。

城市管线工程规划管理方面主要有：管线工程建设申请书，管线工程设计方案和方案审批材料，管线工程施工图（平面图、纵断面图、横断面图、节点详图等），施工执照，竣工测量成果资料，定线定位测量成果资料等。

## 第三节 城市建设档案业务管理

一、城市建设档案的收集与整理

（一）档案收集工作的原则

城市建设档案馆收集工作应遵循以下几项原则。

1. 综合性原则

城市建设档案馆是综合性的地方专业档案馆，这就要求它的馆藏能够体现这一特征。只有这样，才能使城市建设活动形成的城市建设档案结构、城市建设档案馆的馆藏结构及城市规划、建设及其管理工作对城市建设档案的利用需求结构"三位一体"，才能从根本上保证城市建设档案馆社会职能的充分实现。综合性原则要求城市建设档案馆把在城市建设活动中形成的各种门类、各种载体的具有保存价值的城市建设档案尽可能收集进馆。

2. 目的性原则

也叫针对性原则，是指城市建设档案馆收集的档案资料必须符合实际需要。城市建设档案馆必须从实际情况出发，有目的地收集档案资料。具体说来应考虑以下两个方面的因素：

（1）城市建设档案馆的性质、任务。城市建设档案馆接收档案的深度和广度，必须以能够反映城市建设活动的历史面貌为尺度。

(2) 城市建设档案馆的服务对象。城市建设档案馆收集的档案必须满足其重点服务对象即城建系统各部门和单位利用档案的需要。同时也要兼顾社会其他方面，特别是改建、扩建、维护及编史修志等方面对城市建设档案的需要。

3. 完整性原则

完整性包括城市建设档案的机构源、文件源和活动源三个方面的完整性。

机构源的完整性，这是指形成城市建设档案的机构在纵向上的层次性和横向上的全面性。城市是一个地区的政治、经济、科技、文化中心，在城市里从事或参与城市建设的包括不同系统和不同层次的单位。就城建系统（纵向）而言，从事城市建设并形成城市建设档案的有市建委、建设局、规划局、环保局、园林局、房产管理局、公用事业局、人防办公室、建筑规划设计院、勘测设计院、市政工程设计院、建筑工程公司、煤气公司、自来水公司、建筑材料公司、房地产开发公司、水厂、煤气厂等。就横向的非城建系统而言，参与城市建设的包括政治、经济、军事、科学、教育、文化等各行各业的部门和单位。城市建设档案馆的馆藏对每一层次、每一部门和单位的建设活动都要有所反映，只是不同机构源的档案在城市建设档案馆馆藏体系中的地位和作用有所不同。

文件源的完整性。城市建设档案的文件源是指城市建设档案文件材料的来源。城市建设档案是由城建文件材料转化来的，种类上具有多样性——既有文字形式，又有图纸、图表形式；既有纸质载体材料，又有非纸质载体材料；既有现行档案，又有历史档案等。

活动源的完整性。城市建设档案大多是围绕城市建设的单项工程活动产生的，每一建设工程项目都是整个城市建设活动的组成部分，每一工程建设的结果构成了城市现有的实体框架。每个建筑、设施在城市经济、社会中发挥着各自的作用。作为单项工程建设活动"副产品"的城市建设档案必须与之保持"对应"关系，否则城市建设档案馆的馆藏结构与城市建设的"活动结构"产生脱节，就无法反映城市建设的历史面貌。

4. 价值性原则

城市建设档案馆要保存城市建设中形成的全部档案是不可能的，因为"一个政府可以用来保存文献资料的经费毕竟有限，因而应该合理地把这些资金用来保存最重要的文献资料"。此外，"玉石不分"，全部城市建设档案都保留也没有这种必要。为此，在进行收集工作时，必须以价值为导向对城市建设档案进行筛选，把最有保存价值的城市建设档案列入接收范围。

5. 适应性原则

这是指馆藏的状况应与城市建设的发展速度和发展水平相适应。因为城市建设档案收集工作一方面要依托城市建设事业的发展，城市建设速度快、规模大，产生的档案必然增多，收集工作才会有广泛的源泉。另一方面，城市建设档案工作又必须以城市建设活动对它的利用需求为内在动力。目前，全国城市建设档案馆的馆藏数量和质量与城市建设的发展水平还不相适应，要尽快改变这一状况，就必须大力加强城市建设档案馆的收集工作。

(二) 城市建设档案收集的方法与手段

城市建设档案馆收集工作的方法与手段，一般有以下几种：

(1) 按照有关规章制度进行收集。为了收集到一定数量和一定质量的城市建设档案，城市建设档案馆必须按照有关制度规定来完成收集任务。这是城市建设档案馆收集工作的基本方法。例如一项城市建设工程竣工后，建设单位的工程管理部门或施工单位的工程技术人员，要按照归档制度的要求，首先对所形成的技术文件材料，进行检查核对，鉴定评价，然后组成保管单位、编制移交目录，最后向本单位或甲方单位档案部门办理移交手续。但也有一些单位在归档制度中规定，技术文件材料的整理，由档案部门负责。这就要按制度的规定来执行。城市建设档案馆要按照既定的城市建设档案的接收范围、时间、质量等规定办法接收城市建设档案。比如档案的移交时间，工程档案一般在竣工后的半年内向城市建设档案馆移交，城建系统基层档案室则按照国家有关规定，在一定时间内向城市建设档案馆移交档案。

(2) 采取社会征集的形式进行收集。千百年来，特别是新中国成立以来，进行了大规模的城市建设，留下了大量的档案和资料。但由于历史原因，许多城市建设档案资料至今仍然散落在各个单位或个人手中，有的散失在外地，有的已经损坏。为了适应城市建设、城市科学研究的需要，必须按照城市建设档案归档或进馆档案的范围，征集散失在单位、部门和个人手中的城市建设档案资料或零散技术文件材料。征集的内容包括：城市建设史志、年鉴和其他有关书刊；城市发展沿革和企事业单位发展沿革资料，气象、水文、地震方面的档案资料；自然资源储备方面的档案资料；各种比例的地形图、市街区、行政区划图、地质勘探图；反映城市建设面貌的影片、照片、图（画）册、图表、模型等，城市人口、工业、商业、文化、教育、卫生等方面的统计档案资料；城市规划方面的文件材料；城市街区道路、桥梁等方面的图纸、录像、照片、文字材料；古建筑、近代建筑方面的文献、图纸、画卷、照片等。

征集的形式一般有两种。一种是以普发公告的形式，向社会各界、有关单位和个人及其他城市发出征集城市建设档案资料启事，说明征集城市建设档案资料的目的、种类、范围和征集办法等，争取有关方面的协助和支持。另一种是有目标地向收藏者直接征集。

在征集过程中，凡是城市建设主管机关，城市规划研究部门，大专院校，科研部门，档案、图书、史料收藏部门和部队等单位的城市建设档案、资料，存有两套以上的，无偿征收原件一套。只有一套的，征收复制件一套，档案馆付给复制费。非本单位必需的一律无偿征收。其他单位收藏的一律无偿征收。公职人员、城市居民收藏的城市建设档案资料一般征收原件，并视档案资料价值的大小、完整程度、数量多少等，付给适当的报酬。要求留用的，可由城市建设档案馆负责提供一套复制件。

(三) 城市建设档案的系统整理

1. 城市建设档案整理工作的内容

城市建设档案整理工作，就是在遵循城市建设档案的自然形成规律、保持城建文件材料之间的有机联系、方便保管和利用的基础上，对城市建设档案进行系统的整理和科学的编目。

从整理工作的步骤来看，它主要包括两个方面的内容：城市建设档案的系统整理和科学编目。所谓系统整理，是对城市建设档案进行合理分类，有序排列，使之条理化和系统化，从而反映城市建设档案的自然形成规律，保持城市建设档案内在的有机联系。其具体工作内容有：分类、组成保管单位和排列。排列又分卷内文件的排列和案卷的排列两部分。所谓科学的编目，就是通过一定的形式，按照一定的要求，正确地固定上述系统整理的成果，准确地揭示城市建设档案的内容与成分。其具体工作内容有：对保管单位的编目，编制城市建设档案案卷目录等。总的来说，城市建设档案整理工作可以归纳为分类－组卷－卷内文件排列－卷内文件编目－案卷编目－编制案卷目录－库房排列等具体过程。

2. 城市建设档案分类及其原则

城市建设档案分类，就是根据城市建设档案的内容性质和相互联系，将城市建设档案划分成一定的类别，从而使馆藏全部城市建设档案形成一个具有一定从属关系和平行关系的不同等级的系统。

档案分类，是城市建设档案整理工作的核心内容。只有通过科学的分类，才能使城市建设档案纲目清楚，层次分明，反映城市建设档案的有机联系，并便于管理和利用。

城市建设档案分类大纲是依据城市建设档案分类原则编制的对城市建设档案进行科学分类的依据性文件。各市城市建设档案馆和基层档案室，应根据全国统一的"分类大纲"，结合本馆（室）的具体情况，编制科学的、切实可行的城市建设档案分类方案。

编制城市建设档案分类方案，是城市建设档案分类工作的一项重要内容，也是城市建设档案业务建设的一项重要措施。

根据城市建设档案的特点、范围和形成过程等情况，"分类大纲"的编制基本可分两步进行。第一步是根据城市建设档案的内容、形式特点等将其划分为若干大类；第二步将每个大类的城市建设档案分成若干属类，在每个属类下再分成若干小类。根据目前我国城市建设档案工作的实际情况，限于篇幅，下面仅介绍城市规划类大类的目录。

1）城市规划基础资料

（1）城市社会经济资料

（2）城市资源资料

（3）城市自然条件资料

（4）城市历史沿革

2）总体规划

（1）综合总体规划

（2）单项总体规划

3）详细规划
(1) 控制性详细规划
(2) 居住区规划
(3) 街区建筑群体规划
(4) 工业区、仓库区、商业区详细规划
(5) 城市改建规划
(6) 风景区建设规划
(7) 公共活动中心规划

4）工程规划
(1) 专业工程详细规划
(2) 工程地下管网规划

5）专业规划
(1) 城市对外交通运输系统规划
(2) 城市交通运输系统和道路系统规划
(3) 城市供水、排水工程规划
(4) 城市电力、电信系统规划
(5) 城市热力、燃气系统规划
(6) 城市防灾规划
(7) 城市园林绿化规划
(8) 城市竖向规划
(9) 其他专业规划

6）近期建设规划
(1) 旧城改造规划
(2) 新区建设规划

7）郊区乡镇规划
(1) 远郊区域规划
(2) 县城规划
(3) 村镇规划

二、城市建设档案的检索

(一) 城市建设档案检索工具的作用

城市建设档案检索工具，是揭示城市建设档案内容与外形特征，指引索取和组织城市建设档案信息传递的工具。它是揭示城市建设档案馆（室）藏的重要手段。城市建设档案馆（室）的各项工作都是为了正确处理"藏"与"用"的关系，收藏的最终目的是为了利用。为了让外界了解城市建设档案馆（室）保存些什么档案，价值如何，有无自己所需要的档案材料，并把自己需要的档案迅速、准确地查找出来，这就需要借助于城市建设档案检索工具帮助利用者打开城市建设档案馆（室）的大门，沟通城市建设档案材料与利用者和档案人员之间的联系。

城市建设档案检索工具在开展城市建设档案业务工作中必不可少。城市建设档案馆（室）日常的收集、鉴定、统计、利用、编研等业务工作都离不开检索工具。比如在保管、统计工作中，清点、排架、编制各种统计报表等，都必须借助于检索工具才能顺利进行。在提供利用和编研工作中，检索工具可以帮助城市建设档案人员熟悉馆（室）藏，提高业务水平，利用者也可以借助检索工具了解馆（室）藏档案的内容和特点，以便索取所需要的城市建设档案资料。通过编制检索工具还可以了解城市建设档案馆（室）藏档案资料的种类、内容及齐全、完整程度，有利于城市建设档案的收集工作。

城市建设档案检索工具也是报道馆藏和开展馆际交流的重要手段。它可以向外宣传馆藏内容，提供查找城市建设档案的线索，引导利用者的利用需求，较好地发挥城市建设档案的作用。同时，各城市建设档案馆（室）之间相互交换城市建设档案目录、索引等，可以扩大馆际交流，实现资源共享。

（二）城市建设档案检索工具的基本功能

（1）存贮城市建设档案信息。存贮城市建设档案信息，就是遵照城市建设档案的著录与标引规则，运用检索语言，准确地揭示城市建设档案的主题内容、存放线索等信息，通过记录存贮在检索工具中，检索工具是城市建设档案信息的存储器。

（2）指引索取城市建设档案。指引索取城市建设档案就是按照一定的检索途径和方法，把所需要的城市建设档案材料从堆积如山的库藏中准确、迅速地提取出来，为利用者服务。

（3）组织传递交流城市建设档案信息。组织传递交流城市建设档案信息就是把有关城市建设档案的范围、种类、内容、构成和存放线索等记录，根据需要有目的地运用有效的方式进行宣传与报道，介绍和推荐，供利用者选择利用，实现城市建设档案的有效利用。

因此，城市建设档案部门不仅应当编制完善的、不同形式的、多功能的、适应不断发展的对外服务与对内管理需要的各种检索工具，而且还要通过检索工具的编制，在一定范围内建立城市建设档案目录中心，以实现城市建设档案资源共享的目的。

（三）城市建设档案检索工具的种类

城市建设档案检索工具的种类，可以从不同的角度来划分。

1. 按作用分

可分为检索性工具、报道性工具和馆藏目录三种。

检索性工具是专门为了适应多种检索途径的需要而编制的检索工具，是指引人们索取城市建设档案的主要工具。根据检索工具编制的原则和使用方法的不同，以及揭示城市建设档案主题内容的深浅不一，检索性工具有多种形式，比如按分类语言编制的分类目录，按主题语言编制的主题目录，以及按照作者、地区及其他各种专题编制的作者、地区、各种专题的目录或索引，人名目录（索引）、存放地点索引等。

报道性工具是为了报道和介绍库藏情况，开展城建信息交流而编制的。属于这一类的有城市建设档案馆指南、专题指南等。

馆藏目录是反映城市建设档案实体整理、排架状况和顺序的一种目录。它是保存档案、统计和移交档案、维护城市建设档案完整的主要工具。它一般包括城市建设档案总目录、案卷目录等。

2. 按信息处理手段分

可分为手工检索工具和机械检索工具两种。手工检索工具是由人工直接查找城市建设档案线索使用的目录或索引，包括书本式和卡片式两种形式。机械检索工具是指借助于电子计算机等手段查找城市建设档案材料所使用的检索工具。如机读目录、缩微目录等。

3. 按使用对象分

城市建设档案检索工具可分为两种：一种是为满足城市建设档案工作人员日常开展工作而编制的，可称之为公务性检索工具，如案卷目录、分类目录等；一种是以开放的档案为著录对象而编制的，可以叫做开放性检索工具。它是供利用者自己使用的，如开放档案目录、城市建设档案馆指南等。

4. 按编制方法分

可分为目录、索引、指南三种。目录是著录一批相关的城市建设档案材料，并按照一定次序编排的一种揭示、识别和检索城市建设档案材料的工具，是由许多条目组成的一个有机体。目录是检索工具的主要部分。

索引是将城市建设档案材料中的各种事物名称、档案号、存贮地址等按照一定顺序加以编排的一种检索工具，如人名索引、地名索引、存放地点索引等。

指南是以文章叙述的方式，综合介绍城市建设档案情况的一种书面材料或工具书，如城市建设档案馆指南、专题指南等。

（四）城市建设档案检索工具的编制要求

（1）灵活、全面、准确和迅速的要求。高质量的城市建设档案检索工具，要能够实现灵活、全面、准确和迅速的检索。灵活，是指能够从多种途径进行检索，比如按分类号、主题词、形成者等途径进行检索。全面，是指根据利用者的需要，在存贮有关城市建设档案信息时尽可能多一些，以便在检索时提高查全率，不致漏检。准确，是指对城市建设档案信息在存贮和检索上有一定深度，针对性强，以便检索时提高查准率，不致误检。迅速，是指提高检索速度，尽快检索到所需要的城市建设档案信息。

（2）方便实用的要求。使用方便，实用性强，是衡量城市建设档案检索工具质量的标准之一，也是编制城市建设档案检索工具的要求之一。城市建设档案检索工具的使用不仅频率高，而且范围广。它要求项目设置实用、文字简明、结构合理、易于掌握，城市建设档案人员只要掌握一定的方法就能使用，无论手检与机检都很方便。

### 三、城市建设档案的开发利用

#### （一）城市建设档案利用工作的内容

城市建设档案工作的根本目的是提供城市建设档案资料为城市建设和经济发展服务。为了实现这一目的，必须完成一系列工作其中直接传递城建信息为各项工作服务的工作称为"城市建设档案利用工作"。城市建设档案的利用工作，是按照一定的原则和要求，通过各种有效的方式和方法，提供和开发城市建设档案信息资源，充分发挥城市建设档案社会效益和经济效益，实现城市建设档案价值的一项工作。

城市建设档案的利用工作，是城市建设档案管理工作的一个独立环节，具有丰富的工作内容，主要有以下几个方面：

（1）加工和存贮城市建设档案信息，编制城市建设档案检索工具。在城市建设档案整理工作的基础上，对城市建设档案中包含的各种城建信息，做进一步的加工和存贮工作，以便组织各种城市建设档案检索工具和数据库，向用户（单位或个人）宣传、报导和介绍城市建设档案馆（室）库藏城市建设档案的情况，并迅速、准确地检索出利用者需要的信息，从而达到有效地开发利用城市建设档案信息资源的目的。这项工作为提供和开发城市建设档案信息资源创造条件，是一项业务基础建设工作。这项工作做好了，将使城市建设档案利用工作得以顺利进行，将提高城市建设档案的利用率和查准率，并提高城市建设档案利用工作的效率。

（2）通过各种方式直接提供利用。

城市建设档案利用工作的基本方式和主体内容，是采取多种形式，使城市建设档案信息直接与用户见面，为用户提供服务。这些方式主要包括提供城市建设档案原件、复制件，提供有关目录和各种参考资料，以及提供有关的技术咨询服务等。在城市建设档案利用工作的全部工作内容中，以这项工作的工作量最大，加工和存贮城市建设档案信息，编制城市建设档案检索工具和参考资料，基本上是为这项工作服务的。

（3）对城市建设档案信息进行加工编排，汇编各种参考资料。

这是城市建设档案利用工作发展到一定阶段产生的一项工作内容。它是城市建设档案人员根据城市建设档案馆（室）的库藏情况，紧密结合城市建设各项业务活动的实际需要，把分散的、不系统的城市建设档案信息，通过加工编排，汇编为相对集中、系统的不同内容和不同形式的城市建设档案参考资料，是一项具有科学研究性质的城市建设档案资源的开发工作，是城市建设档案利用工作的重要内容。

#### （二）城市建设档案提供利用的方式

随着城市建设档案工作的发展，城市建设档案的利用方式也在不断发生变化，由传统的被动利用发展到主动提供利用，由单一的借阅服务发展到电话服务、预约服务、咨询服务、复制服务等多种方式。

1. 阅览室阅览

各城市建设档案馆都设有专门提供给利用者阅览城市建设档案的阅览室。它是集中接待利用者,传播城市建设档案信息,提供咨询服务的场所。阅览室的条件一般都较为优越,环境安静,光线充足,桌椅配套,贴近库房,调卷方便,专业人员随时恭候,借阅归还,热情咨询。总之,给利用者创造一个良好的利用环境。

2. 城市建设档案的外借

城市建设档案多为孤本且其内容往往具有一定的机密性。因此,一般情况下是不外借的。在特殊情况下,为了照顾利用者的工作需要,部分城市建设档案可以外借。这种暂时的借出,也是城市建设档案提供利用的一种服务方式。

城市建设档案的外借必须履行严格的审批手续。凡外借城市建设档案,要填写借阅单,写明借阅人、单位、经手人、借阅内容和数量、借阅时间,经领导批准后方可把城市建设档案拿出档案馆。到时,利用者必须准时归还。利用者对城市建设档案要严加爱护、不得丢失、拆散、调换、涂改、加注、眉批、污损。归还时,管理人员要认真查看,确保档案完整。

3. 城市建设档案的复制服务

随着城市建设的发展,利用城市建设档案的人数也在增长;复印机等现代办公用品的普及为城市建设档案利用的复制服务提供了物质条件。根据利用者的需要,为其提供城市建设档案复制件,如文字材料、表格、蓝图、照片、录像等。既可缩微,又可放大,既可翻拍(翻录)又可将底图晒制。这种复制服务,既可单分文件和图纸,也可全套文件和图纸,方式灵活,根据利用者的需要而定。

4. 城市建设档案信息交流

城市建设档案馆通过城市建设档案目录、索引、文摘、汇编、简介等交换,与外部有关单位形成城市建设档案、资料的信息交流网络,加快传递,输出输入有关的城市建设档案信息。

现在全国不少档案馆,定期不定期编发本城市的城市建设档案工作的动态,向全国其他城市交换,对信息的交流起到一定的作用。

5. 举办城市建设档案展览

城市建设档案馆为了配合城市建设或有关中心工作,把城市建设档案按照一定的专题编辑、排列起来,举办城市建设档案展览。它的优点是能够系统地、集中地、真实地、形象地介绍馆藏城市建设档案的内容和成分,向社会宣传城市建设档案和城市建设档案工作,增强社会的城市建设档案意识,引起社会对城市建设档案工作的重视和支持,从而推动整个城市建设档案事业的发展。美国费城市档案馆在市政府办公大楼内,举办一个长期展出的"城市历史发展图片展览",运用珍贵的历史照片,再现费城建市200年各个历史阶段的城市发展的风貌和街景以及重要的、有纪念性的建筑物。展示了费城从一个小城镇发展成为400多万人口的美国东部现代化大城市的真实记录。

## 四、城市建设档案信息资源开发

### (一)城市建设档案信息资源开发的内容

城市建设档案信息资源开发是指以馆藏城市建设档案为主要对象,满足城市规划、建设、管理工作需要为目的,在研究城市建设档案内容的基础上,按照一定专题,通过对相关内容城市建设档案资料的挑选、分析、综合、编排、评价等手段,编辑出版城市建设档案资料,为城市建设服务。城市建设档案信息资源开发工作是城市建设档案提供利用工作的一种较高级的形式。因为经过信息研究开发出来的成果,是经过加工、拓宽、深化的"二次文献",它较之城市建设档案的原稿更集中、更系统、更精炼,因而利用价值更高。

城市建设档案信息开发的内容多种多样,原因是城市建设档案本身所包含的各专业达30多个,要研究开发的信息相当地丰富多彩,犹如一座金银铜铁综合性的矿山一样,你不开发它,处在一种自然状态,无经济价值可言。如你精心开发,其价值连城。根据我国的城市建设档案利用工作的现状,城市建设档案信息开发的内容大致有以下几种。

1. 检索性开发

以提供城市建设档案馆馆藏档案线索、位置,便于档案管理人员和利用者查找档案的一种工具。也是我们常说的编制城市建设档案检索工具。

2. 辑录性开发

根据实际需要,把城市建设档案内容按专题加以复制、注释,进行编排,汇集成册。

3. 文集性开发

按照一定的专题,把文字繁多、内容复杂的城市建设政策性文件、领导人讲话、论文等,将其主要精神、论点摘要,编辑成书。

4. 介绍性开发

用简洁文字或表格形式介绍某一方面城市建设档案内容的开发形式。有综合性简介、专题简介、工程简介、城市建设档案馆简介等。

5. 声像、机读档案开发

依据录音、录像、影片、照片、缩微等城市建设档案原始音像记录,进行剪辑、配乐、编写解说词等、辑录成专题片。

6. 工程技术性开发

从城市建设档案中提炼出所需要的技术参数,汇编成册编辑出版,供技术人员参阅。

7. 史志性编研

利用城市建设档案信息进行编史修志工作。作为城市建设档案馆,参与编史修志最大的优势是有丰富的档案资料。城市建设史、城市建设大事记、城市历史沿革、城市建设年鉴的编撰工作都是直接参与编修的对象。当然要根据各馆的实际,或提供史料,或派人参与,或分工某一专题的编写。

（二）城市建设档案信息开发的程序

1. 选题

选题是城市建设档案信息开发工作的前提和目标。根据社会需要确定选题，即要编选哪方面的档案资料。选题不确定，信息开发无从下手。确定选题除社会需要外，还要考虑以下几方面的因素：

（1）调查市场容量。预测发行数量和交换数量，然后计算成本，估算收回成本数量和档案馆的补贴数，作一个较为实际的预算。

（2）依据馆藏档案的种类、数量、保管状况，这是信息开发的基础。如果没有或缺乏档案资料，就成为"无米之炊"，再好的选题，也编不出成果来。

（3）有一支有一定专业文化水平的干部队伍，有丰富的馆藏档案资料，如果没有一支有水平的专业技术干部队伍，是很难开发出有水平、有价值的编研成果的。

2. 制定一个具体的编撰工作方案

它的内容有：

（1）指导思想；

（2）入选选题材料的原则；

（3）编辑内容和深度；

（4）确定编辑人员名单及其分工；

（5）工作进度；

（6）任务工作的安排、落实。如前言、后记、编辑说明等的编写、审稿、印刷、校对、出版、发行等都要加以落实。

## 第四节　城市建设档案行政管理工作

一、城市建设档案工作的管理体制

（一）城市建设档案工作的归口管理

城市建设档案工作的管理体制，是指城市建设档案工作机构的设置、隶属关系和职权范围等组织制度。管理体制顺，事业就发展，否则，就会制约和影响城市建设档案工作。档案界对城市建设档案工作的管理体制尽管有些不同的看法，但通过较长时间的探索和实践，基本上建立了一套符合我国档案管理原则，具有中国特色的城市建设档案管理体制。

1. 城市建设档案工作应归口国家和地方各级建设主管部门领导

城市建设档案属于科技档案，科技档案按专业实行统一管理是我国科技档案管理的原则，也是国家档案资源合理布局的措施之一。城市建设档案是城市各项建设活动的真实记录，离开了城市建设的各项活动，城市建设档案亦不复存在。

城市建设档案工作的各项业务与城市建设各项专业技术活动具有密切联系，它产生于城市建设，服务于城市建设，是城市建设工作的组成部分。因此，城市建设档案工作归口到城建主管部门领导，不仅是城市建设工作的客观规律，也是被实践证明行之有效的管理办法。

2. 城市建设档案工作必须接受各级档案行政管理部门的监督和指导

《档案法》规定："国家档案行政管理部门主管全国档案事业，对全国的档案事业实行统筹规划，组织协调，统一制度，监督和指导。县以上各级人民政府的档案行政管理部门主管本行政区域内的档案事业，并对本行政区域内各机关、团体、企业、事业单位和其他组织的档案工作实行监督和指导。"城市建设档案是国家档案的一部分，理应接受各级档案行政管理部门的监督和指导。

各级档案行政管理部门对城市建设档案工作的监督指导应从国家档案工作的方针、政策、法规、制度在城市建设档案工作中得到贯彻落实，协调城市建设档案工作与其他档案工作的关系，在制定城市建设档案工作的发展规划、规范、标准等档案业务上进行指导，并帮助城市建设档案管理部门及时研究工作中出现的新情况、新问题。城市建设档案部门在业务工作上应主动与档案行政管理部门加强联系，取得档案行政管理部门的监督指导和支持，以促进城市建设档案业务水平的不断提高。

3. 国家城市建设档案机构的设置

城市建设档案工作应归口各级建设主管部门领导，全国的城市建设档案工作应归口住房和城乡建设部管理。为了抓好这项工作，住房和城乡建设部专门成立了城市建设档案工作办公室，实行了对全国城市建设档案的统一领导。主要表现在：一是督促协助各大中城市建立城市建设档案馆，带动全国城市建设档案工作迅速开展起来；二是积极开展活动，交流经验，取长补短，促进了全国城市建设档案工作的蓬勃发展；三是成立了城市建设档案研究会，加强了城市建设档案的理论研究、学术交流；四是抓城市建设档案的法规建设，使城市建设档案工作的开展有了依据和保障；五是抓检查评比工作，由于住房和城乡建设部的统一领导，全国城市建设档案工作才有了扎实稳健的发展。

4. 以城市为单位建立城市建设档案馆

档案是客观事物的记载或反映，城市建设档案是城市建设活动的真实记录。我国城市建设的历史悠久，内容广泛，但在漫长的中国历史上由于受到社会生产力的局限，人们对档案的认识非常有限，对城市建设的各项活动能较为完整地记录下来的几乎没有，这对研究古代建筑以及各历史时期的城市建设不能不说是一种遗憾。

随着大规模的经济建设，城市建设事业迅速发展。1980年全国科技档案工作会议及后来颁发的《科学技术档案工作条例》，第一次明确提出建立城市基本建设档案馆的问题，要求各大、中城市，由市人民政府主管城建工作的领导人主持，由市建委或城建、规划部门成立城市基本建设档案馆，集中统一管理城市基本建设档案。

以城市为单位建立城市建设档案馆，从根本上解决了城市建设档案的集中统一管理问题，从而彻底改变了我国城市建设档案长期管理不善的状况。

5. 城市建设档案馆的性质

城市建设档案馆是保存城市建设档案的实体，它的职能、任务及工作范围决定其性质有以下几点：

（1）城市建设档案馆属城建科技事业单位。《科学技术档案工作条例》第二条规定："科技档案是指在自然科学研究、生产技术、基本建设等行动中形成的应当归卷保存的图纸、图表、文字材料、计算材料、照片等科技文件材料"。市建设档案包含了规划、勘测以及整个建设过程产生的各种技术文件材料，按照国家科技档案的划分原则，城市建设档案应属科技档案，管理这些档案的城市建设档案馆自然应属于城建科技事业单位。

（2）城市建设档案馆是地方综合性的专业档案馆。城市建设档案馆是管理城市建设档案的专门机构，是国家根据城市建设的需要和档案事业发展总的布局设立的地方性专业档案馆。从国家整个档案事业来讲，它是局部的，是区域性的，又是属城市建设专业的，但从城市建设档案的构成及其覆盖的面来讲，它涉及了30多个专业，跨越多个部门，因此具有一定的综合性。

（3）城市建设档案馆具有政府职能部门的性质。作为事业单位，一般不具有政府职能部门的性质，所不同的是城市建设档案工作是城市建设不可缺少的一部分，涉及的面广，如果政府没有统一的要求和行政措施，单靠档案馆本身的职能是难以完成的。多年来，城市建设档案馆利用这一行政职能，协调工作中出现的问题，建立全市的城市建设档案网络，进行培训和监督指导，疏通档案收集渠道，发挥了应有的作用。

（4）城市建设档案馆的工作应由城市建设主管部门领导。从事这项工作的城市建设档案馆亦应归口到建设主管部门管理，应该指出的是，建设系统一般分规划、国土、建设、城管等几大块。城市建设档案馆最好归口到建委管理，没有建委的可由规划或建设部门管理，但无论归属哪个部门，决不是那个部门的档案馆，而是管理全市城市建设档案的机构，各单位应从城市的大局出发，无条件地将应当归档的城市建设档案向市城市建设档案馆移交。

（二）城市建设档案工作的监督和指导

1. 概念

城市建设档案工作监督是指城市建设档案行政管理机构依据国家有关法律、规范和行政规章对本行政区内各单位的城市建设档案工作状况及执行国家有关城市建设档案工作部署等情况所进行的检查、督促、处理等管理工作。其目的是使辖区内城市建设档案工作依法运行，防止和制裁违法行为。

城市建设档案工作指导即城市建设档案工作业务指导。是由城市建设档案行政管理机构对辖区内各单位城市建设档案工作人员进行的业务规范、标准、方法的讲解、答疑、操作示范以及纠正不正确做法的工作。

监督与业务指导是城市建设档案行政管理机构的两项中心工作。监督是保障，业务指导是基础，二者相辅相成，目标是一致的。在实际工作中，监督与指导工作往往是同时结合进行的。即在监督检查的同时传授业务技术方法，在业务指导的同时宣传国家及当地城市建设档案工作的法律、法规，对违法行为提出改正要求及处理意见等。因此，实际工作中往往合称这两项工作为城市建设档案工作的监督指导。

2. 监督指导的具体内容

对城市建设档案工作的监督主要是对各单位执行档案法律、法规、规定情况的监督以及为执行法律、法规、规定所采取的相应措施情况的监督。主要包括：

（1）执行国家档案工作基本原则情况。我国档案工作的基本原则是对档案实行集中统一管理和分级管理相结合，维护档案的完整与安全，便于社会各方面工作对档案的利用。根据这一原则，各单位在基本建设过程中产生的城市建设档案是本单位全部档案的一个部分，也是所在城市城市建设档案整体的一个组成部分。各单位应据此建立制度，明确城市建设档案的归档、移交和统一管理要求，防止分散在部门甚至个人手中保存。属于重要档案要移交给市城市建设档案馆的，应按规定时限保质保量移交进馆，维护全市城市建设档案的完整。城市建设档案行政管理机构有权对这方面的情况进行监督。

（2）档案工作机构建立和人员配备情况。健全、合适的档案工作机构是一个单位执行档案法律、法规的保障。包括机构的设置、规格、职权范围、领导关系等。根据我国档案工作体制，一般要求各单位设置综合管理各类档案的档案室或专门设置管理城市建设档案的城市建设档案室。城市建设档案室一般设置在单位的基建部门，档案室须配备能满足工作需要的专职或兼职档案工作人员，并赋予档案收集、保管、利用的职责与权力。从事城市建设档案工作的人员应按法律规定具备城市建设和档案专业知识，不具备这种知识的要接受专业培训，城市建设档案行政管理机构有权对人员配备情况以及专业城市建设档案人员职称、受聘、待遇情况向所在单位提出监督意见。

（3）档案保管保护情况。各单位应按国家法律保管、保护好属于国家所有的档案材料，使其免受人为破坏、自然损坏或丢失。要达到这一要求，必须配备相应的符合要求的保管库房及装具，配置保护设备，如空调机、抽湿机、杀虫除霉药剂、卫生除尘设备等。对于档案明显受损或可能造成档案损坏的情况，城市建设档案行政管理机构有权予以监督处理。

（4）城市建设档案工作规章制度建设与实施情况。制定切实可行的城市建设档案工作规章制度，是一个单位贯彻档案法规的具体措施。把国家及本市城市建设档案法规的原则及要求具体体现到本单位的城市建设档案工作规章制度中去，才能有效保证这些原则及要求的具体落实。

3. 城市建设档案监督指导方式

城市建设档案的监督指导工作一般是围绕"城市建设档案的案卷质量"和"城市建设档案的归档移交进馆"等中心环节进行的。主要的方式包括：

（1）组织检查、评比、参观检查；

（2）会议、发文、通报；

（3）现场指导与重点跟踪指导；

（4）集中培训与个别重点培训；

（5）业务咨询答疑。

## 二、城市建设档案法规建设

（一）城市建设档案工作法规规范体系

为了科学、有效地管理城市建设档案工作，保障城市建设档案事业的全面发展，必须加强城市建设档案法规建设，完善城市建设档案法规体系。

1. 城市建设档案法规的一般概念

城市建设档案法规要从制定和颁布城市建设档案法规的形式和城市建设档案法规的内容两个方面去理解。

首先，从城市建设档案法规制定和颁布的形式看，有国家法律、城市建设档案行政法规、中央城市建设档案行政规章、地方城市建设档案法规和地方城市建设档案行政规章几种不同的形式。国家法律方面，目前城市建设档案工作的国家法律还没有，但1988年1月实施的由全国人大常委会以单行法律形式制定的《中华人民共和国档案法》是我国档案工作的根本大法，城市建设档案工作也必须遵循这一根本大法。2008年1月1日实施的《中华人民共和国城乡规划法》以及其他法律中涉及城市建设档案工作的内容或条款也属于城市建设档案国家法律的范畴。城市建设档案行政法规，是由国务院在不违背宪法和法律的前提下，以行政立法的形式制定、颁布的关于城市建设档案工作方面的决定、命令和规章，如《科学技术档案工作条例》，虽然不是专为城市建设档案工作发布的，但其中有关城市建设档案工作的规定，对于我国城市建设档案工作的建立和发展具有重大影响，因而可以看做是我国城市建设档案工作的行政法规。中央城市建设档案行政规章，是由国家建设主管部门依据法定权限制定或国家建设主管部门与国务院其他专业主管部门联合制定的城市建设档案工作方面的各项规章，如1997年建设部颁布的《城市建设档案管理规定》。地方城市建设档案法规，是由省、自治区、直辖市或较大城市的人大及其常委会制定的有关城市建设档案工作的地方性规定、规章、办法等。地方城市建设档案行政规章，是指省级人民政府以及省、自治区所在地的城市和经国务院批准的较大的市的人民政府依据法定权限和程序制定的适用于本地区的城市建设档案行政规章。包括人民政府批准的地方建设主管部门制定的规范性文件，如《北京市城市建设档案管理办法》。以上几种城市建设档案法规构成了我国城市建设档案工作的法规体系。

其次，从内容上来讲，城市建设档案法规应该从宏观上确立城市建设档案工作的基本原则和制度，规定机关组织和个人在城市建设档案方面的基本权利和义务。城市建设档案作为国家的科技文化财富，在城市建设活动中具有重要作用。城市建设档案法规要规定任何形成城市建设档案的单位都有义务保留那些能反映城市建设历史面貌的城市建设档案，并且要规定机关、组织和个人拥有合法利用城市建设档案的权利。从这个意义上讲，城市建设档案法规调整的应该是国家机关、社会组织、企事业单位和个人对城市建设档案这一特定科技文化财富在管理、利用和处置方面的法律关系。

根据以上两点分析，城市建设档案法律的概念可以概括为：城市建设档案法规是调整国家机关、社会组织、企事业单位和个人对城市建设档案这个特定科技文化财富在管理、利用和处置方面关系的法律、规范的总称。

2. 城市建设档案法律具体的调整对象

城市建设档案法规具体调整的对象，主要有三个方面：

1) 调整国家宏观控制城市建设档案事业方面的关系。国家对城市建设档案工作的宏观控制、管理的手段很多，主要有：

（1）行政手段。我国对城市建设档案工作实行统一领导，分级管理。有关方面通过贯彻党和国家有关城市建设档案工作的方针政策，行使对城市建设档案工作的行政领导权，发布城市建设档案工作的规定和规范。

（2）经济手段。政府（城建主管部门）通过财政拨款、提供物质奖励等方式，支持和推动城市建设档案工作的发展。

（3）科学技术手段。城建主管机关根据科技档案按专业实行统一管理的原则颁布一些关于城市建设档案工作的业务标准、技术规范等。

以上三种管理手段虽然各有不同，但又互有联系，在城市建设档案事业管理工作中往往是配合使用的。

国家制定和颁布城市建设档案法规，运用法规来加强城市建设档案管理，是为了使城市建设档案事业获得持续稳定的发展，防止那些因为经常变化的行政措施和其他社会原因给城市建设档案管理工作造成损失。

2) 调整城市建设档案形成单位（个人）与城市建设档案保管机构、城建主管机关（档案行政管理部门）与城市建设档案保管机构、城市建设档案事业管理机构与城市建设档案保管机构之间的法律关系。其内容包括：

（1）确立一定的归档制度。如确定城市建设档案馆的接收范围、保管期限、进馆方法等。

（2）制定机关、组织、企事业和个人应遵守的有关城市建设档案管理的规定。

（3）确定城建主管机关对城市建设档案工作的管理和领导及档案行政管理部门对城市建设档案机构的指导、监督和检查，以维护城市建设档案的完整和安全。

（4）规定城市建设档案机构对城建系统及工程档案形成单位的城市建设档案业务进行检查、监督和指导，确保城市建设档案的质量。

3) 调整城市建设档案机构的档案管理、利用方面的法律关系。其内容主要有：

（1）确定城市建设档案管理的业务标准和技术规范。

（2）确定城市建设档案利用与保密的范围。

（3）确定机关和个人利用城市建设档案的权利和手续等。

（二）城市建设档案法规体系的基本框架

城市建设档案法规体系是以《档案法》、《城乡规划法》为核心，由若干城市建设档案行政法规和行政规章组成的相互联系、相互协调、层次分明、功能完善的有机整体。

它主要由城市建设档案法律、城市建设档案行政法规、中央城市建设档案行政规章、地方城市建设档案法规和地方城市建设档案行政规章几部分组成。

1. 城市建设档案法律

《中华人民共和国档案法》；

《中华人民共和国城乡规划法》。

2. 城市建设档案行政法规

《中华人民共和国档案法实施办法》；

《科学技术档案工作条例》。

3. 中央城市建设档案行政规章

《城建档案馆接收档案资料范围规定》；

《城建档案保管期限和密级划分规定》；

《城建档案分类大纲》；

《城建档案移交办法》等。

4. 地方城市建设档案法规

由各地视需要自行制定。

5. 地方城市建设档案行政规章

由各地视需要自行制定。

### 三、城市建设档案专业队伍建设

（一）城市建设档案专业队伍人才配备

城市建设档案馆属专业性档案馆，它像其他档案馆一样，要开展档案材料的收集、整理，做好档案的保管、鉴定、统计、利用、编研等业务工作，所不同的是，城市建设档案馆接收的是城建技术专业性的档案材料，专业性、技术性比较强。要做好这项工作，必须建立一支强有力的专业队伍。

城市建设档案馆既然是专业档案馆，就一定要有专业人才。首先，比如审查接收城市规划建设的各种技术材料，需要配备规划、勘察、测绘、建筑、给水排水、道桥等各种专业人才。当然，由于受编制限制，不可能每个专业都配备专人，要提倡一专多能，主要应配备工业与民用建筑、道桥、水电、测绘等专门人才，在档案管理和理论研究方面，需要配备档案专业人才；要满足声像档案工作的要求和发展，需配备摄影、摄像、编辑人才；计算机管理，需配备软件开发、系统维护及输录人员；此外还需配备财务、行政管理及有一定文字功底的编研人员。总之，城市建设档案馆配备的人员要以专业人才为主，行政人员为辅，以保证业务工作的开展，在专业人才中，考虑到档案审查接收工作量大，城建专业人才占的比例要大些，档案专业占的比例相对要少些。实际上，在城市建设档案馆、城建与档案两个专业是密不可分的，作为城建专业人才，必须学习档案专业，熟悉档案工作的方法、步骤与要求；反之，懂档案管理的也要学习掌握城市建设各专业技术、要求规范，才能更好地管好档案，研究档案，开发利用好城市建设档案。

可见，城市建设档案是一门新的学科，从事这项工作的人员都应不断学习，扩展自己的知识面，从而适应工作的需要。

由于城市建设档案工作专业性强，文化素质要求相应也高，尤其是城建专业技术人才，一般都应达到中专以上水平，作为一个科技事业单位，文化素质的高低，决定了这个单位的工作质量、工作效率以及发展的前景。基于这两点，城市建设档案馆在一些主要业务岗位上应吸纳一些"高级"人才，如在工程验收、档案审核方面，就需有工程技术方面的"专家"来把关，才能保证档案材料的准确可靠。如果似懂非懂，甚至不懂，施工单位交什么收什么，不仅会造成工作的失误，而且影响档案馆的声誉。人才就是资本，有了人才就有了希望，城市建设档案馆在聚集人才方面应下功夫。城市建设档案工作是近几年才发展起来的，人们对它的了解、重视程度还不够，特别是一些工程技术人才，认为搞档案没出息，发挥不了作用，更现实的是，档案工作是项服务性的工作，既无权又无钱。因此，要把那些专业人才招揽进来，除了必要的思想宣传工作外，还要创造条件，比如住房、福利待遇等方面给予优先，爱惜人才，做到专业对口、学以致用，只有这样才能凝聚一批专业技术人才，促进城市建设档案事业的深入发展。

总之，城市建设档案馆的队伍建设，首先要抓好人才的配备，实现配套，结构合理，做到这一点，要转变观念，一是城市建设档案馆是一个科技事业单位，而决不是仓库、养老院，在选调人员时，要坚持高标准，宁缺毋滥；二是档案馆编制要适度，不能"多多益善"，只要基本满足工作需要，人手紧一点，尽可能在提高工作效率上找出路。

（二）加强队伍建设的措施

（1）抓好现有人员的培训，更新知识，不断提高业务素质。

城市建设档案是档案学中一门新的学科，从事城市建设档案工作的人员不仅要具备档案工作的基本素质，同时还要懂得城市建设的专业知识，因此，不管学的什么专业，从事城市建设档案工作后，都有重新学习的必要。特别是那些建馆初期进馆的人员，没有什么专业知识，业务素质低，更需要抓紧学习，适应工作，提高业务能力。学习方法有以下三个方面：一是举办培训班进行基础知识的学习；二是培训；三是新知识、新技能的学习，比如随着档案管理现代化水平的不断提高，电脑、光盘已逐渐普及，这就要求档案工作者要学习、要掌握，才能适应工作的需要。

（2）大胆选拔高级人才进馆，使城市建设档案工作不断跃上新的台阶。

任何一项事物是否具有生命力，主要看它在社会上存在的价值和作用有多少，城市建设档案工作也一样，如果仅仅停留在作坊式的收集整理上，那么就会被飞速发展的社会淘汰。要改变这种现状，展示城市建设档案工作的生命力，就要利用新技术和现代化的管理办法去研究。发掘城市建设档案的精华，使它服务社会，造福人类，实现这一目标，首要的是人才，比如档案审核，不能简单地查看是否是原件，鉴定盖章是否完备。更主要的是要核对一些技术数据是否准确，竣工图是否合乎要求，以保证档案的准确无误。计算机应用，不只需要输录员，更主要的是懂程序，能作图形处理及设备维护的人员，声像拍摄、编辑以及档案信息的开发利用都需要较高业务水准的人才，有了人才，工作才有深度，事业才能发展。

在选调人才方面，尤其值得重视的是选拔领导。一个好的单位，必然要有一个好的领导班子。如果主要领导满足于看摊守业，平庸无能，没有事业心和责任感，要想搞好城市建设档案工作是不可能的。

(3) 加强思想政治工作，实行目标责任制。

城市建设档案工作是一项繁杂的技术性服务工作，它既不像政府部门有很大的权力，也不像企业以创造经济效益为主。要做好这项工作，首先要教育档案人员，热爱档案事业，不怕清苦，乐于奉献，甘当无名英雄，要勤政廉明，为民造福。目前，社会的档案意识还比较薄弱，工作中还时常碰到这样那样的困难，需要档案人员积极进取，树立信心，攻克难关。其次还要加强管理，实行目标责任制，把日常工作列入目标管理之中，完成好的给予奖励，完不成的则给予处罚，调动每个职工的积极性。

# 主要参考文献

[1] 李德华 主编. 城市规划原理（第三版）[M]. 北京：中国建筑工业出版社，2001.
[2] 阮仪三 主编. 城市建设与规划基础理论 [M]. 天津：天津科学技术出版社，1999.
[3] 戴慎志 主编. 城市工程系统规划（第二版）[M] 北京：中国建筑工业出版社，2008.
[4] 戴慎志 主编. 城市基础设施工程规划手册 [M]. 北京：中国建筑工业出版社，2000.
[5] 戴慎志，陈践 编著. 城市给水排水工程规划 [M]. 合肥：安徽科学技术出版社，1999.
[6] 彭震伟 主编. 区域研究与区域规划 [M]. 上海：同济大学出版社，1998.
[7] 孙施文 主编. 城市规划法规读本 [M]. 上海：同济大学出版社，1999.
[8] 沈清基. 城市生态与城市环境 [M]. 上海：同济大学出版社，1998.
[9] 束昱. 地下空间资源的开发与利用 [M]. 上海：同济大学出版社，2002.
[10] 徐慰慈. 城市交通规划论 [M]. 上海：同济大学出版社，1997.
[11] 沈玉麟. 外国城市建设史 [M]. 北京：中国建筑工业出版社，1989.
[12] 胡序威. 区域与城市研究 [M]. 北京：科学出版社，1998.
[13] 覃力，严通伟等. 国外交通建设 [M]. 哈尔滨：黑龙江科学技术出版社，1995.
[14] 何宗华 主编. 城市轻轨交通工程设计指南 [M]. 北京：中国建筑工业出版社，1993.
[15] 熊广忠. 城市道路美学 [M]. 北京：中国建筑工业出版社，1990.
[16] 贺栓海 主编. 道路立交的规定与设计 [M]. 北京：人民交通出版社，1998.
[17] 黄世玲 主编. 交通运输学 [M]. 北京：人民交通出版社，2001.
[18] 毛保华等编. 城市轨道交通 [M]. 北京：科学出版社，2002.
[19] 陆化普. 解析城市交通 [M]. 北京：中国水利水电出版社，2001.
[20] 王丙坤. 城市规划中的工程规划 [M]. 天津：天津大学出版社，2001.
[21] 高成曾. 城镇规划建设与管理实务全书 [M]. 北京：中国建材工业出版社，1999.
[22] 郑在洲，何成达. 城市水务管理 [M]. 北京：中国水利水电出版社，2003.
[23] 阮仁良. 上海市水环境研究 [M]. 北京：科学出版社，1992.
[24] 杨存信等. 城市水资源与水环境保护 [M]. 南京：河海大学出版社，1996.
[25] 丁亚兰 主编. 国内外给水工程设计实例 [M]. 北京：化学工业出版社，1999.
[26] 严熙世等. 给水排水管网系统 [M]. 北京：中国建筑工业出版社，2002.
[27] 史萍等. 广播电视技术概论 [M]. 北京：中国广播电视出版社，2003.

[28] 及燕丽等. 现代通信系统 [M]. 北京: 电子工业出版社, 2002.

[29] 张业荣等. 蜂窝移动通信网络规划与优化 [M]. 北京: 电子工业出版社, 2003.

[30] 钱易, 唐孝炎. 环境保护与可持续发展 [M]. 北京: 高等教育出版社, 2000.

[31] 何品晶, 冯肃伟, 邵立明. 城市固体废物管理 [M]. 北京: 科学出版社, 2003.

[32] 郭怀成, 尚金城, 张天柱主编. 环境规划学 [M]. 北京: 高等教育出版社, 2001.

[33] 徐肇忠. 城市环境保护规划 [M]. 武汉: 武汉大学出版社, 2002.

[34] 郝吉明, 傅立新, 贺克斌, 吴烨. 城市机动车排放污染控制 [M]. 北京: 中国环境科学出版社, 2001.

[35] 任致远. 21世纪城市规划管理 [M]. 南京: 东南大学出版社, 2000.

[36] 耿毓修, 黄均德 主编. 城市规划行政与法制 [M]. 上海: 上海科学技术文献出版社, 2002.

[37] John M Levy. 现代城市规划 [M]. 北京: 中国人民大学出版社, 2003.

[38] 埃德蒙·N·培根著. 黄富厢, 朱琪译. 城市设计 [M]. 北京: 中国建筑工业出版社, 2003.

[39] 郑毅 主编. 城市规划设计手册 [M]. 北京: 中国建筑工业出版社, 2001.

[40] 刘文镔 主编. 给水排水工程快速设计手册 [M]. 北京: 中国建筑工业出版社, 1991.

[41] 崔玉川 主编. 城市与工业节约用水手册 [M]. 北京: 化学工业出版社, 2002.

[42] 张林兴. 电信工程设计手册 [M]. 北京: 人民邮电出版社, 1997.

[43] 刘天齐, 孔繁德, 刘常海等. 城市环境规划规范及方法指南 [M]. 北京: 中国环境科学出版社, 1993.

[44] 全国城市规划执业制度管理委员会. 城市规划原理 [M]. 北京: 中国计划出版社, 2008.

[45] 全国城市规划执业制度管理委员会. 城市规划管理与法规 [M]. 北京: 中国建筑工业出版社, 2008.

[46] 《全国注册城市规划师执业考试应试指南》编写组. 全国注册城市规划师执业考试应试指南 [M]. 上海: 同济大学出版社, 2001.

[47] 建设部城乡规划司编. 城市规划决策概论 [M]. 北京: 中国建筑工业出版社, 2003.

[48] 中国公路学会编著. 交通工程手册 [M]. 北京: 人民交通出版社, 1998.

[49] 清华大学建筑与城市研究所编. 城市规划理论·方法·实践 [M]. 北京: 地震出版社, 1999.

[50] 中国通信年鉴编委会编. 中国通信年鉴2003 [M]. 北京: 中国通信年鉴编辑部, 2003.

[51] 中国广播电视年鉴编委会. 中国广播电视年鉴2003 [M]. 北京: 中国广播电视年鉴社, 2003.

[52] 苗彦英, 城市轨道交通学术研讨会, 中国铁道学会, 建设部科技发展促进中心, 大连铁道学院. 城市轨道交通学术研讨会论文集 [C]. 北京: 中国铁道出版社, 1997.

[53] 同济大学, 重庆建筑工程学院, 武汉建筑材料工业学院合编. 城市对外交通 [M]. 北京: 中国建筑工业出版社, 2006.

[54] 范志云主编. 交通运输工程学 [M]. 北京: 人民交通出版社, 1999.

[55] 童林旭. 地下空间与城市现代化发展 [M]. 北京: 中国建筑工业出版社, 2005.

[56] 陈志龙等. 城市地下空间规划 [M]. 南京: 东南大学出版社, 2005.

[57] 高世宪, 胡秀莲, 韩文科. 中国能源消费结构变化趋势及调整对策 [M]. 北京: 中国计划出版社, 2007.

[58] 刘虹. 绿色照明概论 [M]. 北京: 中国电力出版社, 2008.

[59] 国家发展改革委员会能源研究所编著. 能源问题研究文集 [C]. 北京: 中国标准出版社, 2009.

[60] 李定龙等. 城市卫生环境信息数据管理库系统设计 [J]. 环境卫生工程 2003, 12-2 (3): 106-109.
[61] 柳培文, 卢授永, 丁海涛. "入世"背景下的中国环保产业 [J]. 环境科学动态, 2002, 3.
[62] 刘顺炎. 金华市推广生态公厕是城镇改善生态环境的一种有效途径 [J]. 当代生态农业, 2001, 22.
[63] 沈清基. 环境革命与城市发展 [J]. 城市规划, 2000, 4 (24): 23-30.
[64] 吴美艳. 21世纪能源与环保技术研究开发的动向及政策（译）[J]. 山东电力高等专科学校学报, 2000, 3: 70-72.